Das Umweltprogramm der Vereinten Nationen (UNEP) und seine Rolle im System der International Environmental Governance

AF820136

Europäische Hochschulschriften
Publications Universitaires Européennes
European University Studies

Reihe II
Rechtswissenschaft

Série II Series II
Droit
Law

Bd./Vol. 4382

PETER LANG
Frankfurt am Main · Berlin · Bern · Bruxelles · New York · Oxford · Wien

Sophia Gödel

Das Umweltprogramm der Vereinten Nationen (UNEP) und seine Rolle im System der International Environmental Governance

PETER LANG
Europäischer Verlag der Wissenschaften

Bibliografische Information Der Deutschen Bibliothek
Die Deutsche Bibliothek verzeichnet diese Publikation in der Deutschen Nationalbibliografie; detaillierte bibliografische Daten sind im Internet über <http://dnb.ddb.de> abrufbar.

Zugl.: Heidelberg, Univ., Diss., 2005

D 16
ISSN 0531-7312
ISBN 3-631-55232-7

© Peter Lang GmbH
Europäischer Verlag der Wissenschaften
Frankfurt am Main 2006
Alle Rechte vorbehalten.

Das Werk einschließlich aller seiner Teile ist urheberrechtlich geschützt. Jede Verwertung außerhalb der engen Grenzen des Urheberrechtsgesetzes ist ohne Zustimmung des Verlages unzulässig und strafbar. Das gilt insbesondere für Vervielfältigungen, Übersetzungen, Mikroverfilmungen und die Einspeicherung und Verarbeitung in elektronischen Systemen.

www.peterlang.de

Meinen Eltern und meiner Oma

Vorwort

Auf der internationalen Ebene ist das Umweltprogramm der Vereinten Nationen (UNEP) die einzige Institution, die sich ausschließlich und umfassend mit dem Schutz der Umwelt befasst. Trotz seiner begrenzten Handlungsbefugnisse, die zum einen auf seiner rechtlichen Struktur und zum anderen auf den personellen und finanziellen Kapazitäten beruhen, hat UNEP beeindruckende Erfolge vorzuweisen. Die Arbeit von UNEP konnte ich während meines dreimonatigen Aufenthalts in dem UNEP-Büro bei den Vereinten Nationen in New York kennenlernen. Die Stärkung von UNEP oder die Gründung einer neuen Umweltorganisation wird in verschiedenen internationalen Foren diskutiert, ohne dass bisher eine Einigung auf entscheidende Reformschritte erfolgt ist. Die Arbeit untersucht die bisherige Tatigkeit von UNEP und die unterbreiteten Reformvorschläge.

An erster Stelle möchte ich meinem Doktorvater Herrn Professor Dr. Ulrich Beyerlin für die Betreuung der Arbeit und für ausführliche Diskussionen sowie Herrn Professor Dr. Rüdiger Wolfrum für die schnelle Erstellung des Zweitgutachtens danken.

Mein besonderer Dank gilt den Mitarbeitern des UNEP-Büros bei den Vereinten Nationen in New York, die mir wichtige Anregungen für die Arbeit gaben und immer Zeit für intensive Diskussionen hatten. In dieser sehr interessanten und spannenden Zeit hatte ich die Möglichkeit, die praktische Arbeit von UNEP kennenzulernen, was mir bei der Erstellung der Arbeit sehr geholfen hat.

Gewidmet ist die Arbeit meiner Familie, die mich sowohl in meinem Studium als auch bei der Promotion in jeder Hinsicht unterstützt hat und für mich immer „da war". Darüberhinaus möchte ich Kai Schlattmann und meinen Freunden dafür danken, dass sie stets zu Gesprächen über die verschiedenen Aspekte der Arbeit bereit waren.

Die Arbeit berücksichtigt die bis einschließlich März 2005 erschienene Literatur.

Berlin, den 1. März 2006
Sophia Gödel

Inhaltsverzeichnis

Literaturverzeichnis

Albus, Martin R.	Zur Notwendigkeit eines Internationalen Umweltgerichtshofes, Frankfurt am Main 2000.
Alston, Philip	The Commission on Human Rights; in: Alston (Hrsg.), The United Nations and Human Rights, Oxford 1992; S. 126-200 (zit.: Alston, The Commission on Human Rights).
Anderson, Steven M.	Reforming International Institutions to Improve Global Environmental Relations, Agreement, and Treaty Enforcement, in: Hastings International and Comparative Law Review 18 (1994), S. 771-819.
Andreen, William L.	Environmental Law and Assistance: The Challenge of Strengthening Environmental Law in the Developing World, in: Columbia Jounal of Environmental Law 25 (2000), S. 17-69.
Andresen, Steinar	Global Environmental Governance: UN Fragmentation and Co-ordination, in: Yearbook of International Co-Operation on Environment and Development 2001/02, S.19-26. Erhältlich unter: www.greenyearbook.org/articles/01_01_andresen.pdf.
Andresen, Steinar/ Skjaerseth, Jon Birger;	Can International Environmental Secretariats Promote Effective Co-operation?, Vortrag "International Conference on Synergies and Coordination between Multilateral Environmental Agreements, Tokio 14.-16. Juli 1999 (zit.: Andresen/Skjaerseth, Can International Environmental Secretariats Promote Effective Cooperation?). Erhätlich unter: www.geic.or.jp/interlinkages/docs/Andresen.PDF.
Arda, Mehmet	The United Nations Conference on Trade and Development, in Werksman, Jacob (Hrsg.), Greening International Institutions; London 1996, S. 71- 93 (zit.:Mehmet, in: Werksman (Hrsg.), Greening International Institutions).
Aust, Anthony	The Theory and Practice of Informal International Instruments; in: International and Comparative Law Quarterly 35 (1986), S. 787-812.
Austen, Marc/ Richards, Tamara (Hrsg.)	Basic Legal Documents on International Animal Welfare and Wildlife Conservation, London u.a. 2000 (zit.: Austen/Richards (Hrsg.), Basic Legal Documents).
Ayling, Julie	Serving Many Voices: Progressing Calls for an International Environmental Organisation, in: Journal of Environmental Law 9 (1997), S. 243-269.
Baker Röben, Betsy	A comment on NEPAD: The New Partnership for Africa´s Development and Financing for Sustainable Development, in: Zeitschrift für ausländisches öffentliches Recht 63 (2003), S. 1063-1073.

Baker Röben, Betsy/ Röben, Volker	Institutional Aspects of Financing Sustainable Development After the Johannesburg Summit of 2002; in: Zeitschrift für ausländisches öffentliches Recht und Völkerrecht 63 (2003), S.517-550.
Bernhardt, Rudolf (Hrsg.)	Encyclopedia of Public International Law, Amsterdam Band 2: 1995, Band 4: 2000 (zit.: Verf.; in: Bernhardt (Hrsg.), EPIL).
Beyerlin, Ulrich	Rio-Konferenz 1992, Beginn einer neuen globalen Umweltrechtsordnung?, in: Zeitschrift für ausländisches öffentliches Recht und Völkerrecht 54 (1994), S.124-149.
Beyerlin, Ulrich	State Community Interests and Institution-Building in International Environmental Law; in: Zeitschrift für ausländisches öffentliches Recht und Völkerrecht 56 (1996), S. 602- 627.
Beyerlin, Ulrich	Strengthening International Governance for Sustainable Development: Expectations for the 2002 Johannesburg World Summit, Gastvortrag an der Rechtswissenschaftlichen Fakultät der Potchefstroom Universität for CHE vom 15. 5. 2002, in: Potchefstroom Electronic Law Journal 2002 (1) (zit.:Beyerlin, Strengthening International Governance). Erhältlich unter: www.puk.ac.za/fakulteite/regte/per/issues.html.
Beyerlin, Ulrich	Umweltvölkerrecht, München 2000 (zit. Beyerlin, Umweltvölkerrecht).
Beyerlin, Ulrich/ Reichard, Martin	German Participation in United Nations Environmental Activities: From Stockholm to Johannesburg, in: German Yearbook of International Law 46 (2003), S. 123-170.
Beyerlin, Ulrich/ Ehrmann, Markus	Fünf Jahre nach dem Erdgipfel von Rio – eine kritische Bestandsaufnahme der Sondergeneralversammlung vom Juni 1997, in: Umwelt- und Planungsrecht 1997, S. 356- 361.
Beyerlin, Ulrich/ Maurahn, Thilo	Rechtsetzung und Rechtsdurchsetzung im Umweltvölkerrecht nach der Rio-Konferenz 1992, Berlin 1997 (zit.: Beyerlin/ Marauhn, Rechtsetzung und Rechtsdurchsetzung).
Beyerlin, Ulrich/ Reichard, .Martin	The Johannesburg Summit: Outcome and Overall Assessment, in: Zeitschrift für ausländisches öffentliches Recht und Völkerrecht 63 (2003), S. 213-237.
Biermann, Frank	The Rationale for a World Environment Organization, in: Biermann, Frank/Bauer, Steffen (Hrsg.), A World Environment Organization: Solution or Threat for Effective International Environmental Governance?, Alsdershot (UK) 2005, S. 117-144 (zit.: Biermann, in: Biermann/Bauer (Hrsg.), A World Environment Organization).
Biermann, Frank	The Emerging Debate on the Need for a World Environment Organization: A Commentary; in: Global Environmental Politics 1 (2001), S. 45-55.

Biermann, Frank/ Simonis Udo Ernst	Politikinnovation auf der globalen Ebene -Eine Weltorganisation für Umwelt und Entwicklung, in: Aus Politik und Zeitgeschichte 48 (1999), S. 3-11.
Biermann, Frank/ Simonis, Udo Ernst	A World Environment and Development Organization Functions. Opportunities, Issues Policy Paper no. 9 Development and Peace Foundation/ Stiftung Entwicklung und Frieden (SEF) (zit.: Biermann/Simonis, A World Environment and Development Organization). Erhältlich unter: http://www.sef-bonn.org/download/publikationen/policy_paper/pp_09_en.pdf.
Birnie, Patricia W.	The UN and the Environment, in: Roberts, Adam/Kingsbury, Benedict (Hrsg.), United Nations, Divided World, The UN´s Roles in International Relations, 2. Aufl., Oxford 1995, S. 327-383 (zit.: Birnie, in: Roberts/Kingsbury (Hrsg.), United Nations, Divided World).
Birnie, Patricia W./ Boyle, Alan E.	International Law and the Environment, 2. Aufl., Oxford u.a. 2002 (zit.: Birnie, International Law and the Environment).
Blankenburg, Erich/ Spröte, Wolfgang	Die Organisation der Vereinten Nationen für industrielle Entwicklung, Berlin 1988 (zit.: Blankenburg/Spröte).
Bloch, Felix	Global Environment Facility (GEF), in: Yearbook of International Environmental Law, Vol. 9 (1998), S. 550-556.
Bloomfield, Irirangi	Unep and the UN System, Massachusetts 1978 (zit.: Bloomfield).
Böckenförde, Markus	Zwischen Sein und Wollen – Über den Einfluss umweltvölkerrechtlicher Verträge im Rahmen des WTO-Streitbeilegungsverfahrens, in: Zeitschrift für ausländisches öffentliches Recht 63 (2002), S. 971-1005.
Bodansky, Daniel	The Role of Reporting in International Environmental Treaties: Lessons for Human Rights Supervision, in: Alston, Philip/ Crawford, James (Hrsg.), The Future of UN Human Rights Treaty Monitoring, Cambridge 2000, S. 361-378 (zit.: Bodansky, in: Alston/Crawford (Hrsg.), The Role of Reporting).
Bodansky, Daniel	The Legitimacy of International Governance: A Coming Challenge for International Environmental Law?, in: The American Journal of International Law 93 (1999), S. 596-624.
Böhm, Frédéric/ Trabold, Harald	Das Verursacherprinzip in der globalen Umweltpolitik: Argumente für eine Weltumweltorganisation, in: Zeitschrift für Umweltpolitik und Umweltrecht 2004, S. 201 – 229.
Boisson de Chazournes, Laurence	The Global Environment Facility Galaxy: On Linkages Among Institutions, in: Max Planck Yearbook of United Nations Law 3 (1999), S. 243- 285.

Bothe, Michael	The Evaluation of Enforcement Mechanisms in International Environmental Law, in: Wolfrum, Rüdiger (Hrsg.), Enforcing Environmental Standards: Economic Mechanisms as Viable Means?, Berlin u.a. 1996, S. 13-38 (zit.: Bothe, in: Wolfrum (Hrsg.), Enforcing Environmental Standards).
Boyle, Alan E.	Saving the World? Implementation and Enforcement of International Environmental Law through International Institutions, in: Journal of Environmental Law, 3 (1991), S. 229- 245.
Breier, Siegfried	Die Sondergeneralversammlung der Vereinten Nationen in New York, in: Natur und Recht 1998, S. 410-414.
Brown Weiss, Edith	Understanding Compliance with International Environmental Agreements: The Baker´s Dozen Myths, in: University of Richmond Law Review 32 (1999), S. 1555- 589.
Bryner, Gary C.	Implementing Global Environmental Agreements in the Developing World, in: Colorado Journal of International Environmental Law and Policy 1997, S. 1- 25.
Buck, Matthias	Das Cartagena Protokoll über biologische Sicherheit in seiner Bedeutung für das Verhältnis zwischen Umweltvölkerrecht und Welthandelsrecht, in: Zeitschrift für Umweltrecht 2000, S. 319-330.
Cede, Franz/ Sucharipa-Behrmann, Lilly (Hrsg.)	Die Vereinten Nationen (Recht und Praxis), Wien, München 1999 (zit.: Verf., in: Cede/Sucharipa-Behrmann (Hrsg.)).
Charnovitz, Steve	Toward a World Environment Organization: Reflections upon a Vital Debate, in: Biermann, Frank; Bauer, Steffen (Hrsg.), A World Environment Organization: Solution or Threat for Effective International Environmental Governance?, Aldershot 2005, S. 87–115 (zit.: Charnovitz, in: Biermann/Bauer (Hrsg.), A World Environment Organization).
Charnovitz, Steve	A World Environment Organization, Working Papers, United Nations University Institute, February 2002 (zit.: Charnovitz, A World Environment Organization). Erhältlich unter: www.unu.edu/inter-linkages/docs/IEG/Charnovitz.pdf.
Charnovitz, Steve	Rethinking WTO Trade Sanctions, in: American Journal of International Law 95 (2001), S. 792-832.
Charnovitz, Steve	WTO Dispute Settlement as a Model for International Governance, 2001 (zit.: WTO Dispute Settlement as a Model for International Governance). Erhältlich unter: http://www.gets.org/library/admin/uploadedfiles/WTO_Dispute_Settlement_as_a_Model_for_Internat.doc.

Chasek, Pamela S.	The UN Commission on Sustainable Development: The first five years, in: Chasek, Pamela (Hrsg.), The global environment in the twenty-first century: Prospects for international cooperation, Tokio 2000, S. 378-398 (zit.: Chasek, in: Chasek (Hrsg.), The global environment).
Chayes, Abram/ Chayes, Antonia Handler	The New Sovereignty - Compliance with International Regulatory Agreements, Cambridge 1995 (zit.: Chayes/Chayes, The New Sovereignty).
Chayes, Antonia Handler/ Chayes, Abram/ Mitchell, Ronald B.	Active Compliance Management in Environmeental Treaties, in: Lang, Winfried (Hrsg.), Sustainable Development and International Law, London u.a. 1995, S. 75- 89 (zit. Chayes/Chayes/Mitchell, in: Lang (Hrsg.), Sustainable Development).
Churchill, Robin R./ Ulfstein, Geir	Autonomous Institutional Arrangements in Multilateral Environmental Agreements: A little-noticed Phenomenon in International Law, in: American Journal of International Law 94 (2000), S. 623- 659.
Desai, Bharat H.	Revitalizing International Environmental Institutions: The UN Task Force Report and Beyond, in: Indian Journal of International Law 4 (2000), S. 455-504.
Desai, Bharat H.	International Environmental Institutions: An Overview, in: Dolzer, Rudolf/ Thesing, Josef (Hrsg.), Protecting Our Environment, Sankt Augustin 2000, S. 231- 265 (zit.: Desai, in: Dolzer/Thesing (Hrsg.), Protecting Our Environment).
Desai, Bharat H.	Coming out of coma, in: Down To Earth 9 (2001), S. 48-49.
Desai, Bharat H.	Towards WSSD: Future of International Environmental Governance, in: ESCP Report 2002. S. 42-43.
Desai, Bharat H.	Mapping the Future of International Environmental Governance, in: Yearbook of International Environmental Law 13 (2002), S. 43-61.
Dietl, Clara-Erika/ Moss, Anneliese A./ Lorenz, Egon	Wörterbuch für Recht, Wirtschaft und Politik, Teil I Englisch-Deutsch, 3. Aufl., München 1985.
do Nascimento e Silva, G.E.	Pollution of the Sea from Land Based Activities; in: Héctor Gros Espiell Amicorum Liber Bd. I, Brüssel 1997.
Doehring, Karl	Völkerrecht, 2. Aufl., Heidelberg 2004 (zit.: Doehring, Völkerrecht).
Dolzer, Rudolf	The Global Environmental Facility - towards a new concept of the common heritage of mankind?, in: Alfredsson, Gudmundur/ Macalister-Smith, Peter (Hrsg.), The Living Law of Nations Essays in memory of Atle Grahl-Madsen, Kehl 1996, S. 331-338 (zit.: Dolzer, in: Alfredsson/Macalister/Smith(Hrsg.)).

Downie, David L./ Levy, Marc A. — The UN Environment Programme at a turning point: Options for change, in: Chasek, Pamela (Hrsg.), The global environment in the twenty-first century: Prospects for international cooperation; Tokio u.a. 2000, S. 355-377 (zit.: Downie/Levy, in: Chasek (Hrsg.), The global environment).

Egger, Kurt — Zehn Jahre nach Stockholm, in: Vereinte Nationen 1982, S. 113-116.

Ehrmann, Markus — Die Globale Umweltfazilität (GEF), in: Zeitschrift für ausländisches öffentliches Recht und Völkerrecht 57 (1997), S. 565- 614.

Ehrmann, Markus — Erfüllungskontrolle im Umweltvölkerrecht, Baden-Baden 2000, (zit.: Ehrmann, Erfüllungskontrolle).

Elias, Olufemi/ Lim, Chin — „General Principles of Law", „Soft Law" and the Identification of International Law, in: Netherlands Yearbook of International Law 28 (1997), S. 3-49.

Epiney, Astrid/ Scheyli, Martin — Umweltvölkerrecht, Völkerrechtliche Bezugspunkte des schweizerischen Umweltrechts, Bern 2000 (zit.: Epiney/Scheyli, Umweltvölkerrecht).

Epiney, Astrid/ Scheyli, Martin — Strukturprinzipien des Umweltvölkerrechts, Baden- Baden 1998 (zit.: Epiney/Scheyli, Strukturprinzipien des Umweltvölkerrechts).

Esty, Daniel C. — Toward Optimal Environmental Governance, in: New York University Law Review, 74 (1999), S. 1495- 1574.

Esty, Daniel C. — The Case for a Global Environmental Organization, in: Kenen, Peter B., Managing the World Economy-Fifty Years After Bretton Woods, Washington D.C. 1994, S. 287-309 (zit.: Esty, in: Kenen (Hrsg.), Managing the World Economy).

Esty, Daniel C./ Ivanova, Maria H. — Revitalizing Global Environmental Governance: A Function-Driven Approach, in: Esty, Daniel/Ivanovy, Maria H. (Hrsg.), Global Environmental Governance, Yale School of Forestry & Environmental Studies 2002 (zit.: Esty/Ivanova, in: Esty/Ivanova (Hrsg.), Global Environmental Governance).

Esty, Daniel C./ Ivanova, Maria H. — Revitalising Global Environmental Governance: A New Function-Driven Approach, in: Brack, Duncan; Hyvarinen, Joy (Hrsg.), Global Environmental Institutions, London 2002, S. 5-18 (zit.: Esty/Ivanova, in: Brack/Duncan (Hrsg.), Global Environmental Institutions).

Faure, Michael/ Lefevere, Jürgen — Compliance with International Environmental Agreements, in: Vig, Norman J./Axelrod, Regina S. (Hrsg.), The Global Environment Institutions, Law and Policy, Washington D.C. 1999 (zit.: Faure/Lefevere, in: Vig/Axelrod (Hrsg.).

Fitzmaurice, M.A. — International Environmental Law as a Special Field, in: Netherlands Yearbook of International Law 25 (1994), S. 181-226.

Fitzmaurice, M.A./ Redgwell, C.	Environmental Non- Compliance Procedures and International Law, in: Netherlands Yearbook of International Law 31 (2000), S. 35- 65.
French, Hilary	The Role of Non- State Actors, in Werksman, Jacob (Hrsg.), Greening International Institutions, London 1996, S. 251- 258 (zit.: French, in Werksman (Hrsg.), Greening International Institutions).
Fritz, Jan-Stefan	Earthwatch 25 Years On: Between Science and International Environmental Governance, IIASA Interim Report IR-97-059/September (zit.: Fritz, Earthwatch 25 Years On). Erhältlich unter: www.iiasa.ac.at/Publications/Documents/IR-97-059.pdf.
Frowein, Jochen Abr.	Der Beitrag der internationalen Organisationen zur Entwicklung des Völkerrechts, in: Zeitschrift für ausländisches öffentliches Recht und Völkerrecht 36 (1976), S. 147-167.
Gosovic, Branislav	The Quest for World Environmental Cooperation – The case of the UN Global Environment Monitoring System, London u.a. 1992. (zit: Gosovic, The Quest for World Environmental Cooperation).
Gündling, Lothar	Compliance Assistance in International Environmental Law: Capacity- Building Through Financial and Technology Transfer, in: Zeitschrift für ausländisches öffentliches Recht 56 (1996), S. 796-809.
Gupta, Joyeeta	Global Environmental Governance: Challenges for the South from a Theoretical Perspective, in: Biermann, Frank/ Bauer, Steffen (Hrsg.), A World Environmental Organization: Solution or Threat for Effective International Environmental Governance?, Aldershot (UK) 2005, S. 57- 83 (zit.: Gupta, in: Biermann/Bauer (Hrsg.), A World Environment Organization).
Guruswamy, Lakshma/ Palmer, Sir Geoffrey W.R./ Weston, Burns H./ Carlson, Jonathan C.	International Environmental Law and World Order, 2. Aufl. St.Paul, Minn. 1999.
Haas, Peter M.	Global Environmental Governance, in: Commission on Global Governance, Issues in Global Governance, London u.a. 1995, S. 333-370 (zit.: Haas, in: Commission on Global Governance).
Hampe, Michael	Das Entwicklungsprogramm der Vereinten Nationen (UNDP), Wiesbaden 1997 (zit.: Hampe).
Handl, Günther	Sustainable Development: General Rule versus Specific Obligation, in: Lang, Winfried (Hrsg.), Sustainable Development and International Law, S. 35-43.
Handl, Günther	The Legal Mandate of Multilateral Development Banks as Agents for Change Toward Sustainable Development; in: The American Journal International Law 92 (1998), S. 642- 665.

Handl, Günther	Compliance Control Mechanisms and International Environmental Obligations, in: Tulane Journal of International and Comparative Law 5 (1997), S. 29- 49.
Harrisson, Jerry/ Collins, Marc	Harmonizing the information management infrastructure for biodiversity-related treaties (zit.: Harrisson/Collins, Harmonizing the information management infrastructure). Erhältlich unter: www.unep-wcmc.org/latenews/previous/japanpaper.pdf.
Hartmann, Ulrike	Die Entwicklung im internationalen Umwelthaftungsrecht unter besonderer Berücksichtigung von erga omnes-Normen, Frankfurt am Main 2000 (zit.: Hartmann, Die Entwicklung im internationalen Umwelthaftungsrecht).
Hauser, Heinz/ Schanz, Kai-Uwe	Das neue GATT - die Welthandelsordnung nach Abschluss der Urugugay-Runde, München 1995.
Head, John W.	The Challenge of International Environmental Management: A Critique of the United Nations Environment Programme, in: Virginia Journal of International Law 18 (1977/1978), S. 269-288.
Heilbrunn, Bernice	U.N.E.P. Mandates: Stockholm Recommendations, General Assembly Resolutions and Governing Council Decisions, in: Earth Law Journal I (1975), S. 161- 166.
Helmke, Reinhart	Der Kunde ist König, Prinzip Selbstfinanzierung: Reformbeispiel UNOPS, in: Vereinte Nationen 1999, S. 60-65.
Herdegen, Matthias	Völkerrecht; München 2000.
Hierlmeier, Jodie	UNEP: Retrospect and Prospect – Options for Reforming the Global Environmental Governance Regime, in: Georgetown International Environmental Law Review 14 (2002), S. 767-805.
Hobe, Stephan	Grundstrukturen des internationalen Umweltrechts; in: Juristische Ausbildung 1997, 160 ff.
Hobe, Stephan/ Kimminich, Otto	Einführung in das Völkerrecht; 8.Aufl., Tübingen u.a. 2004 (zit.: Hobe/Kimminich, Völkerrecht).
Hohmann, Harald	Die WTO-Streitbeilegung im Jahr 2002, in: Recht der internationalen Wirtschaft 50 (2004), S. 328-336.
Hohmann, Harald	Die WTO-Streitbeilegung im Jahr 2001, in: Recht der internationalen Wirtschaft 49 (2003), S. 352-360.
Hohmann, Harald	Die WTO-Streitbeilegung im Jahr 2000, in: Recht der internationalen Wirtschaft 47 (2001), S. 649-658.
Hohmann, Harald (Hrsg.)	Basic Documents of International Environmental Law; Band 1: The important declarations, Band 3: The important agreements, London, Dordrecht, Boston 1992 (zit.: Hohmann, Basic Documents).

Holstein, Christoph — Der Umweltschutz in der Tätigkeit der Weltbankgruppe, Frankfurt am Main 2001 (zit.: Holstein).

Hudec, Robert E. — The GATT/WTO Dispute Settlement Process: Can it Reconcile Trade Rules and Environmental Needs?, in: Wolfrum, Rüdiger (Hrsg.), Enforcing Environmental Standards: Economic Mechanisms as Viable Means?, Berlin u.a. 1996 (zit.: Hudec, in: Wolfrum (Hrsg.), Enforcing Environmental Standards).

Ipsen, Knut — Völkerrecht; 5. Aufl. München 2004.

Iqbal, Manjit — United Nations Environment Programme (UNEP), in: Yearbook of International Environmental Law 10 (1999), S. 733-753.

Iqbal, Manjit — United Nations Environment Programme (UNEP), in: Yearbook of International Environmental Law 12 (2001), S. 716-733.

Iqbal, Manjit — United Nations Environment Programme (UNEP), in: Yearbook of International Environmental Law 11 (2000), S. 710-726.

IUCN Commission on Environmental Law — Draft International Covenant on Environment and Development, 2. Aufl.: Updated Text, Gland, Cambridge 2000 (zit.: IUCN, Draft International Covenant on Environment and Development).

Ivanova, Maria H. — Partnerships, International Organizations, and Global Environmental Governance, in: Witte, Jan Martin/ Streck, Charlotte/ Benner, Thomas (Hrsg.), Progress or Peril?, Washington D.C., Berlin 2003 (zit.: Ivanova, in: Witte/Streck/Benner (Hrsg.), Progress or Peril?).

Jayaraj, C. — UNIDO and the Industrialisation of Developing Countries, in: Indian Journal of International Law 22 (1982), S. 251-263.

Johnson, Timothy H./ Crain, Ian K./ Sneary, Martin V. — Feasibility Study for a Harmonised Information Management Infrastructure for Biodiversity-related Treaties, 1998. Erhältlich unter: www.unep-wcmc.org/convent/treaties.pdf.

Kaniaru, Donald — UNEP Governing Council Adopts Guidelines on Compliance with and Enforcement of Multilateral Environmental Agreements, UNEP, Sixth International Conference on Environmental Compliance and Enforcement (zit.: Kaniaru, UNEP Governing Council Adopts Guidelines).
Erhältlich unter:
Http://www.inece.org/conf/proceedings2/9-UNEP%20Gov%20Council.pdf.

Kaniaru, Donald/ Okidi, Charles O. — Partnership in Action: UNEP/UNDP Joint Project on Environmental Law in Africa; in: Kurukulasuriya, Lal (Hrsg.), UNEP´s New Way Forward: Environmental Law and Sustainable Development, Kenia 1995, S. 227-235 (zit.: Kaniaru/Okidi, in: Kurukulasuriya (Hrsg.), UNEP´s Way Forward).

Kaniaru, Donald/ Kurukulasuriya, Lal	Capacity Building in Environmental Law; in: Kurukulasuriya, Lal (Hrsg.), UNEP´s New Way Forward: Environmental Law and Sustainable Development, Kenia 1995, S. 171-183 (zit.: Kaniaru/Kurukulasuriya, in: Kurukulasuriya (Hrsg.), UNEP´s Way Forward).
Kelly, Michael J.	Overcoming Obstacles to the Effective Implementation of International Environmental Agreements, in: The Georgetown International Environmental Law Review 9 (1997), S. 447-488.
Kempel, Willy	Transboundary Movements of Hazardous Wastes, in: Sjöstedt, Gunnar (Hrsg.), International Environmental Negotiation, Newbury Park u.a. 1993, S. 48-62 (zit.: Kempel, in Sjöstedt (Hrsg.), International Environmental Negotiation).
Kilian, Michael	Umweltschutz durch Internationale Organisationen, Berlin 1987.
Kimball, Lee A.	Institutional Developments, in: Yearbook of International Environmental Law 10 (1999), S. 137-149.
Kimball, Lee A.	The Debate Over a World/Global Environment Organisation: A First Step Toward Improved International Institutional Arrangements for Environment and Development?, in: Brack, Duncan/Hyvarinen, Joy (Hrsg.), Global Environmental Institutions, London 2002, S. 19-31 (zit.: Kimball, in: Brack/Hyvarinen (Hrsg.), Global Environmental Institutions).
Kimminich, Otto/ Freiherr von Lersner, Heinrich/ Storm, Peter-Christoph (Hrsg.)	Handwörterbuch des Umweltrechts, Band II; 2. Aufl. Berlin 1994 (zit.: Verf., in: Kimminich/von Lersner/ Storm, HdUR, Bd.II).
Kirchgässner, Gebhard/ Mohr, Ernst	Trade Restrictions as Viable Means of Enforcing Compliance with International Environmental Law: An Economic Assessment, in: Wolfrum, Rüdiger (Hrsg.), Enforcing Environmental Standards: Economic Mechanisms as Viable Means?, Berlin u.a. 1996 (zit.: Kirschgässner/Mohr, in: Wolfrum (Hrsg.), Enforcing Environmental Standards).
Kirton, John J.	Generating Effective Global Environmental Governance: The North´s Need for a World Environment Organization, in: Biermann, Frank/Bauer, Steffen (Hrsg.), A World Environment Organization: Solution or Threat for Effective International Environmental Governance?, Aldershot (UK) 2005 (zit.: Kirton, in: Biermann/Bauer (Hrsg.), A World Environment Organization).
Kiss, Alexandre/ Shelton, Dinah	International Environmental Law, 2. Aufl. Ardsley, New York 2000 (zit.: Kiss/ Shelton, International Environmental Law).
Klemm, Andreas	Die Global Environment Facility, in: Recht der internationalen Wirtschaft 1998, S. 921-925.

Klingebiel, Stephan	Leistungsfähigkeit und Reform des Entwicklungsprogramms der Vereinten Nationen (UNDP), Köln 1998. (zit.: Klingebiel, Leistungsfähigkeit und Reform).
Knipping, Franz/ v. Mangoldt, Hans/ Rittberger, Volker (Hrsg.)	Das System der Vereinten Nationen und seine Vorläufer, Band I/1: Vereinte Nationen, München 1995 (zit.: Knipping/v.Mangoldt/ Rittberger (Hrsg.), Das System der Vereinten Nationen Bd. I/1).
Knox, John H.	A New Approach to Compliance with International Environmental Law: The Submissions Procedure of the NAFTA Environmental Conventions, in: Ecology Law Quarterly 28 (2001), S. 1- 122.
Korn, Horst	Institutioneller und instrumentaler Rahmen für die Erhaltung der Biodiversität, in: Wolff, Nina/Köck, Wolfgang, 10 Jahre Übereinkommen über die biologische Vielfalt, Baden-Baden 2004, S. 36-54 (zit.: Korn, in: Wolff/Köck (Hrsg.), Übereinkommen über die biologische Vielfalt).
Koskenniemi, Martti	New Institutions and Procedures for Implementation Control and Reaction, in Werksman, Jacob (Hrsg.), Greening International Institutions, London 1996, S. 236- 248 (zit.: Koskenniemi, in: Werksman (Hrsg.), Greening International Institutions).
Kurukulasuriya, Lal	United Nations Environment Programme (UNEP), in: Yearbook of International Environmental Law 5 (1994), S. 546-553.
Lake, Rob	Finance for the Global Environment: the Effectiveness of the GEF as the Financial Mechanism to the Convention on Biological Diversity, in: Review of European Community and International Environmental Law 7 (1998), S. 68- 75.
Lang, Winfried	Compliance Control in International Environmental Law, in: Zeitschrift für ausländisches öffentliches Recht und Völkerrecht 56 (1996) 3, S. 685- 695.
Lang, Winfried	Auf der Suche nach einem wirksamen Klima-Regime, in: Archiv des Völkerrechts 31 (1993), S. 13-29.
Lang, Winfried	Diplomacy and International Environmental Law-Making: Some Observations, in: Yearbook of International Environmental Law 3 (1992), S. 108-122.
Laubner, Tilmann	World Summit on Sustainable Development, Johannesburg, South Africa, 26 August-4 September 2002: "People, planet and prosperty", in: German Yearbook of International Law 45 (2002), S. 417-430.
Lausche, Barbara	UNEP Environmental Law In–Depth–Review 1981, Berlin 1982 (zit.: Lausche)

Lin, Sun — Implementation of Environmental Conventions: A Regional Perspective, in: Kurukulasuriya, Lal (Hrsg.), UNEP´s New Way Forward: Environmental Law and Sustainable Development, UNEP, Nairobi 1995, S. 23- 33 (zit.: Lin, in: Kurukalsuriya (Hrsg.), UNEP´s New Way Forward).

Lukitsch Hicks, Bethany — Treaty Congestion in International Environmental Law: The Need for Greater International Coordination in: University of Richmond Law Review 32 (1999), S. 1643- 1674.

Mahmoudi, Said — The United Nations Environment Programme (UNEP)–An Assessment, in: Asian Yearbook of International Law 5 (1995), S. 175-198.

Maier, Jürgen — Weder Durchbruch noch Rückschlag – Eine erste Bilanz des Weltgipfels für nachhaltige Entwicklung in Johannesburg, in: Vereinte Nationen 2002, S. 177- 182.

Malanczuk, Peter — Die Konferenz der Vereinten Nationen über Umwelt und Entwicklung (UNCED) und das internationale Umweltrecht, in: Beyerlin, Ulrich(Hrsg.), Recht zwischen Umbruch und Bewahrung, Festschrift für Rudolf Bernhardt, Berlin 1995, S. 985- 1002 (zit.: Malanczuk, in: FS Bernhardt).

Malcomson, Dave — Implementation of the NEPAD Initiative – an Overview, in: South African Journal of International Affairs 11 (2004), S. 11-20.

Martens, Jens — Abstieg vom Erdgipfel (Fünf Jahre nach Rio: 19. UN-Sondergeneralversammlung mit ernüchternder Bilanz), in: Vereinte Nationen, 1997, S. 137- 142.

Matz, Nele — Environmental Financing: Function and Coherence of Financial Mechanisms in International Environmental Agreements, in: Max Planck Yearbook of United Nations Law 6 (2002), S. 473-534.

Matz, Nele — New Strategies for Environmental Financing, in: Zeitschrift für ausländisches öffentliches Recht und Völkerrecht 63 (2003), S. 503-516.

Maurahn, Thilo — Towards a Procedural Law of Compliance Control in International Environmental Relations, in: Zeitschrift für ausländisches öffentliches Recht und Völkerrecht 56 (1996), S. 696- 731.

Mavroidis, Petros C. — Surveillance Schemes: The GATT´s New Trade Policy Review Mechanism, in: Michigan Journal of International Law, 13 (1992) 2, S. 347 ff.

Mensah, Chris — The United Nations Commission on Sustainable Development, in: Werksman, Jacob (Hrsg.), Greening International Institutions, London 1996, S. 21-37 (zit.: Mensah, in: Werksman (Hrsg.), Greening International Institutions).

Mertens, Shoshana K. Towards Accountability in the Restructured Global Environment Facility, in: Review of European Community and International Environmental Law 3 (1994), S. 105-110.

Miller, Alan S. The Global Environment Facility and the Search for Financial Strategies to Foster Sustainable Development, in: Vermont Law Review 24 (2000), S. 1229-1244.

Mintzer, Irving M. Implementing the Framework Convention on Climate Change: incremental costs and the role of the GEF, Working Paper 4 GEF, Washington 1993 (zit.: Mintzer, Implementing the Framework Convention).

Najam, Adil Neither Necessary, Nor Sufficient: Why Organizational Tinkering Will Not Improve Environmental Governance, in: Biermann, Frank/ Bauer, Steffen (Hrsg.), A World Environment Organization: Solution or Threat for Effective International Environmental Governance, Aldershot (UK) 2005, S. 235-256 (zit.: Najam, in: Biermann/Bauer (Hrsg.), A World Environment Organization).

Najam, Adil The Case Against GEO, WEO, or Whatever-else-EO, in: Brack/Hyvarinen (Hrsg.), Global environmental institutions, London 2002, S. 32-43 (zit.: Najam, in: Brack/Hyvarinen (Hrsg.), Global environmental institutions).

Nanda, Ved P. International Environmental Law and Policy, Irvington-on-Hudson, New York 1995.

Nanda, Ved P. Environment, in: Schachter, Oskar; Joyner, Christopher C (Hrsg.); United Nations Legal Order, Band 2, Cambridge 1995, S. 631- 669 (zit.: Nanda, in: Schachter/Joyner (Hrsg.), United Nations Legal Order, Bd. II).

Navid, Daniel Compliance- Assistance in International Environmental Law: Capacity-Building, Transfer of Finance and Technology, in: Zeitschrift für ausländisches öffentliches Recht und Völkerrecht 56 (1996), S. 810- 819.

Neumann, Jan Die materielle und prozessuale Koordination völkerrechtlicher Ordnungen. Die Problematik paralleler Streitbeilegungsverfahren am Beispiel des Schwertfisch-Falls, in: Zeitschrift für ausländisches öffentliches Recht und Völkerrecht 61 (2001), S. 529-576.

Neumann, Michael Die Durchsetzung internationaler Umweltschutzpflichten, Baden-Baden 2000 (zit.: Neumann, Durchsetzung internationaler Umweltschutzpflichten).

New Zealand Ministry of Foreign Affairs and Trade United Nations Handbook 2003, 41. Aufl.; Wellington, New Zealand 2003 (zit.: UN Handbook 2003).

Newell, Peter A World Environment Organisation: The Wrong Solution to theWrong Problem, in: The World Economy 25 (2002), S. 659-671.

Nollkaemper, André	Compliance Control in International Environmental Law: Traversing the Limits of the National Legal Order, in: Yearbook of International Environmental Law 13 (2002), S. 165-186.
O´Connell, Mary Ellen	Enforcement and the Success of International Environmental Law, in: Indiana Journal of Global Legal Studies 3 (1995), S. 47- 64.
O´Connell, Mary Ellen	Enforcing the New International Law of the Environment, in: German Yearbook of International Law 35 (1992), S. 293- 332.
O´Connell, Mary Ellen	The Role of Soft Law in a Global Order, in: Shelton, Dinah (Hrsg.), Commitment and Compliance The Role of Non-Binding Norms in the International Legal System, Oxford 2000, S. 100-114 (zit.: O´Connell, in: Shelton (Hrsg.), Commitment and Compliance).
Oberthür, Sebastian/ Gehring, Thomas	Reforming International Environmental Governance: An Institutional Perspective on Proposals for a World Environment Organization, in: Biermann, Frank/ Bauer, Steffen; A World Environment Organization: Solution or Threat for Effective International Environmental Governance?, Aldershot (UK) 2005, S. 205-234 (zit.: Oberthür/Gehring, in: Biermann/Bauer (Hrsg.), A World Environment Organization).
Oeter, Stefan	Inspection in International Law, Monitoring Compliance and the problem of implementation in international law, in: Netherlands Yearbook of International Law, Vol. 28 (1997), S. 101- 169.
Orellana, Marcos A.	The Swordfish Dispute between the EU and Chile at the ITLOS and the WTO, in: Nordic Journal of International Law 71 (2002), S. 55-81.
Ott, Hermann E.	Umweltregime im Völkerrecht, Baden- Baden 1998 (zit.: Ott, Umweltregime im Völkerrecht).
Palmer, Geoffrey	New Ways to Make International Environmental Law, in: American Journal of International Law 86 (1992), S. 259-283.
Paoletto, Glen	Capacity Building for Inter-Linkages, Vortrag: "International Conference on Synergies and Coordination between Multilateral Environmental Agreements, Tokio 14.-16. Juli 1999 (zit.: Paoletto, Capacity-Building for Internlinkages). Erhältlich unter: http://www.geic.or.jp/interlinkages/docs/Paoletto.pdf.
Payne; Rodger A.	The Limits and Promise of Environmental Conflict Prevention: The Case of the GEF, in: Journal of Peace Research 35 (1998), S: 363-380.
Petsonk, Carol Annette	The role of the United Nations Environment Programme (UNEP) in the development of international environmental law, in: The American University Journal of International Law and Policy 5 (1990), S. 351-391.

Ponce-Nava, Diana	Capacity-building in Environmental Law and Sustainable Development; in: Lang, Winfried (Hrsg.); Sustainable Development and International Law, London u.a. 1995, S. 131-136 (zit.: Ponce-Nava, in: Lang (Hrsg.), Sustainable Development)
Qureshi, Asif H.	The Cartagena Protocol on Biosafety and the WTO-Co-Existence or Incoherence?; in: International and Comparative Law Quarterly 49 (2000), S. 835- 855.
Randelshofer, Albrecht	Umweltschutz im Völkerrecht, in: Jura 1992, S. 1-8.
Rathnaswamy, P.	International Environmental Management, Neu Delhi 1998.
Rau, Markus	Comment: The Swordfish Case: Law of the Sea v. Trade, in: Zeitschrift für ausländisches öffentliches Recht und Völkerrecht 56 (2002), S. 37-41.
Rauschning, Dietrich/ Wiesbrock, Katja/ Lailach, Martin (Hrsg.)	Key Resolutions of the United Nations General Assembly 1946-1996, Cambridge 1997 (zit.: Rauschning/Wiesbrock/Lailach (Hrsg.); Key Resolutions).
Raustiala, Kal	The Reporting and Review Institutions in 10 Multilateral Environmental Agreements, United Nations Environment Programme 2001 (zit.: Raustiala, Reporting and Review Institutions).
Raustiala, Kal/ Victor, David G.	Conclusions, in: Victor, David G. (Hrsg.), The implementation and effectiveness of international environmental commitments: theory and practice, Cambridge 1998 (zit.: Raustiala/Victor, in: Victor (Hrsg.), The implementation and effectiveness of international environmental commitments).
Reed, David	The Global Environment Facility and Non-Governmental Organizations, in: American University Journal of International Law and Policy 9 (1993), S. 191-213.
Rest, Alfred	Die rechtliche Umsetzung der Rio- Vorgaben in der Staatenpraxis; in: Archiv des Völkerrechts 34 (1996), S. 145- 167.
Ricupero, Rubens	Chronicle of a Negotiation: The Financial Chapter of Agenda 21 at the Earth Summit, in: Colorado Journal of International Environmental Law and Policy 4 (1993), S. 81-101.
Röben, Volker	Institutional Developments under Modern International Environmental Agreements, in: Max Planck Yearbook of United Nations Law 4 (2000), S. 363-443.
Röben, Volker	Institutions of International Environmental Law, in: Morrison, Fred L./Wolfrum, Rüdiger (Hrsg.), International, Regional and National Environmental Law, The Hague u.a. 2000. S. 71-111 (zit.: Röben, in: Morrison/Wolfrum (Hrsg.), International, Regional and National Environmental Law).

Romano, Cesare P.	The Peaceful Settlement of International Environmental Disputes, The Hague u.a. 2000 (zit.: Romano, Peaceful Settlements of Disputes).
Rubin, Jeffrey Z.	Third-Party Roles: Mediation in International Environmental Disputes, in: Sjöberg, Gunnar (Hrsg.), International Environmental Negotiations, Newbury Park u.a. 1993 (zit.: Rubin, in: Sjöberg (Hrsg.), International Environmental Negotiation).
Runge, C.Ford	A Global Environmental Organization (GEO) and the World Trading System: Prospects and Problems, A Paper prepared for the center for Strategic and International Studies (CSIS), Georgetown University, and the Twenty-first Century Commission on U.S. Foreign Economic Policy in a Globalized Economy. (zit.: Runge, A Global Environmental Organization). Erhältlich unter: http://www.apec.umn.edu/faculty/frunge/GEO.pdf.
Sachariew, Kamen	Promoting Compliance with International Environmental Legal Standards: Reflections on Monitoring and Reporting Mechanisms, in: Yearbook of International Environmental Law 2 (1991), S. 31- 52.
Sahlmann, Herbert/ Blank, Bernd	UNDP-United Nations Development Programme, in: Wolfrum (Hrsg.), United Nations: Law Policies and Practice Bd. 2, München 1995, Kap.134, S. 1284-1290 (zit.: Sahlmann/Blank, in: Wolfrum (Hrsg.), United Nations).
Sand, Peter H.	Carrots without sticks? New financial mechanisms for global environmental agreements, in: Max Planck Yearbook of United Nations Law 3 (1999), S. 363-388.
Sand, Peter H.	Institution- Building to Assist Compliance with International Environmental Law: Perspectives, in: Zeitschrift für ausländisches öffentliches Recht und Völkerrecht 56 (1996), S. 774- 795.
Sand, Peter H.	Lessons Learned in Global Environmental Governance, World Resources Institute, 1990 (zit.: Sand, Lessons Learned).
Sand, Peter H.	Trusts for the Earth: New International Financial Mechanisms for Sustainable Development, in: Lang, Winfried (Hrsg.), Sustainable Development and International Law, London 1995, S. 167-184 (zit.: Sand, in: Lang (Hrsg.), Sustainable Development).
Sand, Peter H.	The Potential Impact of the Global Environment Facility of the World Bank, UNDP and UNEP, in: Wolfrum, Rüdiger (Hrsg.), Enforcing Environmental Standards: Economic Mechanisms as Viable Means?, S. 479-499 (zit.: Sand, in: Wolfrum (Hrsg.), Enforcing Environmental Standards).
Sand, Peter H.	Trusteeship for Common Pool Resources? Zur Renaissance des Treihandbegriffs im Umweltvölkerrecht, in: von Schorlemer, Sabine (Hrsg.); Praxishandbuch UNO, Berlin, Heidelberg, New York 2003 (zit.: Sand, in: v. Schorlemer (Hrsg.), Praxishandbuch UNO).

Sandford, Rosemary — International Environmental Treaty Secretariats: Stage-Hands or Actors?, in: Bergesen, Helge Ole; Parmann, Georg (Hrsg.), Green Globe Yearbook of International Co-operation on Environment and Development 1994, S. 17-29 (zit.: Sandford, in: Green Globe Yearbook 1994).

Sands, Philippe — Principles of International Environmental Law, 2. Aufl., Cambridge 2003 (zit.: Sands, Principles of International Law).

Sarooshi, Danesh — The Legal Framework Governing United Nations Subsidiary Organs, in: The British Yearbook of International Law, (67) 1996, S. 413-478.

Saunders, Philipp — Development Cooperation and Compliance with International Environmental Law: Past Experience, in: Schoenbaum, Thomas J., Trilateral perspectives on international legal issues, From Theory into practice, Ardsley 1998, S. 89-104 (zit.: Saunders, in: Schoenbaum (Hrsg.)).

Schermers, Henry G./ Blokker, Niels M. — International Institutional Law, 3. Aufl., The Hague, London, Boston 1995 (zit.: Schermers/Blokker, International Institutional Law).

Schmitz-Rode, Wolfgang — Effizienz der Instrumente des Völkerrechts zum Schutz von Umwelt und Klima, Aachen 1999 (zit.: Schmitz-Rode).

Schroeder, Werner/ Schonard, Pascal — Die Effektivität des WTO-Streitbeilegungssystems, in: Recht der internationalen Wirtschaft 2001, S. 658-664.

Schulte zu Sodingen, Anja — Sustainable Forest Management – Progresses since Rio and Challenges for the Future, in: Zeitschrift für ausländisches öffentliches Recht un Völkerrecht 63 (2003), S. 397-415.

Secretariat of the Convention on Biological Diversity (Hrsg.) — Handbook of the Convention on Biological Diversity, London u.a. 2001 (zit.: Handbook of the Convention on Biological Diversity).

Seidl-Hohenveldern, Ignaz/ Loibl, Gerhard — Das Recht der internationalen Organisationen einschließlich der supranationalen Gemeinschaften, 7. Aufl., Köln u.a. 2000 (zit.: Seidl-Hohenveldern/Loibl, Das Recht der internationalen Organisationen).

Shihata, Ibrahim F. I. — The World Bank in a Changing World,
Band 1: Selected essays, Dordrecht 1991,
Band 2: Selected essays and lectures, Dordrecht 1995,
Band 3, Dordrecht 2000
(zit.: Shihata, The World Bank in a Changing World).

Shihata, Ibrahim F.I. — Implementation, Enforcement, and compliance with International Environemental Agreements- Practical Suggestions in Light of the World Bank´s Experience; in: The Georgetown International Environmental Law Review, 9 (1996), S. 37-51.

Silard, Stephen A. — The Global Environment Facility: A New Development in International Law and Organization, in: The George Washington Journal of international law and economics 28 (1995), S. 607- 654.

Simma, Bruno (Hrsg.) — The Charter of the United Nations, A commentary, Band I und II, 2. Aufl., München 2002 (zit. Verf., in: Simma (Hrsg.), The Charter of the United Nations).

Singh, Nagendra — The UN and the Development of International Law, in: Roberts, Adam, Kingsbury, Benedict, United Nations, Divided World, 2. Aufl. Oxford 1995 (zit.: Singh, in: Roberts/Kingsbury (Hrsg.), United Nations).

Sjöberg, Helen — The Global Environment Facility, in: Werksman, Jacob (Hrsg.), Greening International Institutions, London 1996, S. 148-162 (zit.: Sjöberg, in: Werksman (Hrsg.), Greening International Institutions).

Sjöberg, Helen — From Idea to Reality, The Creation of the Global Environment Facility, Working Paper 10, Washington 1994 (zit.: Sjöberg, From Idea to Reality).

Sohn, Louis B. — The Stockholm Declaration on the Human Environment, in: Harvard International Law Journal 14 (1973), S. 423- 515.

Sommer, Julia — Environmental Law-Making by International Organisations, in: Zeitschrift für ausländisches öffentliches Recht und Völkerrecht 56 (1996), S. 628-667.

Ssekandi, Francis M./ Johnson, Peri Lynne — UNDP´s National Execution Modality: On the Road to Turning the Management of Development Programmes over to Programme Governments, in: International Law Studies Association: ISLA journal of international & comparative law 7 (2000), S. 39-66.

Steinmann, Arthur/ Strack, Lutz — Die Verabschiedung des „Biosafety-Protokolls" – Handelsregelungen im Umweltgewand?, in: Natur und Recht 2000, S. 367-373.

Storm, Peter- Christoph — Das UNEP- Umweltrechtsprogramm von Montevideo, in: Zeitschrift für Umwelt- und Umweltplanungsrecht 1982, S. 267-279.

Susskind, Lawrence E. — Environmental Diplomacy, Negotiating More Effective Global Agreements, New York u.a. 1994 (zit.: Susskind, Environmental Diplomacy).

Susskind, Lawrence E./ Ozawa, Connie — Negotiating More Effective International Environmental Agreements, in: Hurrell, Andrew/Kingsbury, Benedict (Hrsg.), The International Politics of the Environment, Oxford 1992, S. 142-165 (zit.: Susskind/Ozawa, in: Hurrell/Kinsgbury (Hrsg.), International Politics of the Environment).

Szasz, Paul C. Edith Brown Weiss (Hrsg.) — Selected Essays on Understanding International Institutions and the Legislative Process, Ardsley, NY 2001 (zit.: Szasz, Understanding international Institutions).

Szasz, Paul C.	Restructuring the international organizational framework, in: Brown Weiss, Edith, Environmental change and international law: New challenges and dimensions, United Nations University Press 1992, S. 340-384 (zit.: Szasz, in: Brown Weiss, Environmental change and environmental law).
Szasz, Paul C.	The Complexification of the United Nations System, in: Max Planck Yearbook of United Nations Law 3 (1999), S. 1- 57.
Szasz, Paul C.	Introduction, in: Szasz, Paul C. (Hrsg.), Administrative and Expert Monitoring of International Treaties, Ardsley, New York 1999, S. 1-17 (zit.:Szasz (Hrsg.), Administrative and Expert Monitoring).
Szasz, Paul C.	General Law-Making Process, in: Schachter, Oskar/Joyner, Christopher C. (Hrsg.), United Nations Legal Order, Band 1, Cambridge University Press 1995, S. 35-108 (zit.: Szasz, in: Schachter/Joyner (Hrsg.), United Nations Legal Order).
Szell, Patrick	Negotiations on the Ozone Layer, in: Sjöstedt, Gunnar (Hrsg.), International Environmental Negotiation, Newbury Park 1993, S. 31-47 (zit.: Szell, in: Sjöstedt (Hrsg.), International Environmental Negotiation).
Thacher, Peter S.	The Role of the United Nations; in: Hurrell, Andrew; Kingsbury, Benedict (Hrsg.), The International Politics of the Environment; Oxford 1992, S. 183- 211 (zit.: Thacher, in: Hurrell/Kingsbury (Hrsg.)).
The Commission on Global Governance	Our Global Neighbourhood, The Report of the Commission on Global Governance; Oxford 1995. (zit.: Commission on Global Governance, Our Global Neighbourhood).
Thürer, Daniel	„Soft Law" – eine neue Form von Völkerrecht?, in: Zeitschrift für Schweizerisches Recht 104 (1985), S. 429-453.
Timoshenko, Alexander; Berman, Mark	The United Nations Environment Programme and the United Nations Development Programme, in Werksman, Jacob (Hrsg.), Greening International Institutions; London 1996, S. 38-54 (zit.: Timoshenko/Berman, in: Werksman(Hrsg.), Greening International Institutions).
Tomuschat, Christian	Die Völkerrechtskommission der Vereinten Nationen, in: Vereinte Nationen 36 (1988), S. 180-186.
Töpfer, Klaus	Abschied von der Wegwerfgesellschaft - Neues Paradigma Lebenszyklen: das UNEP im Reformprozeß, in Vereinte Nationen 1999, S. 56- 59.
Tornberg, Joseph	The United Nations Commission on Sustainable Development, in: New York Law School Journal of Human Rights 17 (2001), S. 957 – 967.

Torres Bernárdez, Santiago	Subsidiary Organs, in: Dupuy, René- Jean, Manuel sur les organisations internationales/ A Handbook on International Organizations, 2. Aufl., Dordrecht, Boston, London, 1998, S. 109 - 153 (zit.: Torres Bernárdes, in: Dupuy).
Ulfstein, Geir	The Proposed GEO and its Relationship to Existing MEAs, Vortrag: "International Conference on Synergies and Coordination between Multilateral Environmental Agreements, Tokio 14.-16. Juli 1999 (zit.: Ulfstein, The Proposed GEO and its Relationship to Existing MEAs). Erhältlich unter: http://www.geic.or.jp/interlinkages/docs/GEOManus.PDF.
United Nations Environment Program	Annual Report of the Executive Director 1982; United Nations Environment Programme, UNEP/GC.11/2, Nairobi May 1983.
United Nations Environment Program	Annual Report of the Executive Director 1984; United Nations Environment Programme, UNEP/GC.13/2, Nairobi, May 1985.
United Nations Environment Programme	UNEP Environmental Law Training Manual, Nairobi 1997 (zit.: UNEP Environmental Law Training Manual).
United Nations Environment Programme	GPA Clearing-House Mechanism Overview, UNEP, January 2001 (zit.: UNEP, GPA Clearing-House Mechanism). Erhältlich unter: www.gpa.unep.org/document_lib/en/pdf/gpa_chm_overview_and_status_-_january_2001.pdf.
United Nations Environment Programme	Annual Report 2004, UNEP, Nairobi 2004 (zit.: UNEP, Annual Report 2004).
United Nations Environment Programme	Annual Report of the Executive Director 2001, UNEP, Nairobi 2002 (zit.: UNEP, Annual Report 2001).
United Nations Environment Programme	Annual Report of the Executive Director 2000, UNEP, Nairobi 2003 (zit.: UNEP, Annual Report 2002).
Vallega, Adalberto	Integrated Coastal Area Management in the Framework of the UNEP Regional Seas Programme: The Lesson from the Mediterranean, in: Ocean Yearbook 13 (1998), S. 245-278.
Verschuuren, Jonathan	Principles of Environmental Law, Baden-Baden 2003.
Victor, David G./ Raustiala, Kal/ Skolnikoff, Eugene B.	Introduction and Overview, in: Victor, David G. (Hrsg.), The implementation and effectiveness of international environmental commitments: theory and practice, Cambridge 1998 (zit.: Victor/Raustiala/Skolnikoff, in: Victor (Hrsg.), The implementation and effectiveness of international environmental commitments).
Vizthum, Wolfgang Graf (Hrsg.)	Völkerrecht; 3. Aufl, Berlin 2004 (zit.: Verf., in: Vitzthum (Hrsg.), Völkerrecht).

Von Moltke, Konrad	Clustering International Environmental Agreements as an Alternative to a World Environment Organization, in: Biermann, Frank/Bauer, Steffen; A World Environment Organization: Solution or Threat for Effective International Environmental Governance? Aldershot (UK) 2005, S. 175-204. (zit.: von Moltke, in: Bierman/Bauer (Hrsg.), A World Environment Organization).
Von Moltke, Konrad	Clustering International Environmental regimes, in: Brack/Hyvarinen (Hrsg.), Global environmental institutions, London 2002, S. 44-50 (zit.: von Moltke, in: Brack/Hyvarinen (Hrsg.), Global environmental institutions).
Von Moltke, Konrad	On Clustering International Environmental Agreements, IISD 2001 (zit.: von Moltke, On Clustering IEAs). Erhältlich unter: www.iisd.org/publications.
Von Moltke, Konrad	Whither MEAs? The Role of International Environmental Management in the Trade and Environment Agenda, IISD 2001 (zit.: von Moltke, Whither MEAs?). Erhältlich unter: www.iisd.org/publications.
von Schorlemer, Sabine	Der „Global Compact der Vereinten Nationen – ein Faust´scher Pakt mit der Wirtschaftswelt?, in: von Schorlemer, Sabine (Hrsg.), Praxishandbuch UNO, Berlin u.a. 2003 (zit.: v. Schorlemer, in: v.Schorlemer (Hrsg.), Praxishandbuch UNO).
Werksman, Jacob	The Conferences of Parties to Environmental Treaties, in: Werksman, Jacob (Hrsg.), Greening International Institutions, London 1996, S. 55- 68 (zit.: Werksman, in: Werksman, Greening International Institutions).
Werksman, Jacob	Consolidating Governance of the Global Commons: Insights from the Global Environment Facility, in: Yearbook of International Environmental Law 6 (1995), S.27-63.
Werksman, Jacob	Formal Linkages and Multilateral Environmental Agreements, Background Paper, International Conference on Synergies and Co-ordination between Multilateral Environmental Agreements, Tokio 14. bis 16. Juli 1999 (zit.: Werksman, Formal Linkages and Multilateral Environmental Agreements). Erhältlich unter: http://www.geic.or.jp/interlinkages/docs/jake.PDF.
Whalley, John/ Zissimos, Ben	Making Environmental Deals: The Economic Case for a World Environmental Organization, in: Esty, Daniel C./ Ivanova (Hrsg.), Maria H., Global Environmental Governance, Yale School of Forestry & Environmental Studies 2002, S.163-180 (zit.: Whalley/Zissimos, in: Esty/Ivanovy (Hrsg.), Global Environmental Governance).

Wilson, Peigi L.	Review of the Second Montevideo Programme for the Development and Periodic Review of Environmental Law- 1992-1995, in: Kurukulasuriya, Lal (Hrsg.), UNEP´s New Way Forward: Environmental Law and Sustainable Development, Kenia 1995, S. 313-342 (zit.: Wilson, in: Kurukulasuriya (Hrsg.), UNEP´s New Way Forward).
Wissenschaftlicher Beirat der Bundesregierung Globale Umweltveränderungen	Welt im Wandel: Neue Strukturen globaler Umweltpolitik, Jahresgutachten 2000, Berlin, Heidelberg 2001 (zit.: WBGU Jahresgutachten 2000).
Wolfrum, Rüdiger	Ursprüngliche Aufgabenzuweisung und jetzige Aktivitäten der Vereinten Nationen: Faktischer Wandel und normative Bewertung, in: Wolfrum, Rüdiger (Hrsg.), Die Reform der Vereinten Nationen- Möglichkeiten und Grenzen, Referate und Diskussionsbeiträge eines Symposiums des Instituts für Internationales Recht vom 18. Bis 21. November 1987 in Kiel, Berlin 1989, S. 129-156 (zit.: Wolfrum, in: Wolfrum (Hrsg.), Reform der Vereinten Nationen).
Wolfrum, Rüdiger	Means of Ensuring Compliance with and Enforcement of International Environmental Law, in: Recueil des Cours 272 (1998), S. 13- 154.
Wolfrum, Rüdiger (Hrsg.)	Handbuch Vereinte Nationen, 2. Aufl. München 1991 (zit.: Verf., in: Wolfrum (Hrsg.), Handbuch Vereinte Nationen).
Wolfrum, Rüdiger (Hrsg.)	United Nations: Law, Policies and Practice, Band 1 und 2, München 1995 (zit.: Verf., in: Wolfrum (Hrsg.), United Nations).
Wolfrum, Rüdiger/ Matz, Nele	Conflicts in International Environmental Law, Berlin, Heidelberg, New York 2003 (zit.: Wolfrum/Matz, Conflicts in International Environmental Law).
Wolfrum, Rüdiger/ Langenfeld, Christine	Umweltschutz durch internationales Haftungsrecht, Berlin 1999 (zit.: Wolfrum/Langenfeld, Umweltschutz durch internationales Haftungsrecht).
World Commission on Environment and Development	Our Common Future, Oxford 1987.
Yamin, Farhana	The Use of Joint Implementation to Increase Compliance with the Climate Change Convention: International Legal and Institutional Questions, in: Review of European Community & International Environmental Law, 2 (1993), S. 348- 353.
Yamin, Farhana	The CSD Reporting Process: A Quiet Step Forward for Sustainable Development, in: Yearbook of International Co-operation on Environment and Development 1998/1999, S. 51-62.

Young, Oran R. — Perspectives on International Organizations, in Sjöstedt, Gunnar (Hrsg.), International Environmental Negotiation, Newbury Park u.a. 1993, S. 244-261 (zit.:Young, in: Sjöstedt (Hrsg.), International Environmental Negotiation).

Zoller, Elisabeth — Institutional Aspects of International Governance, in: Indiana Journal of Global Legal Studies 3 (1995), S. 121-131.

Die angegebenen Internetquellen und die Verweise im Text sind auf aktuellem Stand.

Abkürzungsverzeichnis

Abl. EG	Amtsblatt der Europäischen Gemeinschaften
ACC	Administrative Committee on Co-ordination
ACCOBAMS	Agreement on the Conservation of Cetaceans of Black Sea, the Mediterranean Sea and Contiguous Atlantic Area
AEWA	Agreement on the Conservation of African-Eurasian Migratory Waterbirds
AJIL	American Journal of International Law
ASCOBANS	Agreement on the Conservation of Small Cetaceans of the Baltic and North Seas
AVR	Archiv des Völkerrechts
Barcelona Konvention	Barcelona Convention for the Protection of the Mediterranean Sea Against Pollution
Basler Konvention	Basel Convention on the Control of Transboundary Movements of Hazardous Wastes and Their Disposal
BGBl	Bundesgesetzblatt
BYIL	British Yearbook of International Law
BPoA	Barbados Programme of Action (Programme of Action for the Sustainable Development of Small-Island Developing States)
Cartagena Protokoll	Cartagena Protocol on Biosaftey to the Convention on Biological Diversity
CBD	Convention on Biological Diversity
CEB	Chief Executives Board for Coordination
CITES	Convention on International Trade in Endangered Species of Wild Fauna and Flora
CMS	Convention on the Conservation of Migratory Species of Wild Animals
COP	Conference of the Parties (Vertragsstaatenkonferenzen)
CPR	Committee of Permanent Representatives
CSD	Commission on Sustainable Development
DEC	Division on Environmental Conventions (UNEP)
DEPI	Division on Environmental Policy Implementation (UNEP)
DESA	Department of Economic and Social Affairs
DOEM	Designated Officials on Environmental Matters
DPDL	Division on Policy Development and Law (UNEP)
DSU	Dispute Settlement Understanding
ECE	Economic Commission for Europe
EMG	Environmental Management Group
EIA	Environmental Impact Assessment
EPIL	R. Bernhardt (Hrsg.), Encyclopedia of Public International Law
EUROBATS	Agreement on the Conservation of Bats in Europe
FAO	Food and Agricultural Organization
GATT	General Agreement on Tariffs and Trade
GATS	General Agreement on Trade in Services

GEF	Global Environment Facility
GEMS	Global Environment Monitoring Systems
GESAMP	Joint Group of Experts on the Scientific Aspects of Marine Environmental Protection
GET	Global Environmental Trust Fund
GMEF	Global Ministerial Environment Forum
GOS	Global Observation System
GPA	Global Programme of Action for the Protection of
the	Marine Environment from Land-Based Activities
GYIL	German Yearbook of International Law
HABITAT	United Nations Commission on Human Settlements, jetzt UN-HABITAT
HLAB	High- Level Advisory Board
HLCM	High Level Committee on Management (CEB)
HLCP	High Level Committee on Programmes (CEB)
IACSD	Inter- Agency Committee on Sustainable Development
IAEA	International Atomic Energy Agency
IBRD	International Bank for Reconstruction and Development
I.C.L.Q.	International and Comparative Law Quarterly
IFAD	International Fund for Agricultural Development
IFF	International Forum on Forests
IGH	Internationaler Gerichtshof
ILC	International Law Commission
ILO	International Labour Organization
Interpol	International Criminal Police Organization
IMF	International Monetary Fund
IMO	International Maritime Organization
IPCC	Intergovernmental Panel on Climate Change
IPF	Intergovernemental Panel of Forests
IRPTC	International Register of Potentially Toxic Chemi-
cals	
IUCN	International Union for the Conservation of Nature and Natural Resources
JIEL	Journal of Environmental Law
Lusaka Abkommen	Lusaka Agreement on Cooperative Enforcement Operations Directed at Illegal Trade in Wild Fauna and Flora
Max Planck UNYB	Max Planck Yearbook of United Nations Law
MEDU	Coordinating Unit for the Mediterranean Action Plan
MichJIL	Michigan Journal of International Law
Montrealer Fonds	Mulitlateral Fund for the Implementation of the Montreal Protocol on Subtances that Deplete the Ozone Layer
Montrealer Protokoll	Montreal Protocol on Substances that Deplete the Ozone Layer
NEPAD	New Partneship for Africa´s Development
NGOs	Non-governmental organizations
NOWPAP	Northwest Pacific Action Plan
NuR	Natur und Recht
NYIL	Netherlands Yearbook of International Law

OAU	Organization of African Unity
OECD	Organization for Economic Cooperation and Development
OPS	Office for Project Services
OTF	Ozone Projects Trust Fund
PADELIA	Partnership for the Development of Environmental Law and Institutions in Africa
PIC -Konvention	Rotterdam Convention on the Prior Informed Consent Procedure for Certain Hazardous Chemicals and Pesticides in International Trade
POP - Konvention	Stockholm Convention on Persistent Organic Pollutants
Ramsar Konvention	Ramsar Convention on Wetlands of International Importance, especially as Waterfowl Habitat
RdC	Recueil des Cours
RIW	Recht der internationalen Wirtschaft
RECIEL	Review of European Community and International Environmental Law
SIDS	Small Island Developing States
STAP	Scientific and Technical Advisory Panel
SRÜ	Seerechtsübereinkommen
TPRM	Trade Policy Review Mechanism
TRIPS	Agreement on Trade-Related Aspects of Intellectual Property Rights
TTF for Environmnent	UNDP Thematic Trust Fund Environment
UNCCD	United Nations Convention to Combat Desertification in those Countries Experiencing Serious Drought and/or Desertification, Particularly in Africa
UNCLOS	United Nations Convention on the Law Sea
UNCITRAL	United Nations Commission on International Trade Law
UNCTAD	United Nations Conference on Trade and Development
UNDP	United Nations Development Programme
UNEP	United Nations Environment Programme
UNESCO	United Nations Educational, Scientific and Cultural Organization
UNFCCC	United Nations Framwork Convention on Climate Change
UNFPA	United Nations Population Fund
UNHRC	United Nations Human Rights Commission
UNICEF	United Nations Children´s Fund
UNIDO	United Nations Industrial Development Organization
UNOPS	United Nations Office for Project Services
UAG	Users Advisory Committee
UPR	Umwelt- und Planungsrecht (Zeitschrift)
VN	Vereinte Nationen (Zeitschrift)
WKV	Wiener Übereinkommen über das Recht der Verträge
WCED	World Commission on Environment and Development

WCMC	World Conservation Monitoring Centre
WCO	World Customs Organization
WBGU	Wissenschaftlicher Beirat der Bundesregierung Globale Umweltfragen
WHO	World Health Organization
Wiener Konvention	Vienna Convention for the Protection of the Ozone Layer
WIPO	World Intellectual Property Organization
WMO	World Meterological Organization
WSSD	World Summit on Sustainable Development (2002)
WTO	World Trade Organizations
YIEL	Yearbook of International Environmental Law
ZaöRV	Zeitschrift für ausländisches öffentliches Recht und Völkerrecht
ZUR	Zeitschrift für Umweltrecht
ZfU	Zeitschrift für Umweltpolitik und Umweltrecht

Einleitung

A. Problemstellung

Das United Nations Environment Programme (UNEP), dessen Gründung auf die Stockholmer Konferenz von 1972 zurückgeht, hat seinen Auftrag wie folgt beschrieben: „anyone who expected that UNEP would itself solve all the problems of the environment, or fund others for the job, was bound to be disappointed. The brief is not more than to jog the world into action; to set the world working for itself" [1]. UNEP hat zum Ziel, die Umweltaktivitäten der verschiedenen Organisationen zu koordinieren, die Umweltsituation zu beobachten sowie Umweltaktivitäten der Staaten und anderer Organisationen zu initiieren und unterstützend zu begleiten. Die Umsetzung dieses Ziels ist davon abhängig, welche rechtliche Stellung UNEP hat und welche Handlungskompetenzen ihm eingeräumt sind.

Dies lenkt - 30 Jahre nach der Gründung von UNEP – den Blick darauf, ob dessen Handlungskompetenzen ausgereicht haben und ausreichen, um die Welt für die Verwirklichung des Umweltschutzes „in Aktion zu versetzen". Obwohl die rechtliche Stellung von UNEP seit seinem Bestehen immer wieder Gegenstand von Diskussionen war, hat sich bisher an der Position von UNEP als Programm der Vereinten Nationen und an den damit einhergehenden beschränkten Handlungsmöglichkeiten nichts geändert.

Seit der Stockholmer Umweltkonferenz von 1972, die als „Meilenstein" für den internationalen Umweltschutz anzusehen ist[2], hat sich das internationale Umweltrecht erheblich entwickelt. Das Umweltvölkerrecht hat sich als Spezialgebiet des Völkerrechts herausgebildet[3]. Es wurde eine Vielzahl von neuen Umweltabkommen geschlossen. Während vor 1972 nur in wenigen Bereichen Umweltabkommen bestanden haben, existieren mittlerweile in fast allen Umweltbereichen Regelungen[4]; allerdings sind viele Umweltprobleme noch nicht bewältigt und stellen sich neue Fragen. Sowohl auf internationaler Ebene als auch in den einzelnen Ländern wurden zunehmend Umweltprojekte verschiedener Art durchgeführt. UNEP war an vielen dieser Aktivitäten beteiligt, wobei der Schwerpunkt seiner Tätigkeiten vor allem auf der Bereitstellung von Ergebnissen der Umweltbeobachtung sowie auf Initiativ- und Koordinierungstätigkeiten lag. Als neuer Aufgabenschwerpunkt zeichnet sich ab, darauf hinzuwirken, dass internationales Umweltrecht in den Staaten umgesetzt wird. Im Falle von Abkommen heißt dies, dass die von den Staaten übernommenen Verpflichtungen zu bestimmten Handlungen auch erfüllt, d.h. vor allem in nationales Recht umgesetzt werden.

---

[1] UNEP Publikation: "UNEP, What It Is, What It Does, How It Works"; zitiert in: Dupuy, in: Bernhardt (Hrsg.), EPIL Bd. IV, S. 1101, 1103.

[2] Beyerlin/Reichard, ZaöRV 63 (2003), S. 213.

[3] Beyerlin, Umweltvölkerrecht, Rn. 4.

[4] Nach Schätzungen wurden seitdem mehr als 500 umweltrechtliche Abkommen geschlossen, von denen der Großteil regionaler Natur ist. UN Doc. UNEP/IGM/1/2 vom 4.4.2001, Par. 45.

Eine weitere Herausforderung an UNEP stellt die veränderte Situation in institutioneller Hinsicht dar. Schon zum Zeitpunkt der Gründung von UNEP existierten verschiedene Organisationen, die zwar nicht ausschließlich, sondern nur insoweit im Umweltschutz tätig waren, als Schnittstellen zu ihren eigentlichen Aufgabenbereichen bestanden haben[5]. Mittlerweile sind weitere Institutionen hinzugekommen, zu denen insbesondere die Commission on Sustainable Development (CSD) und die Global Environment Facility (GEF) zu zählen sind. Die Entwicklung neuer Abkommen und Vertragsregime[6] hat neue vertragsspezifische Organisationen hervorgebracht. Da anders als im internationalen Wirtschaftsrecht im internationalen Umweltbereich keine der World Trade Organization (WTO) vergleichbare Umweltorganisation besteht, ist UNEP auf die Zusammenarbeit mit diesen Organisationen angewiesen. Für den Prozess eines effektiven Zusammenwirkens der internationalen Organisationen hat sich der Begriff der „International Environmental Governance"[7] durchgesetzt. In mehreren Beschlüssen ist die Forderung erhoben worden, dass UNEP für „International Environmental Governance" eine leitende Rolle übernehmen soll[8].

In der Folge von Stockholm haben zwei weitere Weltgipfel zum Thema Umwelt stattgefunden: die Rio-Konferenz[9] und die Konferenz in Johannesburg[10]. Während die Rio-Konferenz als wichtigste Ergebnisse die Verabschiedung der Convention on Biological Diversity (CBD) und der United Nations Framework Convention on Climate Change (UNFCCC) sowie die Gründung der CSD und der GEF verzeichnen kann, hat die Konferenz in Johannesburg nicht zu vergleichbaren Ergebnissen geführt. Schon bei den Treffen in Vorbereitung auf die Konferenz zeichnete sich ab, dass sie die Erwartungen nicht erfüllen kann. Obwohl im Vorfeld viele Vorschläge für eine Umstrukturierung von UNEP gemacht wurden, hat der Gipfel auch insoweit nicht zu entsprechenden Empfehlungen geführt. Die Vorschläge reichten von der Änderung der inneren Struktur von UNEP bis zu einer Umstrukturierung zu einer Weltumweltorganisation mit weitreichenden Kompetenzen. Ein erster Schritt in diese Richtung stellt der Beschluss des Verwaltungsrates von UNEP zur Aufhebung der Beschränkung der Mitgliedschaft im Verwaltungsrat dar, der zwar von der Generalversammlung der UN begrüßt wurde, ohne dass jedoch

---

[5] Innerhalb des UN Systems waren dies vor allem die Food and Agriculture Organization (FAO), International Labour Organization (ILO), United Nations Educational, Scientific and Cultural Organization (UNESCO), World Bank (IBRD), World Health Organization (WHO), World Meteorological Organization (WMO), International Maritime Organization (IMO) and International Atomic Energy Agency (IAEA). Vgl. Desai, Indian Journal of International Law 40 (2000), S. 455, 462.

[6] Ein Vertragsregime besteht aus rechtlich bindenden Verträgen und damit zusammenhängendem „soft-law" zu einem bestimmten Umweltproblem. Siehe hierzu 2. Kapitel A. I.

[7] Siehe hierzu insbesondere Commission on Global Governance, Issues in Global Governance, London 1995.

[8] UNEP GC. Dec. UNEP/GCSS.VI/1, Annex: Malmö Ministerial vom 31.5.2000, Par. 24.

[9] United Nations Conference on Environment and Development-UNCED, vom 3.-14. 6. 1992 in Rio de Janeiro.

[10] World Summit on Sustainable Development-WSSD, vom 26.8. – 4.9.2002 in Johannesburg.

Einigkeit über ein konkretes Datum für die Umsetzung erzielt werden konnte[11]. Vor dem Hintergrund der Entwicklungen im internationalen Umweltschutz und insbesondere vor dem vielfach mit Enttäuschung aufgenommenen Ausgang der Konferenz in Johannesburg bleibt die Frage, ob UNEP mit dem bisherigen Handlungsinstrumentarium seine Aufgaben erfüllen kann oder ob institutionelle Reformen notwendig sind, um einen effektiven Umweltschutz zu gewährleisten.

B. UNEP als Teil der International Environmental Governance

I. International Environmental Governance

In der Literatur zum Umweltvölkerrecht und zur internationalen Umweltpolitik[12], aber auch in internationalen Dokumenten[13] ist in den letzten Jahren zunehmend der Begriff der „International Environmental Governance" verwendet worden. Viele Diskussionen im Vorfeld von Johannesburg befassten sich mit diesem Thema.

Unter „International Environmental Governance" ist das Zusammenwirken internationaler Organisationen und anderer Beteiligter zum Zweck eines gemeinsamen Handelns im Bereich des internationalen Umweltrechts und der internationalen Umweltpolitik zu verstehen. Dieser Erklärungsinhalt lässt sich zum einen aus dem Begriff „governance" herleiten, der wie folgt definiert werden kann: „the process and institutions, both formal and informal, that guide and restrain the collective activities of a group"[14]. Er kann sich ferner auf die Definition des Begriffs des „global governance" stützen, der synonym mit „international governance" verwendet wird und den die „Commission on Global Governance" (CGG) wie folgt umschrieben hat: „Governance is the sum of the many ways individuals and instituti-

[11] UNGA Res. A/57/251 vom 21.2.2003, Par. 4.

[12] Z.B. Birnie/Boyle, International Law and the Environment, S. 34 ff.; Haas, Global Environmental Governance, in: Commission on Global Governance, Issues in Global Governance, S. 333 ff.; Sand, Lessons Learned, S. 1 ff.; Desai, YIEL 13 (2002), S. 43 ff.; Esty, New York University Law Review 74 (1999), S. 1495 ff.: "optimal environmental governance").

[13] Siehe insbesondere die Dokumente der Open-ended Intergovernmental Group of Ministers or their Representatives on International Environmental Governance, z.B. UN Doc. UNEP/IGM/1/2 vom 4.04.01: "International Environmental Governance"; UN Doc. UNEP/GCSS.VIII/5 vom 25.02.04: "Overview of Progress on International Environmental Governance".

[14] Ivanova, in: Witte/Streck/Benner (Hrsg.), Progress or Peril?, S. 9, 10. Zum Teil wird bei „governance" weitergehend noch zwischen den verschiedenen Ebenen unterschieden und zwar „horizontal governance", „vertical governance", „parallel governance" und „diagonal governance". Diese bestehen sowohl in der Form der „managed globalization", nämlich der zwischen den Staaten verhandelten Verfahrensregeln und des Vertragsrechts, als auch der „spontaneous globalization", d.h. der Institutionen und Prozesse, die aufgrund des wissenschaftlichen und technischen Fortschritts entstehen und den rechtlich festgelegten Regeln oftmals voraus sind; vgl. Gupta, in: Biermann/Bauer (Hrsg.), A World Environment Organization, S. 57, 59 f.

ons, public and private, manage their common affairs. It is a continuing process through which conflicting or diverse interests may be accommodated and co-operative action may be taken. It includes formal institutions and regimes empowered to enforce compliance, as well as informal arrangements that people and institutions either have agreed to or perceive to be in their interest. (...) There is no single model or form of global governance, nor is there a single structure or set of structures. It is a broad, dynamic, complex process of interactive decision-making that is constantly evolving and responding to changing circumstances."[15]
Aus diesen Definitionen ergibt sich, dass „International Environmental Governance" keine Institution und auch keine organisatorische Verflechtung meint. Es handelt sich vielmehr um ein politisches (Handlungs-)Konzept oder die Beschreibung eines Prozesses, der erst im Entstehen begriffen ist und weder auf bestimmte Organisationen beschränkt ist noch festgelegten Regularien unterliegt, also ständigen Veränderungen unterworfen ist.
Die Arbeitsgruppe, die im Vorfeld der Konferenz in Johannesburg zur Erarbeitung von Vorschlägen für eine Verbesserung von International Environmental Governance eingesetzt wurde, geht davon aus, dass „International Environmental Governance" aus vier Ebenen besteht[16]. Die erste Ebene beschreibt den Prozess der internationalen Entscheidungsfindung. Die internationalen Institutionen, die für die Implementierung dieser Entscheidungen zuständig sind, verkörpern die zweite Ebene, die eigentliche Umsetzung der Entscheidungen die dritte Ebene. Auf der letzten Ebene findet die Koordination der im Rahmen der „International Environmental Governance" getroffenen Entscheidungen auf der nationalen Ebene statt[17].
Die Zahl der Institutionen und Gruppierungen, die zu dem Prozess der „International Environmental Governance" zu rechnen sind, hat sich seit der Konferenz in Stockholm erhöht. Dies wird in der Literatur als „`Proliferation´ of Institutions" bezeichnet[18]. Zu den internationalen Organisationen gehören die UN, einige der „specialized agencies" wie z.B. das United Nations Development Programme (UNDP) und die Food and Agricultural Organization (FAO) sowie „subsidiary organs" wie UNEP.
Aufgrund der universellen Mitgliedschaft der UN und der Tatsache, dass die Staaten innerhalb der UN auf einer gleichen Ebene zusammenkommen, wird der UN eine zentrale Rolle in Bezug auf „international governance" zugesprochen[19]. Dane-

[15] Commission on Global Governance, Our Global Neighbourhood, S. 2 ff.
[16] UN Doc. UNEP/IGM/2/4, Par.11f.
[17] Haas, in: Commission on Global Governance (Hrsg.), Issues in Global Governance, S. 333, 334 beschreibt die Elemente des „governance system" folgendermaßen: „Governance entails a set of commitments that command obedience (rights and responsibilities, conventions, principles and norms), actual rules and procedures by which these commitments are to be realized, a set of authoritative actors who may participate in decision-making (rules of suffrage), a set of formal institutions through which activities are coordinated, and a procedure for adjucating disagreements and challenges."
[18] Desai, YIEL 13 (2002), S. 43, 45.
[19] Commission on Global Governance, Our Global Neighbourhood, S. 6; so für "international governance" Zoller, Indiana Journal of Global Legal Studies 3 (1995), S. 121, 129.

ben sind aber auch andere internationale Organisationen außerhalb der UN, z.B. die Organization for Economic Cooperation and Development (OECD) und regionale Organisationen daran beteiligt. Es wirken also Organisationen mit unterschiedlichem rechtlichem Status und – was noch wichtiger ist - mit unterschiedlichen Mitgliedschaften zusammen.

In den Jahren nach der Konferenz in Stockholm (1972) und Rio (1992) sind eine Vielzahl von völkerrechtlichen Abkommen geschlossen worden, die neue Institutionen geschaffen haben; auch diese sind Teil der „International Environmental Governance". Hierzu gehören die Vertragsstaatenkonferenzen (Conferences of the Parties, CoPs), sowie die Sekretariate der Abkommen. Die Vertragsstaatenkonferenzen werden als eine Art internationale Organisationen bezeichnet[20], deren Hauptaufgabe es ist, für die Implementierung und Einhaltung der Regelungen der Verträge zu sorgen[21]. Trotz ihres begrenzten Wirkungskreises stellen sie für die Implementierung der Vertragsregelungen die zentrale Stelle dar.

Zunächst waren unter „global governance" hauptsächlich die zwischenstaatlichen Beziehungen verstanden worden[22]. „International Environmental Governance" strebt heute aber im Sinne eines umfassenden Umweltschutzes eine Beteiligung aller Bereiche der Gesellschaft an[23]. Dies gilt vor allem für Nichtregierungsorganisationen, Bürgerbewegungen, multinationale Bewegungen und den globalen Kapitalmarkt[24], um alle diejenigen, die durch die rechtlichen Regelungen und die Umweltpolitik unmittelbar betroffen oder angesprochen sind, an dem Prozess der Entscheidungsfindung und der Umsetzung der Entscheidungen zu beteiligen. Nichtregierungsorganisationen stellen außerdem eine wichtige Quelle für wissenschaftliche Informationen dar[25]. So hat an dem World Summit on Sustainable Development (WSSD) in Johannesburg im August 2002 eine große Zahl von Nichtregierungsorganisationen teilgenommen.

Ein weiteres wichtiges Element im Rahmen von „International Environmental Governance" ist die Finanzierung, wobei neben der offiziellen Entwicklungshilfe und den Finanzierungsvereinbarungen der einzelnen Abkommen auch die multilateralen Finanzierungsmechanismen, wie insbesondere die GEF, eine große Rolle

---

[20] Beyerlin, Umweltvölkerrecht, Rn. 51, 64 (internationale Organisationen „im kleinen"); Birnie/ Boyle, International Law and the Environment, S. 35; Churchill/Ulfstein, AJIL 94 (2000), S. 623, 658f.

[21] Beyerlin, Umweltvölkerrecht, Rn. 64; Birnie/ Boyle, International Law and the Environment, S.35.

[22] Commission on Global Governance, Our Global Neighbourhood, S. 2 f.

[23] UNEP/IGM/1/2 vom 4.4.2001, Par. 82.

[24] Commission on Global Governance, Our Global Neighbourhood; S. 2 f.

[25] Haas, in: Commission on Global Governance, Issues in Global Governance, S. 333, 341: Unabhängige Wissenschaftler werden daneben in den Prozess der International Environmental Governance durch die Einrichtung von unabhängigen, beratenden Panels eingebunden, wie z.B. das unter der Leitung von UNEP stehende Scientific and Technical Advisory Panel (STAP) für die GEF. Weiter Panels bestehen u.a. für das Ozonregime, die Nordsee (North Sea Task Force) und den Klimawandel (IPCC).

spielen[26]. Für eine effektive Finanzierung ist wichtig, dass die Richtung und Art der Finanzierungsflüsse im Sinne des Umweltschutzes besser koordiniert werden[27].
Weitere Herausforderungen für International Environmental Governance ergeben sich aus dem Prinzip des „sustainable development"[28], der über den Umweltbereich hinaus auch die Einbeziehung sozialer und wirtschaftlicher Aspekte verlangt. Es setzt vor allem voraus, dass Umwelt und Entwicklungsfragen integrativ auf allen Entscheidungsebenen berücksichtigt werden müssen.
Die Idealvorstellung für das System der „International Environmental Governance" ist ein Zusammenwirken der Organisationen mit dem Ziel einer effektiveren Gestaltung des Umweltschutzes. Mit anderen Worten: Es will die Organisationen zu einem abgestimmten Tätigwerden mit dem Ziel höchstmöglicher Effizienz anhalten.
Es handelt sich aber um kein Rechtsprinzip, so dass sich hieraus zum heutigen Zeitpunkt keine rechtlichen Verpflichtungen für die Staaten oder Organisationen zu einem koordinierten Zusammenarbeiten herleiten lassen. Anders als im nationalen Bereich, in dem die Staaten Entscheidungen und Gesetze erlassen können[29], die unmittelbare Bindungswirkung entfalten, haben die Internationalen Organisationen vielfach keine Kompetenz, bindende Entscheidungen zu treffen, und fehlt es an effektiven Durchsetzungsmechanismen. Daher darf „governance" auch nicht als „global government" missverstanden werden[30]. Letztlich liegt es damit wie im

---

[26] UNEP/IGM/1/2 vom 4.4..2001, Par. 88 ff.

[27] UNEP/IGM/1/2 vom 4.4.2001, Par. 131.

[28] Der Begriff „sustainable development" wurde erstmals in dem Bericht der Brundtland Kommission „Our Common Future" eingeführt (World Commission on Environment and Development, Our Common Future, 1987, S. 8 f.). Er ist dort allgemein umschrieben als „development that meets the needs of the present without compromising the ability of future generations to meet their own needs". „Sustainable development" hat die Integration ökologischer und wirtschaftlicher Themen sowie die Berücksichtigung der Belange zukünftiger Generationen zum Ziel. Vgl. zu der Bedeutung als Prinzip Verschuuren, S. 19 ff.

[29] Da die Staaten am Prozess der International Environmental Governance nur mittelbar durch ihre Mitgliedschaft in den Organisationen beteiligt sind, wird auch die Frage der Legitimität der „International Environmental Governance" aufgeworfen. Als Demokratiedefizit wird zum einen angesehen, dass die Macht von den gewählten nationalen Regierungen und Gesetzgebern durch Institutionen ausgeübt wird, in denen nationale Vertreter, die nicht unmittelbar vom Volk gewählt sind, Entscheidungen treffen. Des Weiteren findet mit immer komplexer werdenden Entscheidungen eine weitere Abkehr vom Konsensprinzip statt, das als Grundlage für die Autorität, die durch International Environmental Governance ausgeübt wird, anzusehen ist. Siehe: Birnie/Boyle, International Law and the Environment, S. 37; Bodansky, AJIL 93 (1999), S. 596, 597 f.

[30] Birnie/Boyle, International Law and the Environment, S. 34, 37. Zum Teil wird aber auch bei "International Environmental Governance" davon ausgegangen, dass auch „global governance" durch die drei Gewalten Legislative, Exekutive und Judikative ausgeübt wird, die von den internationalen Institutionen präsentiert werden; Haas, in: Commission on Global Governance, Issues in Global Governance, S. 333, 335. Der Unterschied wird auch an dieser Beschreibung deutlich: „While both refer to systems of rule, the latter suggests activities that are backed by formal authority and police powers to ensure the implementation of policies, whereas the former refers to activities backed by shared goals that do not necessarily rely on police powers to attain compliance."; vgl. Hierlmeier, in: Georgetown International Environmental Law Review 14

gesamten Völkerrecht an den Staaten, die Entscheidungen umzusetzen. Hieran wird deutlich, dass „International Environmental Governance" auch keine neuen Kompetenzen begründen, sondern nur dazu dienen kann, bestehende Aufgaben und Kompetenzen besser und vor allem effektiver wahrzunehmen. Der weiteren Ausgestaltung dieses Konzeptes sind daher insoweit klare Grenzen gesetzt[31].
Als Zwischenergebnis lässt sich festhalten, dass es sich bei „International Environmental Governance" um ein im Fluss befindendes Konzept handelt, das einen ständig fortschreitenden Arbeitsprozess umschreibt. Die Überlegungen zu Reformen in jüngerer Zeit sind von dieser Vorstellung geprägt. Viele der Mechanismen innerhalb der „International Environmental Governance" sind politischer Art. Dennoch spielen auch rechtliche Aspekte eine wesentliche Rolle, wie insbesondere das Recht der Kooperation oder das Recht der Internationalen Organisationen[32]. Aus diesem Grunde muss die Untersuchung über eine Umweltorganisation in völkerrechtlicher Hinsicht vor dem Hintergrund von „International Environmental Governance" erfolgen.

II. Bedeutung von International Environmental Governance für UNEP

Zu den neueren Entwicklungen im Rahmen der „International Environmental Governance" sind verschiedene Formen der Zusammenarbeit zu zählen, an denen UNEP maßgeblich beteiligt ist. Hierzu gehören u.a. zwei Modelle: die „Environmental Management Group" (EMG) und der „Global Compact".
Die EMG soll innerhalb der UN eine verbesserte Koordination ermöglichen[33]. Den Vorsitz hat UNEP inne. Hauptaufgabe der EMG ist die Verwirklichung einer effektiven Koordination und Zusammenarbeit in den wichtigsten Bereichen von „Environmental and Human Settlements"[34]. Die EMG hat 32 Mitglieder; zu ihnen

---

(2002), S. 767, 769. Zoller, Indiana Journal of Global Legal Studies 3 (1995), S. 121, 129 geht aber davon aus, dass Europa im 19. Jahrhundert ein "de facto government" darstellte.

[31] Ein „mittelbares Zuwachsen" von Kompetenzen wäre allenfalls in dem Sinne denkbar, dass eine Organisation, die im Wesentlichen auf Koordinierungsaufgaben beschränkt ist, durch das Zusammenwirken mit einer Organisation, der entsprechende Handlungskompetenzen zugewiesen sind, an deren Kompetenzen gleichsam „teilhat". Dies kann gerade für UNEP von Bedeutung sein.

[32] Wolfrum/Matz, Conflicts in International Law, S. 119; vgl. auch Esty, New York University Law Law Review 74 (1999), S. 1495, 1572 ff., der eine rechtliche Regelung der Eigentumsrechte über Umweltressourcen fordert.

[33] Die Einrichtung der EMG geht auf eine Empfehlung der Task Force zurück. EMG soll die „Inter- Agency Environment Coordination Group" (IACSD) ersetzen; UN Doc. A/53/463 vom 6. Oktober 1998, Annex: Recommendation 1. Die IACSD war ein ständiger Ausschuss des „Administrative Committee on Coordination" (ACC) und war für die Organisation der Zusammenarbeit der UN-Organisationen zuständig.

[34] UN Doc. A/53/463 vom 6. Oktober 1998, Par. 11. Die Aufgabe der EMG ist: „The group would adopt a problem-solving, results oriented approach that would enable United Nations bodies and their partners to share information, consult on proposed new initiatives and contribute to a planning framework and develop agreed priorities and their respective roles in the implementation of those priorities in order to achieve a more rational and cost-effective use of their resources." Des Weiteren soll es auch ein Forum bieten, um eine Ergänzung der analytischen und

gehören die Sekretariate aller Umweltkonventionen, die UN-Organe und UN-Organisationen sowie die World Meterological Organization (WMO) und die International Maritime Organization (IMO)[35].

Der „Global Compact" geht auf einen Vorschlag des Generalsekretärs der Vereinten Nationen auf dem Weltwirtschaftsforum im Jahre 1999 zurück[36]. Ziel ist die Wahrung und Förderung von neun Prinzipien aus den Bereichen Menschenrechte sowie Arbeit und Umwelt, zu dessen Verwirklichung private Unternehmen, Arbeitsorganisationen und die „civil society" zusammenwirken sollen; beteiligt ist neben dem „Office of the UN High Commissioner for Human Rights" (UNHCHR), die „International Labour Organisation" (ILO), die „United Nations Conference on Trade and Development" (UNCTAD), UNDP und auch UNEP. Zu den Mitgliedern zählen insbesondere auch Großunternehmen, die eng mit den UN zusammenarbeiten[37]. Es handelt sich um ein loses Netzwerk und eine Initiative politischer Art, dessen Ziele darin bestehen, die Prinzipien des Global Compact zu einem Teil der Wirtschaftsstrategie und des wirtschaftlichen Handelns zu machen[38].

Im Rahmen des Governing Council/Global Ministerial Environment Forum in Malmö haben die dort vertretenen Staaten am 31. Mai 2000 beschlossen, dass die institutionelle Struktur für „International Environmental Governance" und die Rolle von UNEP gestärkt werden sollen[39]. Hiermit soll insbesondere den gewachsenen Anforderungen des internationalen Umweltschutzes Rechnung getragen werden, die durch den Begriff der nachhaltigen Entwicklung umschrieben werden. Umweltprobleme können nicht mehr isoliert betrachtet werden, sondern verlangen die Berücksichtigung der sozialen Bedürfnisse, der demographischen Entwicklung und der Armutsproblematik in den Entwicklungsländern[40].

Im Zusammenhang mit der institutionellen Situation im internationalen Umweltrecht werden auch Vergleiche zum internationalen Wirtschaftsrecht angestellt. Anders als im Internationalen Wirtschaftsrecht mit der WTO fehlt im Umweltbereich eine „Hauptumweltorganisation", die in dem Prozess der „International Environmental Governance" eine Lenkungsfunktion und damit übergeordnete Funktion übernehmen könnte. Im internationalen Wirtschaftsrecht bestehen verschiedene Instrumente zur wirtschaftlichen Integration, zu denen die Freihandelzonen[41] European Trade Free Association (EFTA) und North American Free Trade Agreement (NAFTA) sowie eine Zollunion[42] wie Mercado Commún del Cono Sur (MERCOSUR) gehören[43]. Auch wenn diese Organisationen für ihren Wirtschafts-

---

normativen Aktivitäten von UNEP einerseits und der organisatorischen Rolle des United Nations Development Programme (UNDP) andererseits zu verstärken.

[35] Vgl. hierzu 2. Kapitel B IV 2 b.

[36] Guide to the Global Compact, S. 4.

[37] v. Schorlemer, in: v.Schorlemer, Praxishandbuch UNO, S. 507, 509.

[38] Siehe: www.unglobalcompact.org.

[39] UN Doc. A/55/25, Annex I UNEP/GCSS.VI/1, Annex: Malmö Ministerial Declaration, Par. 24.

[40] UNEP/IGM/1/2 vom 4. April 2001, Par.9.

[41] Definition siehe Art. XXIV Abs. 8 lit. b GATT/WTO.

[42] Definition siehe Art. XXIV Abs. 8 lit. a GATT/WTO.

[43] Dolzer, in: Vitzthum, Völkerrecht, 6.Abschn. Rn.93 ff.

raum eigene Regeln aufstellen können[44], so entsprechen diese jedoch zumeist den Vorschriften der WTO und werden zumindest zu einem Teil auf der globalen Ebene durch die WTO bestimmt. Im Rahmen der WTO besteht auch ein Streitschlichtungssystem und ein Durchsetzungsmechanismus für im Rahmen der Streitschlichtung getroffene Entscheidungen.
Mit dem Ziel, Vorschläge für eine gestärkte institutionelle Struktur der „International Environmental Governance" im Vorfeld des World Summit on Sustainable Development zu entwickeln, hatte UNEP im Jahr 2001 die „Open-ended intergovernmental group of ministers or their representatives on international environmental governance" eingesetzt[45]. In ihrem Bericht hat diese die zukünftigen Bedürfnisse für eine solche institutionelle Architektur untersucht, die die Fähigkeit besitzt, die weitgreifenden Umweltprobleme in der globalisierenden Welt anzugehen[46]. Nach ihrem Bericht soll UNEP zukünftig als „global environmental authority" tätig werden[47].

Die Stärkung von UNEP stellt somit einen zentralen Aspekt von „International Environmental Governance" dar. Eine schlagkräftige Organisation könnte den Prozess wesentlich vorantreiben. Im Rahmen der Arbeit soll daher allein der institutionelle Aspekt von „International Environmental Governance" eine Rolle spielen, d.h. insbesondere der Beitrag von UNEP hierzu und die rechtlichen Instrumente der Zusammenarbeit mit anderen Organisationen.

C. Gang der Untersuchung

Ziel der Arbeit ist es, die rechtliche Stellung von UNEP innerhalb des internationalen Umweltschutzes und die Tätigkeitsschwerpunkte von UNEP herauszuarbeiten. Auf dieser Grundlage sollen die Vorschläge für eine Stärkung von UNEP einer kritischen Bewertung unterzogen werden.

In einem ersten Kapitel soll zunächst die rechtliche Stellung von UNEP, vor allem innerhalb der Vereinten Nationen, untersucht werden. Ob UNEP zu einem im Sinne des Umweltschutzes effektiven Handeln in der Lage ist, hängt maßgeblich auch von der inneren -organisatorischen- Struktur von UNEP ab; hierauf wird unter Berücksichtigung neuerer organisatorischer Änderungen der Blick zu richten sein. Um den Beitrag von UNEP zum internationalen Umweltschutz untersuchen zu können, ist das Mandat von UNEP nach der Gründungsresolution[48] sowie die

---

[44] Dolzer, in: Vizthum, Völkerrecht, 6.Abschn. Rn. 93: GATT läßt die regionale wirtschaftliche Integration gem Art. XXIV Abs. 5 zu, wenn solche Abmachungen eine dem gesamten Welthandel förderliche Funktion haben und nicht zum Nachteil der Nichtmitglieder innerhalb der Regionalorganisationen den gesamten Handel betreffen und nicht sektoral begrenzt sind.
[45] UNEP GC Dec. 21/21 vom 9.2.2001, Par. 2.
[46] UNEP/GCSS.VI/1, Par. 24.
[47] UNEP/IGM/1/2 vom 4. April 2001, Par. 10.
[48] UNGA Resolution 2997 (XXVII) vom 15. 12. 1972, Text in: v.Mangoldt/Rittberger, Das Sytem der Vereinten Nationen, Bd. I, Dokument 34, S. 791.

Weiterentwicklung des Mandats herauszuarbeiten. Daneben kommt, wie sich am Prozess der „International Environmental Governance" zeigt, dem Verhältnis zu anderen internationalen Organisationen und UN-Organisationen sowie den Staaten eine zunehmende Bedeutung zu; es soll daher auch die Rechts- und Handlungsfähigkeit von UNEP und dessen Beziehungen zu anderen Völkerrechtssubjekten betrachtet werden.

Auf dem Hintergrund der insoweit erarbeiteten Befunde soll in einem zweiten Kapitel eine systematische Bestandsaufnahme der Tätigkeiten von UNEP unternommen werden. Hauptaufgabenbereiche von UNEP sind die Förderung der Entwicklung von neuen umweltrechtlichen Regelungen und Instrumenten in den Bereichen, in denen sich Lücken gezeigt haben oder neue Regelungsprobleme aufgetreten sind, sowie die Implementierung von internationalem Umweltrecht und die Koordinierung. Diese Aufgabenbereiche überschneiden sich an vielen Stellen, ohne dass sich stets eine genaue Abgrenzung durchführen lässt. Die größte Aufmerksamkeit in der Literatur hat der Bereich der Rechtsetzung von UNEP erfahren. Ein Grund hierfür ist, dass in diesem Bereich die Erfolge am leichtesten messbar sind. Dieser Bereich soll daher nur in seinen wesentlichen Zügen Gegenstand der Arbeit sein. UNEP war seit seinem Bestehen an der Ausarbeitung von maßgeblichen Umweltabkommen beteiligt. In den letzten Jahren hat sich aber gezeigt, dass die Regelwerke wirkungslos bleiben, wenn sie nicht von den Staaten beachtet werden. Ihre Effektivität hängt maßgeblich davon ab, dass sie auch in völkerrechtlich verbindliche Verträge und in nationales Recht umgesetzt – implementiert - werden. Die Ergebnisse der wichtigen Umweltkonferenzen, wie insbesondere der Rio-Konferenz und des World Summit on Sustainable Development, deren Ergebnisse dem soft law zuzuordnen sind, also nur eine außerrechtliche Bindungswirkung entfalten[49], bleiben inhaltsleere Versprechungen der Staaten, wenn sie nicht durch entsprechende Maßnahmen rechtlicher und/oder tatsächlicher Natur umgesetzt werden. Es soll schwerpunktmäßig eine Typologie der unterschiedlichen Tätigkeiten von UNEP erstellt werden, die dazu beitragen, dass diesen Verpflichtungen zur Wirksamkeit verholfen wird. Soweit es sich um Beschlüsse von Umweltkonferenzen oder auch der Generalversammlung der UN handelt, ist vielfach eine Implementierung in Form der Ausarbeitung von konkreten Abkommen nötig. Anders stellt sich die Situation bei völkerrechtlich verbindlichen Abkommen dar. Hier ist der eigentliche Bereich der Umsetzung betroffen, nämlich die Implementierung in nationales Recht. Im Umweltvölkerrecht besteht ebenso wie im gesamten Völkerrecht das Problem, dass anders als im nationalen Recht keine zentrale Überwachungsinstanz existiert, die die Einhaltung völkerrechtlicher Verpflichtungen überwachen und gegebenenfalls erzwingen kann[50]. Internationale Organisationen und UN-Organisationen spielen bei der Umsetzung in beiden Fällen eine nicht unwesentliche Rolle; allerdings sind sie im Wesentlichen auf beratende und unterstüt-

---

[49] Beyerlin, Umweltvölkerrecht, Rn. 135.

[50] Vgl. Hobe/Kimminich, Völkerrecht, Kap. 7.1.

zende Tätigkeiten beschränkt. Der Koordinationstätigkeit von UNEP kommt hierbei eine wichtige Rolle zu.

Zum Zeitpunkt der Gründung von UNEP bestanden bereits mehrere UN-Organisationen, die sich – in Teilbereichen - mit Umweltschutzfragen beschäftigt haben. Insofern war seit dem Bestehen von UNEP die Abstimmung und Zusammenarbeit mit anderen Organisationen erforderlich. Dies gilt auch für den Bereich der Implementierung von Konferenzergebnissen und Verpflichtungen aus internationalen Abkommen, der sich mit der Aufgabe von UNEP deckt, als „Katalysator" und zentrale koordinierende Stelle tätig zu werden[51]. Die Notwendigkeit einer Zusammenarbeit wird zusätzlich an dem Prinzip der nachhaltigen Entwicklung („sustainable development") deutlich, das seit der Rio-Konferenz das internationale Umweltrecht prägt. Es weist über den Umweltbereich hinaus und fordert die Einbeziehung sozialer und wirtschaftlicher Belange. Seit der Rio-Konferenz bedarf es auch der Klärung des Verhältnisses von UNEP zur CSD. Die wesentliche Rolle der CSD liegt in der Implementierung der Agenda 21, die von der Rio-Konferenz beschlossen wurde. Ebenfalls ein Produkt der Rio-Konferenz ist die GEF, deren ausführende Organisation unter anderem UNEP ist. Das Verhältnis von UNEP zu diesen Organisationen sowie zu UNDP soll in einem dritten Kapitel untersucht werden.

Nach der Untersuchung der Situation von UNEP de lege lata sollen in einem vierten Kapitel auf dieser Grundlage Möglichkeiten für eine Stärkung der Struktur, der Handlungsmöglichkeiten und der Stellung von UNEP innerhalb von „International Environmental Governance" untersucht werden. Das besondere Augenmerk richtet sich dabei auf die in Vorbereitung des Weltgipfels in Johannesburg 2002 unterbreiteten Vorschläge für eine Umstrukturierung von UNEP; diese sollen zusammengestellt und auf ihre rechtliche und praktische Bedeutung untersucht werden. Die Vorschläge reichen von der Beibehaltung der bisherigen Struktur von UNEP bis zu dessen Umwandlung in eine Globale Umweltorganisation oder eine Weltumweltorganisation vergleichbar der WTO.

[51] UN Doc. A/CONF.48/14/Rev.1, Resolution on Institutional and Financial Arrangements, Par. I. 2. (a), (b); UN Doc. A/CONF.151/26 (Vol.III), Agenda 21, Kap. 38.22 (a), (b).

1. Kapitel: Rechtsstellung und Aufgaben von UNEP

A. Rechtstellung und interne Organisation von UNEP

Die Gründung von UNEP im Jahre 1972[52] verfolgte das Ziel, innerhalb der Vereinten Nationen eine Organisation zu schaffen, die sich ausschließlich und umfassend mit Umweltfragen beschäftigt[53]. Sie geht auf die Resolution über institutionelle und finanzielle Abmachungen zurück, die zum Abschluss der United Nations Conference on the Human Environment in Stockholm vom 5. bis 15. Juni 1972 beschlossen wurde[54].

I. Die Staatenkonferenz in Stockholm

1. Allgemeine Problematik

Der entscheidende Anstoß zu der Konferenz kam von Schweden, das sich im Jahre 1967 an die Generalversammlung wandte und ein internationales Tätigwerden im Umweltbereich forderte[55]. Der Wirtschafts- und Sozialrat (ECOSOC) empfahl daraufhin in seiner Resolution 1346 (XLV) vom 30. Juli 1968 der Generalversammlung, eine internationale Konferenz über Umweltfragen einzuberufen. Die Stockholmer Konferenz stellte das erste Treffen von Vertretern aus Industrienationen und aus der Dritten Welt zu Fragen des Umweltschutzes dar[56]. Auch wenn die Konferenz nur Empfehlungen aussprechen konnte, ist die Stockholmer Deklaration als Ausgangspunkt für die Entwicklung eines neuen Weltumweltrechts anzusehen[57]. Eines der wesentlichen Ergebnisse der Konferenz ist die Befürwortung einer allgemeinen Zuständigkeit der Vereinten Nationen für globale Umweltfragen[58].
Die Stockholmer Konferenz war geprägt durch unterschiedliche Vorstellungen der Industrieländer und der Entwicklungsländer über eine Strategie zur Beseitigung der Umweltprobleme, die Auswirkungen auch auf die organisatorische Ausgestaltung von UNEP hatten. Insbesondere in den Industrieländern herrschte die Ansicht vor, dass die Umweltprobleme hauptsächlich „Verschmutzungsprobleme" sind. Aus ihrer Sicht waren diese im Wesentlichen eine Folge der schnellen wirtschaftlichen

---

52 UNGA Res. 2997 (XXVII) vom 15. Dezember 1972; Text in: v.Mangoldt/Rittberger; Das System der Vereinten Nationen, Bd.I, Dokument 34, S. 791.
53 Kilian, Umweltschutz durch Internationale Organisationen, S. 254.
54 "Resolution on Institutional and Financial Arrangements", UN Doc. A/CONF.48/14/Rev.1 Report of the United Nations Conference on the Human Environment, Stockholm, 5-16 June 1972; Beyerlin, Umweltvölkerrecht, Rn. 18ff.
55 Mahmoudi, Asian Yearbook of International Law 5 (1995), S. 175, 177.
56 Schmitz-Rode, S. 94.
57 Menke-Glückert, in: Kimminich/von Lersner/Storm, HdUR Bd.II, Sp. 1890: „Weltökologierecht".
58 Sand, in: Kimminich/v. Leisner/ Storm, HdUR, Bd. II, S. 2296; Kilian, Umweltschutz durch Internationale Organisationen, S. 253.

Entwicklung und der Industrialisierung[59]. Die Verschmutzung wurde mit Ausnahme der Verschmutzung der Meere als regionale und nicht als globale Problematik gesehen[60]. Für die Entwicklungsländer beruhte die Gefährdung der Umwelt in ihren Ländern in erster Linie auf Armut und der Mangelsituation; Umweltpolitik war damit Teil der Entwicklungspolitik. Sie befürchteten, dass Umweltstandards von den Industrieländern eingeführt würden, die sie nicht einhalten könnten[61] und sich nachteilig auf ihre Entwicklung auswirken würden. Außerdem hatten sie die Sorge, dass für den Umweltschutz finanzielle Mittel in Anspruch genommen werden könnten, die für die Entwicklungshilfe bestimmt waren.

Die genannten Bedenken wurden vor allem auf der Konferenz in Founex[62] deutlich, die im Vorfeld der Konferenz in Stockholm im Jahre 1971 stattfand. In Founex wurde im Sinne der Position der Entwicklungsländer Übereinstimmung dahin erzielt, dass die Umweltverschmutzung und –gefährdung nicht nur von dem wirtschaftlichen Entwicklungsprozess an sich ausgeht, sondern auch von dem Mangel an Entwicklung[63]. Die Konsequenz hieraus war, dass den Umweltproblemen in den Entwicklungsländern in erster Linie durch die Förderung des Entwicklungsprozesses begegnet werden muss. Die Entwicklungsländer konnten ihre Interessen damit weitgehend durchsetzen.

2. *Gründung einer Umweltorganisation*

Über die Gründung einer internationalen Umweltorganisation bestand in Founex und in Stockholm weitgehend Einigkeit. Allerdings gab es in der Frage der institutionellen Ausgestaltung erhebliche Kontroversen, die sich im Wesentlichen in drei Grundlinien zusammenfassen lassen:

Zum einen wurde angedacht, eine supranationale Umweltbehörde einzurichten, die Rechtsetzungs- und Durchsetzungsbefugnisse haben sollte[64]. Da sich dies jedoch schwerlich mit dem System der Vereinten Nationen vereinbaren ließe, dem der Gedanke der Supranationalität fremd ist[65], wurde vorgeschlagen, eine Organisation außerhalb der UNO zu gründen, deren Mitgliedschaft auf die Länder begrenzt sein sollte, die die Umweltprobleme verursacht haben, d.h. vor allem die großen Industrieländer und die westlichen „Verschmutzerländer"[66]. Der Vorschlag scheiterte jedoch; zu diesem Zeitpunkt war das Umweltbewußtsein noch nicht so ausgeprägt, dass es die Regierungen hätte veranlassen können, der Einrichtung einer solchen

[59] Mahmoudi, Asian Yearbook of International Law 5 (1995), S. 175, 178.
[60] Kilian, Umweltschutz durch Internationale Organisationen, S. 239.
[61] Kilian, Umweltschutz durch Internationale Organisationen, S. 237 f.
[62] Das „Panel on Experts on Development and Environment" traf sich in Founex, Schweiz, vom 4. bis 12. Juni 1971.
[63] Birnie, in: Roberts/Kingsbury, United Nations, Divided World, S. 327, 338; Mahmoudi, Asian Yearbook of International Law 5 (1995), S. 175, 177.
[64] Kilian, Umweltschutz durch Internationale Organisationen, S. 244.
[65] Kilian, Umweltschutz durch Internationale Organisationen, S. 244.
[66] Mahmoudi, Asian Yearbook of International Law 5 (1995), S. 175, 184.

supranationalen Umweltbehörde zuzustimmen. Eine solche supranationale Umweltbehörde hätte zudem eine Konkurrenz zur UNO dargestellt[67].
Zum anderen war die Einrichtung einer Sonderorganisation („specialized agency") nach Art. 57 i.V.m. Art. 63 der Charta der Vereinten Nationen vorgeschlagen worden. Unter einer „specialized agency" sind internationale Organisationen zu verstehen, die Aufgaben im Sinne der Art. 1 Nr. 3 und Art. 55 der Charta der Vereinten Nationen erfüllen und gem. Art. 57 i.V.m. Art. 63 der Charta der Vereinten Nationen durch einen Vertrag in Beziehung zu den Vereinten Nationen gebracht werden[68]. In diesem Falle hätte die zu gründende Umweltorganisation eine relativ starke Stellung, da sie von den Vereinten Nationen weitgehend unabhängig gewesen wäre. Die USA machten des Weiteren den Vorschlag, einen „Rat der Vereinten Nationen für die Umwelt" zu schaffen, der als besondere Kommission dem Wirtschafts- und Sozialrat der Vereinten Nationen (ECOSOC) nachgeordnet sein sollte. Hiergegen sprach jedoch, dass die Kompetenzen des ECOSOC für diese Konstruktion hätten erweitert werden müssen, damit dieser Umweltrat die gesamten Umweltprogramme hätte koordinieren können[69].
Für die schließlich gefundene organisatorische Gestalt von UNEP war von Bedeutung, dass an der Konferenz auch Vertreter von 400 Organisationen teilnahmen, die im Bereich des Umweltrechts tätig waren[70] und nunmehr befürchteten, dass ihnen durch die Einrichtung einer neuen Umweltorganisation Kompetenzen und Tätigkeitsfelder entzogen würden. Auch innerhalb der Vereinten Nationen bestanden Organisationen, die sich in Teilbereichen mit Umweltfragen beschäftigten und die ebenfalls keine Betätigungsfelder an eine neue Umweltorganisation verlieren wollten. Hierzu gehörten unter anderem die FAO, WMO, die World Health Organization (WHO), OECD und die International Atomic Energy Agency (IAEA)[71]. Die Industrieländer tendierten zu der Ansicht, dass die bisherigen Organisationen die neu entstandenen Aufgaben mit übernehmen könnten[72]. Damit würde vermieden werden, dass eine neu zu gründende Organisation aus dem regulären Budget der Vereinten Nationen zu finanzieren wäre, deren Hauptbeitragszahler sie waren. Gegen diese Lösung sprach jedoch das Ziel der Stockholmer Konferenz, einen umfassenden und koordinierten Umweltschutz zu erreichen. Dazu schien eine Verteilung von Zuständigkeiten auf mehrere Organisationen nicht sinnvoll, so dass auch dieser Vorschlag nicht umgesetzt wurde[73].

Aufgrund der Vielzahl der bisher existierenden Organisationen, die sich mit Umweltschutz beschäftigten, wurde als wesentliche Aufgabe der zu gründenden Organisation die Koordinierung der schon bestehenden oder zukünftigen Umweltprogramme angesehen; dadurch sollte eine bessere Nutzung der zur Verfügung ste-

---

[67] Mahmoudi, Asian Yearbook of International Law 5 (1995), S. 175, 184.
[68] Klein; in: Vizthum (Hrsg.), Völkerrecht, IV.Abschn. Rn. 226.
[69] Kilian, Umweltschutz durch Internationale Organisationen, S: 244 f.
[70] Kilian, Umweltschutz durch Internationale Organisationen, S. 235.
[71] Birnie/Boyle, International Law and the Environment, S. 39.
[72] Kilian, Umweltschutz durch Internationale Organisationen, S. 242 f.
[73] Mahmoudi, Asian Yearbook of International Law 5 (1995), S. 175, 184.

henden Kapazitäten ermöglicht werden. Des Weiteren ging man davon aus, dass eine einzige Organisation nicht in der Lage sein würde, die komplexen Umweltaufgaben zu erfüllen[74]. Ausgehend von dem Ziel, eine weitere Bürokratisierung der Arbeit der UN- Organisationen zu vermeiden, sollte UNEP als Organisation klein gehalten werden und als „environmental brain for the existing system" die Ausführung des Aktionsplans der Stockholmer Konferenz überwachen[75]. UNEP wurden auf dieser Grundlage keine „operational responsibilities" zugewiesen[76], um eine Konkurrenz mit den anderen Organisationen zu vermeiden, deren Tätigkeiten UNEP koordinieren soll.

3. Aufgaben von UNEP

Nach der Gründungsresolution[77] sind die drei wesentlichen Aufgaben von UNEP die Förderung der Zusammenarbeit in Umweltfragen einschließlich der Leitung und Koordination der Umweltprogramme[78], die Beobachtung und Bewertung der Umweltsituation[79] sowie die Finanzierung von Umweltmaßnahmen[80]. An diesen Aufgabenbereichen wird deutlich, dass UNEP nicht auf einen bestimmten Themenbereich oder eine bestimmte Aufgabe festgelegt werden sollte, sondern vielmehr als integrative und koordinierende Organisation tätig werden sollte[81].
Um seine Aufgabe als Koordinierungsorganisation wahrzunehmen, soll UNEP u.a. die Organe des UN- Systems bei der Ausarbeitung und Durchführung von Umweltprogrammen beraten[82]. Neben der allgemeinen Koordination der Arbeit der verschiedenen Organisationen sollen auch der Informationsaustausch und die Zusammenarbeit zwischen den Fachkreisen gefördert werden, um so die notwendigen Hintergrundinformationen für die Ausarbeitung und Durchführung von Umweltprogrammen zu vermitteln[83]. Die ständige Überwachung der Umweltsituation soll insbesondere dazu dienen, sicherzustellen, dass neu auftauchende Umweltprobleme möglichst frühzeitig von den Regierungen beachtet werden[84]. Einen wesentlichen Aspekt sah die Generalversammlung darin, dass die Interessen der Entwicklungsländer berücksichtigt werden[85]. So sollen die Auswirkungen der Umweltpolitiken auf die Entwicklungsländer ständig überprüft werden, um Umweltprogramme und

---

[74] Dupuy, in: Bernhardt (Hrsg.), EPIL Bd. IV, S. 1101 f.
[75] Bloomfield, S. 6 f.
[76] Bloomfield, S. 6.
[77] UNGA Res. 2997 (XXVII) vom 15. 12. 1972, Par. I. 1. 2.
[78] UNGA Res. 2997 (XXVII) vom 15. 12. 1972, Par. I. 2 (a) und (b): „(a) To promote international cooperation in the field of the environment and to recommend, as appropriate, policies to this end; (b) To provide general policy guidance for the direction and coordination of environmental programmes within the United Nations system.
[79] UNGA Res. 2997 (XXVII) vom 15. 12. 1972, Par. I. 2. (d).
[80] UNGA Res. 2997 (XXVII) vom 15. 12. 1972, Par. III.
[81] Bloomfield, S. 6.
[82] UNGA Res. 2997 (XXVII) vom 15. 12. 1972, Par. II. 2. (c).
[83] UNGA Res. 2997 (XXVII) vom 15. 12. 1972, Par. I.1.2 (e), (d).
[84] UNGA Res. 2997 (XXVII) vom 15. 12. 1972, Par. I.1.2 (d).
[85] Heilbrunn; Earth Law Journal, Vol. I (1975), S. 161, 163.

–projekte entsprechend zu gestalten[86]. Des Weiteren soll UNEP den Entwicklungsländern bei der Umsetzung von Umweltprogrammen Unterstützung leisten[87]. UNEP sollte als erste UNO-Organisation für die Umwelt an sich zuständig sein und zwar anders als die bisherigen Organisationen, wie z.B. die FAO, die sich mit Umweltfragen nur befassen, soweit diese mit ihrer eigentlichen Aufgabe, z.B. Fragen der Nahrung, zusammenhängen, und sich somit nur in abgegrenzten Teilbereichen Fragen des Umweltschutzes widmeten. Vielmehr sollte UNEP generell Verantwortung für die Umwelt übernehmen und die Umweltarbeit innerhalb der Vereinten Nationen organisieren. Die Aufgaben sind jedoch sehr weit gefasst und wenig akzentuiert. Dies gilt in gleicher Weise für die Handlungsmöglichkeiten von UNEP.

II. Rechtliche Stellung von UNEP

Für die Aufgabe der Implementierung umweltvölkerrechtlicher Regelungen ist von Bedeutung, welche rechtliche Stellung UNEP zum einen innerhalb der Vereinten Nationen und zum anderen im Verhältnis zu anderen Organisationen einnimmt. Danach bestimmen sich die Handlungsmöglichkeiten und –befugnisse von UNEP.

1. UNEP als subsidiary organ innerhalb des Systems der UN

a. Keine eigene Rechtspersönlichkeit

In den Diskussionen über die Gründung von UNEP war während der Konferenz strittig, ob UNEP als „specialized agency“ oder als „subsidiary organ“ der Generalversammlung oder des ECOSOC[88] gegründet werden sollte. UNEP wurde schließlich als „subsidiary organ“ der Generalversammlung eingerichtet.
Dementsprechend beruht die Gründung von UNEP nicht auf einem völkerrechtlichen Vertrag, sondern auf einer Resolution der Generalversammlung der Vereinten Nationen[89]; UNEP ist Nebenorgan („subsidiary organ“) gem. Art. 7 Abs. 2 und 22 der Charta der Vereinten Nationen[90]. Art. 7 Abs. 2 SVN sieht die Gründung von „subsidiary organs" vor, soweit dies als notwendig erachtet wird. „Subsidiary organs“ können zum einen von der Generalversammlung nach Art. 22 SVN, zum anderen vom Sicherheitsrat gem. Art. 29 SVN sowie von ECOSOC gem. Art. 68 SVN gegründet werden. Es existieren verschiedene Arten von „subsidiary organs"

---

[86] UNGA Res. 2997 (XXVII) vom 15. 12. 1972, Par. I.1.2 (f).
[87] UNGA Res. 2997 (XXVII) vom 15. Dezember 1972, Preamble Par. 9.
[88] Art. 68 der Charta der Vereinten Nationen sieht die Einrichtungen von „commissions“ durch ECOSOC vor, während Art. 7 Abs. 2 der Charta der Vereinten Nationen generell von der Einrichtung von „subsidiary organs“ (Nebenorganen) spricht. In der Praxis wird jedoch hinsichtlich der Einrichtung, der Zusammensetzung und der Struktur oder der Funktion kein Unterschied zwischen „commissions“, „committees“, „subsidiary organs“ und „subordinate bodies“ gemacht, vgl. Riedel, in: Simma (Hrsg.), The Charter of the United Nations, Art. 68 Rn. 12; vgl. zu “subsidiary organs” allgemein Torres Bernárdez, in: Dupuy, S. 109 ff.
[89] UNGA Res. 2997 (XXVII) vom 15. 12. 1972.
[90] Seidl-Hohenveldern/Loibl, Rn. 814 b.

der Generalversammlung. So sind die sechs Hauptkomitees („main committes") der Generalversammlung ständige „subsidiary organs" der Generalversammlung, die die Agenda der jeweiligen Sitzungsperiode der Generalversammlung behandeln[91]. Die Empfehlungen oder Beschlüsse dieser Komitees erhalten jedoch erst durch einen Beschluss im Plenum der Generalversammlung Wirksamkeit[92]. Diese Organe sind somit von der Generalversammlung abhängig.
UNEP dagegen wurde ebenso wie z.B. UNDP und der United Nations Children´s Fund (UNICEF) für die Umsetzung spezieller Programme und für die Verwaltung spezieller Fonds gegründet[93] und muss aus diesem Grunde eine andere Struktur haben. Als „subsidiary organ" ist UNEP keine selbständige Organisation mit Völkerrechtspersönlichkeit. Es nimmt aber eigene Aufgaben wahr und ist nicht völlig abhängig, so dass es als „semi- autonomous body" oder „quasi autonomous body" der Generalversammlung bezeichnet werden kann[94]. Die gewisse Unabhängigkeit von UNEP ergibt sich aus dem Bestehen eines „politischen Organs", nämlich des Verwaltungsrates, und vor allem daraus, dass die Finanzierung durch den Umweltfonds sichergestellt wird, der aus freiwilligen Beiträgen der Mitglieder finanziert wird; nur die Verwaltungskosten werden aus dem regulären Budget der Vereinten Nationen bestritten[95].

b. Abgrenzung zu den Sonderorganisationen („specialized agencies")

Im Unterschied zu den „subsidiary organs" werden die „specialized agencies" durch einen völkerrechtlichen Vertrag zwischen Staaten gegründet. Ihre Beziehung zu den Vereinten Nationen wird erst durch eine Vereinbarung mit dem Wirtschafts- und Sozialrat (ECOSOC) nach Art. 57 i.V.m. Art. 63 der Charta der Vereinten Nationen hergestellt [96]; die Generalversammlung muss diese Abkommen gem. Art. 63 Abs. 1 S. 2 der Charta der Vereinten Nationen genehmigen. Die Entscheidung darüber, ob die Sonderorganisation mit den UN in eine Beziehung treten möchte, liegt bei der entsprechenden Organisation[97]. „Specialized agencies" sind infolge der Gründung durch einen völkerrechtlichen Vertrag selbständige interna-

---

[91] Kritisch hierzu: Sarooshi, BYIL 67 (1996), S. 413, 415.
[92] Hilf/Khan, in: Simma (Hrsg.), The Charter of the United Nations, Art. 22 Rn. 6.
[93] Herdegen, Völkerrecht, § 40 Rn. 9.
[94] Hilf/Khan, in: Simma (Hrsg.), The Charter of the United Nations, § 22 Rn.18, Annex zu Art. 22. Hierunter werden Nebenorgane verstanden, deren Exekutivvorsitzender (executive head) unter Zusammenwirken von Generalsekretär und Generalversammlung ernannt wird, die ein eigenes politisches Organ besitzen und die sich zum Großteil außerhalb des regulären UN-Budgets finanzieren; vgl. Szasz, in: Brown Weiss (Hrsg.), Environmental change and international law, S.340, 341 FN 2.
[95] Szasz, Max Planck UNYB 3 (1999), S. 1, 14.
[96] Mahmoudi, Asian Yearbook of International Law 5 (1995), S. 175, 185. Die IAEA stellt keine Sonderorganisationen dar, da sie keinen Vertrag gem. Art. 63 der Charta der Vereinten Nationen abgeschlossen hat. Im Unterschied zu den Sonderorganisationen berichtet IAEA direkt an die Generalversammlung und ist dem Sicherheitsrat zugeordnet, vgl. Epping, in: Ipsen, Völkerrecht, § 32 Rn. 90.
[97] Klein, in: Bernhardt (Hrsg.), EPIL Bd. IV, S. 1172, 1174.

tionale Organisationen und besitzen eine eigene Rechtspersönlichkeit[98]. Die Vereinbarungen mit ECOSOC, durch die die Beziehung zu den Vereinten Nationen hergestellt wird, haben nur die Bedeutung, dass die betreffenden Organe zustimmen, dass ECOSOC ihre Tätigkeiten durch Konsultationen koordinieren und Empfehlungen aussprechen kann; des Weiteren wird in der Regel eine Berichtspflicht begründet (Art. 63 Abs. 2, Art. 64 UN-Charta)[99]. Die Organisationen sind an Entscheidungen des ECOSOC nicht gebunden. Im Unterschied zu den „subsidiary organs" werden die Struktur, Mitgliedschaft und die Aufgaben in dem völkerrechtlichen Gründungsabkommen zwischen den Staaten festgelegt. Daher liegt die Fähigkeit, Änderungen oder Erweiterungen vorzuschlagen, bei den Mitgliedsstaaten oder in einigen Fällen bei den Organen der Sonderorganisation[100].

c. Einzelheiten zu den Handlungsbefugnissen von subsidiary organs

Die Charta der Vereinten Nationen räumt der Generalversammlung nicht die Kompetenz ein, Organe zu gründen, die Rechtspersönlichkeit besitzen[101]. So konnte z.B. die United Nations Industrial Development Organization (UNIDO) nur aufgrund eines internationalen Abkommens vom „subsidiary organ" zur „specialized agency" umgewandelt werden[102]. Die „subsidiary organs" stehen damit in Abhängigkeit zu dem Hauptorgan, das sie gegründet hat. Aus Art. 22, 29 und 68 SVN folgt, dass die „subsidiary organs" keine Kompetenzen haben, die über die des Hauptorgans hinausgehen; ihre Tätigkeit muss sich im Aufgabenbereich des Gründungsorgans halten[103]. Deshalb können ihnen keine Aufgaben übertragen werden, die in den Souveränitätsbereich der Staaten fallen[104]. Das Hauptorgan, das das „subsidiary organ" gegründet hat, kann auch nach der Gründung die Struktur und Zusammensetzung des „subsidiary organ", dessen Aufgabenbereich sowie den Grad seiner Abhängigkeit von ihm bestimmen und ändern[105]. Insbesondere hat das Gründungsorgan auch die Kompetenz, das „subsidiary organ" aufzulösen, wenn es der Ansicht ist, dass es seine Aufgaben erfüllt hat[106]. Auch wenn ein „subsidiary organ" – wie UNEP - nach der Gründungsresolution als ständiges Organ einge-

---

[98] Vgl. Hilf/Khan, in Simma (Hrsg.), The Charter of the United Nations, § 22 Rn. 19.

[99] Mahmoudi, Asian Yearbook of International Law 5 (1995), S. 175, 185; siehe hierzu auch Schermers/Blokker, International Institutional Law, § 1696; Koschorreck, in: Simma (Hrsg.), The Charter of the United Nations, Art.17 Rn.104 f.

[100] Klein, in: Bernhardt (Hrsg.), EPIL Bd. IV, S. 1172, 1176.

[101] Hilf/Khan, in: Simma (Hrsg.), The Charter of the United Nations, Art. 22 Rn. 45.

[102] Boisson de Chazournes, Max Planck UNYB 3 (1999), S. 243, 258; Klein, in: Bernhardt (Hrsg.), EPIL Bd. IV, S. 1192: UNIDO wurde 1966 als subsidiary organ der UN Generalversammlung gegründet und wurde 1986 zur 16. specialized agency. Beispiele für eine Umgestaltung zu universeller Mitgliedschaft stellen UNCTAD und die Commission on Disarmament dar. Diese beiden Organisationen blieben jedoch weiterhin „subsidiary organs" der Generalversammlung. Vgl. 4. Kapitel B. I a aa.

[103] Jaenicke, in: Simma (Hrsg.), The Charter of the United Nations, Art. 7 Rn. 31; Sarooshi, BYIL 67 (1996), S. 413, 448 f.

[104] Hilf/Khan, in: Simma (Hrsg.), The Charter of the United Nations, Art. 22 Rn. 31.

[105] Jaenicke, in: Simma (Hrsg.), The Charter of the United Nations, Art. 7 Rn. 5.

[106] Sarooshi, BYIL 67 (1996), S. 413, 448 f.

richtet wurde, folgt daraus nicht, dass das Hauptorgan keine Kompetenz hat, die Arbeit dieses Organ für beendet zu erklären; „ständiges Organ" kann nur so verstanden werden, dass kein weiterer Rechtsakt für das Fortbestehen notwendig ist[107]. Zur Mitgliedschaft in einem „subsidiary organ" kann die Generalversammlung festlegen, ob die Mitglieder gewählte Individuen[108] oder Staaten sein sollen; ihr steht auch die Möglichkeit offen, die Mitgliedschaft von Staaten zuzulassen, die nicht Mitglied der Vereinten Nationen sind[109]. Die Schweiz war schon Mitglied von UNEP, bevor sie Vollmitglied der UN wurde.

Insgesamt ist zum rechtlichen Status von UNEP festzustellen, dass er maßgeblich von der Unterordnung oder Abhängigkeit von der Generalversammlung geprägt ist[110]. Insbesondere kann ein „subsidiary organ" wie UNEP durch Entscheidungen der Generalversammlung gebunden werden[111]. Die Abhängigkeit zeigt sich auch an der Berichtspflicht gegenüber der Generalversammlung, die der Generalversammlung eine Kontrolle über die Arbeit von UNEP ermöglicht. Zum anderen hat diese auch die Kompetenz, über institutionelle Fragen von UNEP zu entscheiden. Wie sich im vierten Teil der Arbeit zeigen wird, ist ein Beschluss der Generalversammlung auch bei der diskutierten Ausdehnung der auf eine bestimmte Zahl von Staaten beschränkten Mitgliedschaft von UNEP zu einer universellen Mitgliedschaft nötig. Des Weiteren können „subsidiary organs" nur dann in rechtliche Beziehung mit Staaten, „specialized agencies" oder anderen Organisationen außerhalb der Vereinten Nationen treten, wenn die Generalversammlung sie ausdrücklich dazu ermächtigt hat[112]. Die Geschäftsordnungen („Rules of Proecedure") der „subsidiary organs" stimmen größtenteils mit denen der Komitees der Generalversammlung überein; es besteht aber sowohl für die Generalversammlung als auch für das „subsidiary organ" die Möglichkeit, abweichende Regelungen zu treffen[113]. Die Abhängigkeit besteht auch bei der finanziellen Ausstattung.

Andererseits handelt aber eine Organisation wie UNEP in der Praxis, d.h. bei der Ausführung der Aufgaben, faktisch weitgehend selbständig. Die Generalversammlung hat, weil die fachliche Autorität bei UNEP liegt, von ihrer Kontrollmöglichkeit nur zurückhaltend Gebrauch gemacht. Insoweit wird, wenn man die Praxis betrachtet, der Forderung Rechnung getragen, dass ein „subsidiary organ" eine gewis-

[107] Jaenicke, in: Simma (Hrsg.), The Charter of the United Nations, Art. 7 Rn. 23.
[108] Jaenicke, in: Simma (Hrsg.), The Charter of the United Nations, Art. 7 Rn.9.
[109] Hilf/Khan, in: Simma (Hrsg.), The Charter of the United Nations, Art. 22 Rn. 38; so im Fall von UNEP, vgl. Petsonk, American University Journal of International Law and Policy 5 (1990), S. 351, 355.
[110] Sarooshi, BYIL 67 (1996), S. 413, 447.
[111] Hilf/Khan, in: Simma (Hrsg.), The Charter of the United Nations, Art. 22 Rn. 18.
[112] Hilf/Khan, in: Simma (Hrsg.), The Charter of the United Nations, Art. 22 Rn. 40.
[113] Hilf/Khan, in: Simma (Hrsg.), The Charter of the United Nations, Art. 22 Rn. 43; siehe Rule 161.

se Unabhängigkeit von dem Hauptorgan haben müsse, um zu vermeiden, dass das „subsidiary organ" letztlich in dem Hauptorgan aufgeht[114].
In der Gründungsresolution von UNEP hat die Generalversammlung weiterhin festgelegt, dass der Verwaltungsrat von UNEP die jährlichen Berichte zunächst dem ECOSOC zuleiten soll. Dieser kann dazu eine Stellungnahme abgeben, bevor er die Berichte an die Generalversammlung weiterleitet. ECOSOC hat im Jahre 1995 beschlossen, dass ECOSOC die Berichte von UNEP nur behandelt, wenn diese einen Handlungsbedarf für ECOSOC begründen oder wenn dadurch Koordinationsaspekte berührt werden[115].

2. *Rechts- und Handlungsfähigkeit von UNEP*

Anders als die Vereinten Nationen selbst[116] ist UNEP – wie dargelegt - als „subsidiary organ" der Generalversammlung kein Völkerrechtssubjekt. UNEP fehlt die Rechtsfähigkeit, also die Fähigkeit, selbst Rechte und Pflichten zu haben.

a. Beziehung zu anderen Völkerrechtssubjekten

Hieraus ergeben sich für die Beziehungen zu anderen Völkerrechtssubjekten folgende Konsequenzen: UNEP kann selbst keine völkerrechtlichen Verträge abschließen. UNEP kann lediglich von den UN ermächtigt werden, in deren Namen völkerrechtliche Verträge abzuschließen. Auch kann ein „subsidiary organ" von den UN ermächtigt werden, nach Maßgabe der Rechtsordnung eines Staates als Rechtssubjekt aufzutreten, z.B. beim Kauf eines Grundstücks[117]. Von diesen Sonderfällen abgesehen, die an der fehlenden Rechtspersönlichkeit nichts ändern, bleibt UNEP im Verhältnis zu anderen Organisationen auf Absprachen in Form von „memoranda of understanding" angewiesen.
Soweit UNEP im eigenen Namen internationale Vereinbarungen über die Ausführung von Projekten abschließt, handelt es sich ebenfalls lediglich um rechtlich unverbindliche „memoranda of understanding". Ein Beispiel ist die Vereinbarung zwischen der Regierung von Ghana, vertreten durch die Forstkommission, und UNEP über ein Pilotprojekt zur Harmonisierung der Berichtspflichten[118]. Die Vereinbarung ist von den Parteien als „memorandum of understanding" bezeichnet worden, obwohl sie z.B. auch Regelungen über ein Schiedsverfahren im Streitfalle und über eine Beendigung der Vereinbarung enthält.

---

[114] Sarooshi, BYIL 67 (1996), S. 413, 416 f.
[115] ECOSOC Dec. 1995/207, 10. Februar 1995: „when reviewing at its substantive session of 1995 the report of the Commission on Human Settlements on its fifteenth session and the report of the Governing Council of the United Nations Environment Programme on its eigteenth session, it would not consider new draft proposals, except for specific recommendations contained in those reports that required action by the Council and proposals on matters relating to the coordination aspects of the work of those bodies."
[116] Hierzu und zur erga omnes-Lehre vgl. Epping, in: Ipsen, Völkerrecht, § 6 Rn. 2ff., 7.
[117] Hilf/Kahn, in: Simma (Hrsg.), The Charter of the United Nations, Art. 22 Rn.45. Im Falle von UNICEF wurde eine solche partielle Rechtspersönlichkeit schon in der Gründungsresolution zuerkannt, UNGA Res. 57 (1), Sect. 2 (a) vom 11.12.1946.
[118] „Memorandum of Understanding between the Forestry Commission of the Government of Ghana and The United Nations Environment Programme" vom 15.12.01.

UNEP selbst hat mangels einer Legitimation in der Charta der Vereinten Nationen nicht die Möglichkeit, für die (Mitglieds-)Staaten bindende Rechtsvorschriften zu erlassen. Eine solche Möglichkeit besteht für internationale Organisationen, sofern ihnen eine solche Befugnis in dem Gründungsvertrag durch die Staaten zugewiesen wird. Für die Implementierung von umweltvölkerrechtlichen Normen können sich entsprechende Handlungsbefugnisse aus den Abkommen ergeben, deren Regelungen implementiert werden sollen. Dies ist der Fall, wenn sich die Vertragsstaaten darin für einen bestimmten Bereich zur Beachtung der von UNEP noch zu erlassenden Regelungen verpflichten, sich insoweit also diesen Regeln unterwerfen.

b. Verhältnis zu anderen UN-Organisationen

Im Verhältnis zu den anderen UN-Organisationen ergeben sich die Befugnisse von UNEP aus den Resolutionen der Generalversammlung und der Geschäftsordnung. Diese enthalten nur wenige Regelungen für das Verhältnis von UNEP zu anderen Organisationen. Danach haben die Generalversammlung und ECOSOC sowie die Mitgliedsstaaten der UN, der UN-Sonderorganisationen und der IAEA das Recht, die Tagesordnung der Sitzungen des Verwaltungsrates mitzubestimmen. Die Mitgliedsstaaten dieser Organisationen haben unabhängig von der Mitgliedschaft bei UNEP auch das Recht, an den Verhandlungen des Verwaltungsrates teilzunehmen und Vorschläge einzubringen (Regel 9 und 67 der Geschäftsordnung des Verwaltungsrates)[119].

Da UNEP keine völkerrechtlichen Verträge schließen kann, ist es für die Zusammenarbeit mit anderen UN-Organisationen in der Regel auf Absprachen in Form von „memoranda of understanding" oder gemeinsame Arbeitsprogramme („joint work programmes") angewiesen. Daneben wird die Zusammenarbeit und Abstimmung mit diesen Organisationen durch die verschiedenen Koordinationsgremien auf der UN-Ebene, insbesondere durch die EMG und das „Chief Executives Board" (CEB) gefördert[120].

III. Innere Struktur von UNEP

UNEP hat nach der Gründungsresolution der Generalversammlung drei Hauptorgane: den Verwaltungsrat, das Sekretariat unter der Leitung des Exekutivdirektors und den Umweltfonds. Im Folgenden sollen die Organe von UNEP und zwischenzeitliche Veränderungen in der Struktur von UNEP dargestellt werden.

---

[119] Ebenso haben Vertreter der UN-Sonderorganisation, der IAEA und der UN-Organe sowie anderer Organisationen, die mit Umweltfragen beschäftigt sind, das Recht, an den Verhandlungen des Verwaltungsrates teilzunehmen (Regel 68 der Geschäftsordnung des Verwaltungsrates, erhältlich unter www.unep.org).

[120] Vgl. hierzu näher 2.Kapitel V 2 b) sowie 3. Kapitel.

1. Governing Council/Global Ministerial Environment Forum

a. Governing Council

Das wichtigste Entscheidungsgremium von UNEP stellt der Verwaltungsrat (Governing Council) dar; er ist das zentrale, intergouvernementale Leitungsorgan von UNEP[121].

aa. Struktur/Mitgliedschaft

In der „Resolution on Institutional and Financial Arrangements", die die teilnehmenden Staaten der United Nations Conference on the Human Environment in Stockholm im Jahre 1972 beschlossen haben, wird vorgeschlagen, dass der Verwaltungsrat 54 Mitglieder haben soll[122]. Die Generalversammlung der UN erhöhte die Mitgliederzahl des Verwaltungsrates auf 58[123]. Mitglieder sind die Staaten, die von der Generalversammlung als Mitglieder des Verwaltungsrates gewählt werden. Der Verteilungsschlüssel sieht vor, dass 16 Sitze mit Ländern aus Afrika besetzt werden sollen und 13 Sitze Asien, zehn Sitze Lateinamerika, sechs Sitze Osteuropa und 13 Sitze Staaten aus Westeuropa und anderen Staaten (u.a. Nordamerika und Südpazifik) zustehen[124]. Damit haben die Entwicklungsländer die Mehrheit der Sitze im Verwaltungsrat inne[125]. Die Mitglieder des Verwaltungsrates werden für drei Jahre von der Generalversammlung bestimmt. Zu Beginn tagte der Verwaltungsrat jährlich; mittlerweile finden die Sitzungen nur noch alle zwei Jahre statt[126].

Bisher ist die Mitgliederzahl im Verwaltungsrat unverändert bei 58 Staaten geblieben, obwohl die Task Force im Jahre 1998 die Einführung der universellen Mitgliedschaft empfohlen hat[127]. Universelle Mitgliedschaft bedeutet, dass alle Staaten Mitglied des Verwaltungsrates sein können und dementsprechend auch ein Stimmrecht besitzen. Auf dem Gipfel in Johannesburg wurde beschlossen, dass die Frage der universellen Mitgliedschaft in den nächsten Jahren behandelt werden soll. Tatsächlich sind bei den Sitzungen des Verwaltungsrates wesentlich mehr als die 58 Mitgliedsstaaten vertreten[128]. An den letzten Sitzungen nahmen 120 bis 140 Mitgliedsstaaten der Vereinten Nationen sowie Mitglieder der „specialized agencies" teil. Hierbei ist jedoch zu beachten, dass nach Regel 47 der Geschäftsordnung des Verwaltungsrates nur die Mitglieder des Verwaltungsrates ein Stimmrecht haben.

---

[121] Beyerlin, Umweltvölkerrecht, Rn. 145.

[122] UN Doc. A/CONF.48/14/Rev. 1, S. 29 ff.

[123] UNGA Res. 2997 (XXVII) vom 15. 12. 1972, Par. I. 1.

[124] Dupuy, in: Bernhardt (Hrsg.), EPIL Bd. IV, S. 1102. Jeder Mitgliedsstaat hat eine Stimme; die Entscheidungen werden mit einfacher Mehrheit der anwesenden Mitglieder getroffen.

[125] Kilian, Umweltschutz durch Internationale Organisationen, S. 260.

[126] Sand, in: Kimminich/v. Lersner/Storm, HdUR, Bd. II, S. 2296, 2297.

[127] UN Doc. A/53/463 vom 6. Oktober 1998, Annex: Recommendation 13 (c); vgl. auch UNEP/GC.22/INF/36 vom 19. 12. 2002.

[128] Es können nach der Geschäftsordnung des Verwaltungsrates an dessen Sitzungen sowohl UN-Sonderorganisationen, andere internationale Organisationen, Non-Governmental Organizations (NGOs) als auch Staaten, die zu diesem Zeitpunkt nicht im Verwaltungsrat vertreten sind, teilnehmen und schriftliche Stellungnahmen abgeben (Rules 67 und 68). Vgl. auch Kilian, Umweltschutz durch Internationale Organisationen, S. 262.

Nichtmitglieder können jedoch Entscheidungsentwürfe einbringen, wenn sie von einem Mitglied unterstützt werden[129].
Zur Unterstützung des Verwaltungsrates wurden das High-level Committee of Ministers and Officials und das Committee of Permanent Representatives als subsidiary organs des Verwaltungsrates eingerichtet, die diesem gegenüber verantwortlich sind[130]. Sie sollten zwischen den Sitzungen des Verwaltungsrates dessen Aufgaben wahrnehmen, sowie die Ausführung der Beschlüsse des Verwaltungsrates sicherstellen. Das im Jahr 2001 aufgelöste High-Level Committee of Ministers and Officials tagte mindestens einmal im Jahr[131]. Das Committee of Permanent Representatives soll vier reguläre Sitzungen im Jahr abhalten[132].

bb. Aufgaben des Verwaltungsrates

Der Verwaltungsrat soll die internationale Zusammenarbeit im Umweltbereich fördern und die Grundlinien für die Leitung und Koordination der Umweltprogramme innerhalb des UN-Systems ausarbeiten[133]. Die entsprechenden Beschlüsse des Verwaltungsrates stellen für die anderen UN-Organisationen rechtlich nicht verbindliche Empfehlungen dar.
Der Verwaltungsrat beschließt als Leitungsorgan das Arbeitsprogramm von UNEP und ist für alle Entscheidungen im Bereich von UNEP zuständig, soweit diese nicht in den Aufgabenbereich der Generalversammlung fallen. So stellt der Verwaltungsrat z.B. die Verfahrensregeln für den Umweltfonds auf[134].
Des Weiteren kommt dem Verwaltungsrat eine Kontrollfunktion gegenüber dem Exekutivdirektor und dem Umweltfonds zu. Der Exekutivdirektor ist dem Verwaltungsrat zur regelmäßigen Berichterstattung verpflichtet[135]. Das Mittelverwendungsprogramm des Umweltfonds soll ebenfalls jährlich geprüft und genehmigt werden[136]. Der Verwaltungsrat selbst unterliegt als zentrales Organ der Kontrolle der Generalversammlung und muss dieser über den ECOSOC jährlich einen Bericht zuleiten[137]. Durch die Berichterstattung an die Generalversammlung stellt der Verwaltungsrat das wesentliche Bindeglied zwischen UNEP und den UN dar.

---

[129] UN Doc. UNEP/GC/22/INF/36, Par. 21.
[130] UN Doc. A/52/25 vom 1.7.1997, Annex: Dec.19/32, Par. (b): Das High-Level Committee of Ministers and Officials besteht aus 36 Mitgliedern, die vom Verwaltungsrat aus den Mitgliedern der Vereinten Nationen und seiner specialized agencies gewählt werden. Par. (h): Das Committee of Permanent Representatives soll aus Vertretern der Staaten und Organisationen, die bei UNEP akkreditiert sind, bestehen. Vgl. auch: UN Doc. UNEP/GC.21/4 vom 22.12.2001.
[131] UN Doc. UNEP GC.Dec. 21/20 vom 9.2.2001, Par.5. Als Grund für die Auflösung wurde angegeben, dass es die ihm zugedachten Aufgaben erfüllt habe.
[132] UN Doc. A/52/25 vom 1.7.1997; Annex: Dec.19/32; Par. (e), (j).
[133] UNGA Res. 2997 (XXVII) vom 15. 12. 1972, Par. I. 2. (a).
[134] UNGA Res. 2997 (XXVII) vom 15. 12. 1972, Par. III. 7.
[135] UNGA Res. 2997 (XXVII) vom 15. 12. 1972, Par. I.2 (c).
[136] UNGA Res. 2997 (XXVII) vom 15. 12. 1972, Par. I.2 (g).
[137] UNGA Res. 2997 (XXVII) vom 15. 12. 1972, Par. I.3.

b. Global Ministerial Environment Forum (GMEF)

aa. Grundlagen

Am 28. Juli 1999 wurde ein „Global Ministerial Environment Forum" (GMEF) durch die Resolution 53/242 der UN-Generalversammlung gebildet. Die Einrichtung des GMEF geht auf die Empfehlung der United Nations Task Force on Environment and Human Settlements[138] des Generalsekretärs der UN zurück: „That there be an established annual, ministerial-level, global environmental forum in which environment ministers can gather to review and revise the environmental agenda of the United Nations in the context of sustainable development; oversee and evaluate the implementation of that agenda; discuss key issues in depth; identify challenges requiring international environmental cooperation and develop plans of action for meeting them; review the role of UNEP in relation to GEF; and engage in a variety of discussions with their peers, with representatives of international institutions and with major groups."[139].

Die Einrichtung des GMEF ist insbesondere vor dem Hintergrund der „International Environmental Governance" zu sehen. Der Verwaltungsrat von UNEP hat auf seiner siebten Sondersitzung im Jahre 2002 den Bericht der Ministergruppe über International Environmental Governance angenommen und bestätigt, dass das GMEF eine entscheidende Rolle bei der Schaffung einer institutionellen Struktur der „International Environmental Governance" übernehmen soll[140].
Die zu diesem Zeitpunkt bestehenden Foren, in denen umweltbezogene Entscheidungen getroffen wurden, waren insbesondere der Verwaltungsrat von UNEP und die CSD. Da in beiden Gremien die Diskussionen zu sehr auf die Verabschiedung konkreter Vorhaben ausgerichtet waren, wurden sie als inadäquat angesehen, eine Leitfunktion für den Umweltbereich zu übernehmen[141]. Zudem soll GMEF die Lücke ausfüllen, die dadurch entsteht, dass der Verwaltungsrat seit dem Jahre 1998 nicht mehr jedes Jahr regulär tagt, sondern nur noch alle zwei Jahre zusammenkommt. Wie sich aus der Aufgabenbeschreibung der Task Force ergibt, sollte im Rahmen des GMEF die Möglichkeit für konzeptionelle Diskussionen auf Ministerebene bestehen. Da eine wichtige Komponente der „International Environmental Governance" die Einbeziehung aller betroffenen Gruppen, wie z.B. auch NGOs ist, sollen diese auch im Rahmen von GMEF in die Diskussionen einbezogen werden. Der Ausbau der Beteiligungsmöglichkeiten dieser Gruppen wird auch in dem Abschlußbericht der Ministergruppe zu „International Environmental Governance" empfohlen[142].

---

[138] UN Doc. A/53/463 vom 6. 10. 1998, Annex.

[139] UN Doc. A/53/463 vom 6.10. 1998, Annex Recommendation 13(a).

[140] UNEP GC.SS.VII/1 Appendix Par. 8 (a): „The Global Ministerial Environment Forum should be placed as the cornerstone of the international institutional structure of international environmental governance".

[141] UNEP/IGM/4/INF/5/Rev.1, Par. 5.

[142] Report of the Open-ended Intergovernmental Group of Ministers or their Representatives on International Environmental Governance, UNEP/GC.SS.VII/1, Appendix, Par. 11 (e).

Zusammenfassend ist festzuhalten, dass die Einrichtung von GMEF dazu dienen soll, die konzeptionelle Aufgabe von UNEP mit Blick auf den Umweltschutz und das Zusammenwirken der Organisationen durch die Bereitstellung eines Diskussionsforums auf Ministerebene zu stärken.
Hierzu soll die Einbeziehung auch von Staaten, die nicht im Verwaltungsrat vertreten sind, und von NGOs dienen; auf diese Weise sollen die Anregungen und die Fachkunde von Experten in die Arbeit von UNEP einfließen. Dadurch soll die Koordinierungsfunktion von UNEP im Rahmen der „International Environmental Governance" gestärkt werden.

bb. Organisatorische Eingliederung

GMEF ist eine Einrichtung innerhalb von UNEP. Ziel war es gerade, die Leitfunktion von UNEP und seine Bedeutung innerhalb des Systems der Vereinten Nationen zu stärken[143], nicht aber eine konkurrierende Einrichtung zu schaffen. Die rechtliche Stellung innerhalb von UNEP und das Verhältnis zum Verwaltungsrat ist in der Resolution nicht eindeutig geregelt. Aus ihr lässt sich aber der Schluss ziehen, dass GMEF als Teil des Verwaltungsrates anzusehen ist. Hierfür spricht, dass in den Jahren, in denen der Verwaltungsrat regulär tagt, dieser das GMEF „konstituieren", der Verwaltungsrat also zugleich die Funktion des GMEF wahrnehmen soll, und in den Jahren, in denen der Verwaltungsrat nicht tagt, GMEF in der Form einer Sondersitzung des Verwaltungsrates tagen soll[144]. Damit ist gemeint, dass GMEF insoweit die Beratungs- und Diskussionsaufgaben des Verwaltungsrates wahrnimmt, ohne dass es auf Entscheidungen mit der in der Resolution 2997 bestimmten Zusammensetzung ankommt. Der Verwaltungsrat tagt in diesem Fall als Diskussionsforum auf Ministerebene. Für die Einordnung von GMEF als Teil des Verwaltungsrates spricht auch, dass das Committee of Permanent Representatives, das als Nebenorgan des Verwaltungsrates eingerichtet wurde, die Arbeit des Forums unterstützen soll[145].
Eine Alternative wäre gewesen, GMEF zwar innerhalb von UNEP, aber als ein zusätzliches Forum mit Entscheidungskompetenzen neben dem Verwaltungsrat vorzusehen. Damit wären allerdings eine Konkurrenz zu dem Verwaltungsrat und Abgrenzungsprobleme entstanden. Aus den Überlegungen der Task-Force geht hervor, dass ein Forum eingerichtet werden sollte, auf dem weniger Entscheidungen getroffen werden sollten, sondern das in erster Linie dazu dient, konzeptionelle Fragen des Umweltschutzes und des Zusammenwirkens der Organisationen zu erörtern. Hierbei handelt es sich um Aufgaben, die in den Zuständigkeitsbereich des Verwaltungsrates fallen. Dies spricht ebenfalls gegen ein vom Verwaltungsrat unabhängiges Organ[146]. Auch die Aufgaben mit Blick auf „ International Environmental Governance" lassen sich jedenfalls bei einem weiten Verständnis als Teil der (bereits bestehenden) Koordinationsaufgabe des Verwaltungsrates verstehen. Der

[143] Birnie/ Boyle, International Law and the Environment, S. 54.
[144] UNGA A/RES/53/242, Par. 6 ; UN Doc. A/53/463 vom 6. 10. 1998, Annex Recommendation 13 (a).
[145] UNEP GC 21/21 vom 9. 2. 2001, Par. 3.
[146] UNEP/IGM/4/INF/5/Rev.1 vom 1.12.2001, Par. 6.

Generalsekretär der Vereinten Nationen hat in der Empfehlung zur Einrichtung des GMEF betont, dass hierfür institutionelle Anpassungen („institutional adjustments") nötig sind[147]. Dass der Verwaltungsmechanismus von UNEP durch die Einrichtung des GMEF nicht maßgeblich verändert werden sollte, ergibt sich daraus, dass im Zusammenhang mit der Einrichtung des GMEF das Erfordernis eines effektiven und effizienten Verwaltungsmechanismus von UNEP betont wurde[148].

cc. Einzelheiten zu den Aufgaben von GMEF

Zum Mandat des GMEF stellt sich die Frage, ob dieses sich auf die in der Empfehlung der Task Force und der Resolution der Generalversammlung über die Einrichtung des GMEF beschränkt. Da der Verwaltungsrat und GMEF als eine rechtliche Einheit anzusehen sind[149], ist davon auszugehen, dass sich das Mandat auch des GMEF grundsätzlich an dem Mandat des Verwaltungsrates nach der Gründungsresolution von UNEP[150] ausrichten muss. In dem Bericht der Arbeitsgruppe über „International Environmental Governance", der von dem Verwaltungsrat auf seiner siebten Sondersitzung angenommen wurde, ist dementsprechend festgestellt worden, dass die Aufgaben des Verwaltungsrates bzw. des GMEF zum einen darin liegen sollen, die internationale Zusammenarbeit im Umweltbereich zu fördern, Empfehlungen und Richtlinien - im Einklang mit den Paragraphen 2 (a) und 2 (b) der Resolution 2997 (XXVII) - für die Umweltpolitik zu geben sowie globale Umweltschwerpunkte herauszuarbeiten[151].

Die Empfehlung der Task Force sah zum anderen vor, dass eine wesentliche Aufgabe des GMEF darin liegen soll, in den jeweiligen Sitzungen aus einer themenübergreifenden Perspektive die Fortschritte bei der Verwirklichung der Ziele der verschiedenen Konventionen zu behandeln[152]. Der Verwaltungsrat hat sich auf seiner siebten Sondersitzung im Februar 2002 in diesem Zusammenhang für eine Verbesserung und Verstärkung der Beziehungen zu den Organen der Konventionen wie zu den Vertragsstaatenkonferenzen ausgesprochen[153]. Wie oben dargestellt, erfordert die große Zahl von Umweltabkommen ein gemeinsames und koordiniertes Vorgehen innerhalb von „International Environmental Governance". Nach dem Willen der Task Force on Environment and Human Settlements soll deshalb in den Jahren, in denen keine regulären Sitzungen des Verwaltungsrates stattfinden, die Sitzungen immer in einer anderen Region stattfinden, deren Probleme in den Diskussionen besonders berücksichtigt werden sollen[154].

Die „rechtliche Einheit" von GMEF und Verwaltungsrat in organisatorischer Hinsicht ist aber nicht so zu verstehen, dass in den Zuständigkeitsbereich von GMEF auch alle Entscheidungen fallen, die dem Verwaltungsrat übertragen worden sind.

---

[147] UN Doc. A/53/463 vom 6.10.1998, Par. 41.
[148] UNGA Res. A/RES/53/242, Par. 6.
[149] So der Legal Counsel der Vereinten Nationen, UNEP/IGM/4/INF/5/Rev.1, Par. 6.
[150] UNGA Res. 2997 (XXVII) vom 15.12. 1972.
[151] UNEP GC.SS.VII/1 vom 15.2.2002, Appendix Par.11.
[152] UN Doc. A/53/463 vom 6. Oktober 1998, Annex, Recommendation 13 (b).
[153] UNEP/GC.SS.VII/1 vom 15.2.2002, Par. 11 (d).
[154] UN Doc. A/53/463 vom 6.10.1998, Annex, Recommendation 13 (a).

Vielmehr ist insoweit der auf konzeptionelle Fragen des Umweltschutzes und auch auf „International Environmental Governance" zugeschnittene Zweck des GMEF zu beachten, der auch in der hochrangigen Besetzung und der angestrebten Einbeziehung von Staaten, die nicht im Verwaltungsrat vertreten sind, sowie anderer Organisationen und der NGOs zum Ausdruck kommt. Die bisher genannten Zuständigkeiten (auch) des GMEF (Förderung der internationalen Zusammenarbeit im Umweltbereich, Empfehlungen für die Umweltpolitik etc.) gehören in diesen Zusammenhang. Hiervon abzugrenzen sind die Entscheidungen, die ausdrücklich dem Verwaltungsrat als Leitungsorgan von UNEP zugewiesen sind. Dazu zählen z.B. Entscheidungen über die Durchführung konkreter Umweltmaßnahmen sowie die Aufsicht über den Exekutivdirektor und den Umweltfonds einschließlich der sachgerechten Verwendung der Mittel des Fonds.
Aus der rechtlichen Verknüpfung des GMEF mit dem Verwaltungsrat folgt, dass die Mitgliedschaft sich grundsätzlich nach der des Verwaltungsrates richtet und somit auf 58 Mitglieder beschränkt ist. Wie sich auch an dem Namen (*Global* Ministerial Environment Forum) zeigt, wird aber von der Möglichkeit der Teilnahme aller Mitgliedsstaaten der Vereinten Nationen und der Sonderorganisationen sowie aller anderen Betroffenen wie NGOs ausgegangen[155]. An den Diskussionen im Rahmen des GMEF nimmt auch eine große Zahl der von Umweltfragen Betroffenen teil. Die Frage der Erweiterung der Mitgliedschaft im Verwaltungsrat stellt sich daher vor dem Hintergrund der Einrichtung des GMEF in besonderer Weise.

c. Ausblick

Die Einrichtung des GMEF macht deutlich, dass UNEP im System der „International Environmental Governance" eine entscheidende Rolle wahrnehmen soll. Da GMEF alle betroffenen Gruppen einbeziehen soll und GMEF auch das Forum für die Beratung des Zusammenwirkens der verschiedenen Umweltorganisationen sein soll, ist der Prozess der Kooperation und Koordination zu einer globalen Aufgabe der UN geworden. Eine Bestätigung wäre die Aufhebung der Begrenzung der Mitgliedschaft im Verwaltungsrat. Eine Aufhebung der Beschränkung der Mitgliedschaft im Verwaltungsrat könnte die Stellung von UNEP im Verhältnis zu den Staaten auch insoweit stärken, als alle Staaten sich eher an die Entscheidungen gebunden fühlen, an deren Beschlussfassung sie aktiv beteiligt waren.
Auf der anderen Seite stellt sich die Frage, ob durch ein gestärktes GMEF eine Konkurrenz zu CSD entstehen könnte. Die Generalversammlung hat in der Resolution über die Einrichtung des GMEF eine solche Konkurrenz zu CSD verneint. CSD soll weiterhin das Hauptforum für Fragen in Zusammenhang mit der nachhaltigen Entwicklung sein[156]. Des Weiteren sollen die Beratungen der GMEF auch für die der CSD richtungsweisend sein[157].

---

[155] UNEP/GC.SS.VII/1 vom 15.2.2002, Appendix, Par. 11 (a) und (e).
[156] UNGA A/RES/53/242, op. 6.
[157] UN Doc. A/53/463 vom 6. 10. 1998, Annex Recommendation 13 (b).

Die erste Sitzung des GMEF und die sechste Sondersitzung des Verwaltungsrates fanden vom 29. bis 31. Mai 2000 in Malmö statt[158]. In der Praxis finden die Sitzungen des GMEF, wenn in diesem Jahr auch der Verwaltungsrat tagt, im Vorfeld der Sitzungen des Verwaltungsrates statt. Auf der ersten Sitzung des GMEF wurde die „Malmö Ministerial Declaration“[159] verabschiedet, in der die Herausforderungen für den Umweltschutz im 21. Jahrhundert festgehalten werden und insbesondere eine Einbeziehung des privaten Sektors bei der Bewältigung von Umweltproblemen gefordert wird.

2. *Sekretariat*

Das Sekretariat ist das ständige Verwaltungsorgan; es hat seinen Sitz in Nairobi. An der Spitze des Sekretariats steht der Executive Director, der auf Vorschlag des Generalsekretärs der UN von der Generalversammlung gewählt wird[160].

In der Resolution 2997 (XXVII) ist ausdrücklich festgelegt, dass das Sekretariat „klein“ sein soll[161]; damit sollte der Sorge einiger Staaten begegnet werden, die den Aufbau einer umfangreichen Bürokratie befürchteten. Gleichzeitig soll das Sekretariat aber auch die zentrale Anlaufstelle für Umweltmaßnahmen innerhalb der Vereinten Nationen sein. Während der Verwaltungsrat für die Festlegung der Politik und der Programme von UNEP zuständig ist, besteht die Aufgabe des Exekutivdirektors als Leiter des Sekretariats darin, den Verwaltungsrat zu unterstützen und für die Umsetzung der Programme zu sorgen[162]. Um dies zu erreichen, räumt die Resolution 2997 (XXVII) dem Exekutivdirektor auch die Möglichkeit ein, die UN-Organisationen bei der Ausarbeitung und Umsetzung der Umweltprogramme zu beraten[163]. Das Sekretariat soll weiterhin die Zusammenarbeit und Mitwirkung der entsprechenden Fachkreise ermöglichen[164] und selbst im Sinne der Förderung der internationalen Zusammenarbeit im Umweltbereich alle Betroffenen beraten[165]. Zu den Aufgaben des Sekretariats gehört ferner, selbst Vorschläge für die mittel- und langfristige Planung von Umweltprogrammen vorzulegen, den Verwaltungsrat zur Behandlung von Umweltfragen zu veranlassen sowie Berichte zu Umweltthemen zu erstellen[166]. Der Exekutivdirektor ist außerdem für die Verwaltung des Umweltfonds zuständig[167]. Die Kosten für das Sekretariat werden aus dem regulären Haushalt der Vereinten Nationen bestritten.

---

[158] United Nations Handbook 2002, S. 182.
[159] UN Doc. A/55/25, UNEP GCSS.VI/I vom 31.05.2000.
[160] UNGA Res. 2997 (XXVII) vom 15. 12. 1972, Par. II. 2. Exekutivdirektoren waren von 1973 bis 1975: Maurice G. Strong (Kanada); 1976 bis 1992: Mostafa Kamal Tolba (Ägypten); 1993 bis 1997: Elizabeth Dowdeswell (Canada); seit 1998: Klaus Töpfer (Deutschland). Vgl. auch Downie/Levy, in: Chasek (Hrsg.), The global environment, S. 355, 357.
[161] UNGA Res. 2997 (XXVII)vom 15. 12. 1972, Par. II. 1.
[162] UNGA Res. 2997 (XXVII) vom 15. 12. 1972, Par. II. 2. (a) und (b).
[163] UNGA Res. 2997 (XXVII) vom 15. 12. 1972, Par. II. 2. (c).
[164] UNGA Res. 2997 (XXVII) vom 15. 12. 1972, Par. II. 2. (d)
[165] UNGA Res. 2997 (XXVII) vom 15. 12. 1972, Par. II. 2. (e).
[166] UNGA Res. 2997 (XXVII) vom 15. 12. 1072, Par. II. 2. (f), (g), (i).
[167] UNGA Res. 2997 (XXVII) vom 15. 12. 1972, Par. II. 2. (h).

3. Environment Coordination Board

UNEP sollte hauptsächlich für die Koordinierung der Umweltaktivitäten innerhalb der Vereinten Nationen verantwortlich sein. Um diese Funktion zu erfüllen, wurde in der Gründungsresolution zur Unterstützung ein Umweltkoordinierungsrat (Environmental Coordination Board, ECB) vorgesehen[168]. Dieser sollte regelmäßig tagen, um eine Zusammenarbeit und Koordination zwischen allen Organen sicherzustellen, die mit der Durchführung von Umweltprogrammen befasst sind[169]. Vorsitzendender dieses Ausschusses war der Exekutivdirektor.

Das ECB wurde jedoch schon im Jahre 1977 aufgelöst. Das „Administrative Coordination Committee" (ACC) übernahm seine Aufgaben[170]. ACC, heute: „Chief Executives Board for Coordination" (CEB), ist für die allgemeine Koordination – also über den Umweltbereich hinaus - innerhalb des UN-Systems zuständig[171].

4. Umweltfonds/ Finanzierung

Als drittes Hauptorgan von UNEP ist in der Gründungsresolution der Umweltfonds (Environmental Fund) vorgesehen. Auf dem Gipfel von Stockholm im Jahre 1972 beschlossen die Staaten, dass ein Umweltfonds zur Unterstützung der neuen Umweltorganisation, von Umweltprogrammen und – was die Resolution hervorhebt - der Vorhaben von Entwicklungsländern im Bereich des Umweltschutzes eingerichtet wird[172]. Der Umweltfonds soll hauptsächlich zur Finanzierung von Umweltinitiativen dienen, die innerhalb des Systems der Vereinten Nationen unternommen werden[173]. Für deren Durchführung können allerdings auch Organisationen außerhalb des Systems der Vereinten Nationen herangezogen werden[174]. Die Verwaltungskosten sowohl des Verwaltungsrates als auch des Sekretariats werden dagegen nicht aus dem Umweltfonds bestritten, sondern aus dem regulären Budget der Vereinten Nationen[175].

Der Umweltfonds besteht aus freiwilligen Beiträgen der Mitgliedsländer. Im Jahre 2004 hatte der Umweltfonds ein Volumen von über 58 Millionen $[176]. Der Umweltfonds und die dadurch bestehende Möglichkeit, ohne Unterstützung aus dem UN-Etat eigene Projekte durchzuführen, gewährt UNEP eine gewisse Unabhängigkeit. Im Vergleich zu den Fonds anderer Organisationen ist die Mittelausstattung von UNEP - z.B. im Vergleich zu UNDP - aber gering, zumal er nur durch freiwillige Einzahlungen finanziert wird. Während in der Anfangszeit von UNEP der Umweltfonds praktisch die einzige Finanzierungsquelle war, ist seit Anfang der

---

[168] UNGA Res. 2997 (XXVII) vom 15. 12. 1972, Par. IV.
[169] UNGA Res. 2997 (XXVII) vom 15. 12. 1972, Par. IV. 2.
[170] Kilian, Umweltschutz durch Internationale Organisationen; S. 259.
[171] Dupuy, in: Bernhardt (Hrsg.), EPIL Bd. IV, S. 1103.
[172] Thacher; in: Hurrell/ Kingsbury; S: 183, 195; UN Doc. A/CONF.48/14/Rev.1, 1973.
[173] UNGA Res. 2997 (XXVII) vom 15. 12. 1972, Par. III. 2.
[174] UNGA Res. 2997 (XXVII) vom 15. 12. 1972, Par. III. 6.
[175] Kilian, Umweltschutz durch Internationale Organisationen, S. 263. Vgl. zu dem Budget für die Jahre 2002-2003: UN Doc. UNEP/GCSS.VIII/INF/9 vom 6.02.04.
[176] Vgl. UN Doc. UNEP/GC.23/INF/6 vom 4.02.2005, Par. 4; zu dem Budget in den Jahren 2002/2003 vgl. UN Doc. UNEP/GCSS.VIII/INF/9 vom 6.02.04, Tabelle 1.

achtziger Jahre der Anteil der Treuhandfonds an der Finanzierung gestiegen[177]. Es handelt sich hierbei um Sonderfonds, die UNEP treuhänderisch verwaltet. UNEP ist für die Verwaltung von 74 Treuhandfonds[178] zuständig. Der überwiegende Teil dieser Treuhandfonds dient der direkten Unterstützung des Arbeitsprogramms von UNEP; die anderen Fonds werden zur Finanzierung von Maßnahmen zur Umsetzung von Konventionen, Protokollen und Aktionsplänen für die Regionalmeere eingesetzt[179]. Eine weitere Finanzierung von UNEP erfolgt durch „earmarked (counterpart) contributions", die von Regierungen, staatlichen – oder nichtstaatlichen Organisationen gezielt für bestimmte Projekte erfolgen[180].
Mittlerweile wird UNEP aber z.B. auch als Ausführungsorganisation des Global Environment Fund (GEF) tätig und erhält auf diesem Wege finanzielle Mittel für die Durchführung der Projekte. Dennoch ist die Finanzierung von UNEP ein ständiger Diskussionspunkt und gehört zu den vorrangigen Fragen, die im Zusammenhang mit Möglichkeiten für eine Reform von UNEP angesprochen werden.
Auf der siebten Sondersitzung des Verwaltungsrates/Global Ministerial Environment Forum im Februar 2002 wurde eine „indicative list of contributions" beschlossen, nach der sich die Beitragszahlungen der Länder richten soll. Der Grund hierfür war die Befürchtung, dass UNEP durch unzureichende Ressourcen und unregelmäßige Beitragszahlungen in seiner Arbeit behindert wird[181]. Des Weiteren ist der finanzielle Anteil, den die Vereinten Nationen aus dem regulären Budget für die Verwaltungskosten von UNEP leisten, prozentual gesunken[182]. Andere UN-Organisationen legen bei der Berechnung ihrer Beiträge die „United Nations scale of assessments" zugrunde. Insbesondere wenn die Mitgliederzahl in diesen Organisationen geringer ist als die der UN oder wenn einer der Hauptgeldgeber der Vereinten Nationen nicht Mitglied der Organisation ist, stellt sich die Frage, wie die Beitragszahlungen angepasst werden[183]. Aus diesem Grunde wurde die „United Nations scale of assessment" nicht als Berechnungsgrundlage eingeführt.
Die Beitragszahlung für den Umweltfonds bleibt weiterhin freiwillig. Die „indicative scale of contributions" sieht eine Minimumrate (0,001%) und eine Maximumrate (22%) vor, die für Entwicklungsländer wesentlich niedriger ist als für Industrieländer[184]. Bei der Entwicklung dieser Maßstäbe wurden das Prinzip der gemeinsamen, aber unterschiedlichen Verantwortlichkeiten und das Prinzip der fairen Verteilung

---

177 UNEP Annual Report 2001, S. 44; vgl zur weiteren Entwicklung, UNEP Annual Report 2004.
178 Stand Mai 2004; zu neuen Fonds vgl. UN Doc. UNEP/GC.23/9 vom 7.10.2004.
179 Zu weiteren Einzelheiten vgl. UN Doc. UNEP/GC.22/7 vom 26.11.2002; Desai, Indian Journal of International Law 40 (2000), S. 455, 468.
180 In dem Zeitraum 2002-2003 haben diese 12, 65 % des Haushalts von UNEP ausgemacht, vgl. UN Doc. UNEP/GCSS.VIII/INF/9 vom 6.2.2004.
181 UN Doc. A/57/25, UNEP SS.VII/1 Appendix Par. 12.
182 UN Doc. A/57/25, UNEP SS.VII/1 Appendix Par. 14.
183 UN Doc. UNEP/GC.22/INF/20/Rev.1 vom 30.1.2003, Par. 8 f.
184 Un Doc. A/57/25, UNEP SS. VII/1 vom 15.02.2002, Appendix, Par. 17- 20: Als weitere Basis für die Berechnung der Beitragszahlungen kommen als Richtlinie die „United Nations scale of assessment" für das Jahr 2003, die historische Höhe der Beiträge, zweijährliche Verpfändungen oder jede andere Basis, die von einem Mitglied aufgestellt wird, in Frage.

der finanziellen Last berücksichtigt[185]. Wesentlich an dem neuen Finanzierungsmaßstab ist ferner, dass der Exekutivdirektor die Staaten frühzeitig über die „indicative scale of assessments" für das kommende Jahr informieren soll; die Staaten sollen dann ihre Entscheidung, ob sie diese als Berechnungsgrundlage für sich annehmen, mitteilen. Die Beitragszahlungen sollen möglichst bis Anfang des Jahres erfolgen[186].

Es wird sich zeigen müssen, ob durch diese Maßnahmen die Finanzierung von UNEP sicherer und vor allem vorhersehbarer wird. In der Pilotphase hat sich der Großteil der Staaten positiv geäußert und es haben mehrere Länder Beitragszahlungen nach der „indicative scale of contributions" in Aussicht gestellt, die bisher nicht zu den Beitragszahlern gehört haben[187]. Der Großteil der Staaten hat die „indicative scale of contributions" als Berechnungsgrundlage für die Höhe ihrer Beitragszahlungen akzeptiert[188]. Auch für das Jahr 2004 haben viele der Staaten dieser Berechnung zugestimmt[189].

5. Ausschüsse und Abteilungen von UNEP

Unter der Leitung des Exekutivdirektors bestehen acht Abteilungen („divisions"), denen jeweils bestimmte Themengebiete zugeteilt sind[190]:

1. Early Warning and Assessment,
2. Policy Development and Law,
3. Environmental Policy Implementation,
4. Technology, Industry and Economics,
5. Regional Cooperation,
6. Environmental Conventions,
7. Communications and Public Information,
8. Global Environment Facility Coordination.

---

[185] UN Doc. UNEP/GC.22/INF/20/Rev.1 vom 30.1.2003, Par.12 (a).

[186] A/57/25, UNEP SS.VII/1 vom 15.02.2002, Appendix, Par.19 f.

[187] UN Doc. UNEP/GC.22/INF/20/Rev.1 vom 30.1.2003, Par. 14 f; siehe zu der Höhe der Beitragszahlungen im Einzelnen: Annex II.

[188] UN Doc. UNEP/GCSS.VIII/INF/12, Par.1 ff.; Table 3. 91 Staaten haben Zahlungen in entsprechender Höhe geleistet; 3 Staaten haben die Bemessungsskala zwar nicht unterstützt, haben aber dennoch entsprechende Zahlungen geleistet. Nur die USA haben für sich einen Ausschluss von der Berechnung erbeten. 28 weitere Länder haben Zahlungen unterhalb der Skala geleistet, die zum Teil „reservations" zum Ausdruck gebracht haben, zum Teil sich nicht geäußert haben. Vgl. zu weiteren Einzelheiten der Zahlungen auch an die Treuhandfonds sowie die Höhe der Unterstützung aus dem regulären Haushalt der Vereinten Nationen: UN Doc. UNEP/GCSS.VIII/INF/9 vom 6.2.2004.

[189] UN Doc. UNEP/GCSS.VIII/INF/12 vom 5.3.2004, Par. 4: 61 Staaten haben auf die Bitte des Exekutivdirektors, sich zu der neuen indicative scale of contributions für die Jahre 2004-2005 zu äußern, reagiert. 45 Staaten unterstützen die „indicative scale of contributions", nur ein Staat hat sich dagegen ausgesprochen. Insgesamt sechs Staaten haben Zahlungen unterhalb der Bemessungsgrenze geleistet. Vgl. zu der „indicative scale of contributions" für die Jahre 2004-2005: UN Doc. UNEP/GCSS.VIII/INF/12 vom 5.3.2004, Table 1.

[190] UNEP Annual Report 2000, S. 36; UNEP Annual Report 2001, S. 46.

Daneben gibt es Ausschüsse, die mit der Wahrnehmung bestimmter Aufgabenbereiche betraut sind. Hierzu gehört die „Compliance and Enforcement Unit". Ferner gibt es eine Abteilung, die sich mit der Kooperation auf regionaler Ebene befasst („Division of Regional Cooperation" (DRC)). Weitere wichtige Einrichtungen stellen Earthwatch und das Global Environment Monitoring System (GEMS) dar, die beide für die Untersuchung der Umweltsituation zuständig sind.
Auf der regionalen Ebene hat UNEP Büros eingerichtet, deren Aufgabe insbesondere darin besteht, die Umsetzung des Umweltprogramms auf dieser und auch auf der nationalen Ebene zu steuern[191].

B. Rechtliche Grundlagen für das Tätigwerden von UNEP, insbesondere im Bereich der Implementierung umweltvölkerrechtlicher Regelungen

Rechtliche Grundlage für die Tätigkeit von UNEP ist, wie dargelegt, die Resolution 2997 (XXVII) der Generalversammlung. Das sich hieraus ergebende Mandat von UNEP ist nach der Gründungsphase in den folgenden Jahren weiter ausgestaltet worden. Dies soll im Folgenden dargestellt und hierbei insbesondere untersucht werden, welches Mandat UNEP für die Umsetzung von umweltvölkerrechtlichen Verpflichtungen und Beschlüssen von Umweltkonferenzen etc. hat.
Für die Ausgestaltung des Mandats können insbesondere die Ergebnisse von internationalen Umweltkonferenzen sowie Entscheidungen des Verwaltungsrates von UNEP Anhaltspunkte geben. Sie können zur Klarstellung des Mandats beitragen und jedenfalls Hinweise darauf geben, wie in der Praxis das Mandat verstanden und gehandhabt wurde. Aufgrund der Stellung von UNEP als subsidiary organ der Generalversammlung hat allerdings nur diese gem. Art. 22 der Charta der Vereinten Nationen die Kompetenz, das Mandat zu modifizieren und auch zu erweitern. Entscheidungen des Verwaltungsrats, die das Mandat von UNEP betreffen, erhalten erst mit der Bestätigung durch die Generalversammlung Wirksamkeit. Auch Beschlüsse, die auf den Staatenkonferenzen gefasst werden, müssen von der Generalversammlung der UN angenommen werden, um Wirksamkeit für UNEP zu erlangen. Neben den Resolutionen, Beschlüssen etc., die sich unmittelbar mit dem Mandat von UNEP befassen, haben auch Dokumente, die gleichsam „Meilensteine des Umweltvölkerrechts" darstellen, wie z.B. die Millenium Declaration, Auswirkungen auf das Mandat. Aus ihnen können sich besondere Schwerpunkte oder Zielsetzungen ergeben, die die Aufgaben von UNEP und deren Wahrnehmung beeinflussen.

---

[191] Es bestehen Büros für Europa, Afrika, Nordamerika, Asien und Pazifik, Lateinamerika und Karibik sowie Westasien. In verschiedenen Ländern wurden außerdem nationale Ausschüsse („UNEP National Committees") gegründet, in denen neben Regierungsvertretern auch Nichtregierungsorganisationen und andere Gruppen vertreten sein können. Diese sind jedoch keine offiziellen Vertreter von UNEP. Ihre Aufgabe besteht darin, die Arbeit von UNEP auf der nationalen Ebene bekannt zu machen und Unterstützung zu mobilisieren (vgl. www.unep.ch/natcom).

I. Resolution on Institutional And Financial Arrangements Stockholm 1972/ Resolution 2997 (XXVII)

Das Problem der Umsetzung von Abkommen und Konferenzbeschlüssen auf dem Gebiet des Umweltrechts war den teilnehmenden Staaten der United Nations Conference on the Human Environment (UNHCE) in Stockholm im Jahre 1972 bewusst. Denn sie haben im Einleitungssatz zum Ausdruck gebracht: „convinced of the need for prompt and effective implementation by Governments and the international community of measures designed to safeguard and enhance the human environment for the benefit of present and future generations of Man". Allerdings wurde in den Beschlüssen der Konferenz die Problematik der Implementierung von umweltvölkerrechtlichen Bestimmungen nicht näher behandelt[192]. Soweit sie angesprochen wurde, hatte die Konferenz in erster Linie die Umsetzung von Vereinbarungen oder der von einer Konferenz beschlossenen Umweltmaßnahmen im Blick. Hierauf beziehen sich auch die Passagen, dass bei der Implementierung von Programmen eine Zusammenarbeit mit Organisationen außerhalb der Vereinten Nationen stattfinden soll[193]. Ferner wird darauf hingewiesen, dass auch eine Koordination mit regionalen Organisationen notwendig sei, um so die Umsetzung der Umweltprogramme zu unterstützen[194].

In der Gründungsresolution wird zwar bezogen auf den Bereich der Haftung und Entschädigung das Umweltrecht und seine Fortentwicklung als ein wichtiger Faktor für den Umweltschutz bezeichnet[195]. Eine ausdrückliche Verantwortlichkeit für die Entwicklung oder Umsetzung von Umweltrecht wird UNEP aber nicht zugewiesen.

Als Maßnahme für die Umsetzung der Umweltprogramme hebt die Resolution die Unterstützung für die Entwicklungsländer besonders hervor, was, wie später zu zeigen ist, auch für die Implementierung von umweltrechtlichen Regelungen von Bedeutung ist. Der Verwaltungsrat von UNEP hat auf seiner ersten Konferenz vom 12. bis 22. Juni 1973 Unterstützungsmaßnahmen in Form von technischer und finanzieller Hilfe als die wichtigsten Aufgaben von UNEP neben dem Umweltmanagement angesehen[196].

---

[192] Vgl. zu den Ergebnissen der Stockholmer Konferenz Sohn, Harvard International Law Review 14 (1997), S. 423 ff.

[193] UNGA Res. 2997 (XXVII) vom 15. 12. 1972, Par. I.2 (e), II.2 (b), III 6.

[194] Res. 2997 (XXVII), IV 4: „Invites the regional economic commissions and the United Nations Economic and Social Office at Beirut, in co-operation where necessary with other appropriate regional bodies, to intensify further their efforts directed towards contributing to the implementation of environmental programmes in view of the particular need for the rapid development of regional co- operation in this field".

[195] Declaration of the United Nations Conference on the Human Environment; Text, in: UN Doc. A/CONF.48/14/Rev.1; Principle 22: „States shall co-operate to develop further the international law regarding liability and compensation for the victims of pollution and other environmental damage caused by activities within the jurisdiction or control of such States to areas beyond their jurisdiction." Siehe auch Principle 21.

[196] Heilbrunn, Earth Law Journal, Vol.I 1975, S.161, 165.

Die Tatsache, dass die Aufgaben von UNEP nicht genau abgegrenzt sind, hat zur Folge, dass UNEP sich gegenüber anderen Organisationen und gegenüber betroffenen Staaten nicht ohne weiteres darauf berufen kann, dass bestimmte Tätigkeiten zu seinen Aufgabenbereichen gehören. Dies gilt insbesondere bei Tätigkeiten von UNEP, die die Umsetzung völkerrechtlicher Abkommen fördern sollen. Da hierbei die Staaten oftmals Zugeständnisse machen müssen, sind insoweit entsprechende Einwände gegen eine die Implementierung fördernde Tätigkeit von UNEP naheliegend. Der Vorteil einer weiten Aufgabenzuweisung liegt aber darin, dass UNEP und insbesondere dem Verwaltungsrat Raum für eine Auslegung und auch Ausgestaltung der Kompetenzen geblieben ist.

II. Tätigkeiten von UNEP im Bereich des Umweltvölkerrechts in den ersten Jahren nach Stockholm

UNEP ist trotz eines fehlenden ausdrücklichen Mandats für den Bereich der Rechtsetzung oder der Vorbereitung der Rechtsetzung auf diesem Gebiet durch den Erlass von Richtlinien tätig geworden. Ein Beispiel hierfür stellen die „UNEP-Guidelines: Principles of Conduct in the Field of the Environment for the Guidance in the Conservation and Harmonious Utilization of Natural Resources Shared by Two or More States“[197] vom 19. Mai 1978 dar. Der Erlass der Richtlinien geht auf die Resolution 3129 (XVIII) der Generalversammlung aus dem Jahre 1974 über die „Cooperation in the Field of the Environment Concerning Natural Resources Shared by Two or More States“ zurück[198], in der UNEP aufgefordert wurde, die Ziele der Resolution zu berücksichtigen und über Maßnahmen bezüglich der Umsetzung dieser Resolution zu berichten. Die daraufhin eingesetzte Arbeitsgruppe hat in dem „Report on Natural Resources Shared by Two or More States“ die wichtige Rolle der Entwicklung von Umweltrecht für die Umsetzung der Politik, Strategien und Empfehlungen von UNEP betont[199].

Die Generalversammlung hat in der Resolution 3436 (XXX) vom 9. Dezember 1975 über „Conventions and protocols in the field of the environment“ auf die Bedeutung der Rechtsetzung im Umweltbereich für die Arbeit von UNEP hingewiesen[200]. In der Resolution wird der Exekutivdirektor von UNEP aufgefordert, zur Realisierung und Implementierung der Strategien des Umweltprogramms der Vereinten Nationen im Bereich der Rechtsetzung tätig zu werden und den Entwick-

[197] ILM XVII (1978), S. 1091, 1096 ff.

[198] UNGA Res. 3129 (XXVIII) vom 15. 1. 1974.

[199] Report of the Intergovernmental Working Group of Experts on Natural Resources Shared by Two or More States, Fifth Session, Nairobi vom 23.01. bis 7.02.1978, Text in: ILM XVII (1978), S. 1094.

[200] UNGA Res. 3436 (XXX) vom 9. 12. 1975, Präambel Par. 3: „Expressing the conviction that the development of adequate environmental law is an essential supporting measure for the implementation of the policies, strategies and recommendations of the United Nations Environment Programme.“. Diese Resolution stützt sich auf die vorangegangenen Entscheidungen des Verwaltungsrates 24 (III) vom 30.4. 1975 und 35 (III) vom 2. 5.1975.

lungsländern Unterstützung bei der Entwicklung ihres nationalen Umweltrechts zu leisten[201]. Die Unterstützung der Entwicklungsländer ist in diesem Zusammenhang ein weiterer Schritt hin zu einem Implementierungsmandat von UNEP[202]. UNEP kommt auch eine Überwachungs- bzw. Kontrollfunktion insoweit zu, als der Exekutivdirektor regelmäßig über den Status der Konventionen informiert werden soll und hierüber der Generalversammlung Bericht erstatten soll[203].
Aufgrund der Stellung als bloßes Nebenorgan der Generalversammlung kann UNEP im Unterschied z.B. zur ILO selbst kein die Mitgliedsstaaten bindendes Recht setzen. UNEP hat aber durch die Verabschiedung von Richtlinien auf die Weiterentwicklung insbesondere des internationalen Umweltrechts in zweifacher Hinsicht Einfluss genommen: Die Richtlinien haben für die internationale Rechtsetzung eine Anstoßfunktion; die Staaten sollen veranlasst werden, entsprechende umweltvölkerrechtliche Abkommen abzuschließen. Außerdem haben sie eine Vorbildfunktion als Muster für umweltvölkerrechtliche Regelungen und können so – z.B. durch klar gefasste Regelungen in den Abkommen - die nationalen Gesetzgeber bei der Implementierung von Abkommen unterstützen[204].
Die genannten Resolutionen der Generalversammlung stellen aber jedenfalls eine erste Bestätigung dahingehend dar, dass UNEP auch bei der Vorbereitung der Rechtssetzung im Umweltvölkerrecht und – jedenfalls für die Entwicklungsländer – auch bei der Umsetzung völkerrechtlicher Regelungen in das nationale Recht tätig werden soll.

III. Erweiterung des Mandats bezüglich des Umweltvölkerrechts durch die Montevideo- Programme

Mit den bereits genannten Resolutionen 3129 (XVIII) und 3436 (XXX) der Generalversammlung aus den Jahren 1974 und 1975 war die Grundlage für die Ausarbeitung des Montevideo-Programms I im Jahre 1981/82 gelegt. Diesem Programm folgten zwei weitere Programme in den Jahren 1993 und 2001. Mit diesen Programmen sollte ein Rahmen für die Entwicklung und Implementierung von Umweltrecht geschaffen werden.
Bei den Montevideo-Programmen handelt es sich um Beschlüsse des Verwaltungsrates von UNEP und somit um völkerrechtlich unverbindliche Programme[205]. Sie

---

[201] UNGA Res. 3436 (XXX) vom 9. 12. 1975, Par. 1: „Requests the Executive Director of the United Nations Environment Programme to take such measures as may be necessary for the realization of the objectives and the implementation of the strategies relating to the programme of the United Nations Environment Programme in the field of national and international environmental law and, in particular, to take measures designed to provide technical assistance to developing countries, at their request, for the development of their national environmental legislation.“
[202] UNGA Res. 3436 (XXX) vom 9. 12. 1975, Par. 4.
[203] UNGA Res. 3436 (XXX) vom 9. Dezember 1975, Par. 3 und 5.
[204] Head, Virginia Journal of International Law 18 (1978), S. 269, 286. Vgl. zu der Entwicklung in weiteren Bereichen Egger, VN 1982, S. 113 ff.
[205] Beyerlin, Umweltvölkerrecht, Rn. 25.

haben aber in der Praxis erhebliche Auswirkungen auf die Zielvorstellungen und Aufgaben von UNEP.

1. Montevideo-Programm I

Nach Vorberatungen in Arbeitsgruppen fand vom 28. Oktober bis 6. November 1981 eine Konferenz von Regierungsexperten statt, auf der ein Umweltrechtsprogramm entwickelt werden sollte[206]. Ziel der Konferenz war es, „to establish a framework, methods and programme, including global, regional and national efforts, for the development and periodic review of environmental law, and to contribute to the preparation and implementation of the environmental law component of the system wide Medium Term Environment Programme."[207]. Das dort ausgearbeitete Montevideo Programm for the Development and Periodic Review of Environmental Law[208] (Montevideo-Programm I) wurde von dem Verwaltungsrat von UNEP im Mai 1982 beschlossen.

In diesem Programm wird die Bedeutung des Umweltrechts und die Notwendigkeit der Entwicklung neuen Umweltrechts hervorgehoben[209]. Das Montevideo-Programm I legt drei Hauptthemenbereiche[210] und acht Sekundärbereiche[211] fest, in denen jeweils bestimmte Maßnahmen vorgenommen werden sollen. Neben den Kapiteln über die auf einzelne Umweltbereiche bezogenen Maßnahmen befasst sich ein Kapitel mit allgemeinen Methoden der Implementierung, der Beobachtung und des Folgeprozesses[212]. Zum einen soll UNEP tätig werden, um ein internationales Verfahren für die Harmonisierung und Implementierung von globalen und regionalen umweltrechtlichen Regeln zu entwickeln. Als weitere Maßnahmen werden vor allem Hilfestellungen und Unterstützungen für regionale Organisationen und Regierungen vorgeschlagen, die diese in die Lage versetzen, völkerrechtliche Abkommen in nationales Recht umzusetzen. Ferner sollen Umweltverträglichkeitsprüfungen durchgeführt werden, um einerseits auf die Implementierung von bestehendem Umweltrecht hinzuwirken und andererseits die Entwicklung von neuem Umweltrecht zu initiieren. Der Verwaltungsrat soll regelmäßig über die Entwicklung des Umweltrechts in den einzelnen Regionen und die Fortschritte bei der Implementierung unterrichtet werden. Hiermit verbindet sich offensichtlich die Erwartung, dass die regelmäßige Veröffentlichung von Berichten über den Stand

---

[206] Storm, ZfU 1982, S. 267 f.

[207] Text in: Hohmann, Basic Documents, Bd.1, Nr.3 a, S. 69.

[208] UNEP GC Dec. 10/ 21; Text, in: Hohmann, Basic Documents, Bd.1, Nr. 3a, S. 69 ff.

[209] UNEP´s Conclusions and Recomendations of Montevideo, Par. 1 und 2.

[210] Meeresverschmutzung vom Land aus; Schutz der stratosphärischen Ozonschicht; Beförderung, Behandlung und Beseitigung gefährlicher Abfälle.

[211] Internationale Kooperation in Umweltnotfällen; Küstenzonenmanagement; Bodenschutz; Grenzüberschreitende Luftverschmutzung; Internationaler Handel mit möglicherweise gefährlichen Chemikalien; Schutz von Flüssen und anderen Binnengewässern vor Verschmutzung; Rechts- und Verwaltungsmechanismen für die Verhütung und Wiedergutmachung von Verschmutzungsschäden; Umweltverträglichkeitsprüfungen.

[212] Part III: Methods of Implementation, Review and Follow-Up.

des Umweltvölkerrechts und das Bekanntwerden von Versäumnissen betroffene Staaten veranlasst, im Sinne einer Implementierung tätig zu werden.
Zwar lässt das Montevideo-Programm I hinsichtlich des angesprochenen „internationalen Mechanismus“[213], der eine Harmonisierung und Implementierung im Umweltrecht fördern soll, weitgehend offen, wie dieser ausgestaltet sein soll. Als wesentlicher Fortschritt ist allerdings anzusehen, dass das erste Mal spezifische Mittel zur Implementierung genannt werden: u.a. Hilfestellung bei der Anwendung von Umweltrecht und Förderung der Implementierung in technischer Hinsicht u.a. durch Schulungen, Umweltverträglichkeitsprüfungen etc. sowie regelmäßige Berichterstattung über den Umfang von Implementierungsmaßnahmen.
Der Schwerpunkt des Programms lag aber auf der Entwicklung von neuem internationalen Umweltrecht und der Mitwirkung von UNEP bei der Rechtsetzung. Durch dieses Programm wurde UNEP erstmals die Aufgabe der Mitwirkung (Vorbereitung) bei der Setzung von neuem Umweltrecht zugewiesen[214]. Als Vorstufe und Vorbereitung hierzu soll UNEP insbesondere die wissenschaftliche Forschung und Lehre im Umweltrecht fördern[215]; durch das Montevideo-Programme I wird das Umweltvölkerrecht gleichsam als ein besonderes Rechtsgebiet anerkannt[216].

2. *Entwicklung des Montevideo-Programms II*

Das 1982 von dem Verwaltungsrat beschlossene Montevideo-Programm I war auf die Dauer von 10 Jahren angelegt. Im Vorfeld der Rio-Konferenz im Jahre 1992 wurde die Entwicklung eines Nachfolge-Programms intensiv vorbereitet. Hierzu wurden im Bereich von UNEP sogenannte „programme activity centres“ eingerichtet[217], u.a. das „Environmental Law and Institutions Programme Activity Centre“. Ziel war u.a. auch die Einrichtung einer umfassenden Datenbank für nationales und internationales Umweltrecht zum Zwecke eines besseren Informationsaustausches.

a. Agenda 21 der Rio-Konferenz

20 Jahre nach der Gründung von UNEP fand vom 3. bis 14. Juni 1992 die United Nations Conference on Environment and Development (UNCED) in Rio de Janeiro statt, die entscheidende Impulse für das Montevideo-Programm II setzte. Die Konferenz wurde aufgrund eines Beschlusses der Generalversammlung[218] einberu-

---

[213] Part III (i).
[214] Ehrmann, Erfüllungskontrolle, S. 29 Fn. 43.
[215] Part IV: General Development of Environmental Law.
[216] Storm, ZfU 1982, S. 267, 278.
[217] UN Doc. UNEP GC Dec. 16/25 vom 31.5.1991: „Strengthening of the three main secretariat units through the establishmenet of programme activity centres“, Text, in: UNEP Handbook of Environmental Law, S:8 ff. Die „Programme Activity Centres“ wurden im Zuge einer Umstrukturierung aufgelöst; die Aufgaben wurden aber durch Nebenprogramme übernommen, vgl. UN Doc. UNEP/GC Dec. 20/31, Par. 9.
[218] UN Doc. Res. 44/228 vom 22. Dezember 1989, Text in: Hohmann, Basic Documents, Bd.3, S. 1738.

fen. Im Mittelpunkt der Konferenz sollten die Themen Umwelt und Entwicklung stehen.
Die Konferenz hat zum einen das Prinzip der nachhaltigen Entwicklung („sustainable development") in das Umweltvölkerrecht eingeführt, das die Integration ökologischer und wirtschaftlicher Aspekte sowie die Berücksichtigung der Belange zukünftiger Generationen zum Ziel hat[219]. Bis zu diesem Zeitpunkt wurden die Umweltaspekte eher isoliert gesehen. Als Ergebnis der Rio-Konferenz wurden zum anderen zwei bedeutende Umweltabkommen geschlossen: die CBD und die United Nations Framework Convention on Climate Change (UNFCCC). Auch wenn in der Rio-Konferenz kein „Aufbruch zu neuen Ufern" und kein Beginn einer „neuen ökologischen Weltrechtsordnung" gesehen wird[220], hat die Rio-Konferenz entscheidende Impulse für das Umweltvölkerrecht gesetzt.
Eine weitere Neuerung der Rio-Konferenz betrifft die Einrichtung der GEF, die insbesondere als Finanzierungsmechanismus für CBD und UNFCCC fungieren soll. UNEP wurde als ausführende Organisation der GEF vorgesehen, d.h. UNEP ist für die Ausführung bestimmter Projekte, die von der GEF finanziell unterstützt werden, zuständig.
Zum Abschluss dieser Konferenz wurde neben der Rio-Deklaration und der Wald-Grundsatzerklärung die Agenda 21 unterzeichnet. Die Agenda 21 ist nur ein „dynamisches politisches Aktionsprogramm zur Umsetzung der Rio-Deklaration"[221]. Die Generalversammlung der UN hat die Ergebnisse der Konferenz durch eine Resolution angenommen. Die Agenda 21 ist von dem Ziel der Verwirklichung von „sustainable development" bestimmt und enthält hierzu (in 40 Kapiteln) detaillierte Handlungsanweisungen für die Staaten[222]. Seit der Konferenz in Stockholm im Jahre 1972 hatten sich die Umweltprobleme durch verstärkte industrielle Aktivitäten gewandelt und verschärft. Hierzu gehörten das Problem des sauren Regens, die grenzüberschreitende Verbringung von Abfall und die fortschreitende Zerstörung der Ozonschicht. Auf diesem Hintergrund ist der Begriff des „sustainable development" entstanden, der von der World Commission on Environment and Development (WCED) in dem Bericht „Our Common Future" zugrunde gelegt wurde[223]. Insbesondere das internationale Umweltrecht wurde von diesem Begriff geprägt[224]. Die Entwicklungsländer drängten sogar darauf, dass das „internationale Recht der nachhaltigen Entwicklung" den Begriff des Internationalen Umweltrechts ersetzen sollte[225].

aa. Stellung von UNEP allgemein

Zur Vorbereitung der Rio-Konferenz wurde wie bereits im Vorfeld der Konferenz in Stockholm erneut die Frage diskutiert, ob eine neue starke internationale Um-

[219] Vgl. hierzu Einleitung B I bei Fn 28; Malanczuk, in: FS Bernhardt, S. 985 ff.
[220] Beyerlin, ZaöRV 54 (1994), S. 124, 147.
[221] Beyerlin, Umweltvölkerrecht, Rn. 41.
[222] Rest, AVR 34 (1996), S. 145, 150.
[223] Siehe Einleitung B I bei Fn 28.
[224] UN Doc. A/CONF.151/26 (Vol. III), Agenda 21, Kap. 39.1. (a).
[225] Beyerlin, ZaöRV 54 (1994), S. 124, 135.

weltinstitution geschaffen werden sollte[226]. Diese Organisation sollte in der Lage sein, die Aufgaben im Zusammenhang mit sustainable development zu erfüllen. Es setzten sich allerdings diejenigen durch, die dem Vorschlag einer neuen Organisation ablehnend gegenüberstanden und stattdessen bereits existierende Organisationen stärken wollten. Dies betraf vor allem UNEP. Gestärkt werden sollte insbesondere seine Koordinierungs- und politische Leitfunktion: „In the follow-up of the Conference, there will be a need for an enhanced and strengthened role of UNEP and its Governing Council. The Governing Council should within its mandate continue to play its role with regard to policy guidance and coordination in the field of the environment, taking into account the development perspective.[227]" UNEP sollte als „Katalysator" und zentrales Koordinierungsorgan auch auf regionaler Ebene und unterregionaler Ebene (sub-regional) fungieren[228]. Die weiteren Vorschläge hoben einzelne Aspekte der Aufgaben hervor, bewegten sich aber ebenfalls innerhalb des bisherigen Aufgabenspektrums von UNEP: So sollte UNEP umweltrelevante Tätigkeiten und die Befassung mit Umweltthemen innerhalb des Systems der Vereinten Nationen anregen und fördern[229] sowie durch Öffentlichkeitsarbeit und Zusammenarbeit mit nichtstaatlichen Stellen die Aufmerksamkeit auf den Umweltschutz lenken[230]. Außerdem sollte es für die Verbreitung, Sammlung und Erstellung von Informationen zuständig sein[231] und zu diesem Zwecke die wissenschaftliche Forschung fördern[232].

bb. Aussagen der Agenda 21 zur Implementierung

Vor dem Hintergrund der bisherigen Tätigkeiten von UNEP im Bereich des Umweltrechts und mit Blick auf das Montevideo-Programm I betont die Agenda 21, dass UNEP sowohl für die Entwicklung von neuem internationalen Umweltrecht als auch für dessen Implementierung sowie die Koordinierung der immer größer werdenden Zahl von internationalen Umweltabkommen zuständig sein soll[233]: „further development of international environmental law, in particular conventions and guidelines, promotion of its implementation, and coordinating functions arising from an increasing number of international legal agreements, inter alia, the functioning of the secretariats of the Conventions, taking into account the need for

[226] Siehe z.B. die „ Declaration of The Hague" angenommen in Den Haag am 11. März 1989, UN Doc. A/44/340, E/1989/120; Statement of the Tokyo Conference on the Global Environment and Human Response Towards Sustainable Development, 11. bis 13. September 1989, UN Doc. A/44/659; Report of the First African Regional Conference on Environment and Sustainable Development, Kampala, Uganda 12. bis 16. Juni 1969, ECA/NRD/ARCED/MC/3, 16 June 1989.
[227] UN Doc. A/CONF.151/26 (Vol.III), Agenda 21, Kap. 38.21.
[228] UN Doc. A/CONF.151/26 (Vol.III), Agenda 21, Kap. 38.22 (b), (k).
[229] UN Doc. A/CONF.151/26 (Vol.III), Agenda 21, Kap. 38.22 (a).
[230] UN Doc. A/CONF.151/26 (Vol.III), Agenda 21, Kap. 38.22 (g).
[231] UN Doc. A/CONF.151/26 (Vol.III), Agenda 21, Kap. 38.22 (d)-(g), (i), (j).
[232] UN Doc. A/CONF.151/26 (Vol.III), Agenda 21, Kap. (e), (i). UNEP soll auch das in Erfüllung der Stockholm Deklaration eingerichtete Earthwatch Programme weiter ausbauen.
[233] UN Doc. A/CONF.151/26 (Vol.III), Agenda 21, Kap. 38.22 (h), Kap. 39.8 (b).

the most efficient use of resources, including possible co-location of secretariats established in the future".

Als ein Mittel zur Implementierung nennt die Agenda 21 „capacity-building". Damit ist gemeint, dass UNEP, auch in Zusammenarbeit mit UNDP, den Regierungen technische, rechtliche und institutionelle Hilfestellungen bei dem Aufbau der rechtlichen und institutionellen Strukturen leisten soll[234]. Als Implementierungsmechanismus wird im Kapitel 39 der Agenda 21[235] („International Legal Instruments and Mechanisms") zudem die Einführung eines Berichtssystems angeführt; die Staaten sollen „efficient and practical reporting systems on the effective, full and prompt implementation of international legal instruments"[236] einführen. An den Berichtsverfahren soll auch UNEP mitwirken: „Consider appropriate ways in which relevant international bodies, such as UNEP, might contribute towards the further development of such mechanisms."[237]. Für eine Verbesserung der Implementierung sollen auch Instrumente zur Streitschlichtung in Erwägung gezogen werden[238]. Einen neuen Aspekt, der die Implementierung der Regelungen aus völkerrechtlichen Abkommen in nationales Recht berührt, enthält der Vorschlag, UNEP solle seine Koordinierungsfunktion auch in der Weise ausüben, dass es aufgrund der immer größer werdenden Zahl von Umweltabkommen u.a. die Arbeit der Konventionssekretariate koordiniert, um eine möglichst effiziente Nutzung der Ressourcen zu erreichen[239].

cc. Einführung der Commission on Sustainable Development

Die Agenda 21 hat die Gründung einer „Commission on Sustainable Development" (CSD) empfohlen, deren Hauptaufgabe die Förderung und Überwachung der Umsetzung der Agenda 21 sein soll. Die CSD soll nicht nur für die Implementierung der Beschlüsse auf internationaler Ebene zuständig sein, sondern auch bei der Implementierung auf nationaler und regionaler Ebene tätig werden[240]. Die Generalversammlung folgte dieser Empfehlung mit der Resolution 47/191 vom 22. Dezember 1992, mit der sie die Gründung von CSD beschloss.

Der CSD wurde die Aufgabe einer Koordinations- und Überwachungsstelle für die effektive Durchführung der Rio-Ziele und des Folgeprozesses zugewiesen[241]. Nach den Vorstellungen der Staaten auf der Rio-Konferenz sollte CSD keine Konkurrenz zu UNEP darstellen und UNEP auch nicht ersetzen. Das genaue Verhältnis von CSD zu UNEP und anderen Organisationen wurde jedoch nicht bestimmt. Gegenstand der Untersuchung im zweiten Teil ist deshalb, ob sich durch die Gründung der CSD in der Praxis Folgen für das Mandat von UNEP ergeben und wie sich die Aufgabenaufteilung und das Verhältnis von UNEP und CSD mit Blick

---

[234] UN Doc. A/CONF.151/26 (Vol. III), Agenda 21, Kap. 38. 22 (l).
[235] Siehe UNEP Handbook of Environmental Law, S. 34.
[236] UN Doc. A/CONF.151/26 (Vol. III), Agenda 21, Kap. 39.7 (a).
[237] UN Doc. A/CONF.151/26 (Vol. III), Agenda 21, Kap. 39.7 (b).
[238] UN Doc. A/CONF.151/26 (Vol. III), Agenda 21, Kap. 39.3 (h).
[239] UN Doc. A/CONF.151/26 (Vol. III), Agenda 21, Kap. 38.22 (h).
[240] UN Doc. A/CONF.151/26 (Vol. III), Agenda 21, Kap. 38.11.
[241] Rest, AVR 34 (1996), S.145, 151.

darauf gestaltet, dass nach der Agenda 21 alle Institutionen im Rahmen der Vereinten Nationen angehalten sind, zu einer verbesserten Implementierung beizutragen[242].

dd. Zusammenfassung

Auf der Rio-Konferenz wurden zur Aufgabe von UNEP bei der Implementierung von internationalem Umweltrecht keine grundlegenden Neuerungen beschlossen. Vielmehr wurde in der Agenda 21 die bisherige Rolle von UNEP insoweit bestätigt und die Bedeutung der Implementierung von Umweltvölkerrecht betont. Danach soll UNEP seine Koordinationsfunktion, die die zentrale Aufgabe von UNEP darstellt, verstärkt zum Zwecke einer verbesserten Implementierung einsetzen. Das Mandat zur Koordinierung muss nach der Agenda 21 weitergehend dahin verstanden werden, dass UNEP auch in der Phase der Entstehung von neuen Abkommen koordinierend tätig werden soll[243]. Für die Entwicklung von neuem Umweltrecht bleibt UNEP auch nach der Rio-Konferenz nur der Weg über den Erlass von unverbindlichen Richtlinien und Prinzipien sowie die Mitwirkung an der Ausarbeitung von Umweltabkommen. Generell strebt die Agenda 21 die Einführung weitergehender Implementierungsmechanismen – insbesondere die Einführung eines Berichtssystems - an. Als Institution, die ein solches Berichtssystem organisieren könnte, ist UNEP genannt worden.

Durch die Einrichtung der CSD ist ein weiterer Akteur im internationalen Umweltrecht hinzugekommen, der sich ebenfalls mit Fragen der Implementierung beschäftigen soll. Dies stellt für die Arbeit von UNEP neben der Einführung von „sustainable development" und des neuen Finanzierungsmechanismus der GEF sicherlich die wichtigste Neuerung dar.

b. Montevideo-Programm II

Gestützt auf die Agenda 21 hat der Verwaltungsrat von UNEP am 21. Mai 1993 das „Programme for the Development and Periodic Review of Environmental Law" für die Tätigkeiten von UNEP im Bereich des Umweltrechts für die 1990er Jahre beschlossen. Das Montevideo-Programm II enthält eine Liste von Programmpunkten, für die jeweils die angestrebten Strategien und Aktivitäten von UNEP aufgestellt werden, mit denen die Ziele der Agenda 21 umgesetzt werden sollen. Einer dieser Programmpunkte behandelt die „Implementation of international legal instruments in the field of the environment". Als weitere Maßnahmen zur Verbesserung der Implementierung, die noch nicht ausdrücklich in der Agenda 21 angesprochen sind, nennt der Beschluss des Verwaltungsrates u.a. den Erlass von Richtlinien durch UNEP für die Vorbereitung von nationalen Gesetzen, die internationale Umweltabkommen umsetzen[244], sowie für weitere nationale Maßnahmen, die der Umsetzung der Abkommen dienen[245]. Ein weiterer Bereich betrifft die Entwicklung von Streitvermeidungs- und –schlichtungsmechanismen. Insoweit soll

---

242 UN Doc. A/CONF.151/26 (Vol.III), Agenda 21, Kap. 38.28.

243 Timoshenko/Berman, in: Werksman (Hrsg.), Greening International Institution, S. 38, 43.

244 UNEP GC. Dec. 17/ 25 vom 21. 5. 1993, Annex: Kap. A (g).

245 UNEP GC. Dec. 17/ 25 vom 21. 5. 1993, Annex: Kap. A (h).

ein mögliches Tätigwerden von UNEP in diesem Bereich geprüft werden[246]. UNEP soll ebenfalls bei der Einrichtung von Berichts- und Verifikationssystemen aktiv werden[247]. Die Implementierung von internationalem Recht wird im Montevideo-Programm II als ebenso wichtig wie die Entwicklung von neuem Umweltrecht angesehen. Es wird von einer Doppelfunktion von UNEP für diese beiden Bereiche ausgegangen[248].
Zwei Jahre später bekräftigte der Verwaltungsrat[249] die in der Agenda 21 und im Montevideo-Programm II festgelegten Ziele, soweit es die Aufgabe von UNEP bei der Entwicklung von neuem Umweltrecht und die Implementierung betrifft. Weiterhin hat der Verwaltungsrat nach dem Montevideo-Programm II erneut die Koordination und Unterstützung der Tätigkeiten der Konventionssekretariate als Aufgabe von UNEP bestätigt[250].
Zur Umsetzung der dargestellten Zielsetzungen des Montevideo-Programms II hat UNEP jährlich verschiedene Trainingsmaßnahmen insbesondere in Entwicklungsländern zum Zwecke des capacity-building durchgeführt[251]. Außerdem wurde die Zusammenarbeit zwischen den Konventionen verstärkt[252]. Zur Einrichtung von Berichts- und Verifikationssystemen haben im Zeitraum des Montevideo-Programms II zwar erste Untersuchungen stattgefunden; es wurden jedoch keine weiteren Schritte zur Umsetzung unternommen.

3. Neuerungen bis zur Verabschiedung des Montevideo-Programm III

In den Jahren 2000 und 2001 wurde zum einen die United Nations Millenium Declaration[253] als auch die Doha Declaration[254] verabschiedet, die beide auch das Thema Umweltschutz behandeln. Zu der im Zuge der Millenium-Generalversammlung erlassenen United Nations Millenium Declaration bekennen sich die Staaten auch zu einer verstärkten Tätigkeit im Umweltschutz; UNEP wird hierbei jedoch nicht ausdrücklich erwähnt. Dies ist auch nicht der Fall in der Doha Declaration, die sich u.a. mit dem Verhältnis von Handel und Umwelt befasst.
Der Verwaltungsrat hat sich nach der Beschlussfassung über das Montevideo-Programm II in mehreren Deklarationen zum Mandat von UNEP geäußert. Die Deklarationen haben, obwohl sie rechtlich unverbindlich sind, in der Praxis für die Auslegung des Mandats von UNEP erhebliche Bedeutung.

---

[246] UNEP GC. Dec. 17/ 25 vom 21. 5. 1993, Annex: Programme for the Development and Periodic Review Kap. D. (b).
[247] UNEP GC Dec. 17/25 vom 21.5.1993, Annex, Kap. B (e).
[248] Beyerlin, Umweltvölkerrecht, Rn.150.
[249] UN Doc. UNEP GC. Dec. 18/ 9; Text in: Environmental Policy and Law 1995, S. 273 f.
[250] UN Doc. UNEP GC Dec. 17/5 vom 21.5.1993; UN Doc. UNEP GC Dec. 18/9 vom 22.05.1995; Wilson, in: Krukulasuriya (Hrsg.), UNEP´s New Way Forward, S. 313, 322.
[251] UNEP/Env.Law/4/3 vom 1. 9. 2000, Par.2 ff.
[252] UNEP/Env.Law/4/3 vom 1. 9. 2000, Par, 18 f.
[253] UNGA A/Res/55/2 vom 18. 9. 2000.
[254] Ministererklärung der WTO-Konferenz in Doha vom 14.11.2001: WT/MIN(01)/DEC/1 vom 20.11.2001.

a. Nairobi Deklaration/ Sondergeneralversammlung der Vereinten Nationen

Im Rahmen seiner 19. Sitzung im Januar und Februar 1997 beschloss der Verwaltungsrat die „Nairobi Declaration on the Role and Mandate of the United Nations Environment Programme"[255]. In demselben Jahr fand eine Sondergeneralversammlung der Vereinten Nationen vom 23. bis 27. Juni 1997 zur Überprüfung der Fortschritte statt, die seit der Rio- Konferenz auf dem Gebiet der Umwelt und Entwicklung erzielt worden sind[256]. Im Rahmen dieser Generalversammlung wurde die Nairobi Deklaration bestätigt.

aa. Nairobi Deklaration

Die Nairobi Deklaration geht von einer starken Umweltorganisation ("the leading global environment authority"[257]) aus. Als einer der Hauptaufgabenbereiche wird die Implementierung genannt; danach soll UNEP „to advance the implementation of agreed international norms and policies, to monitor and foster compliance with environmental principles and international agreements and stimulate cooperative action to respond to emerging environmental challenges"[258]. Nach der Nairobi Deklaration soll auch die Rolle von UNEP als ausführende Stelle der GEF, die als Finanzierungsmechanismus von CBD und UNFCCC tätig ist, weiter gestärkt werden[259]. UNEP wird in der Deklaration weiterhin in erster Linie als zentrale Koordinations- und Informationsstelle angesehen. Abgesehen davon wird die im Montevideo-Programm I erstmals genannte Zuständigkeit von UNEP im Bereich der Rechtssetzung und der Implementierung von internationalem Umweltrecht bestätigt, ohne dass jedoch für die Ausgestaltung der Implementierungsaufgabe neue Vorschläge gemacht werden.

bb. Sondergeneralversammlung der Vereinten Nationen

Das Abschlussdokument der im Jahre 1997 durchgeführten Sondergeneralversammlung mit dem Titel „Programme for the Further Implementation of Agenda 21"[260] besteht aus vier Teilen, die allerdings überwiegend nur Absichtserklärungen enthalten[261]. Im vierten Teil werden institutionelle Fragen behandelt und wird das Arbeitsprogramm der CSD für die Jahre 1998 bis 2002 beschlossen. Zur institutionellen Ausgestaltung und zum Mandat von UNEP enthält das Abschlussdokument keine wesentlichen Neuerungen.

Im Vorfeld und auch während der Konferenz wurde erneut diskutiert, ob eine globale Dachorganisation für Umweltfragen gegründet werden sollte. Dies unter-

[255] UN Doc. A/52/25, Annex Dec. 19/1: Nairobi Declaration on the Role and Mandate of the United Nations Environment Programme.
[256] Beyerlin, Umweltvölkerrecht, Rn. 53.
[257] UN Doc. A/52/25, Annex Dec. 19/2, Par. 2.
[258] UN Doc. A/52/25, Annex Dec.19/1, Par. 3 (c).
[259] UN Doc. A/52/25, Annex Dec. 19/1, Par. 3 (d)
[260] UNGA A/Res/S-19/2 vom 19. September 1997.
[261] Beyerlin/Ehrmann, UPR 1997, S. 356, 361; Breier, NuR 1998, S. 410, 414; Martens, VN 1997, S. 137.

stützten insbesondere die Regierungschefs Deutschlands, Brasiliens, Südafrikas und Singapurs[262]. Auch bei den Nichtregierungsorganisationen (NGO) fand dieser Vorschlag Unterstützung im Hinblick darauf, dass so ein institutionelles Gegengewicht zur WTO und zur Weltbank geschaffen werden könnte[263]. Im Ergebnis setzte sich aber die Meinung durch, dass eine Reform von UNEP unter Beibehaltung des rechtlichen Status ausreiche.

Das Abschlussdokument der Sondergeneralversammlung bestätigte, dass UNEP das entscheidende Gremium für Umweltfragen innerhalb des Systems der Vereinten Nationen sein soll[264]. Die strukturellen Veränderungen, die der Verwaltungsrat in seinem Beschluss über „Governance of the United Nations Environment Programme“[265] gefordert hatte, wurden begrüßt[266]. Auf diesen Beschluss gehen einige institutionelle Neuerungen in Zusammenhang mit UNEP zurück, die jedoch keine unmittelbaren Implementierungsaufgaben betreffen[267]. Bestätigt wurde auch, dass sich das Mandat von UNEP auf die Entwicklung von neuem Umweltrecht sowie von Verbindungen („interlinkages“) zwischen den relevanten Umweltabkommen erstrecken soll.

b. Task Force on Environment and Human Settlements des Generalsekretärs

Im Jahre 1997 setzte der Generalsekretär der Vereinten Nationen im Zuge der Initiative „Renewing the United Nations“ eine Arbeitsgruppe ein, die sich mit Fragen der Umwelt und des Wohn- und Siedlungswesens beschäftigen sollte („Task Force on Environment and Human Settlements“). Vorsitzender dieser Arbeitsgruppe war der Exekutivdirektor von UNEP. Am 6. Oktober 1998 legte der Generalsekretär seinen Bericht über die Umwelt und das Wohn- und Siedlungswesen zusammen mit dem Bericht der Task Force vor[268].

In dem Bericht der Task Force werden die Koordinierung der verschiedenen Umweltabkommen, die Umweltinformation und die engere Zusammenarbeit mit den nationalen Regierungen als drei Aufgabenbereiche von UNEP mit näheren Ausführungen zur Implementierung angesprochen:

Die Task Force bestätigt, dass aufgrund der immer größer werdenden Zahl von umweltrechtlichen Abkommen für einen umfassenden Umweltschutz eine verstärkte Koordination der Abkommen sowie der Arbeit der Konventionssekretariate stattfinden muss[269]. Die Task Force hat hierfür Empfehlungen mit konkreten Aufgaben für UNEP vorgelegt. So sollen regelmäßige Konsultationen zwischen UNEP

---

[262] Beyerlin/Ehrmann, UPR 1997, S. 356, 360.

[263] Beyerlin/Ehrmann, UPR 1997, S. 356, 360.

[264] Breier, NuR 1998, S. 410, 414.

[265] UN Doc. A/52/25, Annex Dec. 19/32.

[266] UNGA A/Res/S-19/2 vom 19. September 1997, Par. 123.

[267] Es wurden das “High-level Committee of Ministers and Officials” und das „Committee of Permanent Representatives“ als subsidiary organs des Verwaltungsrates eingerichtet, die dessen Arbeit unterstützen sollen.

[268] UN Doc. A/53/463. Dieser Bericht wurde am 10. August 1999 von der Generalversammlung angenommen und bestätigt, UN Doc. A/Res/53/242.

[269] UN Doc. A/53/463 vom 6. Oktober 1998, Annex: Par. 29, Recommendation 2 (c), (d).

und den Vertragsorganen (Vertragsstaatenkonferenzen, Vertragssekretariaten) stattfinden. Außerdem soll UNEP die globalen und regionalen Konventionen durch die Bereitstellung von Informationen unterstützen und insbesondere die wissenschaftliche Grundlage im Bereich der Analyse und der technischen Bewertung verbreitern sowie die Umsetzung der Konventionen erleichtern[270]. Weitere Empfehlungen haben die Arbeit der Konventionssekretariate, die Zusammenarbeit der Vorsitzenden der Vertragsstaatenkonferenzen und die Vermeidung der Nachteile, die durch die geographische Ansiedlung der Konventionssekretariate entstehen können[271], zum Gegenstand.

Ein weiterer Schwerpunkt sind Empfehlungen zur Umweltinformation, Umweltbeobachtung und Umweltbewertung. „Earthwatch", das im Anschluss an die Konferenz in Stockholm zur Überwachung der Umwelt eingerichtet worden war, sollte überprüft und weiterentwickelt werden[272]. Außerdem wird vorgeschlagen, UNEP und Habitat[273] als „environmental guardian" einzusetzen und zu diesem Zwecke ihre Kapazitäten im Bereich von Information, Überwachung und Bewertung auszubauen[274]. Die beiden Institutionen sollten als „clearing- house"-Stelle[275] für die Sammlung und Verbreitung von Daten bezüglich der Situation der Umwelt und der „human settlements" tätig sein[276]. UNEP soll weiterhin Indikatoren für eine nachhaltige Entwicklung im Bereich der Umwelt und menschlichen Siedlungen entwikkeln[277], um so eine einheitliche Beurteilungsgrundlage insbesondere für die Berichte der Staaten zu schaffen.

Weitere Bereiche, in denen die Task Force Handlungsbedarf gesehen hat, ist die Einbindung der nationalen Regierungen in den Koordinations- und Entscheidungsprozess sowie die Heranziehung auch anderer Institutionen insbesondere bei der Implementierung[278]. Auf dieser Linie liegt auch die von der Task Force vorge-

---

[270] Vgl. UN Doc. A/53/463 vom 6. Oktober 1998, Annex: Recommendation 2 (a).

[271] UN Doc. A/53/463 vom 6. Oktober 1998, Annex: Recommendation 2 (b)-(d).

[272] UN Doc. A/53/463 vom 6. Oktober 1998, Annex: Recommendation 9 (b), (c).

[273] Habitat (United Nations Centre for Human Settlements, UNCHS) wurde im Jahre 1978 gegründet. Aufgrund der engen Verknüpfung der Themen Umwelt und Wohn- und Siedlungswesen hat Habitat seinen Sitz ebenfalls in Nairobi.

[274] UN Doc. A/53/463 vom 6. Oktober 1998, Annex: Recommendation 9 (a).

[275] Der Begriff des „clearing-house" kommt ursprünglich aus dem Bankenbereich und betrifft die Form der Verrechnung von Schecks und Rechnungen. Der Begriff wird heute in einem übertragenen Sinn für Stellen verwendet, die den Kontakt zwischen Anbietern und Verbrauchern von Waren, Dienstleistungen oder Informationen herstellen. Im Rahmen dieses „brokerage system" soll UNEP den Kontakt zwischen den Entwicklungsländern und den Entwicklungsorganisationen vermitteln. Dadurch soll eine verbesserte Ausnutzung der Ressourcen der internationalen Organisationen und der staatlichen Regierungen erfolgen. Siehe hierzu: Environmental Law and Policy 12 (1984), S.92; http://www.biodiv.org/chm/ zum „clearing-house"-Mechanismus der „Convention on Biological Diversity" (CBD).

[276] UN Doc. A/53/463 vom 6. Oktober 1998, Annex: Recommendation 9 (e). Hierbei soll auch ein Informationsfluß mit Nichtregierungsorganisationen und anderen wichtigen Quellen stattfinden.

[277] UN Doc. A/53/463 vom 6. Oktober 1998, Annex: Recommendation 9 (d).

[278] UN Doc. A/53/463 vom 6. Oktober 1998, Annex: Recommendation 11, 12.

schlagene Einrichtung des GMEF[279], die mittlerweile vollzogen ist. Hierzu gehört auch die Empfehlung, dass die Mitgliedschaft im Verwaltungsrat universell und damit unter Einbeziehung weiterer Staaten ausgestaltet werden soll[280].
Für den Bereich der Implementierung liegt die Bedeutung des Berichts der Task Force vor allem in der Konkretisierung von Handlungsanweisungen und Maßnahmen. Hervorzuheben sind insoweit die Vorschläge für die Zusammenarbeit der Vertragssekretariate und die Koordination der verschiedenen Umweltkonventionen.

c. Malmö Ministerial Declaration

Vom 29. bis 31. Mai 2000 fand in Malmö das erste Treffen der Minister im Rahmen des GMEF und die sechste Sondersitzung des Verwaltungsrates statt. Auf dieser Sitzung wurde die Malmö Ministerial Declaration beschlossen[281]. Als aktuelle Herausforderungen im Bereich des internationalen Umweltrechts werden mit Blick auf die Implementierung des internationalen Umweltrechts in der Deklaration die Koordination und die Harmonisierung der umweltrechtlichen Instrumente angemahnt. Auch wird die zentrale Bedeutung der Einhaltung und Durchsetzung der Normen sowie von Haftungsfragen im internationalen Umweltrecht betont. Ferner wird – gleichsam als ständig wiederkehrende Forderung - auf die Notwendigkeit von institutionellen Reformen für UNEP, aber auch für „International Environmental Governance" hingewiesen.

4. Montevideo-Programm III

Am 9. Februar 2001 hat der Verwaltungsrat von UNEP das sogenannte dritte Montevideo-Programm mit dem Titel: „The Programme for the Development and Periodic Review of Environmental Law for the First Decade of the Twenty-First Century"[282] beschlossen. Das Programm gliedert sich in die drei Kapitel: Effektivität von Umweltrecht, Erhaltung und Management sowie Beziehungen zu anderen Bereichen. Wie in den ersten beiden Programmen werden Umweltbereiche, in denen spezifische Maßnahmen durchgeführt werden sollen, festgelegt[283], wobei jedoch der Schwerpunkt des Programms nicht auf bereichsspezifischen, sondern auf allgemeinen Maßnahmen zur Verbesserung der Effektivität des internationalen Umweltrechts liegt. Der erste Abschnitt dieses Kapitels trägt die Überschrift: „Implementation, compliance and enforcement". UNEP soll für eine effektive Implementierung insbesondere auf eine möglichst weitgehende Einbindung der Staaten

---

[279] UN Doc. A/53/463 vom 6. Oktober 1998, Annex: Recommendation 13 (a) und (b).
[280] UN Doc. A/53/463 vom 6. Oktober 1998, Annex: Recommendation 13 (c).
[281] UN Doc. A/55/25, Annex I: UNEP/GCSS.VI/1vom 31. 5. 2000. Der „Report of the Governing Council of the United Nations Environment Programme on its sixth special session" wurde durch die Resolution der Generalversammlung A/RES/55/200 vom 5. Februar 2001 angenommen.
[282] UN Doc. UNEP GC Dec. 21/ 23 vom 9.2. 2001.
[283] Frischwasserressourcen, Küsten- und Meeresökosysteme, Boden, Wälder, Artenvielfalt, Vermeidung und Kontrolle von Umweltverschmutzungen, Produktions- und Konsumstrukturen, Umweltnotfälle und Naturkatastrophen.

in multilaterale Abkommen hinwirken. Weiteres Thema ist die Unterstützung der Staaten bei der nationalen Umweltgesetzgebung[284]. In diesem Zusammenhang wird auch das „capacity-building" angesprochen[285]. Im Unterschied zu den vorhergehenden Programmen soll UNEP auch Maßnahmen fördern und unterstützen, um die Umsetzung und Einhaltung nationaler umweltrechtlicher Regeln sicherzustellen[286]; bisher wurde die Aufgabe von UNEP hauptsächlich in der Implementierung internationalen Umweltrechts in das nationale Recht gesehen. Ein weiteres Ziel ist nach dem Programm die Entwicklung und Förderung von Streitbeilegungsmechanismen[287].
Ebenso wie im Montevideo-Programm II wird für UNEP von einer Doppelfunktion ausgegangen, also der Entwicklung von internationalem Umweltrecht und der Förderung der Umsetzung in völkerrechtliche Abkommen sowie nationales Recht. Das Kapitel über Fragen der Effektivität von Umweltrecht verdeutlicht aber, dass sich die Einsicht durchgesetzt hat, eine weitere Rechtsetzung im internationalen Umweltrecht werde nur bedingt zu einem verbesserten Umweltschutz beitragen, solange die Implementierung nicht gesichert ist und bereits bestehende Regelungen nur ungenügend umgesetzt sind.

IV. Siebte Sondersitzung des Verwaltungsrates von UNEP/ Global Ministerial Environment Forum

Vom 13. bis 15. Februar 2002 fand die Siebte Sondersitzung des Verwaltungsrates von UNEP/ GMEF statt. In dieser Sitzung wurde der Bericht der „Open-ended Intergovernmental Group of Ministers or Their Representatives on International Environmental Governance" angenommen. Die Einrichtung dieser Ministergruppe ging auf den Beschluss des Verwaltungsrates vom 9. Februar 2001 zurück[288]. Der Bericht befasst sich vor allem mit der Rolle und den Aufgaben von UNEP im System der „International Environmental Governance". Insoweit wird angestrebt, dass dem Verwaltungsrat von UNEP eine größere Bedeutung zukommen soll[289]. Zu diesem Zweck soll unter anderem die Begrenzung der Zahl der Mitgliedsstaaten im Verwaltungsrat aufgegeben werden[290]. Das GMEF soll das entscheidende Organ innerhalb der „International Environmental Governance" sein[291]. Für UNEP wer-

---

[284] Montevideo-Programm III, Par. I. 1, angenommen durch UNEP GC, Dec. 21/ 23 vom 9. 2. 2001.
[285] Montevideo-Programm III, Par. I. 2, angenommen durch UNEP GC Dec. 21/ 23 vom 9. 2. 2001.
[286] Montevideo-Programm III, Par. I. 1.(g), (h), (i), angenommen durch UNEP GC Dec. 21/23 vom 9.2.2001.
[287] Montevideo-Programm III, Par. I,. 4, angenommen durch UNEP GC Dec. 21/ 23 vom 9. 2. 2001.
[288] UNEP GC Dec. 21/21 vom 9. Februar 2001.
[289] UN Doc. UNEP/GCSS VII/2 vom 15. Februar 2002, Annex: Par. 11, (c) (ii), (h) (iii).
[290] UN Doc. UNEP/GCSS VII/2 vom 15. Februar 2002, Appendix Par. 11 (a).
[291] UN Doc. UNEP/GCSS VII/2 vom 15. Februar 2002, Appendix Par.8 (k).

den das „capacity-building“ und die technische Unterstützung der Staaten als wichtige Bereiche der Arbeit bezeichnet[292].

V. World Summit on Sustainable Development

Vom 26. August bis 4. September 2002 fand in Johannesburg der World Summit on Sustainable Development (WSSD) statt. Auf der Konferenz wurden insbesondere die Political Declaration und der Plan of Implementation of the World Summit on Sustainable Development[293] beschlossen[294]. Für die vorliegende Untersuchung ist der letztere Beschluss von Interesse. In dem Kapitel, das institutionelle Fragen behandelt[295], werden entsprechend der Thematik der Konferenz insbesondere Empfehlungen für die Arbeit der CSD gemacht. In Bezug auf UNEP wird die Generalversammlung in dem Dokument gebeten, die Frage der Einführung der universellen Mitgliedschaft im Verwaltungsrat zu behandeln[296]. Die Zusammenarbeit zwischen UNEP und anderen Organen der Vereinten Nationen, Sonderorganisationen, Bretton Woods Institutionen und der WTO soll erweitert werden[297]. Des Weiteren soll UNEP neben Habitat, UNDP und UNCTAD seinen Beitrag zu Programmen für die nachhaltige Entwicklung und zur Umsetzung der Agenda 21 auf allen Ebenen, insbesondere aber in der Förderung des capacity-building, verstärken[298].

Zu den weiteren Ergebnissen („Type-II-Ergebnisse“) von Johannesburg sind die „Public Private Partnerships“ zu zählen. Diese „partnerships” sind konkrete Partnerschaftsprojekte[299] zwischen Regierungen, aber auch zwischen Regierungen und major groups, um die Implementierung – in Form von Umweltprogrammen - der Ergebnisse von Johannesburg zu fördern[300]. Im Rahmen der Konferenz konnte keine Einigung über die Kriterien für die Anerkennung der eingereichten Projekte

---

292 UN Doc. UNEP/GCSS VII/2 vom 15. Februar 2002, Appendix Par. 33.

293 Siehe zu beiden UN Doc. A/CONF.199/20.

294 Diese Dokumente sind zu den sog. „Type-I“- Ergebnissen zu zählen. Neben diesen für eine solche Konferenz üblichen Ergebnissen gibt es noch sog. „Type-II“- Ergebnisse der Konferenz in Johannesburg. Hierunter fallen insbesondere konkrete Partnerschaftsprojekte zwischen unterschiedlichen Akteuren. Bei dieser Art von Ergebnissen war – nach einem Beschluss des Vorbereitungsausschusses - nicht wie sonst üblich ein einstimmiger Beschluss der Staaten auf dem Gipfel erforderlich, sondern es reichte für die Aufnahme als „Type-II“-Ergebnis aus, dass sie von den interessierten Beteiligten und Interessengruppen (stakeholders) vorgestellt wurden, vgl. Maier, VN 2002, S. 177.

295 UN Doc. A/CONF.199/20, Johannesburg Plan of Implementation, Kap. X Institutional framework for sustainable development.

296 UN Doc. A/CONF.199/20, Johannesburg Plan of Implementation, Kap. X Par. 122 (d).

297 UN Doc. A/CONF.199/20, Johannesburg Plan of Implementation, Kap. X Par. 137.

298 UN Doc. A/CONF.199/20, Johannesburg Plan of Implementation, Kap. X Par. 137.

299 Maier, VN 2002, S. 177.

300 UN Doc. A/Conf.199/20, Johannesburg Plan of Implementation, Par. 3 ; vgl. auch Laubner, GYIL 45 (2002), S. 417, 420 f.

als Ergebnis des Gipfels erzielt werden, so dass nur eine Zusammenstellung der bis zu diesem Zeitpunkt registrierten Partnerschaften („partnerships") erfolgte[301].
Die CSD ist für die Registrierung dieser „partnerships" zuständig. Das Instrument der „partnerships" hatte sich schon in den Jahren vor dem WSSD entwickelt; viele dieser Projekte wären wohl auch ohne den Gipfel in Johannesburg durchgeführt worden. Es ist aber festzuhalten, dass durch die Einbeziehung als „Type-II"-Ergebnisse diese „partnerships" ausdrücklich als Mittel der Implementierung in der Form der Umsetzung der Ergebnisse in konkrete Umweltprojekte und –maßnahmen anerkannt wurden.
Die Rolle von UNEP wird durch die „Type-II"-Ergebnisse nicht unmittelbar berührt. Auf UNEP könnte insoweit die Aufgabe zukommen, auch für diese Projekte ein Berichtssystem - eventuell in Zusammenarbeit mit CSD – zu entwickeln. Weitergehende Fortschritte für die Implementierung im Bereich des Umweltrechts hat die Konferenz nicht erbracht.

VI. Zusammenfassung

Nach langen Diskussionen über die rechtliche Stellung und die Aufgaben einer Umweltorganisation wurde auf der Konferenz in Stockholm, die als Geburtsstunde von UNEP anzusehen ist, UNEP nur die begrenzte Funktion der Koordinierung zugesprochen. UNEP sollte die Tätigkeiten der anderen Organisationen koordinieren und in dieser Funktion gleichsam als „Katalysator" tätig werden[302]; dagegen sollte es nicht die vorrangige Aufgabe von UNEP sein, selbst eigene Programme auszuführen. In den Jahren seit der Gründung haben sich die Anforderungen jedoch geändert und das Mandat von UNEP hat sich von der reinen Koordinierungsfunktion wesentlich weiterentwickelt. Als drei große Aufgabenbereiche von UNEP lassen sich heute die Bereiche Koordination, Entwicklung von neuem Umweltrecht sowie Implementierung von bestehenden umweltrechtlichen Regelungen festhalten, wobei die beiden Bereiche Entwicklung von neuem Umweltrecht und Implementierung immer parallel behandelt werden.
Seit der Gründung von UNEP hat sich das internationale Umweltrecht wesentlich erweitert. Es wurde zum einen eine Vielzahl neuer internationaler Umweltschutzabkommen abgeschlossen. Zum anderen haben die Rio-Konferenz und auch der World Summit on Sustainable Development in Johannesburg neue Impulse für das Umweltvölkerrecht gegeben[303]. Die Verwirklichung dieser Beschlüsse hängt jedoch von der Implementierung ab. Die zunehmende Bedeutung der Implementierung, sei es der Konferenzbeschlüsse oder der internationalen Abkommen, spiegelt sich auch in der dargestellten Entwicklung des Mandats von UNEP wider. Festzuhalten ist, dass die Koordination, die seit der Gründung von UNEP dessen zentrale Auf-

---

[301] Maier, VN 2002, S. 177, 180; UN Doc. A/Conf.199/CRP.5 + Add.1.
[302] Kiss/Shelton, International Environmental Law, S.87.
[303] Seitdem hat der Verwaltungsrat noch dreimal getagt. Die 22.Sitzung des Verwaltungsrates fand vom 3. bis 7.02.2003 und die 8. Sondersitzung des Verwaltungsrates vom 29. bis 31.03.2004 statt. Es wurden im Rahmen dieser Sitzungen keine neuen Festlegungen für das Mandat von UNEP getroffen. Die 23.Sitzung des Verwaltungsrates war vom 21. bis 25.02.2005.

gabe ist, auch die Implementierung von umweltrechtlichen Instrumenten fördern soll. Hierbei wird neben der Koordination im Verhältnis zu anderen Organisationen vor allem die Abstimmung der verschiedenen Umweltabkommen genannt. Ein weiteres Implementierungsmittel betrifft die Einrichtung von Berichtssystemen und damit auch die Offenlegung des Handlungsbedarfs der säumigen Staaten, die diese zur Implementierung von Umweltrecht veranlassen kann. Im Montevideo-Programm II wird – als neuer Aspekt - auch eine Mitwirkung von UNEP bei Streitschlichtungsverfahren als klassisches Durchsetzungsinstrument genannt. Außerdem soll UNEP durch eine verbesserte Informationspolitik die Implementierung fördern. UNEP wird insoweit in der Rolle als „clearing-house"–Stelle gesehen. Wie sich bei der Darstellung des Mandats von UNEP gezeigt hat, verfügt UNEP über keine Durchsetzungsbefugnisse[304].

[304] O'Connnell, GYIL 35 (1992), S. 293, 302.

2. Kapitel: Systematisierung der Tätigkeiten von UNEP

Der von der Stockholmer Konferenz im Jahr 1972 beschlossene Aktionsplan geht von einem dreiteiligen Rahmen aus, in dem UNEP als das über die Ausführung dieses Aktionsplans wachende Organ tätig werden soll[305]. Dies sind die Analyse der Umweltsitutation („Environmental Assessment"), das Umweltmanagement („Environmental Management") sowie die Unterstützungsmaßnahmen („Supporting Measures"). Die Maßnahmen der ersten Ebene dienen der Bestandsaufnahme; die zweite Ebene ist das „eigentliche Umweltprogramm", d.h. die Erarbeitung eines Aktionsplans mit konkreten Maßnahmen, und die dritte Ebene stellt die Förderung bestimmter Projekte des Umweltprogramms durch den Umweltfonds dar[306].
Nach der Weiterentwicklung des Mandats von UNEP insbesondere durch die Rio-Konferenz sind die Hauptaufgaben von UNEP die Entwicklung von neuem Umweltrecht, die Implementierung und die Koordination. Diese Tätigkeitsfelder sind zu den Aktivitäten des Umweltmanagements zu zählen. Die Aufteilung der Arbeit von UNEP in die drei Ebenen bleibt auch nach der Rio-Konferenz noch gültig[307]. Die genannten drei Tätigkeitsfelder gehen jedoch an vielen Stellen ineinander über und überschneiden sich. Dies gilt insbesondere auch für die Bereiche Koordination und Implementierung. So ist die Koordination bestehender Umweltabkommen in der Regel auch Voraussetzung und Hilfestellung für die Implementierung der völkerrechtlichen Verpflichtungen.

A. Rechtsetzung

Seit der ersten bedeutenden Umweltkonferenz in Stockholm im Jahre 1972 sind im Bereich des Umweltvölkerrechts mittlerweile mehr als 500 Abkommen abgeschlossen worden; hiervon sind etwas mehr als 300 Abkommen regionaler Natur[308]. UNEP war bei der Entwicklung vieler dieser Abkommen beteiligt; die Mitwirkung bei der Rechtsetzung stellt einen wichtigen Bereich in der Arbeit von UNEP dar.
Quellen im internationalen Umweltrecht sind die in Art. 38 Abs. 1 IGH-Statut genannten allgemeinen Völkerrechtsquellen: Verträge, Gewohnheitsrecht und allgemeine Rechtsgrundsätze. Die wichtigste Quelle für das Umweltvölkerrecht stellen die Verträge dar[309]. Neben diesen bindenden Völkerrechtsquellen spielt im Umweltvölkerrecht das völkerrechtlich nicht bindende „soft law" eine wichtige Rolle[310]. Im internationalen Umweltrecht existiert keine internationale Rechtsetzung vergleichbar der Gesetzgebung auf nationaler Ebene durch ein Parlament. Internationale Organisationen, insbesondere die Vereinten Nationen und seine Sonderor-

305 Nanda, International Environmental Policy and Law, S. 89.
306 Kilian, Umweltschutz durch Internationale Organisationen, S. 273 f.
307 vgl. Timoshenko/Berman, in: Werksman (Hrsg.), Greening International Institutions, S. 38, 45f.
308 UN Doc. UNEP/IGM/1/2 vom 4.4.2001, Par. 45.
309 Fitzmaurice, NYIL 25 (1994), S. 181, 187.
310 Beyerlin, Umweltvölkerrecht, Rn. 4.

ganisationen, Regionalorganisationen und UN-Programme wie UNEP, spielen in den internationalen Rechtsetzungsprozessen insofern eine wesentliche Rolle, als sie die Agenda für die Rechtsetzung aufstellen und Verhandlungsforen sowie Fachwissen zur Verfügung stellen[311]. Die entscheidenden Akteure für die internationale Rechtsetzung sind aber die Staaten.
Im Folgenden soll der Beitrag von UNEP zur Rechtsetzung auf der internationalen Ebene untersucht werden, d.h. die Mitwirkung in Form der Initiierung und Ausarbeitung von internationalen Abkommen[312] („originäre Rechtsetzung") sowie die Verabschiedung von Richtlinien und anderen „soft law" Instrumenten[313]. Da der Beitrag von UNEP zur Rechtsetzung in der Literatur schon eingehend behandelt wurde, soll die Mitwirkung an der Rechtsetzung nur in den Grundzügen dargestellt werden.

---

[311] Birnie/Boyle, International Law and the Environment, S. 10; Vgl. auch: Schmitz-Rode, S. 100 ff. Zu der Rolle von internationalen Institutionen im internationalen Rechtsetzungsprozess vgl. insbesondere Szasz, Understanding International Institutions, S. 21 ff, 32 ff.; Klein, in: Graf Vitzthum (Hrsg.), Völkerrecht, 4. Abschn. Rn. 206: „Als Gesetzgeber tritt sie [die Generalversammlung] freilich nicht auf, da die Staaten frei bleiben, eine entsprechende vertragliche Bindung (unter Umständen mit Vorbehalten) einzugehen. Dies ist auch dann nicht anders, wenn die GV den fertigen Vertragstext annimmt und den Staaten unterbreitet. Gleichwohl wird ein institutionelles Element bei der Völkerrechtsentstehung erkennbar." Zur Rolle der UN bei der Entwicklung von internationalem Recht Singh, in: Roberts/Kingsbury (Hrsg.), United Nations, Divided World, S. 384 ff.

[312] Völkergewohnheitsrecht entsteht durch die von einer Rechtsüberzeugung (opinio iuris sive necessitatis) getragenen internationalen Übung. Die zwei wesentlichen Merkmale sind daher die allgemeine Übung und die Anerkennung der Übung als Recht. Vgl. Heintschel von Heinegg, in: Ipsen, Völkerrecht, § 16 Rn. 2 ff. Eine lange Dauer ist nicht zwingend Voraussetzung, aber in dem meisten Fällen kann man von einer „allgemeinen Übung" erst ab einem gewissen Zeitraum sprechen. Siehe hierzu Heintschel von Heinegg, in: Ipsen, Völkerrecht, § 16 Rn. 8 f. UNEP kann als Umweltorganisation mittelbar an der Entstehung von Gewohnheitsrecht und von allgemeinen Rechtsgrundsätzen beteiligt sein. Die Entstehung von Gewohnheitsrecht ist in der Regel ein langandauernder Prozess und es ist schwierig, den Beitrag einer einzelnen Organisation daran nachzuzeichnen. Von dem Großteil der Literautur wird abgelehnt, dass Resolutionen und Entscheidungen internationaler Organisationen Völkergewohnheitsrecht erzeugen können. Vgl. Doehring, Völkerrecht, § 13 Rn. 744, § 4 Rn. 308 ff. m.w.N.; Hailbronner/Klein, in: Simma (Hrsg.), The Charter of the United Nations, Art. 10 Rn.55; Frowein, ZaöRV 36 (1976), S. 147, 149 f.: Resolutionen der Generalversammlung können eine wichtige Rolle bei der Bildung von Völkergewohnheitsrecht spielen, die Staatenpraxis bleibt aber entscheidend.
Bei den „allgemeinen Rechtsgrundsätzen" handelt es sich um allgemein anerkannte Rechtsprinizpien, die allen oder zumindestens den meisten der nationalen Rechtsordnungen gemeinsam sind. Heintschel von Heinegg, in: Ipsen, Völkerrecht, § 17 Rn. 1.

[313] Weitere Darstellungen zu der Rechtsetzungstätigkeit von UNEP Beyerlin, Umweltvölkerrecht, Rn. 144 ff.; Beyerlin/Maurahn, Rechtsetzung und Rechtsdurchsetzung, S. 55 ff.; Petsonk, The American University Journal of International Law and Policy 5 (1990), S. 351ff.; Mahmoudi, Asian Yearbook of International Law 5 (1995), S. 175, 191ff.; Desai, in: Dolzer/Thesing (Hrsg.), Protecting Our Environment, S. 231, 245 f.

I. Mitwirkung bei der Ausarbeitung von völkerrechtlichen Verträgen (Originäre Rechtsetzung)

Die Initiierung und Vorbereitung sowie Mitwirkung an der Ausarbeitung von völkerrechtlichen Umweltabkommen durch UNEP, die – im Sinne einer Klassifizierung der Aktivitäten - als Mitarbeit an der originären Rechtsetzung bezeichnet werden kann, fanden in den ersten zehn Jahren des Bestehens von UNEP eher auf einer „ad hoc-Basis" statt. Die rechtliche Grundlage für ein Tätigwerden von UNEP in diesem Bereich war unklar[314]. Aus dieser Zeit stammen einige wichtige Umweltabkommen, die unter Beteiligung von UNEP zustandekamen[315]. Erst in der Agenda 21 wurde eine ausdrückliche Kompetenz von UNEP zur Mitwirkung an der Rechtsetzung festgelegt[316]. Seit dem Jahre 1982 bestimmen die Montevideo-Programme die Aktivitäten von UNEP im Bereich der Rechtsetzung; sie legen insbesondere die Bereiche fest, in denen UNEP rechtsetzend tätig werden soll, und bestimmen die Art des Vorgehens[317]. Die wichtigsten Bereiche, in denen UNEP seit den Montevideo-Programmen bei der Ausarbeitung völkerrechtlicher Verträge tätig geworden ist, sind die regionalen Meere, gemeinsame Wasserresourcen, Atmosphäre, Artenvielfalt und gefährliche Abfälle[318].
Zu Beginn des Umweltvölkerrechts standen Umweltnutzungskonflikte zwischen zwei Staaten im Mittelpunkt, so dass die meisten Verträge bilateraler Art waren[319]. Die Stockholmer Konferenz stellte insoweit einen Wendepunkt dar. Seitdem sind eine Vielzahl von Verträgen mit mehreren Staaten als Parteien - sogenannte multilaterale Verträge - geschlossen worden. Dementsprechend sind der Großteil der Verträge, an deren Entstehung UNEP beteiligt war, multilaterale Vereinbarungen. Im regionalen Bereich, d.h. dem auf ein bestimmtes regionales Gebiet beschränkten Umweltschutz, stellen die Regionalmeerprogramme den wichtigsten Tätigkeitsbereich von UNEP dar.

---

[314] Vgl. Head, Virginia Journal of International Law, 18 (1978), S. 269, 283 ff.

[315] Hierzu gehören u.a. verschiedene Abkommen, die zu den Regionalmeerprogrammen zu zählen sind. Das Regionalmeerprogramm geht auf eine Entscheidung des Verwaltungsrates im Anschluß an die Stockhomer Konferenz zurück, in der der Exekutivdirektor gebeten wurde, internationale und regionale Abkommen zur Kontrolle aller Arten der Verschmutzung der Meeresumwelt anzuregen. Weitere wichtige Konventionen aus dieser Zeit sind die Convention on International Trade in Endangered Species of Wild Fauna and Flora (CITES) und die Convention on the Conservation of Migratory Species of Wild Animals (CMS), die beide zum Schutz der Artenvielfalt beschlossen wurden, sowie z.B. die Barcelona Convention for the Protection of the Mediterranean Sea against Pollution (1976) sowie die Kuwait Regional Convention for Cooperation on the Protection of the Marine Environment from Pollution (1978).

[316] Mahmoudi, Asian Yearbook of International Law 5 (1995), S. 175, 192.

[317] Vgl. hierzu 1.Kapitel B. III.

[318] Rede von Bakary Kante (Direktor der Abteilung zur Entwicklung von Politiken und Recht von UNEP) über "UNEP's contribution to the Development and Implementation of Environmental Law in the context of Sustainable Development" im Rahmen des Global Judges Symposium on Sustainable Development and the Role of Law, Johannesburg vom 18.-20. 8. 2002 (erhältlich unter www.unep.org/dpdl/symposium/Documents/Country_papers/Kante.doc).

[319] Beyerlin/Maurahn, Rechtsetzung und Rechtsdurchsetzung, S. 5.

Darüberhinaus haben sich im internationalen Umweltrecht verstärkt sogenannte Vertragsregime herausgebildet. Ursprünglich wurde von einem Regime bei Vorliegen eines Vertrages zwischen Staaten über den internationalen Status eines bestimmten Gebietes gesprochen[320]. Die räumliche Bindung als wesentliches Kriterium wurde jedoch aufgegeben; so wird von einem „Regime" gesprochen, wenn „sich mehrere Verträge begleitet oder umgeben von ´soft-law`-Texten sowie gestützt auf Institutionen mit einem bestimmten Umweltproblem befassen"[321]. Das Mittelmeerregime stellt insofern eine Ausnahme dar, als es noch eine räumliche Bindung aufweist.

UNEP war an der Entwicklung zahlreicher Abkommen, aber auch von Rahmenkonventionen maßgeblich beteiligt. Im Unterschied zu einem Vertrag oder Abkommen, in dem alle wesentlichen Einzelheiten geregelt werden, verständigen sich die Staaten bei einer Rahmenkonvention nur auf einen generellen Rahmen, der in der Zukunft von einem oder mehreren Protokollen mit genaueren Regeln ergänzt wird. Die Konventionen, an deren Entwicklung UNEP maßgeblich mitgewirkt hat, dienen dem Schutz der Erdatmosphäre[322], dem Artenvielfaltsschutz[323] sowie dem Schutz vor gefährlichen Chemikalien und Abfällen[324]. Die Mitarbeit an einem Abkommen bedeutet nicht, dass UNEP auch die Verwaltung der Abkommen übertragen wird[325].

---

[320] Klein, in: Bernhardt (Hrsg.), EPIL Bd. II, S. 1354, 1355; Lang, AVR 31 (1993), S. 13. Diese Definition grenzt internationale Regime von internationalen Organisationen ab. Unter internationalen Organisationen ist eine Verbindung (association) von Staaten zu verstehen, die auf einem Vertrag beruht. Diese verfolgen gemeinsame Ziele und haben ihre eigenen Organe zur Erfüllung der besonderen Funktionen innerhalb der Organisation. Vgl. Bindschedler, in: Bernhardt (Hrsg.), EPIL Bd. II, S. 1289. Organisationen sind im Unterschied zu „Regimen" physische Einheiten, die Büros, Personal, Ausstattung, Budget und individuelle „Rechtspersönlichkeit" (individual legal „personalities") besitzen. Sie spielen eine wichtige Rolle bei der Umsetzung und Verwaltung einiger Regime. Siehe Young, in: Sjöstedt, International Environmental Negotiation, S. 244, 245.

[321] Lang, AVR 31 (1993), S. 13, 14.

[322] Vienna Convention for the Protection of the Ozone Layer (1985).

[323] Agreement on the Conservation of African-Eurasian Migratory Waterbirds (AEWA); Agreement on the Conservation of Small Cetaceans of the Baltic and North Seas (ASCOBANS); Agreement on the Conservation of the Black Seas, Mediterrean and Contiguous Atlantic Area (ACCOBAMS); EUROBATS; Convention on International Trade in Endangered Species (CITES) (1973); Bonn Convention on Migratory Species (CMS) (1979); Convention on Biological Diversity (CBD) (1992); Cartagena Protocol on Biodiversity (2000); Ramsar Convention on Wetlands of International Importance Especially as Waterfowl Habitat (1971).

[324] Montreal Protocol on Substances that Deplete the Ozone Layer (1987); Multilateral Fund for the Implementation of the Montreal Protocol; Basel Convention on the Control of Transboundary Movements of Hazardous Wastes and Their Disposal (1989) und Protocol on Liability and Compensation (1999); Rotterdam Convention on the Prior Informed Consent Procedure for Certain Hazardous Chemicals and Pesticides in International Trade (1998) (gemeinsames Übergangssekretariat von UNEP mit FAO); Stockholm Convention on Persistent Organic Pollutants (POP-Konvention) (2001).

[325] Vgl. hierzu 2. Kapitel III 1 a; UN Doc. UNEP(DPDL)/GJS/1/3 vom 19.7.2002, Kap.IV.A.; Beyerlin/Maurahn, Rechtsetzung und Rechtsdurchsetzung, S. 57. Zu den nicht von UNEP verwalteteten Abkommen zählen u.a. „United Nations Framework Convention on Climate

UNEP nimmt darüberhinaus die Aufgabe wahr, das „Register of International Treaties and Other Agreements in the Field of the Environment" zu führen und für dessen Veröffentlichung zu sorgen[326]. Hierfür ist innerhalb der „Division of Policy Implementation" die „Environmental Law Branch" zuständig. Zwar gehört die Führung des Vertragsregisters nicht unmittelbar zur Mitarbeit an der Rechtsetzung. Die Kenntnis der bestehenden Abkommen ist aber Voraussetzung dafür, dass neu zu entwerfende Abkommen mit den bereits getroffenen Regelungen abgestimmt und harmonisiert werden.

1. Handlungsmöglichkeiten von UNEP im Bereich der Rechtsetzung

UNEP kann aufgrund seiner mangelnden Völkerrechtspersönlichkeit selbst nicht Partei eines völkerrechtlichen Vertrages werden. Auch hat es keine Rechtsetzungsbefugnisse und kann daher kein völkerrechtlich bindendes Sekundärrecht erzeugen[327]. Die Mitwirkung von UNEP an der Rechtsetzung ist daher auf unterstützende und fördernde Maßnahmen beschränkt. Soweit UNEP Regelungen zum internationalen Umweltschutz getroffen hat, handelt es sich um „soft law".

Zu Beginn des Bestehens von UNEP wurde mangels einer ausdrücklichen Bestimmung in den Gründungsdokumenten ein Mandat von UNEP zur Mitarbeit an der Rechtsetzung teilweise daraus abgeleitet, dass die Generalversammlung ihr Mandat nach Art. 13 Abs. 1 (a) der Charta der Vereinten Nationen, die fortschreitende Entwicklung des Völkerrechts und seine Kodifizierung zu fördern, im Bereich des internationalen Umweltrechts auf UNEP übertragen habe[328]. Die Rolle

---

Change" (1992) (UNFCCC), die „United Nations Convention on the Law of the Sea" (UNCLOS) und die United Nations Convention to Combat Desertification in Countries Experiencing Serious Drought and/or Desertification, Particularly in Africa (UNCCD). Zu UNCCD vgl. UN Doc. A/AC.241/55/Add. 2 vom 24. 6. 1996: „Designation of a Permanent Secretariat and Arrangements for its Functioning: Administrative Arrangements", S. 12: UNEP hat das „Intergovernmental Negotiating Committee" (INCD) und das Übergangssekretariat bei den Verhandlungen durch direkte finanzielle Unterstützung des Sekretariates und Kostenzuschüsse für die Vorbereitung von Dokumenten unterstützt. Des Weiteren hat UNEP einzelne Länder bei der Vorbereitung auf die Verhandlungen unterstützt; zwei Verhandlungsrunden haben in Nairobi stattgefunden. Weitere Abkommen sind das „UNESCO Man and the Biosphere Programme" (MAB) und die „UNESCO World Heritage Convention" (WHC).

[326] Sands, Principles of International Law, S. 84.

[327] Beyerlin/Maurahn, Rechtsetzung und Rechtsdurchsetzung, S. 55 f.; Kilian, Umweltschutz durch Internationale Organisationen, S. 360. Anders ist die rechtliche Situation bei den internationalen Organisationen, die die Fähigkeit haben, Verträge zu schließen.

[328] Szasz, in: Schachter/Joyner (Hrsg.), in: United Nations Legal Order Bd.1, S. 35, 72; Szasz, Understanding International Institutions, S. 39; Petsonk, American University Journal of International Law and Policy 5 (1990), S. 351, 355 Fn. 17; Mahmoudi, Asian Yearbook of International Law 5 (1995), S.175, 191f. Andere gingen davon aus, dass ein solches Mandat von UNEP durch Prinzip 22 der Stockholmer Erklärung impliziert wird, in dem ausgeführt ist, dass eine Zusammenarbeit zwischen den Staaten für die Entwicklung des internationalen Umweltrechts notwendig ist; vgl. die Darstellung in: Guruswamy/Palmer/Weston/Carlson, International Environmental Law and World Order, S. 859, 860.

der Generalversammlung beschränkt sich aber auf die Beratung und den Entwurf von Konventionstexten sowie die Empfehlung an die Mitgliedsstaaten, diese zu unterzeichnen und zu ratifizieren[329]. Für die Mitgliedsstaaten entsteht daraus aber keine dahingehende Verpflichtung. Auch wenn ein Mandat von UNEP zur Mitwirkung an der Rechtsetzung seit der Agenda 21 unstrittig ist, stellt das Mandat der Generalversammlung die Grenze für die Befugnisse von UNEP als „subsidiary organ" dar.

2. *Verfahren zur Ausarbeitung von Abkommen und Mitwirkung von UNEP*

Bei der Ausarbeitung von Abkommen ist innerhalb von UNEP insbesondere die „Division of Environment Conventions" (DEC) beteiligt, die die Aufgabe hat, die Vertragsverhandlungen oder deren Vorbereitung z.B. durch wissenschaftliche Arbeitstreffen zu unterstützen[330]. Für das Umweltrecht im Bereich der regionalen Meeresabkommen hat diese Aufgabe das „Oceans and Coastal Areas Programme Activity Centre" (OCAPAC)[331].

a. Initiierung von Vertragsverhandlungen und Ausarbeitung von Vorschlägen

Im internationalen Recht ist die rechtliche Gestalt der anzustrebenden Regelung anders als im nationalen Recht bei Eintritt in die eigentlichen Verhandlungen oftmals noch unklar[332]. Hinzu kommt, dass die Verhandlungen häufig Kompromisse anstreben müssen, um möglichst viele Staaten in die umweltrechtliche Regelung einzubinden. Damit einher gehen der Verzicht auf strittige Themen und die häufig nicht hinreichende Bestimmtheit vertraglicher Pflichten in Abkommen[333]. Im Unterschied zum nationalen Recht ist unter der Initiierung von Vertragsverhandlungen (lediglich) der „Anstoß" zu Beratungen über eine Regelung in einem bestimmten Umweltbereich zu verstehen.

---

[329] Fleischhauer, in: Simma (Hrsg.), The Charter of the United Nations, Art. 13 Rn. 4. Unabhängig von einem Inkrafttreten der einzelnen Konventionen hatten die meisten rechtlichen Regelungen, die von der Generalversammlung und seinen Nebenorganen erarbeitet wurden, einen wesentlichen Einfluß auf die Entwicklung von internationalem Recht.

[330] UNEP Annual Report 2001, S. 30. Die „Division of Environmental Policy Implementation" (DEPI) wirkt zum Teil auch an der Ausarbeitung von Konventionen mit. Ihre Hauptaufgabenbereiche sind aber das „capacity-building", das Global Programme of Action for the Protection of the Marine Environment, Katastrophenmanagement und die Implementierung von Umweltrecht.

[331] Nanda, in: Schachter/Joyner (Hrsg.), United Nations Legal Order, Bd. II, S. 631, 647.

[332] Im nationalen Recht ist im Unterschied dazu unter Gesetzesinitiative das Recht zu verstehen, einen Gesetzesentwurf in das hierfür zuständige Gremium einzubringen, der dann die Diskussionsgrundlage für die Beratungen darstellt.

[333] Im Falle der Convention on Biological Diversity wurde mit dem Ziel einer „Dachkonvention" („umbrella convention") eine Expertenarbeitsgruppe eingerichtet. Als sich abzeichnete, dass eine Dachkonvention nicht zu verwirklichen war, wurde im Jahr 1989 eine weitere Arbeitsgruppe eingerichtet, die den Text von CBD vorbereitet hat, vgl. Handbook of the Convention on Biological Diversity, S. xvii; UNEP Environmental Law Training Manual, S. 53.

Viele der Umweltabkommen der letzten Jahre gehen auf einen Beschluss des Verwaltungsrates von UNEP zurück[334]. In anderen Fällen geht die Einleitung des Verhandlungsprozesses auf die Entscheidung einer Staatenkonferenz[335] oder auf die Initiative anderer betroffener Stellen[336] zurück. Ein Recht zur Verhandlungsführung über ein bestimmtes Abkommen besteht für eine Organisation nur, wenn die Staaten dieser ausdrücklich die Zuständigkeit schon in den konstituierenden Dokumenten gegeben haben. UNEP hat danach kein Recht auf die Verhandlungsführung für alle Umweltthemen. Obwohl UNEP bei der Erarbeitung der wissenschaftlichen Grundlagen für die Klimarahmenkonvention in Form des gemeinsam mit WMO eingerichteten „Intergovernmental Panel on Climate Change" (IPCC) beteiligt war, fanden die eigentlichen Verhandlungen in einem hierfür von der UN-Generalversammlung eingesetzten „Intergovernmental Negotiating Committee" (INC) statt[337].

Da die Beschlüsse des Verwaltungsrates rechtlich nicht bindend sind, hat UNEP kein Initiativrecht in dem Sinne, dass die Staaten danach verpflichtet wären, in Vertragsverhandlungen einzutreten. Der politische Druck oder die Erstellung einer

---

[334] Bei der Basel Convention on the Control of Transboundary Movements of Hazardous Wastes and Their Disposal (Basler Konvention) wurde zunächst auf Grundlage des Montevideo-Programms I die unverbindlichen Cairo Guidelines and Principles for the Environmentally Sound Management of Hazardous Wastes („Cairo Guidelines") vereinbart. Im Jahre 1987 hat dann der Verwaltungsrat von UNEP die Entwicklung einer globalen Konvention für die Kontrolle der grenzüberschreitenden Verbringung von Abfällen angeregt; vgl. hierzu UNEP Environmental Law Training Manual, S. 194.
Im Fall der CBD hatte sich im Vorfeld der Bemühungen von UNEP die World Conservation Union (IUCN) mit den Möglichkeiten für ein Abkommen über die Artenvielfalt beschäftigt und immer wieder Entwürfe für Artikel entwickelt, die in den Vertrag aufgenommen werden sollten; vgl. UNEP Environmental Law Training Manual, S. 53; UN Doc. UNEP GC. Dec. 14/26 vom 17.06.1987.

[335] Der Beginn der Verhandlungen über die Convention on the Conservation of Migratory Species of Wild Animals (CMS) und die Convention on International Trade in Endangered Species of Wild Fauna and Flora (CITES) gehen auf Empfehlungen der Stockholmer Umweltkonferenz zurück, in denen die Notwendigkeit einer Regelung in diesen Bereichen anerkannt wurde; vgl. Empfehlungen 32 und 99.3 des Action Plan for the Human Environment, UN Doc. A/CONF.48/14/Rev.1. Auf der Rio-Konferenz wurde der Ruf nach einer Konvention zur Bekämpfung der Wüstenbildung laut. Auf der Grundlage der Resolution 3337 (XXIX) der Generalversammlung vom 17.12. 1974 wurde im Jahre 1977 die United Nations Conference on Desertification (UNCOD) einberufen, die mit der Verabschiedung des United Nations Plan of Action to Combat Desertification (PACD) geendet hat. Vgl. UNEP Environmental Law Training Manual, S. 183. Daraufhin wurde ein Verhandlungskommittee eingesetzt, in dem der Text für die United Nations Convention to Combat Desertification (UNCCD) ausgehandelt wurde.

[336] Der Anstoß zur Ausarbeitung des Lusaka Agreement on Cooperative Enforcement Operations Directed at Illegal Trade in Wild Fauna and Flora (Lusaka Agreement) ging auf eine Initiative von führenden Beamten aus verschiedenen afrikanischen Ländern, die mit der Durchsetzung des Rechts über wildlebende Tiere betraut sind, zurück; vgl. UNEP Environmental Law Training Manual, S. 86.

[337] Zu den Verhandlungen vgl. Lang, AVR 31 (1993), S. 13, 16 ff. Obwohl das Ozonregime unter der Ägide von UNEP verhandelt worden war, wurde die Verhandlung des Klimaregimes nicht unter der Leitung von UNEP geführt.

wissenschaftlichen Expertise, die einen entsprechenden Regelungsbedarf aufzeigt, stellen deshalb die entscheidenden Elemente bei der Initiierung von internationalem Umweltrecht dar.

Für die Ausarbeitung von Vertragsentwürfen sind innerhalb von UNEP in der Regel nach Art. 62 der Geschäftsordnung des Verwaltungsrates speziell eingesetzte rechtliche und technische Arbeitsgruppen zuständig. Die Arbeit in den Arbeitsgruppen setzt oftmals schon vor Beginn des eigentlichen Verhandlungsprozesses ein[338]. Regelmäßig erfolgt zuerst eine Klärung der naturwissenschaftlichen Fragen im Zusammenhang mit dem zu regelnden Umweltproblem[339]. Da für die Arbeit in den Arbeitsgruppen in der Regel die Geschäftsordnung des Verwaltungsrates zugrunde gelegt wird, können alle Staaten an den Beratungen teilnehmen; zwischenstaatliche Organisationen und UN-Organisationen haben ein Recht zur Teilnahme ohne Stimmrecht. Nichtregierungsorganisationen können als Beobachter teilnehmen[340].

b. Unterstützung des eigentlichen Verhandlungsprozesses

Die Mitwirkung einer internationalen Organisation an umweltrechtlichen Verhandlungen ist möglich, wenn hierfür ein Mandat besteht. Die Erteilung eines Mandats kann durch die Eignung einer Organisation aufgrund der Mitglieder, des Aufgabenbereiches oder der geographischen Reichweite oder durch das zu behandelnde Thema veranlasst sein[341]. Bei den Verhandlungen über die „Basel Convention on the Control of Transboundary Movements of Hazardous Wastes and Their Disposal" wurde UNEP der OECD vorgezogen, da die Nord-Süd Beziehungen zu einer zentralen Frage in den Verhandlungen wurden[342], und innerhalb von UNEP die Entwicklungs- und Schwellenländer stärker vertreten sind.

Internationale Institutionen haben in dem Verhandlungsprozess oftmals einen nicht unerheblichen Einfluss dadurch, dass sie auf Grund ihres Sachverstandes die Herangehensweise und den Rahmen für die Themen mitbestimmen. Hierzu kommt, dass UNEP bereits im Vorfeld der Verhandlungen durch die Organisation von Arbeitsgruppen häufig versucht hat, die Standpunkte der Beteiligten abzustimmen. Den weitestgehenden Einfluss auf die Vertragsverhandlungen hat UNEP,

---

[338] UNEP hatte schon im Jahre 1977 begonnen, Gegenmaßnahmen gegen die Zerstörung der Ozonschicht zu untersuchen. Im Jahre 1981 wurde dann eine Arbeitsgruppe eingesetzt, die einen Entwurf für ein Rahmenübereinkommen zum Schutz der Ozonschicht entworfen hat. Vgl. Schmitz-Rode, S. 53; Young, in: Sjöstedt, International Environmental Negotiation, S. 244, 250.

[339] Vgl. Birnie/Boyle, International Law and The Environment, S. 57. Oftmals gehen den eigentlichen Vertragsverhandlungen wissenschaftliche Arbeitstreffen voran, so beim Montrealer Protokoll, vgl. Lang, YIEL 3 (1992), S. 108, 111.

[340] Petsonk, American University Journal of International Law and Policy 5 (1995), S. 351, 356 Fn 20.

[341] Young, in: Sjöstedt (Hrsg.), International Environmental Negotiation, S. 244, 247.

[342] Young, in: Sjöstedt (Hrsg.), International Environmental Negotiation, S. 244, 247.

wenn es im Verhandlungsprozess die Rolle des Sekretariats übernimmt[343]. In diesem Fall profitiert der Verhandlungsprozess von der Erfahrung von UNEP und durch die Bereitstellung von technischen und wissenschaftlichen Informationen durch UNEP. Bei den Verhandlungen über die Klimarahmenkonvention war allerdings ein extra zu diesem Zweck gebildetes Sekretariat zuständig und nicht UNEP, was teilweise als Nachteil gesehen wurde, da ein „institutional leadership" fehlte[344].
UNEP hat sich bei verschiedenen Verhandlungen auch aktiv in den eigentlichen Verhandlungsprozess eingebracht, indem der Exekutivdirektor als Mediator[345] streitschlichtend tätig geworden ist[346]. Daneben haben die Exekutivdirektoren versucht, die Diskussionen durch informelle Gespräche und Kompromissvorschläge oder Textentwürfe zu fördern und dadurch eine Annäherung der Verhandlungsparteien zu erreichen[347]. Oftmals wirkte der Exekutivdirektor auch darauf hin, dass die Verhandlungen und die Beschlussfassung durch flexiblere Verfahrensregeln erleichtert werden[348].
UNEP hat ein Eigeninteresse an institutionellen Fragen, wenn es in die Verwaltung der Konvention - insbesondere durch die Stellung des Konventionssekretariates -

---

[343] So z.B. bei den Verhandlungen über die „Basel Convention on Transboundary Movements on Hazardous Wastes" (Basler Konvention). Vgl. zu der Funktion eines Sekretariats im Verhandlungsprozess allgemein Susskind, Environmental Diplomacy, S. 58ff.

[344] Lang, AVR 31 (1993), S. 13, 19.

[345] Die Mediation ist zu den Mitteln der friedlichen Streitbeilegung zu zählen (vgl. auch Art. 33 der Charta der Vereinten Nationen). Der Mediator hat eine aktive Rolle und soll die Verhandlungsatmosphäre zur Lösung des Streits positiv beeinflussen. Er kann aber auch in die (Streitbeilegungs-)Verhandlungen eingreifen und Lösungsvorschläge machen. Vgl. Fischer, in: Ipsen, Völkerrecht, § 62 Rn. 8.

[346] Bei den Verhandlungen über das Montrealer Protokoll fungierte Mostafa Tolba als Mediator, als sich die Fronten verschärften und der Vorsitzende mitten in den Verhandlungen nach Hause geschickt wurde; vgl. hierzu Szell, in: Sjöstedt (Hrsg.), International Environmental Negotiation, S.31, 39. Bei den Verhandlungen über die Basler Konvention ist Tolba als Vermittler („mediator") aufgetreten, als es galt, einen Kompromiss über Bestimmungen zu finden, die im Interesse der Entwicklungsländer waren; vgl. Kempel, in: Sjöstedt, International Environmental Negotiations, S. 48, 52.

[347] Maurice Strong und Mostafa Tolba haben als Exekutivdirektoren von UNEP insoweit eine wichtige Rolle übernommen, indem sie sich nicht auf die Beantwortung von technischen Fragen beschränkten; vgl. Young, in: Sjöstedt (Hrsg.), International Environmental Negotiation, S. 244, 250. In den Verhandlungen über das Montrealer Protokoll hat Mostafa Tolba Kompromissvorschläge für die Texte in Form von schriftlichen Eingaben gemacht und durch informelle Gespräche eine Annäherung der Verhandlungsparteien gefördert; vgl. Szell, in: Sjöstedt (Hrsg.), International Environmental Negotiation, S. 31, 39. UNEP kann daher auch den eigentlichen Verhandlungsprozess durch in seinem Rahmen erarbeitete Textentwürfe unterstützen. Bei den Verhandlungen über die Basler Konvention hat UNEP auf die Verhandlungen Einfluss genommen, indem der Exekutivdirektor Vorschläge für jede neue Verhandlungsrunde vorbereitet und mündliche Interventionen während der laufenden Verhandlungen unternommen hat. Des Weiteren hat er versucht die Positionen der Verhandelnden in Gesprächen zu beeinflussen; vgl. Kempel, in: Sjöstedt (Hrsg.), International Environmental Negotiations, S. 48, 52.

[348] Kempel, in: Sjöstedt (Hrsg.), International Environmental Negotiations, S. 48, 54; vgl. zu der Vermittlung in Verhandlungsprozessen Rubin, in: Sjöstedt (Hrsg.), International Environmental Negotiation, S. 275, 280 ff.

eingebunden werden will. Die beteiligten Organisationen können im Verhandlungsprozess auf die instutionelle Regelungen der Konventionen Einfluss nehmen.

c. Besonderheiten bei der Entwicklung von Vertragsregimen

Charakteristisch für die Vertragsregime im Umweltvölkerrecht ist die Regelungsstrategie des „framework convention and protocol approach“[349], d.h. eines Rahmenübereinkommens, auf dessen Grundlage Protokolle beschlossen werden, die die in der Konvention enthaltenen allgemeinen Ziele zu Verpflichtungen konkretisieren[350]. Die Protokolle sind ebenso wie die Rahmenkonventionen Verträge im Sinne der Wiener Vertragsrechtskonvention[351]. Ein festgelegtes Rechtsetzungsverfahren besteht innerhalb dieser Regime nicht. Es werden aber durch die Vertragsstaatenkonferenzen teilweise Richtlinien festgelegt[352]. Die Parteien der Rahmenkonvention sind nicht automatisch zur Unterzeichnung der Protokolle verpflichtet. Anders als bei einer Vertragsänderung[353] bleibt im Falle eines Rahmenübereinkommens das Vertragsregime intakt, auch wenn nicht alle Staaten das Protokoll unterzeichnen. Zum Teil wird aber angenommen, dass ein „pactum de negotiando“, d.h. eine Pflicht für die Vertragsparteien zur Aufnahme von Vertragsverhandlungen besteht[354]. Mittlerweile überwiegt die Zahl der Rahmenkonventionen und deren Protokolle die Zahl der Einzelverträge[355]. Die wichtigsten Regime im Umweltvölkerrecht stellen die Regime über den Schutz der Ozonschicht, den Handel mit gefährlichen Abfällen und zur Bewahrung der Artenvielfalt dar.

---

[349] Beyerlin, Umweltvölkerrecht, Rn. 88.

[350] Vgl. zu dem Begriff des Vertragsregimes Oeter, NYIL 28 (1997), S. 101, 104; Lang, YIEL (1992), S. 108, 110: „conglomerates of hard law rules (treaties), soft law instruments (declarations and recommendations) and institutions that are indispensable for the effective working of hard and soft law“.

[351] Lang, YIEL 3 (1992), S. 108, 119.

[352] Vgl. Beyerlin, Umweltvölkerrecht, Rn. 92 f.: Bevor es zum Beschluss des Kyoto-Protokolls im Jahre 1997 als Durchführungsprotokoll zum Klimaschutz-Übereinkommen (UNFCCC) gekommen ist, hat die Vertragsstaatenkonferenz zunächst das sogenannte „Berliner Mandat“ beschlossen. Hierbei handelte es sich um einen rechtlich unverbindlichen Beschluss, dass unverzüglich ein Verhandlungsprozeß zur Konkretisierung der Verpflichtungen aus dem Rahmenübereinkommen eingeleitet werden soll; zu diesem Zweck wurde auch eine „ad-hoc“-Arbeitsgruppe eingesetzt.

[353] Gem. Art. 40 Abs. 4 WKV bindet eine Übereinkunft über eine Vertragsänderung nur die Parteien, die auch Vertragspartei des Änderungsübereinkommens werden. Das Verhältnis der Vertragsparteien untereinander bestimmt sich nach Art. 40 Abs. 4 i.V.m. Art. 30 Abs. 4 (b) WKV.

[354] Vgl. Beyerlin, Umweltvölkerrecht, Rn. 90. Nach Art. 28 Abs. 1 CBD sind die Parteien zur Zusammenarbeit „in the formulation and adoption of protocols to this Convention“ verpflichtet. Im Falle des Wiener Ozonschutz-Übereinkommens vom 2. Mai 1985 werden die Vertragsparteien im Rahmenübereinkommen ausdrücklich dazu verpflichtet, im Hinblick auf die Annahme von Protokollen und Ergänzungen tätig zu werden. Art. 2 Abs. 2 (c) Vienna Convention for the Protection of the Ozone Layer lautet: „To this end the Parties shall, in accordance with the means at their disposal and their capabilities: (c) cooperate in the formulation of agreed measures, procedures and standards for the implementation of this Convention, with a view to the adoption of protocols and annexes.“, Text, in: ILM 26 (1987), S. 1516, 1528 ff.

[355] Rathnaswamy, International Environment Management, S. 42, 43.

Im Rahmen eines „Regimes“ werden mit der Implementierung und Weiterentwicklung der Rahmenkonventionen bestimmte Vertragsorgane, wie das Sekretariat und die Vertragsstaatenkonferenz betraut. Gem. Art. 6 Abs. 4 (h) i.V.m. Art. 8 der Vienna Convention for the Protection of the Ozone Layer (Wiener Konvention) ist z.B. die Vertragsstaatenkonferenz für die Annahme von Durchführungsprotokollen zuständig (vgl. auch Art. 17 UNFCCC). Bei einigen Vertragsregimen stellt UNEP das Sekretariat selbst[356]. Aufgrund dieser „Verzahnung“ kann UNEP Einfluss auf die Weiterentwicklung der Rahmenkonventionen nehmen. UNEP ist auch an der Untersuchung der naturwissenschaftlichen Zusammenhänge beteiligt, wie z.B. im Falle des Montreal Protocol on Substances that Deplete the Ozone Layer (Montrealer Protokoll), das einen genauen Zeitplan für eine Reduzierung der ozonschädigenden Substanzen festlegt[357].
Die Regime ermöglichen aufgrund ihrer Flexibilität und der regelmäßigen Treffen der Vertragsstaatenkonferenzen eine schnelle Anpassung an Veränderungen und haben dadurch eine neue Dynamik bekommen. UNEP hatte an der Ausarbeitung der Protokolle zu dem Wiener Übereinkommen zum Schutz der Ozonschicht wesentlichen Anteil[358]. Auch bei der CBD war UNEP an der Entstehung des Cartagena Protokols (Cartagena Protocol on Biosafety to the Convention on Biological Diversity) beteiligt[359].
Ebenfalls zu den Rahmenübereinkommen sind die Regionalmeerprogramme („Regional Seas Programme“) zu zählen. Diese stellen den Schwerpunkt der Arbeit von UNEP auf regionaler Ebene dar[360]. Das älteste Regionalmeerabkommen ist die

---

[356] Z.B.: Wiener Konvention, Basler Konvention, vgl. hierzu unter B. III. 1. a.

[357] Petsonk, The American University Journal of International Law and Policy 5 (1990), S. 351, 372. Auf der Grundlage neuer Informationen über den Zustand der Ozonschicht können die Vertragsparteien weitere Anpassungen vornehmen und UNEP hat empfohlen, dass die Vertragsparteien Änderungen beschließen, die eine Abschaffung aller ozonschädigenden Stoffe (CFCs) bis zum Jahr 2005 betreffen.

[358] Der damalige Exekutivdirektor von UNEP, Mostafa Tolba, hatte nach dem Scheitern eines ersten Treffens auf Bitte der Staaten eine weitere Konferenz einberufen, auf der schließlich das Montrealer Protokoll beschlossen wurde. Tolba war außerdem dafür verantwortlich, dass ein Konsens gefunden wurde zwischen den wissenschaftlichen Experten, die das Maß des Ozonabbaus vorausgesagt haben, und den Maßnahmen, die zum Schutz der Gesundheit und der Umwelt nötig sind. Vgl. Birnie/Boyle, International Law and the Environment, S. 519.

[359] Das Protokoll wurde am 29. Januar 2000 verabschiedet. Text erhältlich unter: www.biodiv.org/biosafety/. UNEP war auch an der Implementierung der Basler Konvention durch das "Basel Protocol on Liability and Compensation for Damage Resulting from Transboundary Movements of Hazardous Wastes and their Disposal" aus dem Jahre 1999 beteiligt; vgl. Desai, Indian Journal of International Law 40 (2000), S. 455, 467.

[360] Vgl. hierzu Vallega, in: Ocean Yearbook 13 (1998), S. 245 ff. Weitere Umweltbereiche, in denen UNEP für die Entwicklung von regionalen umweltrechtlichen Instrumenten verantwortlich ist, sind die Artenvielfalt („Lusaka Agreement on Co-operative Enforcement Operations Directed at Illegal Trade in Wild Fauna and Flora“) und die gemeinsamen Wasserressourcen (u.a.: "Agreement on the Action Plan for the Environmentally Sound Management of the Common Zambezi River System"; "Agreement on Cooperation for the Sustainable Development of the Mekong River bain" (1995). UNEP unterstützt auch die Entwicklung von Regeln für das Umweltmanagement des Victoriasees und des Tanganyika Basin Sees. Weitere Abkommen, deren Annahme UNEP unterstützt hat, sind das "Agreement on the Conservation of African-Eurasian

„Barcelona Convention for the Protection of the Mediterranean Sea Against Pollution" (Barcelona Konvention)[361] aus dem Jahre 1976; es ist das erste umweltrechtliche Vertragsregime. Die Verpflichtungen, die in der Rahmenkonvention festgelegt wurden, wurden bis heute durch sechs Protokolle weiter ausgestaltet[362]. Heute bestehen praktisch für alle wichtigen Meeresgebiete Regionalmeerprogramme[363]. Das

---

Migratory Waterbirds" (AEWA), das "Agreement on the Conservation of Small Cetaceans of the Baltic and North Seas" (ASCOBANS) und das "Agreement on the Conservation of the Black Seas, Mediterrean and Contiguous Atlantic Area" (ACCOBAMS)) sowie gefährliche Abfälle („Bamako Convention on the ban of the import into Africa and the control of transboundary movement and management of hazardous wastes within Africa" aus dem Jahre 1991). Des Weiteren ist UNEP auch im Bereich des Schutzes der Atmosphäre tätig geworden. So hat UNEP z.B. die Büros der „Latin America and the Caribbean Regional Coordination of the Network of Ozone Depleting Substances" aufgenommen und unterstützt die Entwicklung des rechtlichen Rahmens für die Vermeidung von grenzüberschreitender Verschmutzung der Länder der Vereinigung der Südostasiatischen Nationen (Association of South East Asian Nations, Asean) geleistet. Vgl. hierzu: UN Doc. UNEP(DPDL)/GJS/1/3 vom 19.7.2002, Kap. IV.B.

361 Die Barcelona Konvention wurde am 16.02.76 verabschiedet und ist am 12.02.78 in Kraft getreten, Text in: 15 ILM 290 (1976). Auf einer weiteren Konferenz in Barcelona vom 9.-10.06.95 wurde eine veränderte Fassung des Vertrages verabschiedet, die aber bisher noch nicht in Kraft getreten ist.

362 Kurz nach Verabschiedung der Rahmenkonvention wurden das „Protocol concerning the Prevention of Pollution of the Mediterranean Sea by Dumping from Ships and Aircraft" („Dumping Protocol") und das „Protocol concerning Cooperation in Combating Pollution of the Mediterranean Sea by Oil and Other Harmful Substances in Cases of Emergency" („Emergency Protocol") beschlossen, die beide im Jahre 1978 in Kraft getreten sind. Weitere Protokolle sind „Athens Protocol for the Protection of the Mediterranean Sea Against Pollution from Land-Based Sources" (1980), „Geneva Protocol Concerning Mediterranean Specially Protected Areas" (1982), „Protocol for the Protection of the Mediteranean Sea Against Pollution Resulting from Exploration and Exploitation of the Continental Shelf and the Seabed abd its Subsoil" (1994) und „Protocol on the Prevention of Pollution of the Mediterranean Sea by Transboundary Movements and Hazardous Wastes and their Disposal" (1996). Vgl. näher Sands, Principles of International Law, S. 401.

363 Für den Schutz des Mittelmeeres wurde die Barcelona Convention for the Protection of the Mediterrean Sea against Pollution (1976) und darauf bezogene Protokolle erlassen. Für Kuwait wurde die Kuwait Regional Convention for Cooperation on the Protection of the Marine Environment from Pollution (1979) erlassen.
Weitere Programme bestehen in den folgenden Regionen:
West und Zentralafrika: Abidjan Convention for Cooperation in the Protection and Development of the Marine and Coastal Environment of the West and Central African Region (1981) und das Protocol concerning Cooperation in Combating Pollution in cases of Emergency in West and Central African Regions;
Karibik: Convention for the Protection and development of the Marine Environment of the Wider Caribbean Region (1981) und darauf bezogene Protokolle;
Südostpazifik: Lima Convention for the Protection of the Marine Environment and Coastal Areas of the South-East Pacific (1981) und verwandte Abkommen und Protokolle;
Rotes Meer und Golf von Aden: Jeddah Regional Convention for the Conservation of the Red Sea and Gulf of Aden Environment (1982) und Protocol concerning Regional Cooperation in Combating Pollution From Oil and Other harmful Substances in Cases of Emergency;
Südpazifik (1982): Noumea Convention for the Protection of Natural Resources and the Environment of the South pacific Region (1986) und verbundene Konventionen und Protokolle;

jüngste Regionalmeerabkommen ist die Rahmenkonvention zum Schutz der Meeresumwelt des Kaspischen Meeres, das im Jahre 2003 von Aserbaidschan, Iran, Kasachstan, Russland und Turkmenistan unterzeichnet wurde[364]. Zuvor war von den Regierungen der Länder im Jahre 1995 für die Kaspische Region ein Umweltprogramm beschlossen worden, das auf eine von UNEP, UNIDO und der Weltbank vorgenommene Umweltbewertung zurückgeht.

d. Verhältnis zu der International Law Commission der Vereinten Nationen

Die Generalversammlung hat zur Erfüllung ihres Mandates nach Art. 13 Abs.1 (a) der Charta der Vereinten Nationen die „International Law Commission" (ILC) eingesetzt[365]. Sie ist ein Unterausschuss der Generalversammlung, der aus 34 Völkerrechtsexperten besteht. ILC soll Vertragsentwürfe vorbereiten und so die Kodifizierung und die Entwicklung des Völkerrechts fördern[366]. Nach seinem Statut hat ILC zwar eine allgemeine Zuständigkeit für die Kodifizierung und Weiterentwicklung des Völkerrechts; diese wird jedoch durch die Zuständigkeiten anderer UN-

---

Ostafrika: Nairobi Convention for the Protection, Management and Development of the Marine and Coastal Environment of the Eastern Africa Region (1985) and related Protocols;
Schwarzes Meer (1993): Bucharest Convention on the Protection of the Black Sea Against Pollution (1992) and related Protocols.
Weitere Programme bestehen für die Regionen des Ostasiatischen Meeres, des Nordwest-Pazifiks, des Südwest-Atlantiks, des Kaspischen Meeres, des Arktischen Meeres und des Ost-Zentral Pazifiks. Siehe: UN Doc. UNEP(DPDL)/GJS/1/3 vom 19.7.2002, Kap. IV.B. (i).
Außer dem Arktischen Meer, dem Baltischen Meer und dem Nord-Ost Atlantik stehen alle Regionalmeerprogramme unter der Verwaltung von UNEP.

[364] "Framework Convention for the Protection of the Marine Environment of the Caspian Sea". Dieses Abkommen stellt auch die erste rechtlich bindende Vereinbarung zwischen diesen Staaten dar.

[365] Die Gründung der ILC geht auf die Resolution UN Doc A/RES/174 (II) vom 21.11.1947 zurück. Außerdem wurde die „United Nations Commission on International Trade Law" (UNCITRAL) durch die Resolution der Generalversammlung UN Doc. A/RES/2205 (XXI) vom 17.12.1966 gegründet. Der Tätigkeitsbereich von UNCITRAL ist auf das internationale Handelsrecht beschränkt.

[366] Heintschel von Heinegg, in: Ipsen, Völkerrecht, § 16 Rn. 50; Seidl-Hohenveldern/Loibl, Das Recht der Internationalen Organisationen, Rn. 2114; siehe auch: Singh, in: Roberts/Kingsbury (Hrsg.), United Nations, Divided World, S. 384, 402 ff. Im Bereich der Entwicklung von neuem Völkerrecht kann ILC auf Anregung der Generalversammlung oder aufgrund von Vorschlägen u.a. von Mitgliedern der Vereinten Nationen oder UN-Organen tätig werden; bei der Kodifikation des Völkerrechts hat ILC mehr Freiräume (Art. 16 ff. des Statuts der ILC, erhältlich unter: www.un.org/law/ilc/convents.htm). Wenn ein bestimmtes Thema festgelegt worden ist, dann wird dieses innerhalb der ILC in einer Arbeitsgruppe behandelt und von einem Sonderberichterstatter weiter aufgearbeitet; diese Vorschläge werden dann in Plenarsitzungen diskutiert. Anschließend wird die erarbeitete Vorlage an den Redaktionsausschuss weitergeleitet, dessen Änderungen wieder an das Plenum gegeben werden. Dieses legt den Entwurf dem Sechsten Komitee der Generalversammlung vor. Im Falle einer Konvention kommt es dann in der Regel zu der Einberufung einer Staatenkonferenz. Vgl. auch: Fleischhauer, in: Simma (Hrsg.), The Charter of the United Nations, Art. 13 Rn. 14ff., 17; Tomuschat, VN 36 (1988), S. 180, 182. Siehe zu dem Arbeitsablauf außerdem Klein, in: Vitzthum (Hrsg.), Völkerrecht, 4.Abschn. II 5 e, S. 356, IV Rn. 206; Vallat, in: Bernhardt (Hrsg.), EPIL Bd. II, S. 1208, 1210 ff.

Organisationen – zumindest faktisch - begrenzt[367], was sich im Verhältnis zu UNEP zeigt.

Die Aufgabe von UNEP zur (Weiter-)Entwicklung des Umweltrechts wurde in den letzten Jahren bekräftigt. Eine Überschneidung der Aufgabenbereiche oder eine Art von Konkurrenz könnte sich im Bereich des Umweltvölkerrechts allenfalls insofern ergeben, als sich ILC insbesondere mit Haftungsfragen bei grenzüberschreitender Verschmutzung beschäftigt hat[368]. UNEP hat zu dem Thema Staatenhaftung und Entschädigung für Umweltschäden bisher nur Expertentreffen veranstaltet, auf denen die Entwicklung von Richtlinien zur Einführung von nationalen und internationalen Haftungssystemen sowie die Grundlinien eines neuen internationalen Abkommens in diesem Bereich erörtert wurden[369]. Andererseits ist die ILC bei der Entwicklung von neuem Umweltrecht oder speziell des Rechts der nachhaltigen Entwicklung noch nicht tätig geworden. UNEP hat gegenüber ILC, die ausschließlich aus Völkerrechtsexperten besteht, den Vorteil, dass es über naturwissenschaftliches und technisches Hintergrundwissen verfügt und entsprechende Experten auch aus den eigenen Reihen heranziehen kann[370]. Dieses Fachwissen ist wesentlich für die Akzeptanz von UNEP, so dass UNEP in den letzten Jahren an der Vorbereitung der Mehrzahl der verabschiedeten Umweltkonventionen beteiligt war; es sichert UNEP im Verhältnis zu ILC einen eigenständigen Aufgabenbereich.

e. Bewertung

Internationale Institutionen haben mehr und mehr eine Führungsrolle bei umweltrechtlichen Verhandlungen übernommen, so dass man sie mit Recht als Architekten der Vereinbarungen bezeichnen kann[371]. UNEP hat sich im Umweltbereich als ein solcher „Verhandlungsführer" und als maßgebliche Institution für Verhandlungen über internationale Umweltabkommen etabliert. Diese Position beruht zu einem wesentlichen Teil auf der Zurverfügungstellung von Sekretariatsdiensten und wissenschaftlichen Informationen. UNEP hat aber keine umfassende Kompetenz für eine Verhandlungsführung bei umweltrechtlichen Abkommen, sondern bedarf hierzu jeweils eines Mandats der potentiellen Vertragsstaaten.

---

367 Tomuschat, VN 36 (1988), S. 180, 183: allenfalls „de-facto Monopol für das Gebiet des allgemeinen Völkerrechts".

368 Birnie/Boyle, International Law and the Environment, S: 188 ff. Eine Aufstellung der Berichte der ILC und der Konventionen, die auf einen Vorschlag der ILC zurückgehen, findet sich bei Vallat, in: Bernhardt (Hrsg.), EPIL Bd. II, S. 1208, 1214 f.

369 Siehe UN Doc. UNEP/DEPI/L&C Expert Meeting 1/1 vom 8.8.2002, Par.12. Das erste Expertentreffen zur Haftung und Entschädigung für Umweltschäden hat vom 13.-15.5.2002 stattgefunden.

370 Die Ausarbeitung einer neuen Seerechtskonvention hat im Rahmen eines Sonderausschusses der Generalversammlung und einer Staatenkonferenz stattgefunden und nicht unter der Ägide der ILC, obwohl sie die Entwürfe für die erste Genfer Seerechtskonvention im Jahre 1958 vorbereitet hatte. Die Zusammensetzung der ILC lediglich aus Völkerrechtsexperten wird als ausschlaggebend hierfür angesehen. Vgl. Tomuschat, VN 36 (1988), S. 180, 185.

371 Young, in: Sjöstedt, International Environmental Negotiation, S. 244, 250, 253.

Im Vergleich zu UNEP hat die „International Labour Organization" (ILO), die im Unterschied zu UNEP Völkerrechtspersönlichkeit besitzt, weitergehende Rechtsetzungsbefugnisse. Bei der Verabschiedung eines internationalen Abkommens, das innerhalb der ILO ausgearbeitet wurde, reicht der Beschluss der „International Labour Conference" aus, so dass keine Staatenkonferenz einberufen werden muss[372]. Damit stellt die ILO aber eine Ausnahme dar. Die ILO könnte als Vorbild für eine Umstrukturierung von UNEP dienen[373].

II. Erlass von „soft law"

„Soft law" hat keinen oder zumindest nicht den gesamten Rechtsetzungsprozess durchlaufen, so dass es keine rechtliche Bindungswirkung entfaltet[374]. Es handelt es sich damit um kein „Recht" im eigentlichen Sinne[375]. Aus diesem Grund ist der Begriff des „soft law" auf Kritik und Ablehnung gestoßen[376].
Zum „soft law" sind zunächst die Entscheidungen des Verwaltungsrates von UNEP über die Arbeitsprogramme von UNEP sowie auch die Montevideo-Programme zu zählen[377]. Daneben bestehen Richtlinien[378], Prinzipien, Verhaltenskataloge („codes of conduct") und Aktionspläne, die zum „soft law" zu rechnen sind. Oftmals stellt sich erst in einem laufenden Rechtsetzungsprozess heraus, dass über ein bindendes Abkommen zwischen den Staaten keine Einigung erzielt werden kann, so dass ein Teil der „soft law" Dokumente auch auf einer Staatenkonferenz beschlossen worden ist[379].

---

[372] Seidl-Hohenveldern/Loibl, Das Recht der Internationalen Organisationen, Rn. 1552; Samson, in: Bernhardt (Hrsg.), EPIL Bd. II, S. 1150, 1151. Beyerlin, Umweltvölkerrecht, Rn.161: Die „Universal Postal Union" und die „Universal Postal Convention" ermöglichen die Ausübung eines weitergehenden Ratifikationsdruck, indem sie ein unter ihrem Dach entwickeltes Abkommen mit dem Annahmebeschluss oder mit der Unterzeichnung durch die Staaten vorläufig in Kraft setzen können.

[373] Vgl. 5. Kapitel B II 5 c.

[374] Thürer, in: Bernhardt, EPIL Bd. IV, S. 452, 454. Vgl. außerdem zu dem Begriff des „soft law": Elias/Lim, NYIL 28 (1997), S. 3, 45 ff.; Thürer, Zeitschrift für Schweizerisches Recht 104 (1985), S. 429, 433 ff.

[375] Fitzmaurice, NYIL 25 (1994), S. 181, 199.

[376] Siehe zu der Problematik des Begriffes: Birnie/Boyle, International Law and the Environment, S. 24.

[377] In der Regel sind die Entscheidungen internationaler Organisationen rechtlich nicht bindend. Eine Ausnahme hierzu stellen die Resolutionen des UN-Sicherheitsrates dar (Art. 25 der Charta der Vereinten Nationen).

[378] Vgl. Mahmoudi, Asian Yearbook of International Environmental Law 5 (1995), S. 175, 193. So wurden z.B. die „Guidelines on Compliance and Enforcement of Multilateral Environmental Agreements" durch den Beschluss des Verwaltungsrates UN Doc.UNEP GC SS.VII/4 vom 15.2.2002 angenommen.

[379] Das „Global Programme of Action for the Protection of the Marine Environment from Land-based Activities" wurde z.B. auf der Wahingtoner Konferenz im Jahre 1995 beschlossen.

1. Richtlinien und Aktionsprogramme

UNEP hat eine Vielzahl von Richtlinien und Prinzipien für das Verhalten der Staaten aufgestellt. Als Beispiele sind zu nennen die „Principles of Conduct in the field of the Environment for the Guidance of States in the Conservation and Harmonious Utilization of Natural Resources Shared by Two or More States“ vom 19. Mai 1978 und die „Cairo Guidelines and Principles for the Environmentally Sound Management of Hazardous Wastes“ [380]. Einige der Richtlinien haben als Grundlage für die Verabschiedung von völkerrechtlich bindenden Verträgen gedient. So wurde z.B. auf der Grundlage der „Cairo Guidelines and Principles for the Environmentally Sound Management of Hazardous Wastes“, die vom Verwaltungsrat von UNEP im Jahre 1987 verabschiedet wurden, im Jahre 1989 die „Basel Convention on the Control of Transboundary Movements of Hazardous Wastes and their Disposal“ beschlossen. UNEP hat auch an der „World Charter for Nature“ mitgearbeitet, die durch eine Resolution der Generalversammlung verabschiedet wurde[381]. Wenn die Generalversammlung UNEP-Richtlinien durch eine Resolution annimmt ändert sich an dem Charakter als „soft law“ nichts. Auch durch eine solche Resolution werden die Staaten nur aufgefordert („asked“), die Dokumente als Richtlinie und Empfehlung bei der Ausformulierung von Konventionen zu nutzen oder zu berücksichtigen[382].

Zum „soft law“ sind auch die Aktionsprogramme (Programme of Action) zu zählen. Sie enthalten Leitlinien und Empfehlungen für die Behandlung von Umweltproblemen. Das bedeutendste Programm ist das Aktionsprogramm zum Schutz der maritimen Umwelt vor Verschmutzung vom Lande aus („Global Programme of Action for the Protection of the Marine Environment from Land-based Activities“ (GPA)), das die „United Nations International Convention on the Law of the Sea“

[380] Weitere von UNEP verabschiedete Richtlinien: „Montreal Guidelines for the Protection of the Marine Environment against Pollution from Land-Based Sources“ vom 24.5.1985; „International Code of Ethics on International Trade in Chemicals“ aus dem Jahre 1994; „Conclusions of the Study of Legal Aspects concerning the Environment Related to Offshore Mining and Drilling within the Limits of National Jurisdiction“, „Goals and Principles of Environmental Impact Assessment“; „London Guidelines for the Exchange of Information on Chemicals in International Trade“; „Global Programme of Action for the Protection of the Marine Environment from Land-Based Activities“; „International Technical Guidelines for Safety in Biotechnology“; „Guidelines for the Enforcement of and Compliance with Multilateral Environmental Agreements“. Vgl. Desai, Indian Journal of International Law 40 (2000), S. 455, 465 Fn. 36. Siehe zu weiteren Bereichen UN Doc. UNEP(DPDL)/GJS/1/3 vom 19.7.2002, Kap. V (i). Zur Zeit ist UNEP an der Ausarbeitung von Richtlinien für die Armutsreduzierung durch ein Ökosystem-Management befasst, die einen stufenweisen Prozess für die Armutsbekämpfung vorsehen und als Rahmen und Richtlinie für die zuständigen nationalen Stellen dienen sollen (ESCAPE-Guidelines: „An Ecosystem-Capability Augmentation Poverty Eradication Approach“).

[381] UNGA Resolution 37/7 vom 28.10.1982.

[382] Vgl. z.B. UNGA A/RES/37/217 vom 20.12.82 Par. 6 b) hinsichtlich der von UNEP verabschiedeten Richtlinien zu „offshore mining and drilling“ (UNEP GC. Dec. 10/14 vom 31.5.82).

(UNCLOS) ergänzt[383]. Das GPA wurde auf der von UNEP einberufenen „Washington Intergovernmental Conference" im Jahre 1995 von 108 Regierungen und der Europäischen Kommission beschlossen[384]. Es enthält Empfehlungen für nationale und regionale Aktionsprogramme zum Schutz der Meeresumwelt und stellt einen Rahmen hierfür dar. Ebenso wie bei anderen Richtlinien sind die Staaten rechtlich nicht zur Umsetzung der Aktionsprogramme verpflichtet. Für das Aktionsprogramm wurde ein Sekretariat eingerichtet, dessen Funktion UNEP übernommen hat[385].

Die Regionalmeerprogramme von UNEP spielen eine wichtige Rolle für die Umsetzung der Ziele des GPA auf der nationalen Ebene. Im Rahmen der Regionalmeerprogramme besteht für fast jedes Gebiet ein Aktionsplan[386], in dem Regelungen über Umweltuntersuchungen, das Umweltmanagement, die Umweltgesetzgebung und institutionelle sowie finanzielle Vereinbarungen getroffen werden. Die Ausführung dieser rechtlich nicht bindenden Aktionspläne obliegt den nationalen Institutionen aus der Region in enger Zusammenarbeit mit UN-Organisationen, regionalen und anderen geeigneten Organisationen[387]. Für jede Region bzw. jeden Aktionsplan ist ein Sekretariat eingesetzt worden, dessen Rolle in den meisten Fällen UNEP übernommen hat. Die Aktionspläne sind das „Dach" für die Regionalmeerprogramme, die rechtlich bindenden Regelungen stellen die Konventionen und Protokolle als „Kern" dar.

2. *Bedeutung des „soft law" für den internationalen Umweltschutz*

Die „soft law"-Dokumente, die von UNEP beschlossen werden, wie insbesondere die Montevideo-Programme, dienen dazu, einen Handlungsrahmen für die Tätig-

---

[383] Vgl. UN Doc. UNEP(DPDL)/GJS/1/3 vom 19.7.2002, Kap. V (ii). (1995), S. 175, 194. Ein weiteres bedeutendes Aktionsprogramm besteht zur nachhaltigen Entwicklung kleiner Inselstaaten („Programme of Action for the Sustainable Development of Small Island Developing States"), das ebenfalls den Schutz der Meere und der Küstengebiete integriert hat. Dieses Aktionsprogramm wurde im Jahre 1994 beschlossen; vgl. Report of the Global Conference of the Sustainable Development of Small Islands Developing States, Barbados 25.4.-6.6.1994, UN Doc. A/CONF.167/2 vom 7.02.1994.

[384] UN Doc. UNEP(OCA)/LBA/IG. 2/7 vom 5.12.95. Zuvor waren im Jahre 1985 die „Montreal Guidelines for the Protection of the Marine Environment Against Pollution from Land-based Sources" erlassen worden. Vgl. hierzu do Nascimento e Silva, in: Héctor Gros Espiell Amicorum Liber Bd. I, S. 269, 274.

[385] Im Jahre 1967 war eine gemeinsame Expertengruppe zu wissenschaftlichen Fragen der Meeresverschmutzung („Joint Group of Experts on the Scientific Aspects of Marine Environmental Protection GESAMP) eingerichtet worden. Im Jahre 1993 wurde der Aufgabenbereich von GESAMP auf alle Aspekte der Meeresverschmutzung erweitert. UNEP gehört zu den Organisationen, die die Arbeit der GESAMP unterstützen. GESAMP ist nicht unmittelbar in das GPA eingebunden, ihre Bewertungen stellen aber in vielen Bereichen die Grundlage für Tätigkeiten im Rahmen des GPA dar.

[386] Für 13 der 14 Gebiete besteht ein solcher Aktionsplan; vgl. Sands, Principles of International Law, S. 400 ff.

[387] www.gpa.unep.org; Kilian, Umweltschutz durch Internationale Organisationen, S. 282.

keiten von UNEP und für die Staaten festzulegen[388]. Das„soft law" zeichnet sich trotz seiner rechtlichen Unverbindlichkeit durch eine gewisse Nähe zum Recht aus: Durch Richtlinien, Arbeitsprogramme oder Verhaltensregeln („codes of conduct") wird zunächst erreicht, dass die Aufmerksamkeit der Staaten auf das entsprechende Umweltthema gelenkt wird. Die Staaten sollen zu einem weiteren Tätigwerden angehalten werden. Auch können Richtlinien zu der Entwicklung einer entsprechenden Staatenpraxis beitragen. Das „soft law" kann Ausdruck der „opinio iuris" der Staaten sein und bei Vorliegen einer allgemeinen Übung und der Anerkennung dieser Übung als Recht zu Völkergewohnheitsrecht werden[389]. Bei der Beantwortung der Frage, ob „soft law"-Regelungen auf das Vorliegen einer allgemeinen Übung schließen lassen, sind aber hohe Voraussetzungen anzulegen. Eine weitere Funktion, die das „soft law" übernehmen kann, ist die der „Vorstufe" zu völkerrechtlich bindendem Recht. Oftmals werden (nur) Empfehlungen für ein bestimmtes Vorgehen beschlossen, wenn die Staaten sich nicht auf ein völkerrechtlich bindendes Dokument einigen können[390] oder sich noch nicht rechtlich binden wollen, weil die wissenschaftlichen Grundlagen noch nicht geklärt sind.

Die von UNEP erlassenen Richtlinien haben häufig zum Abschluss von völkerrechtlich verbindlichen Vereinbarungen geführt. So wurden z.B. die in einer Richtlinie enthaltenen Verfahrensregeln über die Durchführung von „Environmental Impact Assessments" später in einem völkerrechtlich verbindlichen Abkommen aufgenommen[391].

Durch den Erlass von Richtlinien kann UNEP auf neu aufkommende Umweltprobleme reagieren, ohne dass Kontroversen über die wissenschaftliche Absicherung oder wirtschaftliche Auswirkungen einer angestrebten Maßnahme vollständig geklärt sein müssen. UNEP hat auf diesem Weg die Möglichkeit, von sich aus Impulse für das internationale Umweltrecht zu setzen. Insofern stellt das „soft law" für UNEP ein „Steuerungsinstrument" dar. Ob die zum „soft law" zu zählenden Dokumente beachtet werden, hängt von der Staatenpraxis und insbesondere der Bereitschaft ab, Vereinbarungen an die neuen Anforderungen anzupassen[392]. Ein

---

[388] Vgl. Beyerlin/Maurahn, Rechtsetzung und Rechtsdurchsetzung, S. 8 f.; do Nascimento e Silva, in: Héctor Gros Espiell Amicorum Liber Bd. I, S. 269, 277 f.

[389] Birnie/Boyle, International Law and the Environment, S. 11, 25 ff.

[390] Vgl. Fitzmaurice, NYIL 25 (1994), S. 181, 200 f. „Soft law" wird daher auch als „half-way stages in the law-making process" beschrieben. Vgl. auch Birnie/Boyle, International Law and the Environment, S. 25 f.; O'Connell, in: Shelton (Hrsg.), Commitment and Compliance, S. 100, 109 f.

[391] UN Doc. UNEP(DPDL)/GJS/1/3 vom 19.7.2002, Kap. V (ii). Das „Cartagena Protocol on Biosafety" aus dem Jahre 2000 ist auf der Grundlage der „International Technical Guidelines for Safety in Biotechnology" aus dem Jahre 1995 verhandelt worden. Die „London Guidelines for the Exchange of Information on Chemicals", die der Verwaltungsrat im Jahre 1987 beschlossen hatte und die 1989 ergänzt wurden, um das „Prior Informed Consent" Verfahren (PIC) aufzunehmen, führten zu der Annahme der „Rotterdam Convention on the Prior Informed Consent Procedure for Certain Hazardous" (PIC-Konvention) im Jahre 1998.

[392] Vgl. Birnie/Boyle, International Law and the Environment, S. 57. UNEP ist auch bei der praktischen Umsetzung der „Amended London Guidelines for the Exchange of Information on Chemicals in International Trade" beteiligt. Zu diesem Zweck hat UNEP eine Liste der

„Druck" zur Beachtung des „soft law" kann nur dadurch erzeugt werden, dass – z.B. durch NGOs und die Presse – in der Öffentlichkeit das Bewußtsein für das Umweltproblem und dessen Regelung geweckt wird[393].

III. Zusammenfassung

UNEP hat an dem Großteil der in den letzten Jahren verabschiedeten Konventionen mitgewirkt. Es ist UNEP ebenfalls gelungen, durch „soft law"-Regelungen Impulse für das internationale Umweltrecht zu setzen und dessen Weiterentwicklung voranzutreiben. UNEP hat das „soft law" als Instrument zur Weiterentwicklung des Umweltrechts und die Rahmenkonvention als Möglichkeit zur etappenweisen Lösung von Umweltproblemen im internationalen Umweltrecht eingeführt und geprägt [394]. Auch wenn die Staaten weiterhin die einzigen sind, die Recht erzeugen können, leiten zwischenstaatliche Institutionen oftmals federführend die Verhandlungsprozesse und verwalten die Abkommen[395]. Dies gilt auch für UNEP.
Die Mitwirkung von UNEP an den Verhandlungen über multilaterale Umweltschutzübereinkommen und die Ausarbeitung von „soft law"-Regelungen wird teilweise als erfolgreicher angesehen als die ihm übertragene Aufgabe der Koordination der Aktivitäten innerhalb des UN-Systems[396]. Als Nachteil für die Verhandlungen, die von UNEP unterstützt werden, wird zum Teil angesehen, dass die Verbindung zwischen umweltbezogenen Aktivitäten und anderen wichtigen wirtschafts- und sicherheitsbezogenen Gesichtspunkten nicht in dem erforderlichen Umfang Berücksichtigung finden[397]. Auf die Beachtung beider Aspekte wird es – auch zur Durchsetzung der Umweltziele - im Sinne des Prinzips der nachhaltigen Entwicklung in Zukunft verstärkt ankommen.

Chemikalien erstellt, die zehn oder mehr Länder im Einklang mit den Richtlinien aus Gesundheits- oder Umweltgesichtspunkten verboten oder stark beschränkt haben. Diese Liste soll an andere beteiligte Staaten übermittelt werden und als Grundlage für Entscheidungen über den Import dieser Substanzen dienen. Des Weiteren werden die Entscheidungen der Staaten über das „Prior Informed Consent Verfahren" bei UNEP registriert und allen Staaten zugänglich gemacht. UNEP ist auch dafür zuständig, die Chemikalien zu untersuchen, die von einer bestimmten Anzahl von Ländern verboten wurden, um diejenigen Chemikalien auf die Liste zu setzen, die den Kriterien der Richtlinien entsprechen; vgl. Petsonk, The American Journal of International Law and Policy 5 (1990), S. 351, 384.

[393] Thacher, in: Hurrell/Kingsbury, S. 183, 208. Denkbar wäre, dass auch „soft law" Gegenstand von internationalen Überwachungs- und Berichtsverfahren wird; vgl. Birnie/Boyle, International Law and the Environment, S. 26.

[394] Birnie/Boyle, International Law and the Environment, S. 56.

[395] Szasz, Administrative and Expert Monitoring, S. 1.

[396] Beyerlin/Maurahn, Rechtsetzung und Rechtsdurchsetzung, S. 59.

[397] Susskind/Ozawa, in: Hurrell/Kingsbury (Hrsg.), The International Politics of the Environment, S. 142, 153.

B. Nicht-rechtsetzende Tätigkeiten

Im folgenden Teil soll eine Bestandsaufnahme der Aktivitäten von UNEP im Bereich der Implementierung vorgenommen und sollen die Beziehungen von UNEP zu anderen mit der Implementierung befassten Organen wie den Vertragsorganen untersucht werden. Hierbei soll auch in den Blick genommen werden, ob vor dem Hintergrund, dass bestehende Mittel nicht als ausreichend angesehen werden, eine zentrale Instanz für die Kontrolle der Umsetzung in Betracht kommt.

Die Implementierung wird dadurch erschwert, dass es keinen umfassenden Ansatz zur Regelung von Umweltproblemen gibt, sondern dass die Regelungen in völkerrechtlichen Umweltabkommen vielfach anlassbezogen sind. Den Abkommen liegen deshalb unterschiedliche rechtliche Regelungskonzepte zugrunde. Ein weiterer Aufgabenbereich ergibt sich mit Blick auf die Ergebnisse von Umweltkonferenzen. Auf mehreren Konferenzen, auf denen Umweltthemen behandelt wurden, nicht zuletzt auf dem Gipfel in Johannesburg, haben die Staaten Zugeständnisse für einen verbesserten Umweltschutz gemacht. Diese erfordern im internationalen, aber auch im staatlichen Recht ebenfalls Umsetzungsmaßnahmen.
An dem Prozess der Implementierung sind Regierungen, nichtsstaatliche Akteure wie Nichtregierungsorganisationen und internationale Institutionen beteiligt[398].

I. Implementierung von Umweltabkommen in nationales Recht

1. Implementierung als Untersuchungsgegenstand

Da es sich bei den meisten der internationalen Umweltabkommen um keine „self-executing"- Normen handelt, bedürfen sie der Implementierung durch die Staaten, um innerstaatlich wirksam zu werden[399]. Unter Implementierung ist in erster Linie die Erfüllung bzw. die Durchführung eines völkerrechtlichen Abkommens zu verstehen[400]. In den letzten Jahren ist immer deutlicher geworden, dass ein effektiver Umweltschutz nur zu verwirklichen ist, wenn die umweltrechtlichen Regelungen auch umgesetzt werden. Dementsprechend bestand auf dem Weltgipfel in Johannesburg keine Basis für die Verabschiedung von neuen rechtlich bindenden Verpflichtungen. Vielmehr stand die Förderung der Implementierung von bestehenden

---

[398] Victor/Raustiala/Skolnikoff, in: Victor (Hrsg.), The implementation and effectiveness of international environmental commitments, S. 1, 4: „Implementation comprises the myriad acts of governments, such as promulgating regulations and new laws. But it also includes the activities of non-state actors-such as firms, scientists, consumer and environmental pressure groups, and trade associations-whose activities are stimulated and redirected by an international agreement. Implementation also includes the activities of international institutions, such as monitoring and assisting national governments as they put international commitments into practice."
[399] Bothe, in: Wolfrum, Enforcing Environmental Standards, S. 13 ff, 16.
[400] Dietl/Moss/Lorenz, Wörterbuch für Recht, Wirtschaft und Politik Teil I, S. 367.

Verpflichtungen im Mittelpunkt[401]. Dies wird auch die Herausforderung an den internationalen Umweltschutz für die nächsten Jahre sein. Nicht zu Unrecht wird die Gefahr gesehen, dass die Aufgabe der Implementierung hinter der Entwicklung von neuem Recht zurücktritt, obwohl ein großer Umsetzungsbedarf besteht, der von den Staaten zu bewältigen ist[402]. Der Prozess, in dem internationalen Beschlüssen oder Verpflichtungen zur Wirksamkeit verholfen wird, wird vielfach dem Begriff der Implementierung zugeordnet. Dies wirft die Frage auf, ob mit diesem Begriff der Aufgabenbereich von UNEP außerhalb der Rechtsetzung hinreichend beschrieben und abgegrenzt werden kann.

a. Ziele der Implementierung

aa. Begriffsbestimmung

Implementierung lässt sich definieren als „process of putting international commitments into practice; the passage of domestic legislation, promulgation of regulations, creation of institutions (both domestic and international) and enforcement of rules"[403]. Ein noch weitergehendes, die Konturen fast verschwimmen lassendes Verständnis der Implementierung wird in den Richtlinien von UNEP über die Einhaltung und Durchsetzung von multilateralen Umweltabkommen[404] zugrundegelegt: „`Implementation´ refers to, inter alia, all relevant laws, regulation, policies, and other measures and initiatives, that contracting parties adopt and/or take to meet their obligations under a multilateral environmental agreement and its amendments, if any"[405].

---

[401] Beyerlin/Reichard, ZaöRV 63 (2003), S. 213, 233: Nur in Paragraph 44 des Johannesburg Plan of Implementation wurden die Staaten aufgefordert, Aktivitäten im Bereich der internationalen Rechtsetzung zu unternehmen. Vgl. auch den Beschluss des Verwaltungsrates von UNEP UN Doc. UNEP/GC.21/INF/5 vom 18. 12. 2000, Par. 1.

[402] Saunders, in: Schoenbaum (Hrsg.), S. 89, 104. „There is a danger that we will simply divert ourselves with the continual *creation* of new law, a function that seems to be more palatable for the international community, rather than the *implementation* of that law. Despite the fact that international law still has much to contribute to the continuing evolution of responses to problems of development and evironment, the somewhat dismal post-UNCED record indicates that the current implementation gap is sufficient to keep states busy for some time to come." In der Malmö Deklaration hat UNEP ebenfalls die Herausforderung an die internationale Gemeinschaft darin gesehen, dass die Zugeständnisse, die in den bestehenden Umweltinstrumenten enthalten sind, umgesetzt werden: „ In the overall context of sustainable development, more integrated, holistic approaches are needed to address the sources of environmental problems identified by these instruments, and more international cooperation and support is necessary to help developing countries undertake their commitments. Furthermore, coherence among diverse environmental legal instruments is called for, and implementation and enforcement of these instruments must be carried out at all levels."; UNEP Annual Report 2001, S. 12.

[403] Raustiala, Reporting and Review Institutions, S. 5.

[404] UNEP Guidelines on Compliance with and Enforcement of Multilateral Environmental Agreements, angenommen durch UN Doc. UNEP GC Dec. SS.VII/4; Text erhältlich unter: www.unep.org/DEPI/programmes/law_implementation.html.

[405] UNEP Guidelines on Compliance with and Enforcement, Par. 9 (b).

Die Implementierung von Verpflichtungen aus völkerrechtlichen Abkommen zielt auf das nationale Recht. Sie beschreibt die Maßnahmen, die die Staaten ergreifen, um die Bestimmungen von internationalen Umweltabkommen für das nationale Recht wirksam zu machen. Die Staaten sind zur Implementierung von internationalen Verpflichtungen in der Regel mit dem Inkrafttreten eines von ihnen unterzeichneten und ratifizierten internationalen Abkommens oder eines Beschlusses einer internationalen Organisation angehalten[406]. Die völkerrechtlichen Abkommen enthalten unterschiedlich ausgestaltete Vorgaben und Mechanismen für die Implementierung. Hierbei kann von einem Verfahren in drei Schritten ausgegangen werden: Zunächst werden nationale Umsetzungsmaßnahmen getroffen, in einem zweiten Schritt müssen die Staaten dafür sorgen, dass die nationalen Maßnahmen auch befolgt werden, und als letztes Element müssen die Staaten ihre Verpflichtungen gegenüber internationalen Institutionen erfüllen, wie z.B. Berichtspflichten, die den internationalen Verpflichtungen zur Effektivität verhelfen sollen[407]. Hieraus wird deutlich, dass der Begriff der Implementierung sehr weit verstanden wird und im praktischen Ergebnis der Erfüllung der Verpflichtungen aus völkerrechtlichen Verträgen gleichkommt.

Bei der Implementierung von Verpflichtungen aus internationalen Abkommen liegt die hauptsächliche Verantwortung bei den Staaten, so dass die Tätigkeit einer internationalen Institution nur in unterstützenden Maßnahmen bestehen kann. Allerdings können sie bei den Überwachungs- und Berichtspflichten eine große Rolle spielen.

Neben der Umsetzung von völkerrechtlichen Abkommen in das nationale Recht der Staaten erstreckt sich der Begriff der Implementierung auch auf Beschlüsse oder Resolutionen von Konferenzen, der UN-Generalversammlung oder internationalen Organisationen, also auf internationale (programmatische) Verpflichtungen, die einer Umsetzung in erster Linie durch die Staaten auf internationaler Ebene bedürfen. Die Implementierung hat insoweit eine andere Zielrichtung. Umzusetzen sind zum einen die Ergebnisse der wichtigen Umweltkonferenzen, insbesondere der Rio-Konferenz[408] und des World Summit on Sustainable Development[409]. UNEP ist nach den Bestimmungen der Rio-Dokumente den darin festgelegten Zielen verpflichtet und muss daher auch für dessen Umsetzung sorgen[410]. Die Ergebnisse dieser Konferenzen sind in der Regel (so die Agenda 21) dem soft law zuzuordnen[411]. Zum soft law gehören auch Resolutionen der UN-Generalversammlung und des Verwaltungsrates von UNEP. Hierbei handelt es sich häufig (nur) um Absichtserklärungen oder jedenfalls um Zielsetzungen mit noch nicht weiter konkretisierten Verpflichtungen. Eine Implementierung setzt deshalb z.B. eine Ausarbeitung oder Ergänzung von konkreten völkerrechtlichen

---

[406] Vgl. Sands, Principles of international environmental law, S. 175.

[407] Sands, Principles of international environmental law, S. 174.

[408] United Nations Conference on Environment and Development (UNCED) im Jahre 1997.

[409] Johannesburg im Jahre 2002.

[410] UN Doc. A/CONF.151/26 (Vol.III), Agenda 21, Kap. 38.20; 38.28.

[411] Beyerlin, Umweltvölkerrecht, Rn.38.

Abkommen voraus[412]. Sie fordert in vielen Fällen die Entwicklung von rechtlichen Regelungen als Inhalt möglicher internationaler Abkommen[413]. Insoweit kann auf die obigen Ausführungen zur Rechtsetzung verwiesen werden.
Auch tatsächliche Umweltmaßnahmen oder –projekte tragen zur Implementierung bei, soweit sie den Zweck haben, Verpflichtungen aus einem Abkommen zu erfüllen oder nicht bindenden Beschlüssen usw. Rechnung zu tragen. Der Begriff der Implementierung hat insofern einen so weiten Anwendungsbereich, dass er nahezu konturenlos wird.

bb. Herausforderungen an die Implementierung durch das Prinzip „sustainable development"

Die Implementierung völkerrechtlicher Verpflichtungen und rechtlicher Instrumente in das nationale Recht beschränkt sich nicht auf einen innerstaatlichen Transformationsakt oder Rechtsanwendungsbefehl, sondern es müssen – vor allem bei den Entwicklungsländern - auch die wirtschaftlichen und sozialen Auswirkungen der angestrebten Regelung berücksichtigt werden. Auch bei der Implementierung in das nationale Recht ist den Anforderungen Rechnung zu tragen, die im modernen Umweltvölkerrecht durch das Prinzip des „sustainable development" umschrieben werden. „Sustainable development" hat die Integration ökologischer und wirtschaftlicher Themen sowie die Berücksichtigung auch der Belange zukünftiger Generationen zum Ziel[414]. Damit ist gemeint, dass sowohl eine generations-

412 "Soft law" stellt nicht zwingend eine Vorstufe zu rechtlich bindenden Vorschriften dar; eine wesentliche Funktion des "soft law" liegt jedoch in dem Hinwirken auf den Abschluß eines völkerechtlichen Vertrages. Auf der Rio- Konferenz wurde so z.B. ein Verhandlungsauftrag zur Ausarbeitung der Konvention gegen die Ausbreitung der Wüste beschlossen. Die Verpflichtungen der Klimarahmenkonvention, die ebenfalls in Rio verabschiedet wurde, müssen ebenfalls noch weiter konkretisiert werden. Der Gipfel in Johannesburg sah ebenfalls den Auftrag an die Staaten vor, dass die im Rahmen der CBD erarbeiteten „Bonner Leitlinien über den Zugang zu genetischen Ressourcen und die gerechte und ausgewogene Verteilung der Vorteile aus ihrer Nutzung" Gegenstand eines verbindlichen internationalen Regime werden. Vgl. hierzu Maier, VN 2002, S. 177, 178.

413 Als Beispiel kann auf den „Draft International Covenant on Environment and Development" der „World Conservation Union" (International Union for the Conservation of Nature and Natural Resources, IUCN) und des „International Council of Environmental Law" (ICEL), an dem auch UNEP durch sein "Environmental Law and Institutions Programme Activity Centre" (ELI/PAC) beteiligt ist, verwiesen werden. Unter anderem besteht das Ziel dieses Entwurfs einer vertraglichen Vereinbarung darin, die vielfältigen und zumeist allgemein anerkannten Prinzipien des "soft law" zu vereinigen. Des Weiteren soll auch ein rechtlicher Rahmen für die Unterstützung der weiteren Integration der verschiedenen Aspekte der Umwelt und der Entwicklung geschaffen werden (vgl. Vorwort zu: IUCN, Draft International Covenant on Environment and Development„ S. xiii, xiv).

414 Der Begriff „sustainable development" wurde erstmals in dem Bericht der Brundtland Kommission „Our Common Future" (World Commission on Environment and Development, Our Common Future, 1987, S. 8 f.) eingeführt. Er ist dort allgemein umschrieben, als „development that meets the needs of the present without compromising the ability of future generations to meet their own needs". Zu den verschiedenen Interpretationen in der völkerrechtlichen Lehre und Praxis vgl. Epiney/Scheyli, Strukturprinzipien des Umweltvölkerrechts, S. 43; Birnie/Boyle,

übergreifende Sicht verlangt (inter-generational equity), also der Blick auf die Auswirkungen für künftige Generationen gerichtet sein muss, als auch der Ausgleich sozialer und wirtschaftlicher Ungleichheiten in dem bestehenden System angestrebt wird[415]. Mittlerweile findet sich der Begriff in vielen völkerrechtlichen Dokumenten[416]; es ist davon auszugehen, dass er die Tätigkeiten im internationalen Umweltrecht auch in Zukunft maßgeblich prägen wird[417]. Einer genauen Klärung der inhaltlichen Ausrichtung und der normativen Wirkung des Konzepts der nachhaltigen Entwicklung, zu dem in der völkerrechtlichen Lehre und Praxis verschiedene Interpretationen bestehen, bedarf es hier aber nicht. Für die vorliegende Untersuchung genügt an dieser Stelle die Feststellung, dass eine Implementierung neben den Umweltaspekten auch wirtschaftliche und soziale Belange in den Blick nehmen muss.

b. Abgrenzung der Begriffe „compliance“ und „enforcement“

„Compliance“ lässt sich zunächst allgemein definieren als „a state of conformity or identity between an actor´s behaviour and a specified rule“[418]. Implementierung wird in den UNEP-Richtlinien zur Erfüllung und Durchsetzung von multilateralen Umweltabkommen im Zusammenhang mit compliance behandelt. Der Begriff „compliance“ hat dort ebenfalls die Bedeutung als „the fulfilment by the contracting parties of their obligations under a multilateral environmental agreement and any amendments to the multilateral environmental agreement“[419]. Implementierung ist insoweit ein wesentliches Element der Erfüllung der Verpflichtungen aus völkerrechtlichen Abkommen („compliance“)[420]. Allerdings sind auch Fälle denkbar, in denen die Situation in einem Land den Anforderungen einer eingegangenen völkerrechtlichen Verpflichtung schon entspricht und somit keine Implementierung zur Erfüllung der Verpflichtungen notwendig ist[421]. Die formale Erfüllung von

---

International Law and the Environment, S. 95 f; Handl, in: Lang, Sustainable Development and International Law, S. 35, 36 f.

[415] Lin, in: Kurukulasuriya (Hrsg.), UNEP´s New Way Forward, S. 23, 26; Birnie/ Boyle, International Law and the Environment, S. 89 ff.

[416] Epiney/Scheyli, Strukturprinzipien des Umweltvölkerrechts, S. 40 f. Nach überwiegender Ansicht handelt es sich nicht um einen Grundsatz des Völkergewohnheitsrecht, sondern um einen Bestandteil des "soft law"; vgl. Beyerlin, Umweltvölkerrecht, Rn. 37; Dolzer, in: Vizthum (Hrsg.), Völkerrecht, 6. Abschn., Rn. 35; abweichend Epiney/Scheyli, Umweltvölkerrecht, S.84.

[417] Beyerlin, Umweltvölkerrecht, Rn. 37.

[418] Raustiala, Reporting and Review Institutions, S. 4.

[419] UNEP Guidelines on Compliance with and Enforcement, Par. 9 (a). In Bezug auf die nationale Durchsetzung und die internationale Kooperation bei der Bekämpfung von Verletzungen von Gesetzen, die zur Umsetzung multilateraler Umweltabkommen erlassen worden sind, legen die Richtlinien einen anderen Begriff zugrunde: „`Compliance´ means the state of conformity with obligations, imposed by a State, its competent authorities and agencies on the regulated community, whether directly or through conditions and requirements in permits, licenses and authorizations, in implementing multilateral environmental agreements“, Par.38(a).

[420] Vgl. Sands, Principles of international environmental law, S. 171 ff., der unter der Überschrift "compliance" sowohl "implementation" und "enforcement" als auch "dispute settlement" behandelt; Brown Weiss, University of Richmond Law Review 32 (1999), S. 1555, 1563.

[421] Raustiala, Reporting and Review Institutions, S. 5 f.

Verpflichtungen ist aber nicht zwingend stets mit einer Umsetzung verbunden. Aus diesem Grunde wird auch zwischen einer formalen und einer tatsächlichen Einhaltung eines Vertrages unterschieden; diese ist erst gegeben, wenn das im Vertrag festgelegte Ziel auch tatsächlich erreicht wird[422]. In vielen Fällen liegen die beiden Begriffe aber so eng zusammen, dass sich eine genaue Trennung nicht durchführen lässt.

Ebenfalls zu dem Bereich der „compliance“ wird zum Teil der Begriff „enforcement“ gezählt[423]. Im Vergleich zur Implementierung ist der Begriff der Durchsetzung („enforcement“) enger. Er bezieht sich auf die Maßnahmen, die ergriffen werden, wenn Verpflichtungen nicht freiwillig erfüllt werden[424]. Sie kommen als repressive Maßnahmen (z.B. Sanktionen) zur Anwendung, wenn die partnerschaftlichen Mittel der Hilfestellung bei der Erfüllung der vertraglichen Verpflichtungen der Staaten nicht zum Erfolg führen. Als Maßnahme zur Durchsetzung einer völkerrechtlichen Verpflichtung kann auch die Streitbeilegung durch ein internationales Gericht, Tribunal oder auch eine internationale Organisation in Betracht kommen[425].

In der völkerrechtlichen Literatur werden Durchsetzung und Streitschlichtungsverfahren neben Implementierung unter den Begriff der „compliance“ gefasst[426]. Es wird aber auch der Umgang mit Problemen der unterbliebenen Umsetzung zur Implementierung gezählt[427]. Umgekehrt werden aber auch partnerschaftliche Maßnahmen der Erfüllungshilfe, mit denen die Staaten bei der Erfüllung ihrer Pflichten aus Verträgen, insbesondere bei der Entwicklung von nationalem Recht, unterstützt werden, zu den Mitteln der Rechtsdurchsetzung gezählt[428]. Die Verknüpfung dieser Begriffe wird auch an folgender Definition deutlich: „The process of elaborating, transmitting, monitoring, adjucating, and enforcing decisions - in other words, implementation -is fundamental to the purpose and process of regulating law“[429].

---

[422] Ehrmann, Erfüllungskontrolle, S. 396 f.; vgl. zu der Unterscheidung auch Brown Weiss, University of Richmond Law Review 32 (1999), S. 1555, 1563 f.; kritisch hierzu Faure/Lefevere, in: Vig/Axelrod (Hrsg.), S. 138, 139.

[423] Vgl. Sands, Principles of international environmental law Vol.I, S. 171 ff.

[424] Shihata, Georgetown International Environmental Law Review 9 (1996), S. 37 ff.; O´Connell, Indiana Journal of Global Legal Studies 3 (1995), S. 47, 48 legt folgende Definition zu Grunde: "the compelling of obedience to law".

[425] Sands, Principles of international environmental law, S. 182 ff.

[426] Sands, Principles of international environmental law I, S. 171 ff.

[427] Victor/Raustiala/Skolnikoff, in: Victor (Hrsg.), The implementation and effectiveness of international environmental commitments, S. 1, 15: „Thus we investigate implementation from two perspectives: 1. How governments and non-state actors use international institutions and procedures to monitor and review implementation and to handle problems of poor implementation, and 2. How international commitments are translated into action- or are implemented- at the national level.“

[428] Beyerlin/Maurahn, Rechtsetzung und Rechtsdurchsetzung, S.121 ff., 124.

[429] Victor/Raustiala/Skolnikoff, in: Victor (Hrsg.), The implementation and efectiveness of international environmental commitments, S. 1, 14.

Die einzelnen Begriffe werden in der Literatur somit insbesondere im Zusammenhang mit multilateralen Umweltabkommen vielfach gleichbedeutend verwendet. Hieran wird deutlich, dass eine eindeutige Abgrenzung des Begriffes „implementation" zu den Begriffen „compliance" und „enforcement" nicht möglich ist. Oftmals ist es schon schwierig, ob Überwachungsverfahren im Rahmen von internationalen Abkommen der Kontrolle der Umsetzung oder Erfüllung dienen[430]. Zum Teil wird auch eine Rolle von UNEP bei der Einführung von Streitschlichtungsmechanismen angedacht[431]; dieses Instrument wird aber eigentlich zu den klassischen Durchsetzungsmechanismen gezählt.

Auch eine Abgrenzung zur Rechtsetzung oder Koordination ist, wie dargelegt, nicht möglich. Beiträge zur Rechtsetzung können, soweit es z.B. die Erarbeitung von Regelungsmodellen zur Umsetzung von Konferenzergebnissen betrifft, ebenfalls unter den Begriff der Implementierung fallen. Ebenso kann Koordination ein Mittel der Implementierung sein.

Im Mittelpunkt der Untersuchung sollen daher die Aktivitäten stehen, die allgemein zur Effektivierung internationaler umweltrechtlicher Instrumente dienen. Im Folgenden soll der Begriff weit verstanden werden, ohne dass bestimmte Kriterien festgelegt werden sollen.

c. Übersicht über die Mitwirkung von UNEP bei der Implementierung

Die Implementierung von Umweltabkommen in nationales Recht und damit der Erlass von entsprechenden Hoheitsakten fällt unter die „innere" Souveränität der Staaten und ist daher alleinige Sache der Staaten[432]. Die Souveränität kann nur beschränkt werden, wenn die Staaten einseitig oder durch einen völkerrechtlichen Vertrag Hoheitsrechte auf eine supranationale oder internationale Organisation übertragen[433]. Eine solche Übertragung von Rechten, die UNEP ein „Eingreifen" in die Souveränitätssphäre der Staaten zur Sicherstellung der Implementierung ermöglichen würde, ist nicht erfolgt. Die Tätigkeit auf nationaler Ebene kann demgemäss nur darin bestehen, dass UNEP seinen Sachverstand und technische Hilfe, z.B. durch die Sammlung und Auswertung von Daten, zur Verfügung stellt und den Regierungen assistiert. Dies gilt insbesondere für Entwicklungsländer und Schwellenländer („countries with economies in transition").

Um eine Umsetzung internationaler Umweltabkommen zu gewährleisten, ist UNEP auf verschiedenen Ebenen tätig. Auf der regionalen Ebene hat UNEP an der Ausarbeitung des „Lusaka Agreement on Cooperative Enforcement Operations Directed at Illegal Trade in Wild Fauna and Flora" mitgearbeitet. Auf der interna-

---

[430] Siehe zu den einzelnen Verfahrensarten Raustalia, Reporting and Review Institutions, S. 3ff.

[431] Montevideo-Programm II: UNEP GC. Dec. 17/25 vom 21. 5. 1993, Annex: Programme for the Development and Periodic Review of Environmental Law, Kap. D. (b).

[432] Die „innere" Souveränität der Staaten beinhaltet, dass diese auf ihrem Staatsgebiet unabhängige Hoheitsgewalt ausüben und damit Verfassungsautonomie besitzen; Epping, in: Ipsen, Völkerrecht, § 5 Rn.7 f.

[433] Hailbronner, in: Vitzthum (Hrsg.), Völkerrecht, 3. Abschn. Rn. 83. Sofern die Staaten die Möglichkeit haben, sich einseitig von den Vertragsverplichtungen zu lösen, behalten sie ihre äußere Souveränität, vgl. Epping, in: Ipsen, Völkerrecht, § 5 Rn. 8.

tionalen Ebene wirkt UNEP auf eine Erfüllung und Durchsetzung der Abkommen insbesondere durch die Entwicklung von Richtlinien über die Erfüllung, Durchsetzung und Implementierung multilateraler Abkommen sowie die Sammlung von Daten und Informationen, die Mitwirkung bei den Berichtsverfahren über die Vertragsumsetzung durch die Staaten, die Unterstützung von unabhängiger Überwachung und Untersuchung sowie als Forum für die Untersuchung der Aktivitäten einzelner Staaten hin.

Im Zusammenhang mit der Ausarbeitung der Richtlinien wurde die „Unit on Compliance and Enforcement of Environmental Conventions" innerhalb der „UNEP Division of Policy Development and Law" eingerichtet. Im Januar 2000 wurden diese Aufgaben der „Division of Environmental Policy Implementation" übertragen[434].

d. Modell des „Vertragsmanagement"

Bei der Umsetzung der Verpflichtungen eines Abkommens spielen auch die klassischen Mittel der Rechtsdurchsetzung eine Rolle, zu denen die Streitschlichtung, aber auch die Repressalie und die Retorsion zählen. Durch das Ergreifen dieser Mittel können die Staaten auf eine Vertragsverletzung eines anderen Staates reagieren.

Abgesehen von diesen klassischen Mechanismen der Rechtsdurchsetzung hat sich in der völkerrechtlichen Praxis das Modell des Vertragsmanagements[435] herausgebildet, das auch Möglichkeiten für ein Tätigwerden von UNEP bietet. Es hat zur Grundlage, dass die Nichteinhaltung von Verträgen in den meisten Fällen nicht auf einer bewussten Missachtung der vertraglich übernommenen Pflichten, sondern vielmehr auf dem Unvermögen beruht, die notwendigen Maßnahmen institutioneller, rechtlicher oder auch finanzieller Art zu treffen[436]. Für das „Vertragsmanagement" ist wesentlich, dass die Vertragsparteien dazu hingeführt und überzeugt werden sollen, ihre vertraglichen Verpflichtungen zu erfüllen; Ziel ist demgemäß die Zusammenarbeit und gegenseitige Unterstützung der Vertragsparteien bei der Erfüllung der internationalen Abkommen[437]. Dazu sollen Instrumente zum Aufbau und zur Stärkung personeller und technischer Kapazitäten („capacity-building") der jeweiligen Vertragspartei, Verfahren zur Streitvermeidung und -beilegung sowie die Möglichkeit zur Änderung und Anpassung von Vertragsnormen dienen[438].

Die Beteiligung anderer Akteure neben den Staaten kann das politisch und diplomatisch geprägte Vertragsmanagement unterstützen. Internationale Institutionen können zum einen als Vermittler oder als Forum für den Informations- und Erfahrungsaustausch dienen; sie können aber auch konkrete Aufgaben gegenüber den

---

[434] UNEP/C&E/Draft Guidelines vom 16. 3. 2001, Par. 4.
[435] Chayes/Chayes, The New Sovereignity, S. 3; Raustiala/Victor, in: Victor (Hrsg.), The Implementation and effectiveness of international environmental commitments, S. 659, 661, 681 f.
[436] Vgl. Chayes/Chayes/Mitchell, in: Lang (Hrsg.), Sustainable Development, S.75, 78 ff.
[437] Ehrmann, Erfüllungskontrolle, S. 113.
[438] Ehrmann, Erfüllungskontrolle, S. 115.

Mitgliedsstaaten übernehmen, z.B. die Entgegennahme und Auswertung der Berichte der Vertragsparteien über die Umsetzung der Abkommen.
Das Vertragsmanagement ist auch die Reaktion darauf, dass die meisten Abkommen zwar Vorschriften über formelle und gerichtliche Streitschlichtungsmechanismen enthalten, diese aber praktisch kaum genutzt werden[439]. Ein Vorteil des Vertragsmanagements gegenüber den klassischen Streitschlichtungsverfahren besteht darin, dass es die Erfüllung der vertraglichen Pflichten als Sache aller Vertragsparteien ansieht; als gleichsam multilaterale Lösung ist es einem bilateralen Streitschlichtungsverfahren vorzuziehen[440]. Auf der anderen Seite macht das Vertragsmanagement Zwangsmittel nicht völlig entbehrlich[441]. In vielen umweltrechtlichen Abkommen sind Bestimmungen über die Pflicht zur Erstattung von Berichten über die durchgeführten Maßnahmen zur Erfüllung der Abkommen und die Einbeziehung von internationalen Institutionen in diese Erfüllungskontrolle, zum Teil auch Regelungen über innovative Maßnahmen, die darauf zielen, durch das Öffentlichmachen von Versäumnissen den Druck zur Erfüllung der Vertragspflichten zu erhöhen, neben Regelungen über Streitschlichtungsklauseln der traditionellen Art enthalten[442]. Diese Verfahren, die eine Implementierung der Bestimmungen sicherstellen sollen, werden nebeneinander oder alternativ angewendet[443].

2. *Richtlinien zur Einhaltung und Durchsetzung von multilateralen Umweltabkommen*

UNEP hat zum einen Richtlinien erlassen, in denen Handlungsempfehlungen für die Staaten zur Umsetzung einzelner Abkommen festgelegt werden[444]. Im Jahre 2001 hat UNEP außerdem die Richtlinien zur Einhaltung und Durchsetzung von multilateralen Umweltabkommen („Guidelines on Compliance with and Enforcement of Multilateral Environmental Agreements“) beschlossen[445]. Diese gelten für alle Abkommen. Der entscheidende Anstoß zur Ausarbeitung der Richtlinien ging von der Sitzung der Umweltminister der G 8-Staaten im April 1998 aus, bei der die erheblichen Folgen für die Umwelt durch Verletzung der Pflichten aus den multi-

---

[439] Raustiala, Reporting and Review Institutions, S. 12.
[440] Churchill/Ulfstein, AJIL 94 (2000), S. 623, 644.
[441] Vgl. Raustiala/Victor, in: Victor (Hrsg.), The Implementation and effectiveness of international environmental commitments, S. 659, 683 f.
[442] Bothe, in: Wolfrum (Hrsg.), Enforcing Environmental Standards, S. 13, 22.
[443] Einige Abkommen sehen noch andere Mittel vor, um die Erfüllung durch die Staaten zu erleichtern, hierzu gehört z.B. die Möglichlichkeit der „joint implementation“ des Kyoto-Protokolls; vgl. dazu Beyerlin, Umweltvölkerrecht, Rn. 372ff.; Sands, Principles of International Environmental Law, S. 161f., 372 ff.; auch Yamin, RECIEL 1993, S, 348 ff. Das Kyoto-Protokoll sieht außerdem den „Mechanismus für umweltverträgliche Entwicklung (Clean Development Mechnism, CDM) vor, der eine Einbeziehung der Entwicklungsländer ermöglichen soll, vgl. Beyerlin, Umweltvölkerrecht, Rn. 374. UNEP unterstützt diesen Mechanismus insbesondere durch die Regionalbüros für Westasien sowie Lateinamerika und die Karibik, vgl. hierzu: www.unep.org/dec/support/atmosphere_desert_info.html.
[444] Z.B. für die Umsetzung von UNCCD, siehe: www.unep.org/des/support/atmosphere_desertification.html.
[445] Text unter: www.unep.org/DEPI/programmes/law_implementation.html, angenommen durch UN Doc. UNEP GC/ SS.VII/4 vom 15.02.2002

lateralen Umweltabkommen erörtert wurden[446]. Daraufhin fand mit der Unterstützung verschiedener Regierungen das erste Treffen zur Ausarbeitung von Richtlinien mit den Sekretariaten der Convention on International Trade in Endangered Species of Wild Fauna and Flora (CITES), des Montrealer Protokolls und der Basler Konvention sowie mit UNEP, der World Customs Organization, Interpol und Experten in Genf im Jahre 1999 statt[447]. Der Richtlinienentwurf wurde schließlich einem Expertengremium und den Regierungen zur Überprüfung zugeleitet[448]. Im Rahmen der 7. Sondersitzung hat der Verwaltungsrat die Richtlinien angenommen[449].

a. Inhalt

Der erste Teil der Richtlinien befasst sich mit der Erfüllung der Verpflichtungen aus den internationalen Umweltabkommen, insbesondere mit der Umsetzung eines internationalen Abkommens in nationales Recht. Um dies zu erreichen, sehen die Richtlinien vor, dass schon bei der Vorbereitung eines Abkommens gem. Par. 10 ein regelmäßiger Informationsaustausch zwischen den Staaten stattfinden soll und auf der nationalen Ebene die Standpunkte koordiniert werden sollen. Es soll außerdem nach Par. 11 sichergestellt werden, dass alle betroffenen Staaten an den

---

[446] UN Doc. UNEP/GC.21/INF/5 vom 18.12.2000, Par. 4; Kaniaru, UNEP Governing Council Adopts Guidelines, S. 3.

[447] Kaniaru, UNEP Governing Council Adopts Guidelines, S. 3.

[448] Auf seiner 21. Sitzung hat der Verwaltungsrat den Exekutivdirektor aufgefordert, die Ausarbeitung dieser Richtlinien in einem offenen und transparenten Prozess fortzusetzen und der siebten Sondersitzung des Verwaltungsrates und des GMEF vorzulegen, UNEP GC Dec. 21/27 vom 9. Februar 2001. Im Juli 1999 hat zunächst ein globaler Workshop zu dem Thema Erfüllung und Durchsetzung von multilateralen Umweltabkommen stattgefunden. Hier standen die Themen illegaler Handel, Umweltkriminalität und Verletzungen der Verpflichtungen aus der CITES, der Basler Konvention und dem Montrealer Protokoll im Mittelpunkt; es haben die Sekretariate dieser Abkommen, INTERPOL und die World Customs Organization teilgenommen. Im Rahmen dieses Arbeitstreffen wurde beschlossen, dass Richtlinien zu diesem Thema erarbeitet werden sollen. Daraufhin hat der Exekutivdirektor die „Unit on Enforcement and Compliance" innerhalb der „Division of Environmental Policy Implementation" sowie eine Datenbank über nationale Durchsetzungsaktivitäten eingerichtet. Im Dezember 1999 fand das erste Treffen der „Working Group of Experts on Compliance with and Enforcement of Environmental Conventions" statt. Die Entwürfe dieser Sitzung wurde den Regierungen zur Stellungnahme zugeleitet. Ein weiteres Treffen dieser Arbeitsgruppe fand im Juni 2000 statt. Im November 2000 wurde ein informelles Treffen kleiner und nach geographischen Gesichtspunkten zusammengesetzter Expertengruppen einberufen. Siehe UN Doc. UNEP/GC.21/INF/5 vom 18. 12. 2000, Par. 10ff; UN Doc. UNEP/C&E/Draft Guidelines vom 16. 3. 2001, Par. 1ff. Vgl. die Berichte der einzelnen Arbeitsgruppen: UNEP/EC/WG.1/5 vom 16. 12. 1999: „Report of the Working Group on Compliance and Enforcement of Environmental Conventions-preparatory session"; UN Doc. UNEP(DEPI)/MEAs/WG.1/3 vom 31. 10. 2001: „Report of the Intergovernmental Working Group of Experts on the Development of Guidelines on Compliance with and Enforcement of Multilateral Environmental Agreements", Annex I enthält den Beschluss der Arbeitsgruppe über die Vorlage des Richtlinienentwurfs an den Verwaltungsrat, Annex II enthält den Entwurf der Richtlinien.

[449] UNEP GC SS.VII/4 vom 15.2. 2002: „Compliance with and enforcement of multilateral environmental agreements".

Verhandlungen teilnehmen können. Zu diesem Zweck sollen u.a. spezielle Fonds zur Unterstützung der Delegationen eingerichtet werden (Par. 11 (c)). Bereits bei der Verabschiedung eines neuen Umweltabkommens sollen die Staaten darauf bedacht sein, eine Umsetzung in das nationale Recht zu fördern. Hierzu gehört gem. Par. 14 (a) eine klare Formulierung der Vertragsbestimmungen. Nach Par. 14 (b) können multilaterale Umweltabkommen auch die Verabschiedung nationaler Implementierungspläne durch die Staaten („national implementation plans") verlangen. In diesen Plänen können u.a. eine Überwachung der Umweltauswirkungen und eine Evaluation vorgesehen werden, ob die Umsetzung der Abkommen zu Umweltverbesserungen geführt hat. Des Weiteren sollen in die Abkommen gem. Par. 14 (c) Berichts-, Überwachungs- und Verifikationsverfahren („reporting, monitoring and verification") aufgenommen werden. Die Staaten sollen im Rahmen der Berichtsverfahren zur Abgabe von regelmäßigen Berichten, für die ein einheitliches Format festgelegt wird, verpflichtet werden; daneben können noch andere Verfahren zur Datensammlung vorgesehen werden. Hierbei soll darauf geachtet werden, dass die dadurch für die Staaten entstehende Belastung nicht zu groß wird. Derartige Verpflichtungen sollen mit den Verfahren anderer Abkommen abgestimmt sein. Zur Verifizierung sollen die nationalen Berichte und auch Informationen aus unabhängigen Quellen dienen. Die Aufnahme eines Nichteinhaltungsverfahrens im Sinne von Par. 14 (d) soll dazu dienen, mögliche Fälle der Nichteinhaltung frühzeitig zu erkennen und die Gründe hierfür festzustellen, um darauf entsprechend reagieren zu können. Zu diesem Zweck kann ein spezieller Ausschuss aus Vertretern der Mitgliedsstaaten oder von diesen ernannten Experten gem. Par. 14 (d) (i) eingerichtet werden, der das Vorliegen einer Nichterfüllung untersucht; die abschließende Entscheidung hierüber soll aber nach Par. 14 (d) (ii) den Vertragsstaatenkonferenzen obliegen. Sofern derartige Verfahren in bestehenden Abkommen bisher nicht vorgesehen sind, enthalten die Richtlinien die Empfehlung, diese noch nachträglich durch eine entsprechende Ergänzung des Vertrages einzufügen.

Die Aufnahme von Vorschriften über die Streitschlichtung wird ebenfalls empfohlen. Hierbei gehen die Richtlinien gem. Par. 17 von vertragsspezifischen Verfahren aus, ohne dass sie einen konkreten Verfahrensablauf vorschlagen. Es werden verschiedene Elemente wie u.a. „gute Dienste", Vermittlung, Kommissionen zur Tatsachenfindung, aber auch Streitschlichtungspanels vorgeschlagen.

Während der erste Teil der Richtlinien Empfehlungen für den Inhalt umweltrechtlicher Abkommen enthält, widmet sich der zweite Teil der Richtlinien der nationalen Durchsetzung und der Zusammenarbeit bei der Bekämpfung von Verstößen gegen das zur Umsetzung eines multilateralen Abkommens erlassene nationale Recht. Bei den nationalen Gesetzen soll insbesondere darauf geachtet werden, dass diese auch unter technischen, wirtschaftlichen und sozialen Gesichtspunkten ausführbar sind[450]. Die nationalen Behörden sollen gem. Par. 41 (a) eindeutig zugewiesene Verantwortlichkeiten u.a. für die Durchsetzung der Gesetze, die Kontrolle

[450] Par. 40. Des Weiteren sollen die Gesetze einer Überwachung zugänglich sein und Standards enthalten, die eine einheitliche, transparente und faire Durchsetzung ermöglichen.

und die Sammlung und Auswertung von Daten haben. Die Bemühungen um eine nationale Durchsetzung sollen auf internationaler Ebene durch die Zusammenarbeit und Koordination der Staaten unterstützt werden. Hierbei wird in Par. 45 erwähnt, dass u.a. UNEP eine koordinierende Rolle übernehmen könne. Die wesentlichen Bereiche, in denen auf internationaler Ebene eine Kooperation stattfinden soll, sind die Harmonisierung von Gesetzen und Verordnungen, eine Zusammenarbeit in gerichtlichen Verfahren[451], die Stärkung des institutionellen Rahmens insbesondere zur Bekämpfung der Umweltverstöße sowie der Aufbau und die Stärkung der Kapazitäten für die Durchsetzung der umweltrechtlichen Bestimmungen in den Entwicklungsländern (Par. 49). Eine Harmonisierung der Gesetze soll gem. Par. 46 durch einheitliche Definitionen und Maßnahmen wie Strafen und gerichtlichen Anordnungen erreicht werden, um so ein einheitliches Vorgehen gegen Umweltverbrechen zu ermöglichen sowie insbesondere die Zusammenarbeit bei grenzüberschreitenden Verbrechen zu verbessern. In institutioneller Hinsicht soll gem. Par. 48 (a) ein Datenaustausch zwischen UNEP, den Konventionssekretariaten, der World Customs Organization und anderen wichtigen Umweltorganisationen sowie der International Criminal Police Organization (Interpol) eingerichtet werden (vgl. auch Par. 48 (f)).

b. Bedeutung

UNEP ist mit diesen Richtlinien erstmals im Bereich der Umsetzung bestimmter Abkommen tätig gewordern. Sie stellen das erste Dokument dar, in dem die zur Verfügung stehenden Instrumentarien zur Implementierung zusammengestellt werden. Die Richtlinien bedürfen zwar der Weiterentwicklung. Auch wenn sie derzeit nur so weit gehen, wie die Regierungen zur Zustimmung bereit waren, stellen sie einen Anfang und einen „enabling"-Rahmen dar[452]. Es ist nicht angestrebt, dass sie zu der Verabschiedung eines neuen Abkommens über die Erfüllung führen sollen[453]. Da UNEP keine Kompetenz hat, für die Mitgliedsstaaten bindendes Sekundärrecht zu erlassen, können diese Richtlinien den Staaten lediglich Wege für eine effektive Implementierung aufzeigen und Hilfestellungen anbieten, ohne dadurch jedoch neue Verpflichtungen für die Staaten zu begründen. Es ist aber zu erwarten, dass die Richtlinien bei Verhandlungen über neue Abkommen und der Vertragsstaatenkonferenzen, soweit es die Ergänzung und Fortschreibung bestehender Abkommen betrifft, sowie bei der Ausarbeitung nationaler Gesetze als Leitlinie Be-

[451] Gem. Par. 47 soll eine Zusammenarbeit hinsichtlich der Verfahren über Zeugenaussagen, Beweise etc. statttfinden und ein besserer Informationsaustausch u.a. für die Aufdeckung von Verbrechen ermöglicht werden.

[452] Kaniaru, UNEP Governing Council Adopts Guidelines, S. 8.

[453] UN Doc. UNEP/GC.21/INF/5 vom 18. 12. 2000, Par. 17 : „They are, however, meant to provide a source of information and assistance to countries and other interested actors on strategies for enhancing compliance with such agreements". Der IUCN-Entwurf „Draft International Covenant on Environment and Development" enthält ebenfalls Regelungen über die Implementierung und Durchsetzung von internationalem Umweltrecht (Art. 35 ff und Art. 56 ff.). Bisher ist aber noch keine Einigung auf einen Text erfolgt, so dass die Konvention noch nicht von den Staaten beschlossen wurde.

rücksichtigung finden und die entsprechenden Beratungen erleichtern. Bei ihrer Anwendung müssen allerdings die Besonderheiten der einzelnen Abkommen berücksichtigt werden, die eine Harmonisierung erschweren. Immerhin haben die Richtlinien bereits als Vorbild für den Entwurf verschiedener regionaler Richtlinien gedient, wie insbesondere für die Richtlinien der UNECE für den europäischen Raum[454].

Der Umfang und die Intensität der Empfehlungen sind unterschiedlich. Insbesondere für „reporting", „monitoring" und „verification" und „non-compliance mechanisms" enthalten die Richtlinien ausführliche Empfehlungen und treffen auch Aussagen über hierfür einzurichtende Kommissionen und das Verfahren. Demgegenüber sind die Ausführungen über die Streitschlichtungsverfahren nur sehr allgemein gehalten, ohne eine Präferenz für ein bestimmtes Verfahren aufzuzeigen.

Durch die Richtlinien sollen alle Akteure, die mit der Erfüllung internationaler Abkommen und der Durchsetzung auf der nationalen Ebene befasst sind, d.h. insbesondere die Regierungen, die Sekretariate der Abkommen, betroffene internationale, regionale und unterregionale Organisationen, nationale Durchsetzungsstellen, NGOs, Private und betroffene „stakeholders"[455] in ihren Tätigkeiten unterstützt werden[456]. Die Vertragsstaatenkonferenzen einiger Abkommen haben die Richtlinien begrüßt und zum Ausdruck gebracht, dass sie die durch die Richtlinien gewährte Unterstützung in Anspruch nehmen wollen. Sie haben ihre Unterstützung bei der Stärkung der Kapazitäten der Entwicklungsländer zugesagt[457].

Die Richtlinien wurden in sechs Sprachen übersetzt und an alle Regierungen, Konventionssekretariate, betroffene internationale Organisationen und andere „stakeholders" zur Unterstützung für ihre Implementierungsarbeit verteilt. UNEP hat zu den Richtlinien ein begleitendes „Draft Manual on Compliance with and Enforcement of Multilateral Environmental Agreements" herausgegeben, in denen den Staaten für die Verhandlung von Abkommen noch weitere Leitlinien an die Hand gegeben werden sollen. Es haben mittlerweile mehrere Arbeitstreffen auf regionaler Ebene stattgefunden, an denen an der Rechtsetzung Beteiligte, aber auch Zoll- und Polizeibeamte teilgenommen haben. Die Erfahrungen der Länder und die Ergeb-

---

[454] Das „ECE Committe on Environmental Policy" hat auf seiner siebten Sitzung im September 2000 über die Entwicklung von Richtlinien zu diesem Thema eine Entscheidung getroffen. Der Entwurf der Richtlinien wurde der Fünften Ministerkonferenz „Environment for Europe", die vom 21.-23. Mai 2003 in Kiew stattgefunden hat, vorgelegt: UN Doc. ECE/CEP/107 vom 20. 3. 2003. Gem. Par. 2 baut dieser Richtlinienentwurf auf den UNEP-Richtlinien auf; es werden lediglich einige Elemente dem regionalen Geltungsbereich angepasst.

[455] Unter „stakeholder" sind diejenigen zu verstehen, die ein Interesse an einer bestimmte Entscheidung haben. Dazu gehören die Individuen, aber auch Organisationen, die eine Entscheidung beeinflussen oder beeinflussen können, sowie alle, die von der Entscheidung betroffen werden.

[456] Kaniaru, UNEP Governing Council Adopts Guidelines, S. 4.

[457] „Wetlands: water, life, and culture", 8th Meeting of the Conference of the Contracting Parties to the Conventions on Wetlands (Ramsar, Iran 1971) in Valencia, Spanien, 18.-26.11.2002, Res. VIII.24.

nisse dieser Treffen sollen in ein Handbuch einfließen, das weitere Empfehlungen geben soll[458].
Bei der Anwendung müssen allerdings die Besonderheiten der einzelnen Abkommen berücksichtigt werden, die eine Harmonisierung erschweren.

3. Erfüllungskontrolle

Unter einer Erfüllungskontrolle ist „die institutionalisierte und formalisierte Überwachung der Staaten bei der Erfüllung ihrer Vertragspflichten durch ein kollektives Vertragsorgan“ [459] zu verstehen. Diese Definition nimmt darauf Bezug, dass im internationalen Umweltvölkerrecht keine zentrale Instanz besteht, die für die Überwachung der Einhaltung der Verträge zuständig ist. Die umweltvölkerrechtlichen Verträge sehen daher vertragsspezifische Verfahren unter der Leitung der Vertragsstaatenkonferenzen und Vertragssekretariate vor, durch die die Erfüllung und Umsetzung der Vertragspflichten überwacht werden.

a. Verfahrensarten

Die Verfahren im Rahmen der einzelnen Verträge werden unterschiedlich bezeichnet; so wird das Kontrollverfahren im Rahmen des Montrealer Protokolls „non-compliance procedure“ genannt, während UNFCCC den Begriff der Kontrolle der „implementation“ verwendet. Bei der Entscheidung über die Bezeichnung der Verfahren spielen auch politische Erwägungen eine Rolle; so wollte man z.B. keine Begriffe verwenden, die wie „non-compliance“ eine negative Aussage beinhalten[460]. Oftmals geben die Bezeichnungen aber auch einen Hinweis auf den Zweck des Verfahrens. Während bei der Kontrolle der Einhaltung der Verpflichtungen („compliance control“) die rechtliche Einhaltung der Verpflichtungen der multilateralen Abkommen Gegenstand ist, geht es bei der Implementierungskontrolle („implementation review“) um die Frage, ob und welche Implementierungsmaßnahmen ergriffen werden[461]. Es lässt sich als Gemeinsamkeit feststellen, dass alle Verfahren

---

[458] U.a. haben Arbeitstreffen in Sri Lanka für Asien und die Pazifische Region und Jamaika für die englischsprachige karibische Region stattgefunden. Im Rahmen dieser Arbeitstreffen bestand auch die Möglichkeit für die Sekretariate der Abkommen, Themen bezüglich der Einhaltung und Durchsetzung der Abkommen zu diskutieren. Für die Umsetzung der Richtlinien sollen auch außerhalb des regulären Budgets Ressourcen mobilisiert werden; vgl. UNEP GC SS.VII/4 vom 15. 2. 2002, Par. 2ff.
Der Exekutivdirektor soll gegenüber der 23. Sitzung des Verwaltungsrates über den Stand der Umsetzung der Richtlinien Bericht erstatten.

[459] Beyerlin, Umweltvölkerrecht, Rn. 479.

[460] Ehrmann, Erfüllungskontrolle, S. 394.

[461] Voraussetzung für ein „compliance-Verfahren“ ist, dass die rechtlichen Zugeständnisse hinreichend bestimmt und klar sind. Problematisch ist dies bei Rahmenabkommen, die noch nicht ausreichend konkretisiert sind. Die Nichteinhaltungsverfahren („non-compliance procedure“) werden regelmäßig erst eingeleitet, wenn Anhaltspunkte für einen Verstoss vorliegen (vgl. hierzu: Handl, Tulane Journal of International and Comparative Law 5 (1997), S. 29, 38 ff.; Fitzmaurice/Redgwell, NYIL 31 (2000), S. 35 ff.). Die Trennung dieser Verfahren läßt sich jedoch nicht immer stringent durchführen. Ein „implementation review“ stellt z.B. die Grundlage oder die Voraussetzung für ein „compliance review“ dar. Außerdem bestehen in wenigen Fällen

auf die Feststellung zielen, ob die Staaten auch tatsächlich ihre Verpflichtungen erfüllen, und dazu dienen, die Staaten zur Einhaltung der Vertragspflichten zu veranlassen[462]. Die Trennung dieser Verfahren lässt sich nicht immer stringent durchführen; sie sind daher als ein System zu sehen[463].
Im Umweltvölkerrecht werden sowohl „Routineverfahren" als auch „ad hoc"-Verfahren angewendet; letztere Verfahren werden nur dann durchgeführt, wenn Anhaltspunkte dafür bestehen, dass ein Staat Probleme mit der Umsetzung hat[464]. Eine Form des „ad hoc"-Verfahrens ist das Nichteinhaltungsverfahren („noncompliance procedure"), das insbesondere im Montrealer Protokoll vorgesehen ist[465]. Demgegenüber folgen die meisten Verfahren der Umweltabkommen dem Modell der Routinekontrolle, d.h. die Staaten sind in regelmäßigen Abständen zur Abgabe von Berichten verpflichtet, aufgrund derer das Erfüllungsverhalten der Staaten untersucht wird. Die Abkommen sehen zumeist keine Regelung über das Verfahren vor, sondern überlassen es den Vertragsstaatenkonferenzen, ein solches Verfahren zu beschließen.

b. Verfahrensablauf und Institutionen der Erfüllungskontrolle

Vorbild für die Erfüllungskontrolle im Umweltbereich waren die Berichtsverfahren im Bereich der Menschenrechte[466]. Die Aufgaben nehmen vertragsspezifische Organe wahr, bei denen es sich zum Teil um politische Organe, zum Teil um unabhängig von den Interessen einzelner Staaten handelnde Organe handelt[467]. Die Mitarbeiter der Vertragssekretariate sind finanziell von einzelnen Staaten unabhängig und nicht deren Interessen verpflichtet; die Vertragsstaatenkonferenzen sind demgegenüber politische Organe, in denen Regierungsvertreter der einzelnen Staaten

---

Verfahren zur Überprüfung der Effektivität („effectiveness review"); hierbei stehen nicht die Aktivitäten einzelner Parteien im Mittelpunkt, sondern vielmehr die Auswirkungen aller Handlungen in ihrer Gesamtheit. Vgl. Raustiala, Reporting and Review Institutions, S. 11 f.

[462] Koskenniemi, in: Werksman (Hrsg.), Greening International Institutions, S. 236, 237.

[463] Victor/Raustiala/Skolnikoff, in: Victor (Hrsg.), The implementation and effectiveness of international environmental commitments, S. 1, 17.

[464] Beyerlin/Maurahn, Rechtsetzung und Rechtsdurchsetzung, S. 96. Der Begriff des ad hoc-Verfahrens ist dem Recht der Rüstungskontrolle entnommen.

[465] Beyerlin, Umweltvölkerrecht, Rn. 480. Außerdem wurde ein solches Verfahren im Nordostatlantik-Übereinkommen von 1992 sowie im zweiten Osloer Schwefeldioxid-Protokoll von 1994 zum Genfer Luftreinhalteübereinkommen vorgesehen und wurde dann auf die übrigen Protokolle hierzu erstreckt. Eine Einführung wird für das Klimaschutzübereinkommen und das Basler Übereinkommen diskutiert. Zum Montrealer Verfahren siehe UN Doc. UNEP/OzL.Pro.4/15, Annex IV. Das Verfahren innerhalb des Montrealer Protokolls wurde nicht durch Ergänzung des Abkommens sondern durch eine Entscheidung der Vertragsstaatenkonferenz eingeführt, die dazu nach Art. 8 und 11 para 3 (d) ermächtigt war. Aufgrund dieser Ermächtigungsgrundlage ist die Entscheidung rechtlich bindend (Bothe, in: Wolfrum (Hrsg.), Enforcing Environmental Standards, S 13, 31).

[466] Bothe, in: Wolfrum (Hrsg.), Enforcing Environmental Standards, S. 13, 22 f.

[467] An der Überwachung der Einhaltung der internationalen Pflichten sind nationale Organisationen kaum beteiligt, vgl. auch zu Vorschlägen zu einer weitergehenden Einbindung Nollkaemper, YIEL 13 (2002), S. 165, 179 ff.

zusammenkommen[468]. Die meisten Verträge sehen außerdem die Einrichtung eines Organs vor, das ausschließlich für Fragen der Implementierung zuständig ist. Dieses hat die Aufgabe, auf der Grundlage aller erhältlichen Informationen einen Bericht mit Empfehlungen für die Treffen der Vertragsparteien vorzubereiten.
Die Sekretariate sind in der Regel für die Entgegennahme der Staatenberichte und in einigen Fällen für die Einleitung eines weiteren Verfahrens, insbesondere eines Verifikationsverfahrens, zuständig[469]. Die Sekretariate fertigen dann zur Weitergabe an die Vertragsstaatenkonferenzen eine Zusammenstellung der Berichte an. Der Implementierungsausschuss nimmt eine rechtliche Bewertung der gesammelten Informationen vor und legt der Vertragsstaatenkonferenz Vorschläge für Maßnahmen vor. Die Staaten treffen auf dieser Grundlage die Entscheidung, in welcher Form auf ein Erfüllungsdefizit zu reagieren ist. Als Maßnahmen im Falle einer Nichterfüllung ist in erster Linie die Unterstützung der säumigen Vertragspartei vorgesehen; die Verhängung von Sanktionen ist die Ausnahme[470].

c. Mitwirkung von UNEP

Die Verfahren zur Kontrolle der Umsetzung und Erfüllung internationaler Umweltschutzabkommen sind auf die einzelnen Verträge abgestimmt. Charakteristisch für die Verfahren im Umweltvölkerrecht ist daher, dass keine internationale Organisation und kein internationales Gericht beteiligt ist, sondern die Verfahren von den Vertragsparteien selbst durchgeführt werden. Die Erfüllungskontrollverfahren im Umweltvölkerrecht sind folglich dadurch geprägt, dass die Vertragsstaaten sich selber kontrollieren. Somit sind die Möglichkeiten für UNEP zum Tätigwerden begrenzt. Aufgrund des partnerschaftlichen Charakters der Verfahren und der Zuständigkeit der Vertragsstaatenkonferenzen für die Entscheidung über die zu ergreifenden Maßnahmen kann UNEP hauptsächlich in den vorhergehenden Phasen der Erfüllungskontrollverfahren tätig werden, d.h. bei den Berichtsverfahren und den daran anschließenden Verfahren der Sammlung ergänzender Informationen und der Verifikation.

---

[468] Vgl. Beyerlin, Umweltvölkerrecht, Rn. 499. Siehe zu der Rolle der einzelnen Organe: Lang, ZaöRV 56 (1996), S. 685ff., 694.

[469] z.B. Art. XII 2 (d) CITES. Vgl. Röben, Max Planck UNYB 4 (2000), S. 363, 430; Maurahn, ZaöRV 56 (1996), S. 696, 699 ff., 712 ff.

[470] Im Rahmen des Kyoto Protokolls wird ein „non-compliance" Verfahren angedacht, das zunächst eine Bewertung durch die „enforcement branch" vorsieht mit der Möglichkeit der Berufung an die Vertragsstaatenkonferenz. Im Falle einer festgestellten Nichterfüllung werden als Maßnahmen finanzielle Strafen, der Verlust von Rechten zum Emissonshandel und zur „joint implementation" oder der Verlust von reduzierten Emissionsberechtigungen erwogen, so dass ein quasi-gerichtliches Nichteinhaltungsverfahren geschaffen werden würde, dass dem WTO-Verfahren ähnlich ist. Vgl. näher Birnie/Boyle, International Law and the Environment, S. 530 f.; FCCC/SB/2000/CRP.15/Rev.2 vom 20.11.2000. Zu dem Verfahren des Montrealer Protokolls siehe UN Doc. UNEP/OzL.Pro.4/15, Annex V:"Indicative List of Measures that might be taken by a Meeting of the Parties in Respect of Non-compliance with the Protocol".

aa. Berichtsverfahren

Die Hauptquelle für Informationen und Daten über das Erfüllungsverhalten der Staaten sind die in den jüngeren Abkommen vorgeschriebenen Berichte der Staaten über ihre Erfüllungsaktivitäten. Durch die Berichte wird Transparenz hinsichtlich der von den Staaten getroffenen Maßnahmen zur Implementierung eines Abkommens erreicht. Die Offenlegung der Erfüllungsaktivitäten der Staaten führt dazu, dass Unsicherheiten im Zusammenhang mit der Implementierung ausgeräumt werden können und eine regelmäßige Überprüfung mit dem Ziel, dass die Staaten ihre internationalen Verpflichtungen tatsächlich umsetzen, gewährleistet wird[471]. Die Erstellung der Berichte für ein Vertragsorgan stellt eine Pflicht der Vertragsstaaten dar. Die Durchsetzung der Berichtspflichten stellt die Organe der Abkommen immer wieder vor Probleme. Die Berichte werden oftmals entweder gar nicht, verspätet oder unvollständig eingereicht[472]. Im Rahmen des Montrealer Protokolls besteht die Möglichkeit, die finanzielle Unterstützung der Entwicklungsländer einzustellen, wenn diese Länder in den ersten zwei Jahren nach dem ersten finanzierten Projekt nicht über ihre Ergebnisse berichten[473].

Im internationalen Umweltrecht existiert kein zentrales Berichtsverfahren und keine Organisation, die für alle Berichte zuständig ist, wie es im internationalen Arbeitsrecht der Fall ist[474]. Wie dargelegt, sind Vorschläge für gemeinsame Berichtsverfahren in verschiedenen Dokumenten im Zusammenhang mit UNEP gemacht worden, ohne dass diese bisher weiter konkretisiert wurden[475]. Die Bedeutung von Berichts- und Verifikationssystemen und die Einbeziehung von UNEP in die Verantwortung hierfür wurde in den Montevideo-Programmen immer wieder betont.

(1) Aufstellung von Berichtsformaten durch UNEP

In der Regel enthalten die Verträge selbst keine genauen Vorgaben für die Staatenberichte; diese werden erst durch das Sekretariat oder die Vertragsstaatenkonferenz festgelegt. In einigen Fällen sind die Staaten nur allgemein verpflichtet, über die von ihnen zur Umsetzung des Abkommens getroffenen Maßnahmen Bericht zu erstatten. In anderen Fällen muss zusätzlich über die Umsetzung einzelner Vertragsbestimmungen[476] berichtet oder es müssen genau spezifizierte Daten[477] über-

---

[471] Raustiala/Victor, in: Victor (Hrsg.), The implementation and effectiveness of international environmental commitments, S. 659, 662; Beyerlin, Umweltvölkerrecht, Rn. 479.

[472] Raustiala/Victor, in: Victor (Hrsg.), The implementation and effectiveness of international environmental commitments, S. 659, 680. Zu den Möglichkeiten die Staaten zu einer Erfüllung ihrer Berichtspflichten anzuhalten vgl. Bodansky, in: Alston/Crawford (Hrsg.), the Role of Reporting, S. 361, 372 ff.

[473] Raustiala/Victor, in: Victor (Hrsg.), The implementation and effectiveness of international environmental commitments, S. 659, 683.

[474] Dort ist die International Labour Organization (ILO) dafür zuständig. Vgl. hierzu 4. Kapitel B. 5 c.

[475] z.B. UN Doc. A/CONF.151/26 (Vol. III), Agenda 21 Kap. 39.8.

[476] Die Vertragsparteien von CITES müssen zum einen über den Handel mit Arten, die auf der Liste stehen, sowie Einzelheiten über die erteilten Erlaubnisse und den Handel jährlich Bericht erstatten. Hier liegt der Schwerpunkt ihrer Berichtspflicht. Daneben müssen die Staaten alle zwei

mittelt werden. Die Berichte sind in den meisten Fällen jährlich oder alle zwei Jahre an das Sekretariat oder die Vertragsstaatenkonferenz abzugeben.
Bei der Auswertung der Berichte stellt sich das Problem, dass die einzelnen Berichte sich in ihrem Informationsgehalt stark unterscheiden. Damit ein Vergleich der verschiedenen Berichte und eine Bewertung vorgenommen werden kann, hat UNEP an der Entwicklung von Berichtsformaten („standardized reporting formats") mitgearbeitet. Diese Formate legen Kriterien für die Erstellung der Berichte fest.
Im Falle der CBD sind die Vertragsparteien gem. Art. 26 CBD verpflichtet, der Vertragsstaatenkonferenz über die von ihnen unternommenen Maßnahmen zur Implementierung der Konvention Bericht zu erstatten. Die Vertragsstaatenkonferenz legt gem. Art. 23 Abs. 4 CBD im Rahmen ihrer Zuständigkeit, die Implementierung der Konvention zu überwachen, die Abstände für die Berichte und die

---

Jahre über Maßnahmen berichten, die sie zur innerstaatlichen Umsetzung des Abkommens getroffen haben.
Die Parteien der Ramsar Konvention müssen zu jeder Vertragsstaatenkonferenz, d.h. alle drei Jahre, Berichte über die genauen Implementierungsaktivitäten in ihren Ländern verfassen. Alle sechs Jahre müssen sie außerdem über die "wetlands sites" berichten.
Die CBD sieht vor, dass die Staaten in regelmäßigen Abständen, die von der Vertragsstaatenkonferenz zu bestimmen sind, zum einen über die Maßnahmen, die zur Implementierung der Regelungen der Konvention getroffen wurden, und zum anderen über die Effektivität bei der Erreichung der Ziele dieser Konvention berichten. Die Konvention enthält jedoch keine weiteren Aussagen über Bewertungs- oder Verifikationsverfahren. Die Staaten sollten ihre ersten Berichte bis 30. Juni 1997 der Vertragsstaatenkonferenz zuleiten; die Pflicht wurde jedoch bis zum 1. Januar 1998 verlängert. Diese Berichte sollten die Implementierung von allgemeinen Maßnahmen zur Bewahrung der Umwelt und zur nachhaltigen Nutzung zum Gegenstand haben. Die nächsten Berichte der Staaten sollten bis zum 15. Mai 2001 eingegangen sein (Handbook of the Convention on Biological Diversity, S. 214f.). Alle folgenden Berichte sollen jeweils abwechselnd zu den ordentlichen Sitzungen der Vertragsstaatenkonferenz eingereicht werden. Ausserdem sollen die Staaten auch themenspezifische Berichte mit Blick auf zukünftige Themen der Vertragsstaatenkonferenz erstellen. Diese Berichte sollten zunächst die Themen Waldökosysteme, fremde Arten und Verteilung des Nutzens umfassen (Decision V/19, Par. 4 (c), 8.). Weitere Berichte sollten u.a. zur Frage der Umsetzung von Maßnahmen für den Zugang zu genetischen Ressourcen (Decision III/15) erfolgen.
[477] Die Parteien der Basler Konvention müssen der Vertragsstaatenkonferenz jährlich Berichte übermitteln, in denen neben Informationen über Maßnahmen zur Implementierung u.a. auch Informationen über die grenzüberschreitende Verbringung von gefährlichen Abfällen und Daten über die Menge und das Ziel der Exporte enthalten sein müssen (Art. 13 Abs. 3 der Basler Konvention).
Die Parteien der Klimarahmenkonvention müssen der Vertragsstaatenkonferenz jährlich über die von ihnen getroffenen nationalen Umsetzungsmaßnahmen und deren Wirksamkeit berichten und Listen über die Emissionen übermitteln (Art. 12 UNFCCC). Ähnliche Pflichten bestehen auch für die Vertragsparteien des Kyoto Protokolls (Art. 7 und 8 des Kyoto Protokolls).
Die Vertragsparteien des Montrealer Protokoll müssen an das Sekretarat jährlich statistische Daten über den Import und Export der kontrollierten Substanzen sowie die Produktion übermitteln (Art. 7). Falls Parteien Erlaubnisse für den Im- oder Export mit kontrollierten Substanzen vergeben, müssen sie auch hierüber Bericht erstatten (Art. 4B). Außerdem sind die Entwicklungsländer, die vom multileralen Fonds unterstützt werden, dem Fonds gegenüber berichtspflichtig. Vgl. auch Wolfrum, RdC 272 (1998), S. 13, 37 ff.

Form fest[478]. Das Sekretariat hat festgelegt, welche Informationen in den Berichten enthalten sein sollen, und hat unter Mitwirkung von UNEP für zukünftige Berichte Formate festgelegt[479]. Das „UNEP World Conservation Monitoring Centre"[480] hat zum Zwecke der Verbesserung der Erfüllungskontrolle der CBD einen Entwurf über die Durchführung einer Auswertung erarbeitet[481].

(2) Harmonisierung der Berichtspflichten durch UNEP

Ein weiteres Problem im Zusammenhang mit den Berichtspflichten besteht darin, dass insbesondere den Entwicklungsländern vielfach die finanziellen, personellen und administrativen Mittel für die Erfüllung ihrer Berichtspflicht fehlen. Dies wird durch die Vielzahl der Berichtspflichten noch verstärkt.

Zu den fünf großen Artenvielfaltskonventionen, für die eine Harmonisierung der Berichtspflichten angestrebt wird, gehören CBD[482], CITES und die Convention on the Conservation of Migratory Species of Wild Animals (CMS), die unter der Leitung von UNEP entstanden sind und deren Sekretariat UNEP stellt. Des Weiteren sind hierzu die Convention on Wetlands of International Importance, especially as Waterfowl Habitat (Ramsar Konvention), für die IUCN verantwortlich ist, und die Convention concerning the Protection of World Cultural and Natural Heritage zu zählen, die von der UNESCO verwaltet wird[483].

Die Generalversammlung hat im Jahre 2000 betont, dass die Vertragsstaatenkonferenzen und die Sekretariate von UNFCCC, CBD und der United Nations Convention to Combat Desertification in those Countries Experiencing Serious Drought and/or Desertification, Particularly in Africa (UNCCD) sowie internationale Institutionen, wie insbesondere UNEP und EMG, ihre Zusammenarbeit im Rahmen der Konventionen auch zur Erreichung einer verbesserten Implementierung auf internationaler, regionaler und nationaler Ebene verstärken sollen[484]. Des Weiteren

---

[478] Die ersten Staatenberichte sollten der 4. Sitzung der Vertragsstaatenkonferenz im Jahr 1998 übergeben werden.

[479] Handbook of the Convention on Biological Diversity, S. 214 f.; Decision II/17, Par. 9; Decision IV/14, Par. 2. Auf der 5. Vertragsstaatenkonferenz vom 15. bis 26. Mai 2000 hat diese ein Format für zukünftige Berichte verabschiedet (UNEP/CBD/COP/5/13/Add.2), das das Sekretariat weiterentwickeln sollte (Decision V/19, Par. 2,3).

[480] Ursprünglich handelte es sich bei der WCMC um eine Nichtregierungsorganisation; diese wurde jedoch im Juli 2000 in den Apparat von UNEP eingegliedert. Der rechtliche Status ist seither unklar, vgl. Wolfrum/Matz, Conflicts in International Environmental Law, S. 190 Fn 422.

[481] UNEP-WCMC, CBD Implementation Assessment, „How to carry out an assessment", Version 2.0 vom 20. 9. 2000, erhältlich unter: www.unep-wcmc.org/cbd/assessment/manual_2.pdf.

[482] Der Text der CBD wurde, wie oben dargestellt, im Rahmen der Rio- Konferenz im Jahre 1992 verabschiedet. Am 29. Dezember 1993 ist das Abkommen in Kraft getreten; es gehört mittlerweile zu den Abkommen, die von den meisten Staaten ratifiziert wurden (Handbook of the Convention on Biological Diversity S. xvii). Die drei Hauptziele der CBD sind die Bewahrung der Artenvielfalt, die Förderung der nachhaltigen Nutzung und die gerechte Nutzung der Vorteile der genetischen Ressourcen.

[483] UN Doc. UNEP/GC.22/4 vom 16. 12. 2002, Par.22.

[484] UN Doc. A/RES/55/198 vom 1. 2. 2001, Par. 3.

wurden die Vertragsstaatenkonferenzen aufgefordert, die Harmonisierung („streamlining") der nationalen Berichte voranzutreiben[485].
UNEP hat sich die Harmonisierung der Berichtspflichten in seinen Arbeitsprogrammen seit 2000 zur Aufgabe gemacht[486]. Grundlage für die Arbeit von UNEP ist eine Studie des „World Conservation Monitoring Centre" (WCMC), die im August 1998 vorgestellt wurde[487]. UNEP hat bezüglich der Fragen der Harmonisierung der Berichtspflichten eng mit dem WCMC zusammengearbeitet, das im Jahre 2000 von UNEP übernommen wurde.

In der Studie des WCMC standen ein vereinfachtes nationales Berichtsverfahren sowie die Entwicklung eines gemeinsamen Netzwerkes für den Austausch von Erfahrungen im Mittelpunkt[488].
Die wesentlichen Verbesserungsvorschläge der Studie betreffen die Form der Berichte und die Art der Übermittlung, insbesondere die Nutzung der neuen Medien und des Internets. Des Weiteren werden anstatt der bisherigen, in regelmäßigen Abständen fällig werdenden nationalen Berichte neue Formen wie das „modular reporting" und das „virtual reporting" vorgeschlagen. Das „modular reporting" zeichnet sich dadurch aus, dass die Vertragsparteien anstelle von nationalen Berichten, die für jede einzelne Konvention angefertigt werden, sogenannte Module oder Informationspakete erstellen, die sich gegenseitig ergänzen und deren Informationsgehalt sich nicht auf eine Konvention beschränkt[489]. Bei dem „virtual reporting" sollen die Staaten die Informationen auf einer nationalen Internetseite zur Verfügung stellen, so dass die Vertragsstaatenkonferenzen diese bei Bedarf abfragen können[490]. Damit würde die Erstellung einmaliger Berichte entfallen. Institutionelle Aspekte werden in diesem Bericht nicht untersucht. Auch bei den neu vorgeschlagenen Formen der Berichterstattung sollen die bisherigen vertragsspezifischen Organe für die „Auswahl der Berichtselemente" zuständig sein.
Im Anschluss an die von WCMC erstellte Projektstudie hat UNEP ein Arbeitstreffen veranstaltet, bei dem die Themen „modular reporting", zusammengefasste Berichte für mehrere Konventionen, die Verbindung zu dem „state-of-the-

---

485 UN Doc. A/RES/55/198 vom 1. 2. 2001, Par. 5. Die Kooperation mit anderen Abkommen zum Schutz der Artenvielfalt wurde auch in verschiedenen Entscheidungen der Vertragsstaatenkonferenzen der CBD behandelt, Decision II/13, Par. 4; Decision III/21, Par. 3, 7, 9; Decision IV/15, Par, 5. CBD enthält in Art. 23 Abs. 4 (h) CBD eine allgemeine Aufgabenzuweisung an die Vertragsstaatenkonferenz, mit den Exekutivorganen anderer Konventionen gemeinsam an der Einrichtung von Kooperationsmechanismen zu arbeiten.

486 Vgl. UN Doc. UNEP/GC.21/INF/19 vom 29. 1. 2001, Par. 1. Im Januar 2001 hat die „Environmental Management Group" (EMG) eine „Issue Management Group" zu diesem Thema eingesetzt.

487 Johnson/Crain/Sneary, Feasibility Study for a Harmonised Information Management Infrastructure for Biodiversity-related Treaties. Die Studie wurde von UNEP und den Vertragsorganen in Auftrag gegeben.

488 Johnson/Crain/Sneary, Feasibility Study for a Harmonised Information Management Infrastructure for Biodiversity-related Treaties, S. 3.

489 Vgl. Harrisson/Collins, Harmonizing the information management infrastructure, S. 8.

490 Harrisson/Collins, Harmonizing the information management infrastructure, S. 9.

environment reporting“ und ein Berichtssystem auf regionaler Basis behandelt wurden. UNEP ist an der Durchführung von Pilotprojekten für die Harmonisierung der Berichtspflichten in verschiedenen Ländern maßgeblich beteiligt[491]. In diesem Bereich nimmt UNEP eine übergeordnete und koordinierende Funktion wahr, ohne jedoch Befugnisse der Vertragsorgane zu übernehmen. Eine engere Zusammenarbeit kann durch Vereinbarungen zwischen den Sekretariaten und den Vertragsstaatenkonferenzen verwirklicht werden. UNEP arbeitet an der Entwicklung der Richtlinien für eine Zusammenarbeit der Vertragsorgane mit und koordiniert diese.
Bei einigen Abkommen sind die Berichtspflichten so speziell, dass eine Harmonisierung kaum zu verwirklichen sein wird. Die „Coordinating Unit for the Mediterranean Action Plan“ (MEDU) erarbeitet einen Bericht zur Möglichkeit der Harmonisierung der Berichtsverfahren der sechs Protokolle der Barcelona Konvention[492].

bb. Verifikationsverfahren

Nach der Übergabe der von den Regierungen erstellten Berichte an die Vertragsstaatenkonferenz müssen die Informationen zunächst verifiziert und auf ihre Erfüllungsrelevanz untersucht werden. Die Vertragsorgane sind hierbei auf weitere Informationen angewiesen, um die Berichte der Vertragsstaaten überprüfen zu können. Hier setzt die Beteiligung von UNEP an, das aus seinem Datenbestand den Vertragsorganen Informationen zur Verfügung stellen kann.
Mittel für eine gezielte Überprüfung und Ergänzung der Informationen sind insbesondere Nachfragen der Vertragsorgane an die Staaten und Vor-Ort-Untersuchungen. Die Verfahrensweise nach der Entgegennahme der Berichte und die Aufgaben des betreffenden Vertragsorgans sind in den Verträgen unterschiedlich ausgestaltet. In einigen Fällen ist das Sekretariat ausdrücklich dazu ermächtigt, ergänzende Informationen von den Staaten zu erfragen; auf diese Weise kann es in einen Dialog mit den Staaten treten[493]. In einigen Abkommen sehen die Vertragsbestimmungen vor, dass die Organe auch Vor-Ort-Inspektionen vornehmen können[494]. Da solche Untersuchungen einen Eingriff in die Souveränitätssphäre darstellen, ist hierfür eine vorherige Zustimmung des betroffenen Staates notwendig[495].

---

[491] UN Doc. UNEP/GC.21/INF/19 vom 29. 1. 2001, Par. 2, 3; Un Doc. UNEP/GC.22/INF/14 vom 12.11.2002, Kap. 4; UN Doc. UNEP/GC.22/4 vom 16.12.2002, Par. 22.
[492] Report of the Ninth Meeting on Coordination of the Secretariats on Environmental Conventions, Par. 71.
[493] Z.B. Art. XII Abs. 2 (d) CITES.
[494] Das CITES-Sekretariat hat gem. Art. XII Abs. 2 d CITES die Möglichkeit, Nachfragen an die Staaten zu richten. Vor-Ort-Untersuchungen werden in der Regel von dem Konventionssekretariat oder dem Implementierungsausschuss durchgeführt. Vor-Ort-Untersuchungen werden außerdem im Rahmen des Nichteinhaltungsverfahrens des Montrealer Protokolls durchgeführt (vgl. Montrealer Protokoll: UN Doc. UNEP/OzL.Pro.4/15 vom 25.11.1992, Annex IV, Par.7(d); Beyerlin, Umweltvölkerrecht, Rn. 487).
[495] Beyerlin, Umweltvölkerrecht, Rn. 487; vgl hierzu und zum Antarktik Vertrag (1959), der Kontrollen auch ohne Zustimmung des Staates vorsieht Wolfrum, RdC 272 (1998), S. 13, 44 ff.

Daneben können die im Rahmen von Überwachungsverfahren („monitoring"-Verfahren) gewonnenen Informationen für die Überprüfung der Berichte und die Bewertung der Umsetzung herangezogen werden[496]. Einige Konventionen enthalten Bestimmungen über die internationale Informationsbeschaffung. Hierzu gehört das „Cooperative Programme for Monitoring and Evaluation of the Long Range Transmission of Air Pollutants in Europe" (EMEP)[497]. Dieses Berichtssystem besteht im Rahmen des ECE-Abkommen über weiträumige grenzüberschreitende Luftverunreinigungen.
Eine weitere wichtige Informationsquelle stellen internationale industrielle Interessenverbände und Nichtregierungsorganisationen dar. Diese werden auch als „important environmental watchdogs" bezeichnet[498]. Die Informationen und die Teilhabe der Nichtregierungsorganisationen stellen ein wichtiges Gegengewicht zu dem Informationsmonopol der Vertragsstaaten des Abkommens dar[499]. Im Rahmen von CITES spielt die Datensammlung von der World Conservation Union (IUCN) eine wichtige Rolle für die Verifikation der nationalen Berichte[500].
An dem eigentlichen Verifikationsverfahren ist UNEP daher nicht beteiligt. UNEP stellt aber über die genannten Mittel hinaus zusätzliche Informationen zur Verfügung und sorgt für einen Informationaustausch.

(1) UNEP als Informationsquelle

Als zusätzliche Informationsquelle stehen auch die im Zuge der Überwachungsverfahren („monitoring") durch UNEP erlangten Daten zur Verfügung[501]. UNEP bringt seinen wissenschaftlichen Sachverstand und die ihm zur Verfügung stehenden Daten zudem im Rahmen der wissenschaftlichen und technischen Ausschüsse ein. Viele Verträge sehen die Einrichtung eines wissenschaftlichen oder technischen

---

496 Vgl. hierzu 2. Kapitel VI. 1.

497 Bothe, in: Wolfrum (Hrsg.), Enforcing Environmental Law, S. 13, 24. In Ausnahmefällen beauftragen die Konventionen die Vertragsstaatenkonferenz oder das Sekretariat mit der Sammlung von zusätzlichen Informationen, vgl. Art. 22 Abs. 8 UNCCD, Art. XII Abs. 2 (c), (d), (f), Art. IX Abs. 4 (c) CMS.

498 Bothe, in: Wolfrum (Hrsg.), Enforcing Environmental Law, S. 13, 25; Faure/Lefevere, in: Vig/Axelrod (Hrsg.), S. 138, 142, 147. Für die Frage, welche Informationen die NGOs übermitteln können, ist ausschlaggebend, in welchem Verhältnis sie zu den Vertragsstaatenkonferenzen stehen. Grundsätzlich können Nichtregierungsorganisationen als Beobachter an den Sitzungen der Vertragsstaatenkonferenz teilnehmen, falls nicht ein Drittel der Parteien dem widersprechen. Die NGOs haben in diesen Fällen kein Stimmrecht, sie haben aber das Recht, Informationen zu übermitteln, und an dem Prozess der Bewertung der Informationen teilzuhaben.

499 Bothe, in: Wolfrum (Hrsg.), Enforcing Environmental Law, S. 13, 25; Korn, in: Wolff/Köck (Hrsg.), Übereinkommen über die biologische Vielfalt, S. 36, 47.

500 Daneben übernimmt "TRAFFIC" (Trade Records Analysis of Fauna and Flora in Commerce), das ein gemeinsames Organ von IUCN und WWF eine wichtige Rolle, vgl. Bodansky, in: Alston/Crawford (Hrsg.), The Role of Reporting, S. 361, 371 ff und Fn. 31.

501 Vgl. hierzu 2. Kapitel VI. 1.

Ausschusses als Nebenorgan der Vertragsstaatenkonferenz vor[502]. UNEP übernimmt für einige dieser Ausschüsse die Sekretariatsfunktion[503]. Hierzu gehört der „Subsidiary Body on Scientific, Technical and Technological Advice" (SBSTTA), der gem. Art. 25 CBD als Nebenorgan der Vertragsstaatenkonferenz der CBD eingerichtet wurde. Dieser soll wissenschaftliche und technische Hintergrundinformationen sowie Richtlinien für die Arbeit der Konventionsorgane, insbesondere im Bereich der Implementierung, bereitstellen. SBSTTA ist aus Regierungsexperten verschiedener Fachrichtungen zusammengesetzt, die in kleinen Gruppen Untersuchungen zu einem bestimmten Thema durchführen[504]. Es können auch ad hoc Expertengruppen zu einem bestimmten Thema eingerichtet werden. Das SBSTTA berichtet der Vertragsstaatenkonferenz über die Ergebnisse und unterbreitet Vorschläge. Die Klimarahmenkonvention sieht zusätzlich ein Intergovernmental Panel on Climate Change vor (IPCC), das von UNEP und der WMO eingerichtet wurde und dessen Sekretariat von beiden Institutionen unterstützt wird.
Die Verifikation stellt keine Hauptaufgabe der wissenschaftlichen Nebenorgane und des IPCC dar. Die durch deren Untersuchungen gewonnenen Ergebnisse können jedoch ergänzend für das Verifikationsverfahren herangezogen werden. Hierdurch unterstützt auch UNEP die Verifikation.

(2) „Clearing-House Mechanismus" als Informationsquelle

UNEP unterstützt den Informationsaustausch, indem es als zentrale Sammel- und Koordinationsstelle für Daten aus verschiedensten Quellen dient („clearing-house"). Der Begriff „clearing-house" stammt ursprünglich aus dem Bankenbereich; hierunter wird eine Form des Austausches von Zahlungstransaktionen unter Ausgleich des Nettosaldos verstanden. Die „clearing-house-Funktion" von UNEP besteht darin, dass es Informationen sammelt und den Zugang zu diesen Informationen sicherstellt. Eine wesentliche Leistung von UNEP ist hierbei, dass die Informationen geordnet und in eine standardisierte Form gebracht werden, was eine einfache Abfrage und Weiterverwendung ermöglicht. Hierfür wird insbesondere das Internet als Plattform genutzt. Im Rahmen des GPA besteht ein solcher Mechanismus, für den unter der Leitung von UNEP ein Koordinationsbüro in Den Haag eingerichtet wurde. Ziel ist die Sammlung und Zurverfügungstellung von Daten über die Umsetzung des GPA[505]. Ein „clearing-house"-Mechanismus besteht auch für CBD[506] und das Cartagena Protokoll über die biologische Sicherheit[507]. Er

---

[502] Einen Überblick über die wissenschaftlichen Nebenorgane der wichtigen Konventionen gibt UN Doc. UNEP/IGM/1/INF/1 vom 30.3.2001, Table 2: Scientific and technical bodies of selected environmental conventions and protocols.

[503] Vgl. 2. Kapitel III. 3.

[504] Bei einigen Konventionen können neben Vertretern der Mitgliedsstaaten auch Vertreter von Nichtmitgliedern in den Gremien sitzen, vgl. Röben, Max Planck UNYB 4 (2000), S. 363, 396.

[505] Zu weiteren Aufgaben und der Funktionsweise im Einzelnen vgl. UNEP, GPA Clearing-House Mechanism, erhältlich unter: www.gpa.unep.org.

[506] UNEP ist für den „clearing-house"-Mechanismus der CBD mitverantwortlich vgl. hierzu http://www.biodiv.org/chm/.

[507] Das Cartagena Protokoll ist am 11. 9. 2003 in Kraft getreten. Deutschland hat das Ratifikationsverfahren im Jahre 2003 eingeleitet. 90 Tage nach der Hinterlegung tritt das

soll es insbesondere ermöglichen, Auskunft über die getroffenen nationalen Maßnahmen zur Umsetzung des Protokolls und die nötigen Informationen für das Verfahren der vorherigen Zustimmung („Advance Information Agreement (AIA)) zu geben[508]. Zusätzlich sollen die Berichte der Vertragsparteien, die nach Art. 33 des Cartagena Protokolls im Rahmen des „Monitoring" und des Berichtsverfahren übermittelt werden, zugänglich gemacht werden (Art. 20 Abs. 3 (e) des Cartagena Protocol).

Obwohl es sich bei dem „clearing-house"-Mechanismus nicht formell um eine Berichts- und Überprüfungsinstitution handelt, kann er durch den Informationsaustausch zwischen den Vertragsparteien zur Verifizierung beitragen. Auch durch die Einrichtung und Unterhaltung der „clearing-house-Mechanismen" wirkt damit UNEP beim Verifikationsverfahren mit.

d. Zusammenfassung

Die Erfüllungskontrolle der umweltvölkerrechtlichen Verträge wird durch vertragsspezifische Organe durchgeführt. Die Verfahren sind auf die einzelnen Verträge ausgerichtet. Bisher sind noch keine Ansätze dafür ersichtlich, dass eine Institution außerhalb der Vertragsstaaten zentral mit der Durchführung der Erfüllungskontrolle für mehrere Abkommen beauftragt wird. UNEP ist jedoch intensiv daran beteiligt, eine Harmonisierung der Berichtspflichten für die Artenvielfaltabkommen einzuführen. Auch insoweit sind jedoch keine Veränderungen der institutionellen Zuständigkeiten angedacht.

UNEP ist außerdem in koordinierender Weise tätig geworden, indem es die Zusammenarbeit zwischen den Vertragsorganen verschiedener Abkommen bei der Erfüllungskontrolle durch die Anfertigung von Studien, die Ausrichtung gemeinsamer Tagungen etc. gefördert hat. Des Weiteren hat UNEP die Arbeit der betroffenen Vertragsorgane bei der Erarbeitung von Berichtsformaten und konkretisierenden Richtlinien unterstützt. Eine aktive Rolle nimmt UNEP dabei allerdings anders als vergleichbare Organisation in anderen Themengebieten, wie z.B. die WTO oder die ILO für das Wirtschaftsrecht bzw. das Arbeitsrecht, nicht ein. Eine koordinierende Funktion nimmt UNEP auch über das „Earthwatch"-Programm sowie die Einrichtung und Unterhaltung der „clearing-house"-Mechanismen wahr.

4. Steuerung von „capacity-bulding"- Prozessen

Das Ziel von „capacity"-Maßnahmen ist es, die Entwicklungsländer in die Lage zu versetzen, einen effektiven Umweltschutz zu gewährleisten und ihre Umwelt-

---

Cartagena Protokoll für Deutschland in Kraft; damit sind die Verpflichtungen zu erfüllen (Umwelt 2003, S. 538, 540). Das Protokoll enthält Regelungen über den Transport und die Kennzeichnung gentechnisch veränderter Organismen.

[508] Umwelt 2003, S. 266, 267 f.: Des Weiteren sollen auch Informationen über bilaterale, regionale und multilaterale Abkommen, über Risiko- oder Umweltbewertungen von gentechnisch veränderten Organismen, Entscheidungen der Vertragsparteien über den Import oder die Freisetzung dieser Organismen übermittelt werden. Das AIA-Verfahren stellt ein Prüfverfahren dar, im Rahmen dessen über die Genehmigung eines Imports von gentechnisch veränderten Organismen entschieden wird.

schutzverpflichtungen zu erfüllen. Unter „capacity-building“ ist daher die Ausbildung in Umweltfragen, personelle Erfüllungshilfe sowie die Vermittlung von legislativem und administrativem Wissen zu verstehen[509].

„Capacity-building“ findet zum einen als Bestandteil der Erfüllungshilfe statt[510]. Weitergehend als das „capacity-building“ umfasst die Erfüllungshilfe auch direkte finanzielle Unterstützung sowie den Transfer von Technologien. Schwerpunktmäßig ist UNEP an der Steuerung des „capacity-building“ außerhalb von bestimmten Verträgen tätig. Im Bereich von UNEP ist für das „capacity-building“ insbesondere die „Division for Environmental Policy Implementation“ (DEPI) und daneben, soweit es Rechtsetzungsfragen betrifft, die „Division of Policy Development and Law“ (DPDL) zuständig. Innerhalb der Abteilung für „capacity building“ von DEPI besteht eine „Environmental Education and Training Unit“, die u.a. das Schulungsangebot verschiedener Stellen für nationale Behörden koordiniert[511]. Ein weiterer Bereich stellt die Unterstützung der „Small-Island Developing States“ dar[512]. Die Durchführung der Maßnahmen erfolgt in enger Zusammenarbeit mit den Regionalbüros von UNEP.

a. „Capacity-building“ im Rahmen der Erfüllungshilfe

Der Aufbau der erforderlichen Kapazitäten soll die Vertragsstaaten eines Umweltabkommens in die Lage versetzen, ihre darin festgelegten Verpflichtungen zu erfüllen[513]. Oftmals wird Erfüllungshilfe als Folge eines Erfüllungsdefizits gewährt, das im Rahmen der Erfüllungskontrolle festgestellt wurde. Sie erfolgt durch die anderen Vertragsstaaten, insbesondere durch die Industrieländer[514].

---

[509] UN Doc. A/CONF.151/26 (Vol. III) Annex II, Agenda 21, Kap. 37.1; Beyerlin/Maurahn, Rechtsetzung und Rechtsdurchsetzung, S. 124; Gündling, ZaöRV 56 (1996), S. 796, 800 f.; Paoletto, Capacity Building Systems for Inter-Linkages, S 2.

[510] Ein weiterer Bereich stellt das „capacity-building“ dar, das vertragsübergreifend ist und das auf die Gemeinsamkeiten zwischen den Verträgen ausgerichtet ist (vgl. hierzu Paoletto, Capacity Building for Inter-Linkages, S. 6 ff., 14).

[511] www.unep.org/Training/link.htm.

[512] Vgl. hierzu und zu weiteren Maßnahmen UNEP, “Capacity-Building for Sustainable Development”, erhältlich unter www.unep.org/DEPI/programmes/capacity_building.html.

[513] Diese Zweckrichtung fehlt der Entwicklungshilfe, die in der Regel aufgrund eines bilateralen Vertrages erfolgt (vgl. Beyerlin, Umweltvölkerrecht, Rn. 506; vgl. zu der Unterscheidung auch Matz, ZaöRV 63 (2003), S. 503, 504 f.). Der Großteil der Abkommen enthält Bestimmungen über die Gewährung von Erfüllungshilfe: Art. 5 und 10 des Montrealer Protokolls; Art. 10 und 14 des Basler Übereinkommens; Art. 4, 11 und 21 UNFCCC; Art. 16, 20, 21 und 39 CBD; Art. 6 und 19-21 UNCCD. In einigen Fällen besteht nur eine Verpflichtung zusammenzuarbeiten, in anderen Abkommen werden die Einzelheiten der Unterstützung geregelt (Art. 4 Abs. 2 Wiener Übereinkommen, Art. 12 CBD, Art. 6 UNCCD, Art. 266, 202 des Seerechtsübereinkommens, Art. 5 des Montrealer Protokolls, Art. 6 UNFCCC).

[514] Ob die Gewährung von Erfüllungshilfe und die Erfüllung der Vertragspflichten durch die Entwicklungsländer in einem Reziprozitätsverhältnis stehen, ist unklar. Eine solche Verknüpfung könnte sich z.B. aus Art. 20 Abs. 4 CBD ableiten. Vgl. hierzu: Beyerlin, Umweltvölkerrecht, Rn. 520 ff.; Ponce-Nava, in: Lang (Hrsg.), Sustainable Development, S. 131, 135 f. Zur Erfüllungshilfe siehe auch Sand, Max Planck UNYB 3 (1999), S. 363 ff.

Der Großteil der Abkommen sieht zu diesem Zweck die Einrichtung eines „Finanzierungsmechanismus" vor. Zum Teil beruhen diese Fonds auf freiwilligen Beiträgen, wie z.B. der „Wetland Conservation Fund" der Ramsar Konvention[515]; zum Teil besteht eine Beitragspflicht für die Vertragsstaaten, wie im Fall des „Multilateral Fund for the Implementation of the Montreal Protocol on Substances that Deplete the Ozone Layer". Auf der Rio-Konferenz wurde die Einrichtung der GEF beschlossen, mit der u.a. die Finanzierung für UNFCC und CBD bezweckt ist. Hierbei handelt es sich allerdings um keinen vertragsspezifischen Mechanismus.
UNEP ist sowohl für die Verwaltung der Treuhandfonds einiger Abkommen zuständig[516] als auch an der GEF als ausführende Organisation beteiligt. Im Rahmen der Rio-Konferenz hat sich mit der Einrichtung der GEF das Konzept durchgesetzt, das auch schon dem Montrealer Fonds zugrunde lag, dass die Entwicklungsländer für die zusätzlichen („incremental") Kosten zu entschädigen sind, die ihnen durch ihre Teilnahme an den globalen Umweltabkommen entstehen[517].
Als Treuhänder der Fonds für bestimmte Verträge besteht die Aufgabe von UNEP im Wesentlichen darin, die Beitragszahlungen sowie die Ausgaben zu kontrollieren. Nur sofern es zusätzlich von den Vertragsstaaten auch mit Implementierungsaufgaben betraut ist, kann UNEP konkrete „capacity-building"-Maßnahmen ergreifen, die jedoch unter der Aufsicht der Vertragsstaaten erfolgen[518]. Zur Umsetzung des Basler Übereinkommens hat UNEP z.B. Trainingsprogramme und Richtlinien entwickelt[519]. UNEP verfügt bisher nicht über ausreichende Kapazitäten, um die Funktion einer Finanzierungsorganisation im Rahmen eines Abkommen zu übernehmen. Da bei der Erfüllungshilfe vertragsspezifische Fragen im Mittelpunkt stehen, muss auch sichergestellt werden, dass die Vertragsstaaten auf die Ausführung der Projekte Einfluss nehmen können und eine Kontrolle sichergestellt ist. Im Rahmen der GEF ist dies durch die „memoranda of understanding" zwischen der

---

[515] Dieser wurde durch eine Entscheidung der Vertragsstaatenkonferenz im Jahre 1990 eingesetzt (Res. C.4.3.). Er besteht hauptsächlich aus freiwilligen Beiträgen der Vertragsstaaten und wird von dem „Ramsar Standing Committee" verwaltet. Vgl. hierzu: Navid, ZaöRV 56 (1996), S. 810, 814 f. Der Fonds der Basler Konvention beruht ebenfalls auf freiwillgen Beiträgen.

[516] UNEP verwaltet 74 Treuhandfonds (Stand: Mai 2004). Von diesen dient der Großteil der direkten Unterstützung des Arbeitsprogramms von UNEP; der andere Teil sind Treuhandfonds für Konventionen, Protokolle und Aktionspläne für Regionalmeere (vgl. hierzu 1. Kapitel A III 4; Desai, Indian Journal of International Law 40 (2000), S. 455, 468. Fn. 52). Die Treuhandfonds für regionale und und globale Umweltabkommen haben den Zweck, mehr Ressourcen für Programmaktivitäten zu beschaffen. Letztlich "unterstützen sich" die Konventionen in finanzieller Hinsicht selbst; vgl. Haas, in: Commission on Global Governance, Issues in Global Governance, S. 333, 340.

[517] Sand, ZaöRV 56 (1996), S. 774, 783; vgl. hierzu 3. Kapitel D.

[518] Z.B. wurde UNEP als Treuhänder für den "Multilateral Fund for the Implementation of the Montreal Protocol and the Executive Committee of the Multilateral Fund established by the Parties to the Montreal Protocol" und neben UNDP, der Weltbank und UNIDO auch als Implementierungsorganisation tätig (vgl. hierzu UNEP/OzL.Pro/ExCom/42/54 vom 2.04.2004, Par. 138 ff., Annex XIV).

[519] Sand, ZaöRV 56 (1996), S. 774, 781 Fn 44.

GEF und den Vertragsstaatenkonferenzen erfolgt[520]. Ob eine Zentralisierung der Erfüllungshilfe allerdings erstrebenswert ist, ist fraglich.

b. „Capacity-building" im Bereich des Umweltrechts[521]

Der Schwerpunkt der „capacity-building"-Maßnahmen von UNEP liegt im Umweltrecht. Hierbei handelt es sich um drei Aspekte[522]: Zunächst muss sichergestellt werden, dass auch die Entwicklungsländer an den Verhandlungen über internationale umweltrechtliche Maßnahmen oder Abkommen teilnehmen und ihre Interessen ausreichend vertreten können. Des Weiteren sollen die Staaten bei der Entwicklung und Umsetzung von nationalem Umweltrecht unterstützt werden. Als dritter Aspekt sollen die rechtsetzenden Organe selbst und auch alle anderen Beteiligten, die bei der Rechtsetzung eine Rolle spielen, geschult und mit den entsprechenden Informationen ausgestattet werden. UNEP arbeitet bei seinen „capacity-building" Maßnahmen eng mit anderen Organisationen und Nichtregierungsorganisationen sowie auf der nationalen Ebene insbesondere mit den Universitäten des Landes zusammen[523].

Ein Beispiel hierfür ist das von UNEP bis 2004 durchgeführte Programm „Partnership for the Development of Environmental Law and Institutions in Africa" (PADELIA)[524]. In der ersten Phase des Projekts, das in fünf Ländern und zwei Regionen durchgeführt wurde, wurde eine Rahmengesetzgebung für die einzelnen Länder erarbeitet[525]. Mehrere ostafrikanische Länder haben außerdem ein „memorandum of understanding" über die Harmonisierung des Umweltrechts in verschiedenen Bereichen beschlossen. In der zweiten Phase (PADELIA) liegt der Schwerpunkt auf der Umsetzung der bestehenden Gesetze, der Harmonisierung der Ge-

---

520 Vgl. Beyerlin/Maurahn, Rechtsetzung und Rechtsdurchsetzung, S. 137.

521 Zu weiteren „capacity-building"-Maßnahmen von UNEP vgl. Kurukalsuriya, YIEL 4 (1993), S. 550, 560 ff; Annex zu UN Doc. UNEP/GCSS.VIII/5/Add.1 vom 13.2.2004.

522 Kaniaru/Kurukulasuriya, in: Kurukulasuriya (Hrsg.), UNEP's New Way Forward, S. 171f., 175.

523 Kaniaru/Kurukulasuriya, in: Kurukulasuriya (Hrsg.), UNEP's New Way Forward, S. 171, 178. Die große Zahl der Umweltabkommen hat auch dazu geführt, dass der Finanzierungsbedarf angestiegen ist. Im Rahmen des „Committee of International Development Assistance" (CIDIE) und des „OECD Development Assistance Committee" (DAC) sollen die Unterstützungsmaßnahmen koordiniert werden, Sand, ZaöRV 56 (1996), S. 774, 785. Vgl. zu weiteren Maßnahmen von UNEP Lausche, S. 63 ff.

524 PADELIA ist der Nachfolger des gemeinsamen Projekts von UNEP und UNDP sowie der niederländischen Regierung („UNEP/UNDP/Dutch Joint Project on Environmental Law and Institutions in Africa"), das für die Jahre 1995-2000 galt. Die niederländische Regierung hat die erste Phase des Programms mit einer Summe von 5 Millionen $ finanziert. Vgl. zu den Tätigkeiten von UNEP im Jahr 2001 Iqbal, YIEL 12 (2001), S. 716, 726 f.

525 Kaniaru/Okidi, in: Kurukulasuriya (Hrsg.), UNEP's New Way Forward, S. 227, 231: Länderprogramme sind in Malawi, Sao Tome und Principe, Mosambique, Burkina Faso, Südafrika, Regionalprogramme in den Ostafrikanischen Ländern (Kenia, Tansania, Uganda) und Sahelian Ländern (Burkina Faso, Mali und Niger) durchgeführt worden. Eine Ausnahme stellt Tansania dar, wo im Jahre 1983 schon eine derartige Gesetzgebung zustande gekommen war, die jedoch so unvollständig war, dass die Implementierung große Probleme bereitete (www.unep.org /padelia/history/background.html).

setze und dem Aufbau der organisatorischen Voraussetzungen für eine nachhaltige Entwicklung und die Umsetzung des Umweltrechts[526]. Ein wesentliches Element in dieser Phase stellen die Schulungen aller mit dem Umweltrecht befassten Stellen dar, d.h. Richter, Rechtsanwälte, Staatsanwälte, Parlamentarier, aber auch Bürgervereinigungen und Vertreter der Industrie[527]. Die Leitung und Überwachung des Projekts ist Aufgabe des „Project Steering Committee", in dem FAO, IUCN, Weltbank, UNDP, UNEP und die niederländische Regierung vertreten sind[528]. UNEP ist für das Management der PADELIA Aktivitäten und für die Umsetzung der Projekte zuständig; hierüber ist UNEP gegenüber dem „Steering Committee" berichtspflichtig. In finanzieller Hinsicht ist UNEP für die Verwaltung der Fonds und für den Kontakt mit den Geldgebern verantwortlich. UNDP ist für die Verteilung des Geldes auf die einzelnen Länder in Absprache mit UNEP zuständig.

UNEP unterstützt daneben die Umsetzung von „sustainable development" in Afrika, indem es insbesondere durch sein Regionalbüro für Afrika auch die „New Partnerhip for Africa´s Development" (NEPAD) unterstützt. Es handelt sich hierbei um eine Initiative, die von der „Organization of African Unity" (OAU) ins Leben gerufen wurde und von dessen Nachfolger, der „African Union", fortgeführt wird mit dem Ziel, die Entwicklung in Afrika voranzutreiben[529].

Neben den regelmäßigen Trainingsprogrammen im Umweltrecht und in der Umweltpolitik[530] hat UNEP außerdem Treffen von Richtern der höheren Gerichte aus verschiedenen Rechtssystemen veranstaltet. Im August 2002 fand das „Global Judges Symposium on Sustainable Development and the Role of Law" in Johannesburg statt. Als Ergebnis des Symposiums und weiterer Treffen wurde u.a. ein aus Richtern bestehendes Beratungsgremium eingesetzt („Ad Hoc Advisory Group of Judges"), das UNEP bei seiner Arbeit unterstützen soll[531]. Im Rahmen dieses Pro-

---

[526] Zu den einzelnen Maßnahmen der 2. Phase vgl. www.unep.org/padelia/history/phases.html.

[527] Zu den geplanten Schulungsmaßnahmen in der 2. Phase vgl. www.unep.org/padelia/phase2/teaching.html.

[528] Die verschiedenen Organisationen waren in unterschiedlicher Weise schon früher an Projekten beteiligt und sollten ihre Fachkunde und Erfahrungen einbringen: UNDP war an Entwicklungsprojekten, die u.a. Maßnahmen zum Kapazitätenaufbau und zur institutionellen Entwicklung vor allem durch technische Unterstützung auf der nationalen Ebene beteiligt. FAO hat die Rechtsetzung vor allem in den Bereichen Bodenschutz, Wald, Fischerei unterstützt. IUCN hat die Entwicklung von nationalem Umweltrecht gefördert und eine Datenbank für Umweltrecht eingerichtet. Die Weltbank hat die Entwicklung des Umweltrechts auf der Grundlage von nationalen Umweltaktionsplänen unterstützt. UNEP hat ein Mandat zur Unterstützung bei der Entwicklung von nationalem und internationalem Umweltrecht. Demgemäß hat es verschiedenen afrikanischen Ländern auf deren Nachfrage Unterstützung geleistet (Kaniaru/Okidi, in: Kurukulasuriya (Hrsg.), UNEP´s New Way Forward, S. 227, 229).

[529] Vgl. weitergehend zu NEPAD Baker Röben, ZaöRV 63 (2003), S. 1063 ff.; Malcomson, The South African Journal of International Affairs 11 (2004), S. 11 ff.; auch unter www.nepad.org.

[530] „Fourth Global Training Programme on Environmental Law and Policy" (GTP) vom 15.11.-3.12.1999; „Fifth Global Training Programme in Environmental Law and Policy" (GTP-5) vom 19.11.-7.12.2001 in Nairobi. Vgl. Iqbal, YIEL 10 (1999), S. 733, 748; ders, YIEL 12 (2001), S. 716, 728.

[531] „Outcome of the Judges Ad Hoc Meeting", angenommen am 31.1.2003, erhältlich unter: www.unep.org/dpdl/symposium/Documents/January/FINAL_REPORT.doc.

gramms wurden auch Partnerschaftsprojekte zwischen verschiedenen Regierungen und Organisationen beschlossen, für die UNEP zum Teil verantwortlich ist[532]. Auf der regionalen Ebene hat UNEP ebenfalls verschiedene Arbeitstreffen u.a. zu Fragen der Erfüllung und Durchsetzung von multilateralen Umweltabkommen durchgeführt[533].

Für die Entwicklung von nationalem Umweltrecht ist auch die Information über die verschiedenen umweltvölkerrechtlichen Verpflichtungen von wesentlicher Bedeutung. Zu diesem Zweck hat UNEP ein Verzeichnis der Umweltabkommen und anderer Vereinbarungen („Register of International Treaties and Other Agreements in the Field of the Environment") erstellt.

Um die Unterstützung der Entwicklungsländer und der Schwellenländer („countries with economies in transition") weiter zu verbessern, soll ein „Intergovernmental strategic plan on technology support and capacity-building" verabschiedet werden, in dem u.a. Maßnahmen für eine verbesserte Zusammenarbeit erarbeitet werden sollen[534].

c. Zusammenfassung

Der Bereich des „capacity-building" spielt bei der Arbeit von UNEP aufgrund der mangelnden Fähigkeit, eigenständig Projekte durchzuführen, und aufgrund der geringen finanziellen Ausstattung von UNEP nur eine untergeordnete Rolle. Die operativen Handhaben von UNEP sind insoweit nur begrenzt. Anders als UNDP fehlt es UNEP z.B. auch an einer ausreichenden Vertretung in den einzelnen Ländern[535]. Eine Förderung der Erfüllungshilfe erfolgt deshalb im Wesentlichen durch die adminstrative Unterstützung als Treuhänder verschiedener Fonds. Der Schwerpunkt der „capacity-building"-Tätigkeiten von UNEP liegt auf der Stärkung und dem Aufbau der nationalen Behörden und Institutionen sowie auf Projekten zur Förderung des Umweltrechts.

---

[532] Z.B.: „Technical Advice and Capacity Strengthening of Judiciaries and other Stakeholders for Improving Implementation and Enforcement of Environmental Legislation and Multilateral Environmental Agreements". Die Laufzeit des Projektes ist vom 1.1.2003 bis 31.12.2007. Zur Überwachung soll ein „Global Panel of Chief Justices for the Review of Global Environmental Jurisprudence" und ein „Steering and Monitoring Committee" eingesetzt werden, das aus UNEP und den Partnerorganisationen bestehen soll, vgl. www.unep.org/DPDL/symposium/Documents/January/TYPE2PROJECT_Draft.doc.

[533] „Workshop on Strengthening Environmental Compliance and Enforcement in China", Shanghai vom 28.-31.5.2001, „ Workshop on Environmental Compliance and Enforcement in India", Neu Delhi vom 18.-22-6.2001 und Chennai vom 24.-28.6. 2001 sowie verschiedene „Regional Symposia on the Role of the Judiciary in Promoting the Rule of Law in the Area of Sustainable Development". Zu weiteren Trainingsmaßnahmen von UNEP vgl. Iqbal, YIEL 12 (2001), S. 716, 726ff.; ders., YIEL 11 (2000), S. 710, 721, 721ff; YIEL 10 (1999), S. 733, 746ff.

[534] UN Doc. UNEP/GCSS.VII/1 vom 15.02.2002, Appendix, Par. 34; UN Doc. UNEP/GC.22/17 vom 7.02.2003, Par. 6. Den Staaten wurde auf der achten Sondersitzung des Verwaltungsrates/GMEF erste Vorschläge für den Entwurf eines solchen Plans vorgelegt (UN Doc. UNEP/GCSS.VIII/5/Add. 1 vom 13.2.2004); ein endgültiger Entwurf soll dem Verwaltungrsat auf seiner 23.Sitzung vorgelegt werden (vgl. UNEP/GCSS:VIII/5 vom 25.2.2004, Par. 31ff, 33 (d)).

[535] Vgl. hierzu 3. Kapitel B.

5. Traditionelle Durchsetzungsinstrumente

Die klassischen Instrumente zur Rechtsdurchsetzung im Umweltvölkerrecht sind die Retorsion oder Repressalie als von den Staaten zu ergreifende Gegenmaßnahmen, die Staatenverantwortlichkeit und –haftung sowie die Streitbeilegung. Während die Erfüllungskontrolle und die Erfüllungshilfe die Parteien bei ihren Umsetzungsbemühungen unterstützen sollen, handelt es sich bei den traditionellen Durchsetzungsmechanismen um repressive Maßnahmen.

a. Streitbeilegung

aa. Verfahren in den einzelnen Abkommen

Die in jüngerer Zeit verabschiedeten Konventionen enthalten Regelungen zur Streitvermeidung und zur Streitbeilegung, wobei eine friedliche Streitbeilegung angestrebt wird. Von den in Art. 33 der Charta der Vereinten Nationen genannten Mitteln zur friedlichen Streitbeilegung werden in umweltvölkerrechtlichen Verträgen vor allem „good offices" (Gute Dienste), die Vermittlung und der Vergleich aufgeführt. Die Streitbeilegung soll hierbei unter Beteiligung eines Dritten erfolgen, z.B. einer internationalen Organisation. Bei den „guten Diensten" und der Vermittlung besteht die Aufgabe der dritten Partei hauptsächlich darin, die Verhandlungen zu erleichtern und Lösungsvorschläge zu finden. Das Vergleichsverfahren setzt weitergehend voraus, dass eine Tatsachenfeststellung stattfindet, auf deren Grundlage Lösungsvorschläge gemacht werden sollen, die jedoch keine bindende Wirkung für die Parteien haben. In der Regel wird hierzu eine unabhängige Kommission eingesetzt[536].

Eine andere Möglichkeit zur Streitbeilegung stellt das Schiedsgericht dar, das teilweise alternativ zu den oben genannten Verfahrensmöglichkeiten, zum Teil auch für den Fall des Fehlschlagens der Einigung als nächster Schritt in den Umweltabkommen vorgesehen wird. Im Unterschied zu den bisher dargestellten Streitschlichtungsmechanismen hat der Schiedsspruch für die Parteien bindende Wirkung[537]. Einige Umweltabkommen enthalten genaue Verfahrensregeln von der Einleitung des Verfahrens bis zum Schiedsspruch[538]. Charakteristisch für die jüngeren Abkommen sind Streitschlichtungsverfahren, in denen die verschiedenen Verfahren „gemischt" sind[539]. Hierbei sind in der Regel die Verfahren, die zu einer für

---

[536] Beyerlin/Maurahn, Rechtsetzung und Rechtsdurchsetzung, S. 81.

[537] Fischer, in: Ipsen, Völkerrecht, § 62 Rn. 32: Nach dem I. Haager Abkommen ist es allenfalls möglich, eine Revision des Schiedsspruchs vorzusehen. Abgesehen davon ist ein Schiedsspruch bei Vorliegen bestimmter Kriterien als nichtig anzusehen, wie z.B. bei der Bestechung eines Mitglieds des Schiedsgerichts.

[538] So. z.B.: Art. 27 Abs. 3 (a) CBD i.V.m. Part 1 Annex II. Es besteht außerdem der Ständige Schiedshof in Den Haag, der jedoch kein Gericht im üblichen Sinne sondern vielmehr Informations- und Vermittlungsorgan ist, das die Errichtung von Schiedsgerichten erleichtert; vgl. Fischer, in: Ipsen, Völkerrecht, § 62 Rn. 21. Zu der Rolle von Schiedsverfahren im Umweltvölkerrecht vgl. Beyerlin, Umweltvölkerrecht, Rn. 574.

[539] Vgl. auch Romano, Peaceful Settlements of Disputes, S. 35, 41 f.

die Parteien bindenden Entscheidung führen, optional, während die Verfahren, die keine bindende Entscheidung zur Folge haben, zwingend sind[540]. Das Seerechtsübereinkommen (UNCLOS) sieht außerdem als Spezialorgan den Seegerichtshof vor, der für die Parteien bindende Entscheidungen treffen kann[541].

bb. Internationaler Gerichtshof (IGH)

Seit dem Jahre 1993 hat der Internationale Gerichtshof gem. Art. 26 Abs. 1 IGH-Statut eine Umweltkammer, die mit sieben Richtern besetzt ist[542]. Zur Einrichtung dieser Kammer führten Forderungen nach der Einrichtung eines Umweltgerichtshofes[543]. In den jüngeren Abkommen ist die Möglichkeit einer Streitentscheidung durch den IGH ausdrücklich aufgenommen worden (z.B. Art. 287 Abs. 1 des Seerechtsübereinkommen). Der IGH hatte in einigen Fällen über umweltrechtliche Fragen mitzuentscheiden[544]; den Ausschlag für die Anrufung des IGH gab in den entschiedenen Fällen aber jeweils ein wirtschaftliches Interesse[545]. Bisher spielt da-

---

[540] Bothe, in: Wolfrum (Hrsg.), Enforcing Environmental Standards, S. 13, 31 f. Falls eine Lösung auf dem Verhandlungswege nicht gelingt, kommt gem. Art. 27 Abs. 2 CBD die Einschaltung einer dritten Partei zum Zwecke der Leistung von „guten Diensten" oder der Vermittlung sowie als nächste Stufe gem. Art. 27 Abs. 3 CBD ein Schiedsverfahren oder ein Verfahren vor dem IGH in Betracht. Als letzte Möglichkeit wird die Schlichtung durch einen Vergleich mit Hilfe einer Vergleichskommission gem. Art. 27 Abs. 4 CBD i.V.m. Art. 2ff. Annex I Part 2 gesehen. Für das Schiedsgerichtsverfahren und das Vergleichsverfahren werden in Teil II des Annex I Verfahrensregeln bestimmt. Das Schiedsgericht besteht bei Streitigkeiten zwischen zwei Parteien gem. Art. 2 Abs. 1 aus drei Mitgliedern, nämlich aus zwei jeweils von einer Streitpartei zu benennenden Schiedsrichtern und einem unabhängigen Vorsitzenden, der gemeinsam bestimmt wird. Der Schiedsspruch ist für die Streitparteien bindend; die Parteien können sich im Vorfeld aber auf die Möglichkeit eines Berufungsverfahrens (appellate-Revision) einigen.
Die Bestimmungen von CITES sind nicht so weit ausgestaltet wie bei der CBD. Zunächst sind die Parteien angehalten auf dem Verhandlungswege eine Lösung des Konflikts zu finden. Falls dies nicht gelingt, kann nach Art. XVIII Abs. 2 CITES ein Schiedsverfahren eingeleitet werden, wobei insbesondere auf den Ständigen Schiedshof in Den Haag verwiesen wird. Vgl. zu den Verfahren der Wiener Konvention, des Montrealer Protokolls und der Basler Konvention Ott, Umweltregime im Umweltvölkerrecht, S. 216 ff.

[541] Art. 287 Abs. 1 Buchst. a, Anlage VI zum Seerechtsübereinkommen, vgl. Doehring, Völkerrecht, § 9 Rn. 541.

[542] Beyerlin/Maurahn, Rechtsetzung und Rechtsdurchsetzung, S. 82. Gem. Art. 26 Abs. 1 IGH-Statut kann der Gerichtshof durch einen Beschluß Kammern einrichten, die für die Entscheidung bestimmter Rechtssachen zuständig sein sollen.

[543] Siehe hierzu eingehend Albus, Zur Notwendigkeit eines Internationalen Umweltgerichtshofes, S. 317 ff.

[544] Beyerlin, Umweltvölkerrecht, Rn. 572.

[545] Albus, Zur Notwendigkeit eines Internationalen Umweltgerichtshofes, S. 265 f.: In dem kanadisch-spanischen Fischereistreit hatte das unter spanischer Flagge fahrende Schiff gegen das NAFO-Übereinkommen verstoßen, indem es die Höchstfangquoten für den schwarzen Heibutt mißachtet und unzulässigerweise zu engmaschige Fangnetze verwendet hat. Aufgrund zu engmaschiger Fangnetze wurden auch noch die Netze eines zweiten Schiffes zerschnitten. Diese Maßnahmen Kanadas geschahen zum Schutz von Umweltinteressen; sie dienten aber in erster Linie dem Schutz der heimischen Fischindustrie und damit wirtschaftlichen Interessen.

her der IGH für umweltrechtliche Konflikte keine Rolle; die besondere Umweltkammer wurde bisher noch nicht tätig[546].

cc. WTO- Streitschlichtungsverfahren

Die Umweltabkommen enthalten häufig Regelungen, die Auswirkungen auf den Handel haben. Da in den internationalen Umweltabkommen kein bindendes Streitschlichtungsverfahren vorgesehen ist, werden Streitigkeiten, bei denen Handels- und Umweltziele im Konflikt stehen, nach dem auf Handelsstreitigkeiten ausgerichteten Streitschlichtungsverfahren der WTO ausgetragen.

Das Streitschlichtungsverfahren des GATT/WTO-Systems ist im Wesentlichen ein Panelverfahren, das mit einer für die Parteien bindenden Entscheidung endet, sofern sie nicht einstimmig von dem „Dispute Settlement Body" abgelehnt wurde. Es besteht die Möglichkeit eines Berufungsverfahrens. Falls diese Entscheidungen nicht befolgt werden, sieht das WTO-Abkommen zur Durchsetzung die Verhängung von Handelsmaßnahmen vor; so kann dem von einer Vertragsverletzung betroffenen Staat gestattet werden, vertragliche Zugeständnisse im Verhältnis zu dem Verletzerstaat auszusetzen (Art. 22 Dispute Settlement Understanding, DSU) [547].

In dem meisten Fällen, die vor das WTO-Streitschlichtungsverfahren gebracht worden sind, stand die Vereinbarkeit von Maßnahmen zum Schutz der Umwelt mit der „National Treatment on Internal Taxation and Regulation" gem. Art. III GATT oder der „General Elimination of Quantitative Restrictions" nach Art. XI GATT im Mittelpunkt[548]. Falls eine Unvereinbarkeit festgestellt worden war, stellte sich die Frage der Rechtfertigung nach Art. XX (b) und (g) GATT.

Das Streitschlichtungsverfahren der WTO stellt ein quasi-gerichtliches Verfahren dar, dass die erforderlichen Verfahrensgarantien für die Staaten bietet und durch die Vorgaben von Zeitgrenzen für die einzelnen Verfahrensschritte ein zügiges Verfahren gewährleistet.

b. Andere Maßnahmen

Sowohl die Retorsion, d.h. die Ausübung an sich zulässigen Drucks, z.B. durch den Abbruch diplomatischer Beziehungen, als auch die Repressalie, z.B. ein Boykott oder

---

[546] Beyerlin, Umweltvölkerrecht, Rn. 572.

[547] Vgl. zu der Frage, inwieweit internationale Abkommen in den WTO-Verfahren zu berücksichtigen sind Böckenförde, ZaöRV 63 (2003), S: 971, 993 ff.; auch Hudec, in: Wolfrum (Hrsg.), Enforcing Environmental Standards, S. 123, 125 ff.

[548] Unter den Regelungen des GATT 1947, d.h. vor Entstehung der WTO, wurden folgende Fälle behandelt: United States-Restrictions on Imports of Tuna (22.2.1982); Canada-Measures Affecting Exports of Unprocessed Hering and Salmon (22.3.1988); Thailand-Restrictions on the Importation of Internal Taxes on Cigarettes (7.11.1990); United States-Restrictions on Imports of Tuna („tuna-dolphin" case) (3.9.1991); United States-Restrictions on Imports of Tuna (16.6.1994); United States-Taxes on Automobiles (11.10.1994). Unter der WTO und dem "Dispute Settlement Understanding", die seit 1994 in Kraft sind, waren folgende Fälle Gegenstand des Streitschlichtungsverfahrens: United States-Standards for Reformulated and Conventional Gasoline (20.5.1996); United States-Import Prohibition of Certain Shrimp and Shrimp Products („shrimp-turtle" case) (6.11.1998); European Communities-Measures affecting asbestos and asbestos-containing products (5.4.2001).

das Einfrieren von Guthaben, werden im Umweltvölkerrecht als Durchsetzungsmaßnahmen nur sehr vereinzelt angewandt[549]. Es handelt sich um Gegenmaßnahmen, die allein durch die Staaten ergriffen werden. Während die Repressalie ein völkerrechtswidrigen Akt darstellt, der nur im Falle einer Völkerrechtsverletzung eines Staates zulässig ist, handelt es sich bei der Retorsion um eine unfreundliche Handlung, die keine völkerrechtswidrige Handlung eines anderen Staates voraussetzt[550]. Die Repressalie ist im Umweltvölkerrecht bisher sehr restriktiv gehandhabt worden[551]. Dies gilt in gleicher Weise für die Retorsion, die auch für den Staat, der sie ergreift, oftmals mit Nachteilen verbunden ist.
Einige der multilateralen Abkommen sehen die Möglichkeit des Rückgriffs auf Handelssanktionen vor[552]. Da wirtschaftliche Sanktionen auch für die Staaten, von denen sie angewandt werden, wirtschaftliche Nachteile bedeuten können und jeweils die Vereinbarkeit mit den Bestimmungen der WTO zu prüfen ist, spielen derartige Sanktionen für die Durchsetzung des Umweltvölkerrechts nur eine untergeordnete Rolle[553].

Die ILC arbeitet zur Zeit an einem Entwurf über die Staatenhaftung für das gesamte Umweltvölkerrecht[554]; in Betracht kommen auch gewohnheitsrechtliche Prinzipien, die Ansatzpunkt für eine Staatenhaftung sein können. Bisher spielt die Staatenhaftung im Umweltvölkerrecht jedoch nur eine untergeordnete Rolle. UNEP hat zu dem Thema Staatenhaftung und Entschädigung für Umweltschäden mehrere Expertentreffen durchgeführt[555].

---

549 Vgl. näher hierzu Beyerlin, Umweltvölkerrecht, Rn. 465; Beyerlin/Maurahn, Rechtsetzung und Rechtsdurchsetzung, S. 78ff.

550 Vgl. Hobe/Kimminich, Völkerrecht, Kap. 7.1; Doehring, Völkerrecht, § 21 Rn. 1025; Fischer, in: Ipsen, Völkerrecht, § 59 Rn.44f.

551 Beyerlin/Maurahn, Rechtsetzung und Rechtsdurchsetzung, S. 79.

552 Sands, Principles of International Environmental Law, S. 942 ff. Charnovitz, WTO Dispute Settlement as a Model for International Governance, S. 6: Im Rahmen von CITES sind Handelsmaßnahmen ein Instrument der Konvention, da der Handel Regelungsgegenstand von CITES ist. Das Montrealer Protokoll nutzt Handelsmaßnahmen, um absichtlich den Fluß ozonschädigender Technologien zu beschränken. Die Fischereiabkommen sehen Handelsmaßnahmen vor, um das Ziel des Abkommens zu erreichen. Während das Montrealer Protokoll die Möglichkeit von kollektiven Wirtschaftssanktionen gem. Art. 4 Abs. 1 und 2 vorsieht, um dadurch einen Anreiz zum Beitritt zu schaffen, sieht das "compliance"-Verfahren des Kyoto-Protokolls, das auf der Siebten Sitzung der Vertragsstaatenkonferenz von UNFCCC angenommen wurde, die Verhängung von Handelssanktionen gegenüber Vertragsparteien im Falle der Nichteinhaltung vor.

553 Maßnahmen nach dem VII. Kapitel der Charta der Vereinten Nationen zum Schutz der Umwelt kommen nicht in Betracht. Eine Auslegung des Begriffs Friedensbedrohung dahingehend, dass eine Gefährdung der Umwelt ausreicht, würde die bisherige Definition überschreiten. Vgl. Schmitz-Rode, S. 146 ff. m.w.N; Beyerlin/Maurahn, Rechtsetzung und Rechtsdurchsetzung, S. 84.

554 Vgl. hierzu Hartmann, Die Entwicklung im internationalen Umwelthaftungsrecht, S. 13 ff.; Sands, Principles of Interntional Environmental Law, S. 901 ff.; Schmitz-Rode, S. 157 ff.

555 Vom 13.-15.5 2002 hat das erste Expertentreffen zu diesem Thema stattgefunden, siehe den Bericht: UN Doc. UNEP/DEPI/L&C Expert Meeting 1/1 vom 8.8.2002. Vgl. für einen

c. Rolle von UNEP

Mit Ausnahme des Seerechtsübereinkommens enthält bisher keines der Umweltabkommen ein verpflichtendes Verfahren für eine Streitschlichtung. Das WTO Streitschlichtungsverfahren, das in begrenztem Umfang Umweltfragen im Zusammenhang mit Handelsfragen zum Gegenstand hatte, kann keine internationale Streitschlichtungsinstanz für das Umweltrecht ersetzen.

UNEP ist im Rahmen der Bestimmungen zur Streitschlichtung in den einzelnen Verträgen nicht als – auch nur fakultative - Streitschlichtungsinstanz erwähnt. Bisher hat UNEP selbst auch keine Richtlinien oder Modellentwürfe für ein umweltrechtliches Streitschlichtungsverfahren aufgestellt. UNEP könnte aufgrund seines bisherigen Mandats aber seine „guten Dienste" anbieten, als Mediator fungieren oder konkrete Vergleichvorschläge machen („conciliator") [556]. UNEP kann daher z.B. als Vermittler bei Streitigkeiten zwischen zwei Vertragsparteien eingeschaltet werden. Zu den Aufgaben von UNEP gehört es, auf Bitte der betroffenen Mitglieder beratend zum Zwecke der Förderung der Zusammenarbeit im Umweltbereich tätig zu werden[557]. Empfehlungen von UNEP zur Vermeidung eines Streits sind allerdings nicht bindend. In der Vergangenheit hat der Exekutivdirektor seine „guten Dienste" für die Schlichtung von Umweltstreitigkeiten eingebracht. Eine Einschaltung von UNEP als Vermittler bietet sich aufgrund der Möglichkeit des Rückgriffs auf Fachwissen sowie der Mitarbeit an verschiedenen Umweltabkommen und der damit verbundenen Erfahrung an. Auch wenn die finanzielle Ausstattung und die Kapazitäten von UNEP eher gering sind, wird es als Instanz im internationalen Umweltrecht respektiert, so dass auch vor diesem Hintergrund die Einbeziehung von UNEP in die Streitschlichtung sinnvoll erscheint. Bisher hat UNEP aber eine bedeutende Funktion als Streitschlichtungsinstanz weder im Rahmen von internationalen Verträgen noch bei anderen Umweltstreitigkeiten übernommen.

Die Staaten haben in verschiedenen Dokumenten zum Ausdruck gebracht, dass UNEP die Entwicklung von Streitschlichtungsmechanismen fördern soll und dass die Möglichkeiten für ein Tätigwerden von UNEP bei der Streitschlichtung untersucht werden sollen[558]. Andererseits ist aber nicht auszuschließen, dass die Einbindung von UNEP in Streitschlichtungsverfahren seine Stellung als neutrale und respektierte Instanz im Umweltrecht gefährden würde. Zum Teil wird die Einführung eines Streitschlichtungsverfahrens vergleichbar dem der WTO für das Umweltrecht aufgrund der geringeren Anzahl der Streitigkeiten nicht für notwendig erachtet[559]; dem kann allerdings entgegengehalten werden, dass die zunehmende

---

Überblick über die völkerrechtlichen Haftungsregelungen Wolfrum/Langenfeld, Umweltschutz durch internationales Haftungsrecht, S. 3 ff.

[556] Vgl. aber UN Doc. A/RES/53/242, Par. 10: "Reaffirms that, in accordance with its mandate, the UNEP should not become involved in conflict identification, prevention or resolution".

[557] Boyle, JIEL 3 (1991), S. 229 ff., 244.

[558] Z.B. UNEP GC Dec. 17/25 vom 21. 05. 1993, Annex: Montevideo-Programm II, Kap. D (a), (b).

[559] Birnie/Boyle, International Law and the Environment, S. 55.

Bedeutung von Umweltfragen auch eine Zunahme von Konflikten zwischen Vertragsparteien von Umweltabkommen erwarten lässt.

II. Verhältnis von UNEP zu den Organen der Konventionen

Eine große Zahl der nach 1972 geschlossenen Verträge sieht ein oder mehrere Gremien vor, in der Mehrzahl eine regulär tagende Vertragsstaatenkonferenz[560], ein wissenschaftliches Expertenorgan, sowie ein Sekretariat als ständiges Organ.

1. Konventionssekretariate

Die Sekretariate der Abkommen haben in der Regel nicht mehr als zehn Mitarbeiter. Oftmals werden nicht völlig selbständige Sekretariate geschaffen, sondern es wird auf die Unterstützung durch größere und etablierte internationale Institutionen – wie UNEP - zurückgegriffen. Regelmäßig wird die Institution beteiligt, unter deren Ägide der Vertrag verhandelt wurde[561]. In einigen Fällen übernimmt diese nur übergangsweise die Sekretariatsfunktion; in anderen Fällen wird das Sekretariat dauerhaft von einer internationalen Institution gestellt. Die Ramsar Konvention wird bei den Sekretariatsdiensten als einziges Abkommen nicht von einer internationalen Organisation, sondern von IUCN als Nichtregierungsorganisation unterstützt[562].

Die Aufgabe der Sekretariate besteht insbesondere darin, die Verwaltungsaufgaben im Zusammenhang mit dem Abkommen wahrzunehmen. Des Weiteren sind die Sekretariate dafür zuständig, die Sitzungen der Vertragsstaatenkonferenzen vorzubereiten und bei der Durchführung zu assistieren. Eine wichtige Rolle spielen die

---

[560] Bei den Protokollen werden die entsprechenden Organe oft als „Meetings of the Parties"bezeichnet (Montrealer Protokoll, 1987) (vgl. Röben, Max Planck UNYB 4 (2000), S. 363, 369; Wolfrum/Matz, Conflicts in International Environmental Law, S. 166). Häufig tagen die „Conferences of the Parties" der Rahmenkonvention als „Meeting of the Parties" des Protokolls, z.B. Art. 29 Abs. 1 Cartagena Protokoll. Im Rahmen einiger Verträge heißen die entsprechenden Organe „Commission" (z.B. Baltic Convention 1974), „Committee" (z.B. Oil Pollution Fund Convention 1992), „consultative meetings" (London Convention 1972), „Executive Body" (LRTAP Convention 1979). Diese sind den Vertragsstaatenkonferenzen vergleichbar (anders Röben, Max Planck UNYB 4 (2000), S. 363, 431, der die Kommissionen getrennt behandelt). Zu einer Übersicht über die wichtigsten Vertragsorgane der einzelnen Konventionen vgl. Sands, Principles of International Environmental Law, S. 109 ff.

[561] Szasz, in: Brown Weiss (Hrsg.), Environmental change and international law, S. 340, 372.

[562] IUCN, auch unter dem Namen „World Conservation Union" bekannt, wurde im Jahr 1948 gegründet. IUCN unterscheidet sich von anderen Nichtregierungsorganisationen jedoch dadurch, dass neben Nichtregierungsorganisationen und anderen wissenschaftlichen und technischen Organen auch Staaten Mitglied sind, so dass nicht von einer reinen Nichtregierungsorganisation gesprochen werden kann. Die Hauptaktivität von IUCN liegt in der Unterstützung der Regierungen durch die Ausarbeitung von Entwürfen und durch fachliche Hilfeleistungen bei der Entwicklung von internationalen umweltrechtlichen Abkommen und anderen umweltvölkerrechtlichen Regelungen. IUCN ist insbesondere für den Entwurf des „International Covenant on Environment and Development" verantwortlich, vgl. IUCN, Draft International Covenant on Environment and Development. (Zu IUCN vgl. Birnie/Boyle, International Law and the Environment, S. 67 f.).

Sekretariate bei dem Informationsaustausch zwischen den Vertragsstaaten und den Vertragsorganen. Die Sekretariate sollen die Berichte der Vertragsstaaten entgegennehmen und auch auswerten sowie einen Bericht über den Stand der Umsetzung der Konvention erstellen[563]. Das CITES-Sekretariat soll außerdem gem. Art. XII Abs. 2 (c) des Abkommens selbst wissenschaftliche und technische Studien zur Implementierung der Konvention durchführen; es hat damit im Unterschied zu anderen Konventionen auch eigenständige wissenschaftliche Arbeit zu leisten. Bei den Vorschlägen zur Ergänzung der Anhänge der Abkommen hat das Sekretariat von CITES auch die Möglichkeit, eigene Empfehlungen abzugeben[564]. Die Vertragssekretariate sind auch für die Koordination mit anderen internationalen Organen und den Nichtregierungsorganisationen[565] zuständig. Den Sekretariaten der Regionalmeerprogramme kommen besondere Aufgaben bei der Umsetzung der Abkommen maßgeblich zu. Zum einen werden von ihnen regionale Projekte durchgeführt; zum anderen haben einige der Abkommen regionale Aktionszentren („regional activity centres", RAC) in verschiedenen Regionen eingesetzt, die dort Implementierungsmaßnahmen durchführen und koordinieren[566].

Damit sind die Sekretariate wichtige Koordinationsorgane zum einen innerhalb der Konvention, d.h. zwischen den Vertragsparteien, aber auch nach außen durch die Zusammenarbeit und Abstimmung mit Organen anderer Verträge und anderen Organisationen. Da die Mitarbeiter des Sekretariats nicht den Weisungen einzelner Vertragsstaaten unterliegen, sondern der Gesamtheit der Vertragsstaaten verantwortlich sind, kann das Sekretariat auch als Vermittler in den Verhandlungen tätig werden[567].

---

[563] Z.B.: Art. XII Abs. 2 (d), (g) CITES. Weitere Aufgaben des Sekretariats sind u.a. die Veröffentlichung von aktuellen Fassungen der Anhänge zusammen mit allen Informationen, die die Bestimmung der Arten vereinfachen (Art. XII Abs. 2 (f)), und Empfehlungen über die Umsetzung der Ziele und Bestimmungen der Konvention; ferner der Informationsaustausch wissenschaftlicher oder technischer Art (Art. XII Abs. 2 (h)).

[564] Art. XV Abs. 1 (e) CITES.

[565] Das CITES-Sekretariat arbeitet z.B. bei der Umsetzung der Konvention eng mit dem World Wildlife Fund for Nature (WWF) und IUCN im Rahmen des gemeinsamen Programms "TRAFFIC" zusammen, das u.a. Überwachungsaufgaben wahrnimmt (vgl. hierzu www.traffic.org).

[566] UN Doc. UNEP/IGM/1/INF/3 vom 6.04.01, Par. 51: Das Sekretariat der Barcelona Konvention koordiniert sieben RACs. Der „Northwest Pacific Action Plan" (NOWPAP) unterhält vier RACs in verschiedenen Regionen, die in den Einflussbereich der Konvention fallen. Die Cartagena Konvention hat zwei solcher Aktionszentren.

[567] Das gemeinsame Sekretariat der Osloer Konvention und der Pariser Konvention zum Schutz der Nordostatlantiks wurde immer wieder als Mediator durch das Einbringen von Kompromissvorschlägen in die Verhandlungen der Komission aktiv. Vgl. Andresen/Skjaerseth, Can International Environmental Secretariats Promote Effective Co-operation?, S.12.

a. Überblick über die von UNEP unterstützten Konventionssekretariate

UNEP stellt für einen Teil der Regionalmeerprogramme das Sekretariat[568]; die Besonderheit der Regionalmeerprogramme besteht darin, dass die Programmkoordination durch UNEP erfolgt und daneben regionale Sekretariate bestehen[569].

Des Weiteren stellt UNEP die Sekretariate für die CITES, CMS, CBD und dessen Cartagena Protokoll, für die Wiener Konvention und das Montrealer Protokoll sowie für die Basler Konvention, das „Basel Protocol on Liability and Compensation", die „Rotterdam Convention on the Prior Informed Consent Principle for Certain Hazardous Chemicals and Pesticides in International Trade" [570] und für die „Stockholm Convention on Persistent Organic Pollutants", letzteres zumindest auf einer Übergangsbasis[571]. UNEP stellt weiterhin das Sekretariat für das „Lusaka Agreement on Cooperative Enforcement Operation Directed at Legal Trade in Wild Fauna and Flora"[572]. Daneben unterstützt UNEP die Sekretariate verschiedener regionaler Abkommen[573].

In den Abkommen werden zum Teil Regelungen getroffen, welche Organisation das Sekretariat übernehmen soll. So ist in Art. 20 Abs. 3 der Stockholm Convention on Persistent Organic Pollutants bestimmt, dass UNEP die Sekretariatsfunktionen wahrnehmen soll, bis die Vertragsstaatenkonferenz mit einer Dreiviertelmehrheit die Funktion einer anderen Organisation überträgt. CMS sieht ebenfalls vor, dass der Exekutivdirektor von UNEP das Sekretariat stellen soll; für den Fall, dass UNEP nicht mehr in der Lage sein sollte, diese Aufgabe weiter wahrzunehmen, ist

---

568 UNEP stellt das Sekretariat für das „Global Programme of Action for the Protection of the Marine Environment from Land-based Activities" (Den Haag), sowie für die „Barcelona Convention for the Protection of the Mediterranean Sea against Pollution" (Athen), "Convention for Cooperation in the Protection and Development of the Marine and Coastal Environment of the West and Central African Region" (Abidjan) , „Convention for the Protection and Development of the Marine Environment of the Wider Carribean Region" (Cartagena), „Convention for the Protection, Management and Development of the Marine and Coastal Environment of the Eastern African region" (Nairobi), „Draft Convention for the Protection and Sustainable Development of the Marine and Coastal Environment of the Central–East Pacific" (UNEP stellt zunächst das Übergangssekretariat) und für den „East Seas Action Plan" und den „Northwest Pacific Action Plan" (NOWPAP). Andere Konventionen werden entweder von einem regionalen Organ mit eigenem Sekretariat („Protection of the Arctic Marine Environment") oder von Nicht-UN Organisationen verwaltet. Vgl. UN Doc. UNEP/IGM/1/INF/3 vom 6.04.01, S. 3 ff. Table 1. Die Protokolle, Ergänzungen und Vereinbarungen der Regionalmeerkonvention sind nicht berücksichtigt (siehe dazu auch: UN Doc. A/AC.241/55/Add.2 vom 24. 6. 1996, S. 13).

569 Für das Mittelmeer existiert z.B. eine Koordinationsabteilung in Athen (MEDU-UNEP) (Sands, Principles of International Environmental Law, S. 401f.). Weitere Organisationen, die Sekretariatsaufgaben für einzelne Abkommen wahrnehmen, sind u.a. ECE, IMO, IAEA und UNESCO. Das Seerechtsübereinkommen ist direkt mit der UN verbunden, indem das Sekretariat in die Abteilung für Seeangelegenheiten und das Seerecht eingegliedert ist (vgl. Andresen/Skjaerseth, Can International Environmental Secretariats Promote Effective Cooperation?, S. 16).

570 UNEP stellt das Sekretariat hierfür gemeinsam mit FAO.

571 Vgl. UN Doc. UNEP/IGM/1/INF/3 vom 6.04.01, S. 3 ff. Table 1.

572 Dupuy, in: Bernhardt (Hrsg.), EPIL Bd. IV, S. 1101, 1106.

573 Hierzu insbesondere die Regionalmeerabkommen (siehe Fn. 568).

die Vertragsstaatenkonferenz zuständig, gem. Art. IX Abs. 3 CMS eine alternative Regelung zu treffen. Ebenso ist in dem CITES-Abkommen gem. Art. XII Abs. 1 CITES festgelegt, dass der Exekutivdirektor von UNEP ein Sekretariat bereitstellen soll.

Nach Art. 7 Abs. 2 der Wiener Konvention, Art. 16 Abs. 3 der Basler Konvention und Art. 24 Abs. 2 CBD findet eine Auswahl unter den internationalen Institutionen, die ihr Interesse an der Stellung der Sekretariate bekundet haben, in einer Art „Bewerbungsverfahren" statt[574]. Die Modalitäten der Übernahme des Sekretariats durch eine internationale Institution und die Einzelheiten der Zusammenarbeit mit den anderen Vertragsorganen werden in der Form von Absprachen und Vereinbarungen geregelt. So wurde z.B. im Falle der CBD eine Vereinbarung zwischen dem Exekutivdirektor von UNEP und dem Exekutivsekretär der CBD getroffen[575].

b. Rechtliches Verhältnis zwischen UNEP und den Konventionssekretariaten

Wenn in den Konventionen UNEP für die Verwaltung des Sekretariats vorgesehen ist, wird damit das Ziel verfolgt, von den vorhandenen Verwaltungsstrukturen von UNEP zu profitieren[576]. Seit dem Jahre 1998 nimmt die „Division of Administrative Services of UNON" (UNON/DAS) die Verwaltungsaufgaben von UNEP bezüglich der Konventionssekretariate wahr[577]. Dies kann in der Form der technischen und administrativen Unterstützung der Arbeit des Sekretariats geschehen.

---

[574] Im Falle der CBD vgl. UNEP/CBD/COP/1/9 vom 6. 10. 1994: „Selection of a competent international organization to carry out the functions of the secretariat of the convention- Note by the interim Secretariat". UNEP hatte auch seine Bereitschaft für die Verwaltung des Sekretariats der UNCCD zum Ausdruck gebracht (UN Doc. A/AC.241/55/Add.2 vom 24. 6. 1996: „Designation of a Permanent Secretariat and Arrangements for its Functioning: Administrative Arrangements- Note by the Secretariat"). UNEP hat das das Übergangssekretariat zwar unterstützt, die Aufgaben des ständigen Sekretariats hat jedoch die UN übernommen. UNEP und UNDP haben für UNFCCC eine gemeinsame Unterstützung des Sekretariates vorgeschlagen, UN Doc. A/AC.237/60/Add.1 vom 15. 8. 1994: „Institutional Matters-Designation of a Permanent Secretariat and Arrangements for its Functioning". Schließlich haben UNEP, UNDP und das „Department for Policy Coordination and Sustainable Development" (DPCSD) sich auf die weitere Unterstützung des Sekretariates verständigt; UN Doc. A/AC.237/79/Add.6 vom 10. 2. 1995: „Designation of a Permanent Secretariat and Arrangements for its Functioning".

[575] CBD COP Dec. IV/17: Programme budget for the biennium 1999-2000; Adminsitrative arrangements between the United Nations Environment Programme (UNEP) and the Secretariat of the Convention on Biological Diversity (CBD), Text in: Handbook of the Convention on Biological Diversity, S. 519. Die Vertragsstaatenkonferenz hat in ihrer Entscheidung Dec. III/23: „Administrative matters", Par. 1, eine solche Regelung vorgesehen.

[576] UNEP selbst hat seine Rolle als Organisation, die das Sekretariat stellt, folgendermaßen gesehen: „as providing a supportive framework to facilitate that secretariat in discharging its function, principally through support and guidance in relation to personnel and administrative matters and financial management as required by the United Nations system"; vgl. UNEP/CBD/COP/1/9 vom 6. 10. 1994: „Selection of a competent international organization to carry out the functions of the secretariat of the convention" – Note by the interim Secretariat, Annex I, Appendix I: Offer of the United Nations Environment Programme to provide the secretariat of the Convention on Biological Diversity, Par. 2.8.1.

[577] Report on the Ninth Meeting on Coordination of the Secretariats of Environmental Conventions vom 11.-12. 2. 2001, Par. 104 ff.

Weitere Formen der Unterstützung sind die Einrichtung von Daten- und Informationssystemen, Konferenzdienste und die Gewährung von Vorschusszahlungen zur Gewährleistung einer effektiven Arbeit des Sekretariats[578].

Auch wenn UNEP die Funktion eines Konventionssekretariats übernimmt, muss dieses der Aufsicht der Vertragsstaatenkonferenz unterworfen sein, soweit seine konventionsspezifischen Funktionen betroffen sind[579]. Würde das Sekretariat eines Abkommens dagegen organisatorisch in UNEP eingegliedert werden, dann wäre der Zusammenhang mit dem Abkommen und insbesondere mit den anderen Vertragsorganen gelöst; für das Sekretariat würden die Regelungen für die Organisationen der UN gelten. Einer solchen Zuordnung steht entgegen, dass das Sekretariat vertragsspezifische Aufgaben wahrnimmt und zur Umsetzung der Ziele der Konvention verpflichtet ist. Dies spricht dafür, dass auch dann, wenn UNEP oder eine andere internationale Institution das Sekretariat stellt, dieses ein Organ der Konvention bleibt und der Autorität der Vertragsstaatenkonferenz untersteht. Dementsprechend werden die Konventionssekretariate nicht in das Arbeitsprogramm und das Budget von UNEP aufgenommen. Das Verhältnis zwischen der internationalen Institution und den Konventionsorganen sowie den Vertragsparteien bestimmt sich demgemäß nach den Regelungen der Konvention oder ergänzender Vereinbarungen.

Die Bestimmung des Exekutivsekretärs („Executive Secretary") - z.B. der CBD - erfolgt durch UNEP nach Konsultation der Vertragsstaatenkonferenz[580]. Die weiteren Mitarbeiter des Sekretariats werden durch UNEP unter Beteiligung des Exekutivsekretärs ernannt und unterliegen den Regelungen der Vereinten Nationen für deren Mitarbeiter[581]. Die Konventionssekretariate, die von UNEP verwaltet werden, haben somit einen „semi-independent status"[582]. Es stellt sich daher die Frage, welchen Anweisungen die Mitarbeiter des Sekretariats im Falle von widersprüchlichen Anweisungen durch die Vertragsstaatenkonferenz und UNEP Folge zu leisten haben. Grundsätzlich sind die Weisungsmöglichkeiten von UNEP beschränkt auf

---

[578] UNEP/CBD/COP/1/9 vom 6. 10. 1994, Annex I, Appendix I: Offer of the United Nations Environment Programme to provide the secretariat of the Convention on Biological Diversity, Par. 3.1.2.

[579] Desai, in: Dolzer/Thesing (Hrsg.), Protecting the Environment, S. 231, 246 Fn. 41.

[580] Decision IV/17: Programme budget for the biennium 1999-2000, Administrative arrangements between the United Nations Environment Programme (UNEP) and the Secretariat of the Convention on Biological Diversity (CBD), Par. 1. Vgl. auch Röben, Max Planck UNYB 4 (2000), S. 363, 422.

[581] UNEP/CBD/COP/4/24 vom 3. 4. 1998: „Administration of the Convention on Biological Diversity-Report by the Executive Secretary", Annex III: „Arrangements between the United Nations Environment Programme (UNEP) and the Secretariat of the Convention on Biological Diversity, Par. 2 ff. Ähnliche Regelungen enthält auch die Vereinbarung zwischen den Vereinten Nationen und UNFCCC. Im Falle der CBD sollen sich die Vereinbarungen mit UNEP an diesen orientieren (Präambel Par. 5). Es gelten grundsätzlich die Regeln der Organisation, die für das Sekretariat zuständig ist. Die „UN Staff Regulations" finden daher für alle Sekretariate Anwendung, die von den Vereinten Nationen, d.h. auch von UNEP oder ECE, verwaltet werden (Churchill/Ulfstein, AJIL 94 (2000), S. 623, 635).

[582] Churchill/Ulfstein, AJIL 94 (2000), S. 623, 635.

rein organisatorische und administrative Fragen, insbesondere solche, die die Regelungen über die Mitarbeiter betreffen. Die Vertragsstaatenkonferenz ist demgegenüber für alle Fragen zuständig, die mit der Umsetzung und der „Politik" der Konvention zusammenhängen[583]. Das Sekretariat handelt primär als ein Vertragsorgan, so dass es im Zweifel den Anweisungen der Vertragsstaatenkonferenz Folge zu leisten hat.

Die Vertragsstaatenkonferenz der CBD verabschiedet die Regelungen für die Finanzierung des Sekretariats gem. Art. 23 Abs. 3 CBD. Die Kosten für das Sekretariat werden aus einem zweijährigen Budget bestritten, das von der Vertragsstaatenkonferenz festgelegt wird[584]. Die Vertragsorgane haben somit ihr eigenes Budget, das durch die Beiträge der Mitgliedsstaaten des Vertragsregimes und auch interessierter Nichtmitgliedsstaaten finanziert wird[585]. Die internationale Institution, die für das Sekretariat zuständig ist, hat demgegenüber nur die allgemeine Kontrolle über die Mittel, die für die Arbeit des Sekretariates zugeteilt sind[586]. Diese Aufgabe ist daher strikt von der Rolle von UNEP als Verwalter der Treuhandfonds zu trennen.

Die Entscheidung über den Sitz des Sekretariats obliegt der Vertragsstaatenkonferenz. UNEP ist jedoch an den weiteren Vereinbarungen mit dem Sitzstaat beteiligt. Im Falle der CBD hatte die Vertragsstaatenkonferenz beschlossen, dass das Sekretariat in Montreal seinen Sitz haben sollte; die weiteren Verhandlungen mit der kanadischen Regierung sollte dann der Exekutivdirektor von UNEP führen[587].

---

[583] Churchill/Ulftstein, AJIL 94 (2000), S. 623, 635. Für UNFCCC vgl. UN Doc. FCCC/CP/1995/5 vom 13.03.1995; UN Doc. FCCC/CP/1995/5/Add.4 vom 6.04.1995. UNEP hat in seinem Angebot, das Sekretariat für UNCCD zu stellen, dargelegt, dass das Sekretariat grundsätzlich der Vertragsstaatenkonferenz gegenüber veranwortlich ist. Gegenüber UNEP sollte es daneben verantwortlich sein, soweit es sich um die Umsetzung der zugewiesenen Aufgaben und die Nutzung der Fonds hierfür handelt (UN Doc. A/AC.241/55/Add. 2 vom 24. 6. 1996, S. 18 ff.).

[584] Vgl. hierzu UNEP/CBD/COP/4/24 vom 3. 4. 1998: „Administration of the Convention on Biological Diversity-Report by the Executive Secretary", Annex III: „Arrangements between the United Nations Environment Programme (UNEP) and the Secretariat of the Convention on Biological Diversity, Par. 20 ff. Unter der Aufsicht von UNEP bestehen 3 Treuhandfonds für die Verwaltung der CBD.

[585] Szasz, in: Brown Weiss (Hrsg.), Environmental change and international law, S. 340, 370f. Die Kosten für die Unterhaltung des Sekretariats werden zum Teil auch von dem Gastland auf der Grundlage einer rechtlich bindenden Vereinbarung getragen; vgl. UN Doc. UNEP/IGM/1/INF/1 vom 30. 3. 2001, Par. 61; UN Doc. FCCC/SBI/1996/7 vom 23.02.1996, Par. 25.

[586] Churchill/Ulfstein, AJIL 94 (2000), S. 623, 635.

[587] UNEP/CBD/COP/2/19, Par. 5, Text in: Handbook of the Convention on Biological Diversity, S. 351f. UNEP und die kanadische Regierung haben sich daraufhin am 25. 10. 1996 geeinigt; vgl UNEP/CBD/COP/7/10 vom 16. 12. 2003: „Report of the Executive Secretary on the Financial and Administrative Performance of the Secretariat and the Budget for the Trust Funds of the Convention", Par. 83.

Vgl. zu der Frage der Rechtsfähigkeit der Sekretariate und der Möglichkeit, Verträge abzuschließen: Churchill/Ulfstein, AJIL 94 (2000), S. 623, 652 ff.; Röben, Max Planck UNYB 4 (2000), S. 363, 423.

Die Konventionssekretariate streben in der Praxis nach Unabhängigkeit von UNEP. Ein Indiz dafür kann darin gesehen werden, dass die meisten der Sekretariate, die von UNEP gestellt werden, nicht an dem Hauptsitz von UNEP in Nairobi ihren Sitz haben[588]. Die Konflikte wurden insbesondere bei CITES und CBD deutlich[589]. Die früher von UNEP, insbesondere unter dem Exekutivdirektor Mostafa Tolba, angestrebte möglichst enge Anbindung an UNEP ist heute zugunsten einer größeren Unabhängigkeit der Sekretariate aufgegeben worden.

c. Fazit

Die Einflussmöglichkeiten von UNEP auf die Sekretariate und damit auch die Möglichkeiten, auf eine Implementierung der Konvention hinzuwirken, sind beschränkt. UNEP ist in erster Linie als „Verwalter" der Sekretariate zu sehen, der die Mitarbeiter und den technischen Sachverstand zur Verfügung stellt. Insoweit kann UNEP die Implementierung der Abkommen (nur) durch die Bereitstellung von Informationen und die Unterstützung der Sekretariatsarbeit fördern, soweit die Mitarbeiter dies in Anspruch nehmen. Die Einflussnahme ist auch dadurch beschränkt, dass bis auf die Sekretariate der Wiener Konvention und des Montrealer Protokolls keines der Konventionssekretariate seinen Sitz in Nairobi am Hauptsitz von UNEP hat. Die Einflussmöglichkeiten hängen wesentlich von den persönlichen Beziehungen zwischen UNEP und den Verantwortlichen der Konventionen, insbesondere dem Exekutivsekretär, ab. Die Mitarbeiter der Konventionen fühlen sich in erster Linie der Konvention und nicht UNEP verpflichtet.

Eine weitergehende Möglichkeit für UNEP, die Umsetzung der Umweltabkommen zu fördern, kann sich aus einer Koordinierung der Arbeit der verschiedenen Konventionssekretariate ergeben. UNEP hat verschiedene gemeinsame Treffen der Konventionssekretariate organisiert. Bisher haben zehn solcher Treffen stattgefunden[590]. Eine verstärkte Anbindung der Vertragssekretariate an UNEP, die auf Kritik gestoßen ist[591], ist damit nicht verbunden.

---

588 Andresen/Skjaerseth, Can International Environmental Secretariats Promote Effective Co-operation?, S. 21. Die Sekretariate haben ihren Sitz in folgenden Städten: CITES (Genf), CMS (Bonn), Wiener Konvention (Nairobi), Montrealer Protokoll (Montreal), Basler Konvention (Genf) und CBD (Genf). Vgl. UN Doc. A/AC.241/55/Add.2 vom 24. 6. 1996, S. 13.

589 Hierbei spielten persönliche Konflikte eine große Rolle. Vgl. hierzu Andresen/Skjaerseth, Can International Environmental Secretariats Promote Effective Co-operation?, S. 20; Andresen, Yearbook of International Co-Operation on Environment and Development 2001/02, S. 19, 22: Das schwierige Verhältnis zwischen CITES und UNEP gipfelte darin, dass der CITES Generalsekretär von UNEP abgesetzt wurde.

590 Das letzte Koordinationstreffen hat am 8. und 9. 3. 2004 in Nairobi stattgefunden.Auf diesem Treffen wurde beschlossen, dass in Zukunft regelmäßige Treffen - zumindest alle zwei Jahre – stattfinden sollen, vgl. UN Doc. UNEP/GC.23/3/Add.4 vom 4. 11. 2004. Das neunte Treffen fand vom 11. bis 12. 02. 2001 in Nairobi statt, vgl. Report of the Ninth Meeting on Coordination of the Secretariats of Environmental Conventions. In Zusammenhang mit UNCCD: „In addition to our close cooperation with other secretariats we are currently reinforcing our partnership with UNDP and establishing new partnerships to help support the convention and its implementation."; UN Doc. A/AC.241/55/Add.2 vom 24. 6. 1996: „Designation of a Permanent Secretariat and Arrangements for its Functioning: Administrative Arrangements-Note by the Secretariat", S. 3.

2. *Vertragsstaatenkonferenzen*

Die Vertragsstaatenkonferenz (Conference of the Parties, COP) stellt das Entscheidungsgremium des Vertrages dar. Sie hat die Aufsicht über das Sekretariat sowie andere Nebenorgane des Vertrages und steht somit an der Spitze der „Hierarchie" der Vertragsorgane. In ihr sind alle Mitgliedsstaaten vertreten. Neben den Mitgliedsstaaten können Nichtmitgliedsstaaten, andere internationale Organisationen und Programme wie UNEP oder Nichtregierungsorganisationen - in der Regel als Beobachter ohne Stimmrecht - an den Sitzungen teilnehmen[592]. In den meisten Fällen tagen die Vertragsstaatenkonferenzen jährlich bzw. alle zwei Jahre.

a. Aufgaben der Vertragsstaatenkonferenzen

Die Vertragsstaatenkonferenz ist für die Umsetzung des Abkommens verantwortlich. Dies betrifft zum einen die Erfüllungskontrolle, insbesondere die Kontrolle darüber, dass die Staaten ihre Pflicht erfüllen, in den vorgegebenen Zeitabständen über die Umsetzung der Abkommen zu berichten. Die Vertragsstaatenkonferenz kann – im Sinne einer „quasi-judicial"-Funktion - über Maßnahmen entscheiden, wenn eine Vertragspartei ihren Verpflichtungen nicht nachkommt. Die Vertragsstaatenkonferenz kann zum anderen die Umsetzung des Abkommens durch die Verabschiedung von Aktionsplänen fördern, in denen sie ein Programm mit Maßnahmen und Zielen zur Umsetzung festlegt[593].

Zum Zwecke der Weiterentwicklung der Abkommen kann die Vertragsstaatenkonferenz in dem (Grund-)Abkommen ermächtigt werden, (neue) Protokolle sowie Änderungen der Abkommen und Protokolle zu beschließen (z.B. Art. 23 Abs. 4 (c), (d) und (e) CBD). Der Beschluss der Vertragsstaatenkonferenz kann aber nur die Unterzeichnung ersetzen; die Protokolle und die Vertragsänderungen werden für die Staaten erst wirksam, wenn sie diese ratifiziert haben[594]. Insoweit kann die Ver-

---

[591] Vgl. Andresen, Yearbook of International Co-Operation on Environment and Development 2001/02, S. 19, 24.

[592] Z.B. Art. XI Abs. 6 und 7; Art. 23 Abs. 5 CBD: Die Zulassung zu den Sitzungen erfolgt nach den von den COP festgelegten Verfahrensregeln. Die Vereinten Nationen und deren Sonderorganisationen sowie die IAEA können ohne weiteres an den Sitzungen teilnehmen, während andere Organisationen nur teilnehmen können, solange nicht ein Drittel der Mitglieder dem widerspricht.

[593] Röben, Max Planck UNYB 4 (2000), S. 363, 419.

[594] Beyerlin, Umweltvölkerrecht, Rn. 99. Besonderheiten bestehen bei der Änderung der Anhänge der Abkommen und Protokolle. Die Anhänge sind zwar Bestandteil der Konventionen bzw. der Protokolle; in den Anhängen werden aber naturwissenschaftliche, technische Einzelheiten sowie Verwaltungsfragen geregelt (z.B. Art. 10 Abs.1 Wiener Übereinkommen). Eine Änderung dieser Bestimmungen berührt daher in der Regel nicht den Inhalt der eigentlichen Vertragsbestimmungen, so dass ein Verzicht auf das Ratifikationserfordernis gerechtfertigt ist. Die Änderungen der Anhänge sind deshalb mit der Beschlussfassung bindend, solange ihnen nicht widersprochen wird, Churchill/Ulfstein, AJIL 94 (2000), S. 623, 638 f.; Röben, Max Planck UNYB 4 (2000), S. 363, 376 f. Das Montrealer Protokoll sieht in Art. 2 Abs. 9 (c) die Besonderheit vor, dass Anpassungen des Montrealer Protokolls hinsichtlich der Substanzen, die nach dem Protokoll kontrolliert werden sollen, allein durch eine Zwei-Drittel-Mehrheitsentscheidung für alle Staaten wirksam werden. Falls eine Partei mit diesen nicht einverstanden ist, dann kann sie nur das Protokoll kündigen. Für die Aufnahme einer neuen

tragsstaatenkonferenz die Rechtsetzung im Rahmen der Verträge fördern und beeinflussen, sie hat aber – abgesehen von Besonderheiten bei der Änderung von Anhängen zu Abkommen oder Protokollen[595] - keine direkte Rechtsetzungskompetenz.
Die Vertragsstaatenkonferenz hat neben diesen Tätigkeiten, die sich auf den internen Vertragsbereich beziehen, auch die Aufgabe, mit den Organen anderer Umweltabkommen und anderen Organisationen, insbesondere Finanzierungsorganisationen, eine Zusammenarbeit zu initiieren[596].

b. Verhältnis der Vertragsstaatenkonferenzen zu UNEP

UNEP ist insbesondere in den Fällen, in denen es das Vertragssekretariat stellt, für die Organisation der Vertragsstaatenkonferenz zuständig. Auch beratend kann UNEP gegenüber der Vertragsstaatenkonferenz tätig werden; wie dargelegt, kann UNEP - als Beobachter ohne Stimmrecht - an den Sitzungen der Vertragsstaatenkonferenzen teilnehmen und auf diese Weise seinen Sachverstand und Rat einbringen. UNEP ist außerdem streitschlichtend tätig geworden, soweit es das Verhältnis der Vertragsstaatenkonferenz zu einzelnen Vertragsparteien betrifft. Einen weitergehenden Einfluss auf das Handeln und die Entscheidungen der Vertragsstaatenkonferenzen hat UNEP aber nicht. Denn die Vertragsstaatenkonferenz ist eine unabhängige Organisation[597]. Absprachen zwischen UNEP und einer Vertragsstaatenkonferenz sind nicht in der Form völkerrechtlicher Verträge getroffen worden. Dies folgt bereits daraus, dass UNEP keine Völkerrechtssubjektivität besitzt. Auch für die Vertragsstaatenkonferenz ist umstritten, ob es sich –wie zum Teil vertreten wird[598]- um eine internationale Organisation mit Rechtspersönlichkeit handelt[599].

Substanz ist gem. Art. 2 Abs. 10 des Montrealer Protokolls allerdings das in Art. 9 der Wiener Konvention festgelegte Verfahren zu beachten, so dass eine Ratifikation notwendig ist. Falls eine Änderung eines Anhangs die Ergänzungen der Konvention oder des Protokolls notwendig machen, ist Art. 10 Abs. 4 der Wiener Konvention zu beachten. Vgl. hierzu und zu den Verfahren von CMS, CITES und CBD Sommer, ZaöRV 56 (1996), S. 628, 647, 653.

[595] Vgl. Beyerlin, Umweltvölkerrecht, Rn. 101 f.; Churchill/Ulfstein, AJIL 94 (2000), S. 623, 638. Zur Rechtsetzungsfunktion der Vertragsstaatenkonferenzen vgl. Röben, Max Planck UNYB 4 (2000), S. 363, 371 ff., 398 ff. Auch die Tätigkeiten des „Meeting of the Parties" bei den Ergänzungen des Montrealer Protokolls nach Art. 2 Abs. 9 des Montrealer Protokolls gleichen einem Rechtsetzungsverfahren.

[596] Z.B. Art. 23 Abs. 4 (h) CBD; Art. 19 Abs. 5 (b) POP-Konvention; Art. 7 Abs. 2 (l) CITES.

[597] UN Doc. A/AC.237/79/Add.1 vom 21.12.1994, Annex III, Note by the Secretary-General, Par. 2.

[598] Sands, Principles of International Environmental Law, S. 109; vgl. zu multilateralen Abkommen als internationale Organisationen Werksman, in: Werksman (Hrsg.), Greening International Institutions, S. 55, Fn 4; Szasz, in: Brown Weiss (Hrsg.), Environmental Change, S. 340, 347. Nach allgemeiner Auffassung sind zwischenstaatliche internationale Organisationen als Völkerrechtssubjekte anzusehen, d.h. sie sind rechtsfähig (vgl. Epping, in: Ipsen, Völkerecht, § 6 Rn. 2.; Seidl-Hohenveldern/Loibl, Das Recht der Internationalen Organisationen, Rn. 303). Die Völkerrechtspersönlichkeit internationaler Organisationen beruht auf deren Gründung durch einen völkerrechtlichen Vertrag zwischen den Staaten als Völkerrechtssubjekte; es handelt sich daher um eine abgeleitete Rechtspersönlichkeit (vgl. Epping, in: Ipsen, Völkerecht, § 6 Rn.3; Seidl-Hohenveldern/Loibl, Das Recht der Internationalen Organisationen, Rn 311 ff).

Hinsichtlich der Abstimmung mit den Organen anderer Konventionen spricht CBD von „appropriate forms of cooperation" und „administrative and contractual arrangements"[600]. Die bisherigen Vereinbarungen mit den Institutionen der Abkommen sind in Form von „joint work programmes" und „memoranda of cooperation/understanding" erfolgt. Die Bezeichnung ist für die rechtliche Einordnung nicht maßgebend, lässt aber darauf schließen, dass eine völkerrechtliche Bindung nicht gewollt und auch nicht möglich war.

3. Wissenschaftliche Nebenorgane

Nebenorgane der Vertragsstaatenkonferenz gibt es zum einen in der Form des Implementierungsausschusses des Montrealer Protokolls, der die Aufgabe hat, die Einhaltung der Vertragspflichten zu überwachen. Andere Verträge sehen die Einrichtung eines Nebenorgans für wissenschaftliche und technische Fragen vor[601]. Daneben haben die Vertragsstaatenkonferenzen oftmals die Möglichkeit, auch andere Nebenorgane einzusetzen, die zur Umsetzung der Konvention notwendig sind[602].

---

[599] Churchill/Ulfstein, AJIL 94 (2000), S. 623 ff. sind der Ansicht, dass es sich zwar um keine internationale Organisationen im klassischen Sinne handelt, aber um sogenannte „autonomous institutional arrangements", auf die zumindestens teilweise das Recht der internationalen Organisationen anwendbar ist. Die Vertragsstaatenkonferenzen werden aber auch als internationale Organisationen „im kleinen" bezeichnet, deren Einflussbereich auf den Vertrag beschränkt ist und die im Unterschied zu den internationalen Organisationen keine Völkerrechtssubjektivität besitzen (vgl. Beyerlin, Umweltvölkerrecht, Rn. 51, 64, 166).

[600] Art. 23 Abs. 4 (h), 24 Abs. 1 (d) CBD. Auch die Auffangvorschrift („catchall"-Vorschrift), wonach die COP „consider and undertake any additional action that might be required for the achievement of the purposes of this Convention in the light of experience gained in its operation" (Art. 23 Abs. 4 (f) CBD), die sich mit diesem Inhalt in dem Großteil der Umweltabkommen findet, läßt keinen eindeutigen Schluss auf eine Völkerrechtspersönlichkeit zu. Die Vertragsstaatenkonferenzen weisen Merkmale internationaler Organisation auf; sie werden durch einen internationalen Vertrag eingesetzt und sind auf Dauer angelegt. Sie sind auch selbstverwaltend tätig; die Staaten können ihren Einfluss nur durch Abstimmungen in den Vertragsstaatenkonferenzen zum Ausdruck bringen (vgl. Churchill/Ulfstein, AJIL 94 (2000), S. 623, 632 ff; Ulfstein, The Proposed GEO and its Relationship to Existing MEAs, S. 4). Sie sind aber von den Vertragsstaaten abhängig. Das UN Office of Legal Affairs hat in Bezug auf die Klimarahmenkonvention (UNFCCC) festgestellt, dass die Vertragsstaatenkonferenz die Rechtsfähigkeit hat, um rechtliche Vereinbarungen mit anderen Staaten und internationalen Organisationen einzugehen, vgl. UN Doc. A/AC.237/50 vom 2. 12. 2003, Par. 22. In einem weiteren Dokument geht es davon aus, dass die Vertragsstaatenkonferenz in der Lage wäre, den Sekretariaten Rechtsfähigkeit zu verleihen, vgl. UN Doc. FCCC/SBI/1996/7 vom 23. 2. 1996, Par. 11 (5), (6). Zum Vergleich wird das Beispiel des „Multilateral Fund" des Montrealer Protokolls angeführt.

[601] Einen Überblick über die wissenschaftlichen Nebenorgane der wichtigen Konventionen gibt UN Doc. UNEP/IGM/1/INF/1 vom 30.3.2001, Table 2: Scientific and technical bodies of selected environmental conventions and protocols. CITES hat kein spezielles wissenschaftliches Nebenorgan, sondern mehrere themenspezifische Ausschüsse.

[602] Z.B. Art. 7 Abs. 2 (i) UNFCCC, Art. 6 Abs. 4 (i) Wiener Konvention; Art. 15 Abs. 5 (e) Basler Konvention.

Für einige der wissenschaftlichen Nebenorgane nimmt UNEP Sekretariatsfunktionen wahr, wie z.B. für den „Subsidiary Body on Scientific, Technical and Technological Advice“ (SBSTTA) der CBD[603]. Die wissenschaftlichen Nebenorgane, wie SBSTTA, erarbeiten in Expertengruppen – regelmäßig im Auftrag der Vertragsstaatenkonferenzen – Vorschläge zu bestimmten Umweltthemen und geben diese in Form von Empfehlungen an die Vertragsstaatenkonferenz weiter[604]. Da Umweltschutz sowohl in seiner Zielsetzung als auch der Art der Umsetzung im Einzelnen wesentlich von den wissenschaftlichen Erkenntnissen abhängt, haben die wissenschaftlichen Organe einen entscheidenden Einfluss auf die Weiterentwicklung und Implementierung der Abkommen. Als Nebenorgane unterliegen sie aber den Weisungen der Vertragsstaatenkonferenz.
Einen Sonderfall als wissenschaftliches beratendes Gremium stellt das „Intergovernmental Panel on Climate Change“ (IPCC) der Klimarahmenkonvention dar. Dieser wird gemeinsam von der WMO und UNEP gestellt[605]. Damit hat die Klimarahmenkonvention neben einem vertragsinternen „Subsidiary Body for Scientific and Technological Advice“ ein institutionell ausgelagertes wissenschaftliches Beratungsorgan[606]. Obwohl UNEP sowohl bei der Entwicklung der Klimarahmenkonvention als auch bei der Ausgestaltung der Vertragsinstitutionen nicht maßgeblich beteiligt war, ist es durch das Panel an der Umsetzung und insbesondere der Entwicklung des Kyoto-Protokolls beteiligt.

4. „Trust Funds“

Für die Umsetzung der Abkommen wurden in vielen Fällen Treuhandfonds („trust funds“) eingerichtet. Aus den Fonds sollten die Kosten für die Verwaltung des jeweiligen Vertragsregimes, d.h. die Kosten für das Sekretariat und die Konferenzen, sowie in einigen Fällen eine Unterstützung für Entwicklungsländer geleistet werden, um deren Teilnahme an den Treffen sicherzustellen[607]. Es wurden auch ver-

---

[603] Vgl hierzu 2. Kapitel B. I. 3. V bb (1).

[604] Korn, in: Wolff/Köck (Hrsg.), Übereinkommen über die biologische Vielfalt, S. 36, 38 f. Die weiteren Einzelheiten der Funktionsweise des SBSTA hat die Vertragsstaatenkonferenz festgelegt: „*Modus operandi* of the Subsidiary Body on Scientific, Technical and Technological Advice“: Annex I zu CBD COP Dec. IV/16; ergänzt durch CBD COP Dec. V/20, Abschnitt III (Text in: Handbook of the Convention on Biological Diversity, S. 66).

[605] Churchill/Ulfstein, AJIL 94 (2000), S. 623, 626. Das IPCC wurde schon vor der Annahme der UNFCCC eingesetzt. Zu der Rolle des IPCC bei der Weiterentwicklung der Klimarahmenkonvention vgl. Röben, Max Planck UNYB 4 (2000), S. 363, 395 f. Daneben besteht noch ein „Climate Change Subsidiary Body for Scientific and Technological Advice“ (SBSTA). IPCC hat seit seinem Bestehen drei "Assessment Reports" erstellt. Die Vertragsstaatenkonferenz hat auf seiner siebten Sitzung beschlossen, dass die Staaten die darin enthaltenen Informationen berücksichtigen sollen, UN Doc. FCCC/CP/2001/13/Add.4 vom 21.01.2002, Decision 25/CP.7 vom 9.11.01. Die Untersuchungen des IPCC haben in vielen Fällen Themen des Ozonschutzes zum Gegenstand, so dass die wissenschaftlichen Nebenorgane des Montrealer Protokolls die Arbeit mit diesem koordinieren.

[606] Der „Subsidiary Body for Scientific and Technological Advice“ stellt die Verbindung zwischen der Vertragsstaatenkonferenz und dem Panel her; die Sekretariate der beiden Organe kommen zu regelmäßigen Koordinationstreffen zusammen.

[607] Sand, in: Lang (Hrsg.), Sustainable Development, S.167, 173.

mehrt spezielle Treuhandfonds für die Unterstützung der Entwicklungsländer eingerichtet. Eine große Zahl dieser Treuhandfonds wurde von UNEP initiiert und wird auch von UNEP verwaltet[608]. Insbesondere sollte durch die Einrichtung spezieller Fonds erreicht werden, dass der (allgemeine) Umweltfonds diese Kosten nicht finanzieren muss. Auch wenn UNEP diese Fonds verwaltet, trifft die Entscheidung über die Verwendung der Mittel das jeweilige Vertragssekretariat. Aus diesem Grund wird die Rolle von UNEP weniger als Treuhänder, sondern vielmehr als „financial (collection) agent" und als „postmaster general" gesehen[609]. Die Fonds unterliegen den allgemeinen Finanzregeln der Vereinten Nationen[610]. Die Zahlungen der Staaten in die Fonds sind freiwillig; es wird jedoch die „UN assessment scale" zugrundegelegt, an denen sich die Beiträge der Staaten orientieren sollen. Für die Verwaltung der Fonds müssen die Konventionen in der Regel eine Verwaltungsgebühr („overhead fee") in Höhe von 13 % der Kosten an UNEP entrichten, die u.a. für die Verwaltungs- und Personalkosten des Sekretariats und UNEP genutzt werden sollen[611]. Im Rahmen der Treuhandfonds kann UNEP, das selbst kein Mandat zur Ausführung operativer Aufgaben hat, bestimmte operative Aufgaben wahrzunehmen.

5. Bewertung

Der institutionelle Aufbau der multilateralen Umweltabkommen stellt eine Besonderheit dar. In keinem anderen Regelungsbereich sehen internationale Abkommen die Einrichtung eines ähnlichen Systems von Institutionen in Form einer Vertragsstaatenkonferenz und dessen Nebenorganen sowie einem ständigen Sekretariat vor.

---

[608] UNEP verwaltet u.a. die Fonds für folgende Konventionen: Kuwait Regional Convention for Cooperation on the Protection of the Marine Environment from Pollution, Barcelona Convention, CITES, CMS, Abidjan Convention for Cooperation in the Protection and Development of the Marine and Coastal Environment of the Eastern African Region, Cartagena Convention for the Protection and Development of the Marine Environment of the Wider Caribbean Region, Nairobi Convention for the Protection and Development of the Marine and Coastal Environment of the Eastern African Region, Wiener Übereinkommen, Montrealer Protokoll. Für die Basler Konvention besteht außerdem noch ein gesonderter Treuhandfonds für technische Unterstützung, vgl. Sand, in: Lang (Hrsg.), Sustainable Development, S.167, 172.
Auch die von UNEP verwalteten Fonds stehen jedoch unter der Autorität des "UN Controller" als Vertreter des Treuhänders, d.h. der Vereinten Nationen; Sand, in: Lang (Hrsg.), Sustainable Development, S.167, 174.

[609] Sand, in: Lang (Hrsg.), Sustainable Development, S.167, 174.

[610] UNEP hat im Jahre 1973 allgemeine Verfahrensregeln für die Fonds aufgestellt, in denen diese Reglungen zugrunde gelegt werden, vgl. Financial Rules of the Fund of the United Nations Environment Programme and General Procedures Governing Operations of the Fund of the Unoted Nations Programme, UNEP GC Dec. 2 (I) vom 22.6.1973, geändert durch UNEP GC Dec. 19/25 vom 7.02.1997; United Nations Financial Rules UN Doc. ST/SGB/Financial Rules/1/Rev. 3 vom März 1985.

[611] UNEP/CBD/COP/4/24 vom 3. 4. 1998: „Administration of the Convention on Biological Diversity- Report by the Executive Secretary", Annex III: „Arrangement between the United Nations Environment Programme (UNEP) and the Secretariat of the Convention on Biological Diversity, Par. 39 f. Siehe dazu auch UN Doc. UNEP/GC. 20/35 vom 4. 2. 1999: „The cost of administering trust funds and counterpart contributions".

Vor der Einrichtung der WTO hat GATT einige Charakteristika der Vertragsstaatenkonferenzen aufgewiesen, wie periodische Treffen der Vertragsparteien, die Unterstützung durch ein permanentes Sekretariat, die Existenz von Nebenorganen und auch die Aufgabe der Überwachung der Umsetzung[612].

III. Koordination der Umweltabkommen und Förderung der Zusammenarbeit

Das internationale Umweltrecht stellt eine „collection of sectoral ad hoc agreements" mit Variationen u.a. in der Mitgliedschaft und der institutionellen Ausprägung dar[613]. Ziel einer Koordination durch UNEP ist es deshalb, Widersprüche und Überschneidungen sowohl zwischen bestehenden Umweltkonventionen als auch neu entstehenden zu vermeiden. UNEP kann auf eine übergreifende Zusammenarbeit der Vertragsorgane hinwirken und durch die Förderung einer besseren Zusammenarbeit auch die Umsetzung der Abkommen beschleunigen. Diese Aufgaben nimmt in der Organisation von UNEP die Abteilung für Umweltabkommen (Division of Environmental Conventions (DEC)) wahr[614].

1. Koordinationstätigkeit in der Entstehungsphase eines neuen Abkommens

Das Mandat von UNEP zur Koordination nach der Agenda 21 („coordinating functions arising from an increasing number of international legal agreements") sowie das Mandat zur Entwicklung von internationalem Umweltrecht legen den Schluss nahe, dass UNEP auch eine Koordinierungsaufgabe bei der Entstehung von neuen Umweltregimen zukommt, um deren Kompatibilität mit anderen Abkommen zu gewährleisten sowie mögliche Konfliktfelder zwischen den Abkommen im Vorfeld zu vermeiden. Zur Vermeidung von Konflikten zwischen bereits

---

[612] Churchill/Ulfstein, AJIL 94 (2000), S. 623, 655 ff. Einige Menschenrechtskonventionen und Abkommen zur Waffenkontrolle sehen ebenfalls Treffen der Vertragsstaaten vor, die jedoch nicht auf einer regelmäßigen Basis stattfinden und von keinem permanenten Sekretariat unterstützt werden. Insbesondere werden die Treffen nicht von ihnen selbst sondern von der UN einberufen. Die Vertragsstaatenkonferenzen der Umweltverträge bestimmen dagegen eigenverantwortlich, wann sie tagen.
Außer GATT weisen zwei Verträge zur Rüstungskontrolle („Convention on the Prohibition of the Development, Production, Stockpiling and Use of Chemical Weapons and on Their Destruction" (Art. VIII B) und „Comprehensive Nuclear Test-Ban Treaty" (Art. II B)) und der Antarktik Vertrag (Art. IX), unterzeichnet am 1. 12. 1959, in Kraft seit 23. 6. 1961) institutionelle Regelungen vor, die mit denen der multilateralen Umweltabkommen vergleichbar sind. Die Verträge zur Rüstungskontrolle sehen eine Vertragsstaatenkonferenz, einen Exekutivrat und ein technisches Sekretariat vor. Diese Organisationen haben jedoch nicht so weitreichende Befugnisse wie die Vertragsstaatenkonferenzen der Umweltabkommen. Auch nach dem Antarktik-Vertrag von 1959 sollen Treffen der Vertragsstaaten stattfinden, die Empfehlungen abgeben können und als Forum für die Verhandlung weiterer Abkommen dienen.

[613] Lang, YIEL 3 (1992), S. 108, 122.

[614] DEC wurde im Jahre 1999 in Nairobi eingerichtet. Siehe hierzu weitergehend http://www.unep.org/dec/about_dec.html. DEC arbeitet mit der Division on Technology, Industry and Economics (DTIE) bei Verbindungen zwischen Handel und Umwelt zusammen.

bestehenden Abkommen hat UNEP die Möglichkeit, rechtlich unverbindliche Leitlinien zu verabschieden, um so auf den Inhalt der Verträge Einfluss zu nehmen. UNEP kann außerdem darauf hinwirken, dass in die zu verhandelnden Verträge Bestimmungen aufgenommen werden, die das Verhältnis zwischen dem neuen Abkommen und bereits bestehenden Abkommen regeln. Dies erfolgt meistens in der Form von Konfliktklauseln[615], in denen das Verhältnis zu anderen Abkommen festgelegt wird. So kann z.B. geregelt werden, dass die Rechte aus einem anderen Abkommen nicht berührt sein sollen[616] oder ein bestimmter Regelungsbereich ausgenommen ist, der von anderen Konventionen erfasst ist[617]. Konfliktklauseln sind insbesondere für das Verhältnis von Umweltabkommen zu den Vorschriften des GATT erforderlich[618], wobei UNEP an der Aushandlung von Regelungen, die nicht spezifisch umweltrechtlich sind, bisher regelmäßig nicht beteiligt ist.
Außer dem Ziel, mögliche Widersprüche der Abkommen zu vermeiden, umfasst die Koordinationstätigkeit auch die Aufgabe sicherzustellen, dass bisher noch nicht geregelte Bereiche eine vertragliche Regelung erfahren. Eine Koordination kann auch dahin gehen, dass einheitliche Berichts- und Streitbeilegungsverfahren gewählt werden.
Die zukünftige Zusammenarbeit zwischen den Abkommen wird dadurch erleichtert, dass das Vertragssekretariat einer Institution (UNEP) übertragen wird, die schon bei anderen Abkommen mit ähnlichem Regelungsbereich tätig ist; hierauf zielt die „Lobby"-Arbeit von UNEP.

2. *Koordination zwischen bestehenden Umweltabkommen, insbesondere Koordination der Arbeit der Vertragsorgane*

Die dargestellten eher formalen Verknüpfungen der internationalen Umweltabkommen reichen oftmals zur Vermeidung von Konflikten nicht aus; diese sind häufig die Folge davon, dass kein aufeinander abgestimmtes System von Abkommen

---

615 Zu der Überschneidung verschiedener Abkommen und der Rolle von Konfliktklauseln vgl. Wolfrum/Matz, Conflicts in International Environmental Law, S. 13 ff, 119 ff.

616 Z.B. Art. 22 Abs. 1 CBD. Allerdings ist auch vorgesehen, dass die Bestimmungen der CBD vorgehen, falls sonst ein ernsthafter Schaden oder eine Gefahr für die Artenvielfalt entstehen würde, Art. 22 Abs. 1 2. HS CBD.

617 Z.B. Art. 2 Abs. 1 (a) (ii) Kyoto Protocol: „Protection and enhancement of sinks and reservoirs of greenhouse gases not controlled by the Montreal Protocol, taking into account its commitments under relevant international environmental agreements; promotion of sustainable forest management practices, afforestation and reforestation." Ergänzend kann auf die Vorschriften der Wiener Vertragsrechtskonvention über die Anwendung und Auslegung von Verträgen nach Art. 30 ff. zurückgegriffen werden (vgl. Wolfrum/Matz, Conflicts in International Environmental Law, S. 122).

618 Das Montrealer Protokoll und CITES enthalten allerdings keine Regeln über das Verhältnis zu GATT, obwohl beide handelsbeschränkende Maßnahmen vorsehen. Die „Rotterdam Convention on the Prior Informed Consent Procedure for Certain Hazardous Chemicals and Pesticides in International Trade" (PIC-Konvention) hat WTO-Prinzipien bei der Ausgestaltung der Verpflichtungen berücksichtigt, um so eine Kompatibilität herzustellen. Dennoch sieht die PIC-Konvention kein Streitschlichtungsverfahren vor, so dass den Parteien nur die Einleitung des WTO-Streitschlichtungsverfahrens bleibt (Werksman, Formal Linkages and Multilateral Environmental Agreements, S. 8 f.).

besteht[619]. Die bisher weitestgehende Koordination zwischen den Abkommen ist die Harmonisierung der Berichte der Vertragsstaaten im Rahmen der Erfüllungskontrolle[620]. Eine konventionsübergreifende Zusammenarbeit unter der Leitung von UNEP[621] findet insbesondere bei den Artenvielfaltsabkommen statt. Seit dem Jahre 1999 arbeiten das „World Conservation Monitoring Centre" (WCMC) und UNEP zusammen. Das von IUCN, UNEP und dem Worldwide Fund for Nature im Jahre 1988 eingerichtete WCMC wurde im Jahre 2000 in UNEP eingegliedert und ist seitdem insbesondere für Informationen über Artenvielfalt, Überwachung und Bewertung zuständig[622].

Die Vertragsorgane sind grundsätzlich nur den Zielen des eigenen Abkommens verpflichtet. UNEP kann das Handeln der Vertragsorgane, wie oben dargestellt, nur bedingt beeinflussen. Ziel der Koordinationstätigkeit von UNEP ist die Zusammenarbeit der Organe der verschiedenen Konventionen.

a. Sekretariate

Die Zusammenarbeit der Vertragssekretariate wird dadurch erschwert, dass sie nur in wenigen Fällen an einem Ort angesiedelt sind und ihre finanzielle Ausstattung gering ist. UNEP unterstützt deshalb die Sekretariate darin, dass diese ihre Arbeit abstimmen und koordinieren. Zu diesem Zweck organisiert UNEP seit dem Jahre 1994 regelmäßig Treffen der Konventionssekretariate unter der Leitung des Exekutivdirektors. UNEP hat derartige Treffen der Konventionssekretariate vor allem im Bereich der Artenvielfalt und für die Regionalmeerprogramme[623] durchgeführt. Bei diesen Treffen wurden nicht nur das Verhältnis der Regionalmeerprogramme untereinander, sondern auch das Verhältnis zu CBD und CITES und Möglichkeiten für eine Zusammenarbeit diskutiert[624]. Diese Treffen sind grundsätzlich für alle Sekretariate offen, d.h. auch für diejenigen, die nicht von UNEP verwaltet werden. Ziel ist es, dass konkrete Möglichkeiten für eine Kooperation festgestellt und ent-

---

[619] Zu dieser Problematik vgl. Lukitsch Hicks, University of Richmond Law Review 32 (1999), S. 1643 ff.

[620] Vgl. oben 2. Kapitel B I. 3 c aa.

[621] Vgl. UNEP Background Paper 3rd Meeting of the Environmental Management Group: „Harmonization of Information Management and Reporting for Biodiversity-Related Treaties, Par. 13. Das Mandat wird auch in Kap. 38 der Agenda 21 und in den Entscheidungen des Verwaltungsrates 17/25, 18/9, 19/9c und 20/18b bekräftigt.

[622] vgl. zu WCMC www.unep-wcmc.org; Kimball, YIEL 10 (1999), S. 137, 145.

[623] „Second Global Meeting of Regional Seas Conventions and Action Plans" vom 5.-8.7.1999 in Den Haag; „Third Global Meeting of Regional Seas Convention and Action Plans" vom 6.-11.11.2000 in Monaco. Im Anschluss an das Treffen in Den Haag wurde ein "twinning arrangement" zwischen der Baltic Marine Environment Protection Commission and UNEP als Sekretariat der Convention for the Protection, Management and Development of the Marine and Coastal Environment of the Eastern African Region am 30.5.2000 in Malmö unterzeichnet (vgl. Annual Report 2000, S.29). Ein weiteres Treffen fand u.a. vom 25. –27.11.2003 in Nairobi statt.

[624] UN Doc. UNEP/GC.21/4 vom 22.12.2000, Par. 66.

sprechende Vereinbarungen zwischen den Sekretariaten vorbereitet werden. In einigen Fällen wurden auch einzelne gemeinsame Projekte vereinbart[625].

In der Praxis sind derartige Absprachen in Form von „Memoranda of Understanding" oder „Memoranda of Cooperation" getroffen worden. Die Vereinbarungen werden zum Großteil von den Sekretariaten oder den Exekutivsekretären abgeschlossen. Ihnen geht zumeist eine Entscheidung der Vertragsstaatenkonferenz voraus, mit der das Sekretariat zu solchen Vereinbarungen ermächtigt wird[626]. Die „memoranda" enthalten regelmäßig neben der Erklärung der jeweiligen Vertragsorgane, dass sie in Zukunft ihre Arbeit abstimmen wollen, konkrete Absprachen über die Teilnahme von Vertretern der anderen Konvention an den Sitzungen als Beobachter, einen Informationsaustausch und eine Abstimmung der Arbeitspläne[627].

Die Vertragsorgane der Konventionen zum Schutz der Artenvielfalt, d.h. CITES, CBD, CMS, Ramsar Konvention, UNESCO Convention Concerning the Protection of World Cultural and Natural Heritage und UNCCD, haben ihre Arbeit durch verschiedene „memoranda of cooperation" abgestimmt[628]. CBD hat außerdem Vereinbarungen dieser Art mit GPA und der „Convention on the Conservation of European Wildlife and Natural Habitat" sowie mit verschiedenen UN-Organisationen, wie UNCTAD oder FAO, getroffen[629]. Im Bereich der Artenvielfalt findet damit die engste Zusammenarbeit zwischen den verschiedenen Konventionen statt, während z.B. UNFCCC nur in wenigen Ausnahmefällen „memoranda" abgeschlossen hat. UNFCCC hat lediglich mit den Organen verschiedener Ab-

---

[625] Report on the Ninth Meeting on Coordination of the Secretariats of Environmental Conventions, 11.-12. 2. 2001. Zu einigen auf den Treffen diskutierten Vorschlägen vgl. UN Doc. UNEP/IGM/2/4 vom 4. 7. 2001: „Improving International Environmental Governance among Multilateral Environmental Agreements: Negotiable Terms for further Discussion", Par. 18 ff.

[626] Vgl. CBD COP Dec. III/21, Dec. IV/15, Dec. VII/26; Ramsar Konvention COP Res. 5.1, Annex II; Res. IV.9; COP Res. VIII.5.

[627] z.B. „Memorandum of Cooperation between the Convention on Biological Diversity and the Convention on Wetlands (Ramsar, Iran, 1971)" vom 19. 1. 1996, Text in: UNEP/CBD/COP/4/Inf.8 vom 27. 3. 1998: „Cooperation between the Convention on Biological Diversity and the Convention on Wetlands", Par. 8 ff.
Diese Vereinbarungen weisen einige Bestimmungen auf, die denen in internationalen Verträgen ähneln, so z.B. die Regelungen über die Beendigung der o.g. Vereinbarung zwischen CBD und der Ramsar Konvention. Die Parteien haben jedoch keine Regelung über die Streitbeilegung getroffen, was gegen eine Bindungswirkung spricht (vgl. Aust, ICLQ 35 (1986), S. 787, 791). Die Vereinbarungen werden anders als Verträge nicht bei den Vereinten Nationen nach Art. 102 Abs. 1 der Charta der Vereinten Nationen registriert. Als rechtlich nicht bindende Vereinbarungen können diese flexibel angepasst werden.

[628] U.a. "Memoranda of Understanding" zwischen CITES und CBD vom 23.3.1996 (CITES CoP 13 Inf.12; siehe auch Amendment vom 9.12.2000 bzw. 4.01.2001); „Memoranda of Cooperation" zwischen der Ramsar Konvention und CBD 19. 1. 1996; "Memoranda of Cooperation" zwischen der Ramsar Konvention und CMS vom 18.02.1997; Text erhältlich unter: www.ramsar.org/index_mou.htm.

[629] Vgl. zu einem Überblick über die Partnerkonventionen und Organisationen: www.biodiv.org/convention/partners-list.asp und www.biodiv.org/convention/partners-memoranda.asp.

kommen „ad hoc"-Vereinbarungen getroffen, die auf einzelne Projekte begrenzt waren.
Der Abschluss der „memoranda of understanding" liegt allein in den Händen der Vertragsorgane; UNEP kann derartige Vereinbarungen allerdings anbahnen. Der Großteil der Vereinbarungen ist nicht veröffentlicht worden. Im Interesse der „International Environmental Governance" wurde – als Voraussetzung einer besseren Koordination und Kooperation - deshalb vorgeschlagen, dass UNEP ein Verzeichnis der bisher abgeschlossenen „memoranda" erstellen soll[630].

Eine andere Form der Zusammenarbeit der Vertragsorgane sind die „Joint Work Programmes"; sie werden in der Regel von den Sekretariaten und den wissenschaftlichen Organen der Konventionen ausgearbeitet und den Vertragsstaatenkonferenzen zur Beschlussfassung vorgelegt[631]. In ihnen werden für bestimmte Teile der Arbeitsprogramme beider Abkommen gemeinsame Maßnahmen festgelegt, die ihren Schwerpunkt bei der Umsetzung der Abkommen auf der nationalen Ebene haben. Auch in diesem Bereich findet bisher die engste Zusammenarbeit zwischen den Organen der Konventionen zum Schutz der Artenvielfalt statt[632]. UNEP kann die Entwicklung dieser Arbeitsprogramme nur durch die Förderung des Dialogs zwischen den Konventionssekretariaten und die Bereitsstellung von Informationen für ein solches Arbeitsprogramm unterstützen.

Eine nächste Stufe der Koordinierung der Umweltabkommen würde die Zusammenlegung mehrerer Sekretariate an einem Ort darstellen[633]. Dies würde die Verwaltung der Sekretariate vereinfachen, die z.B. bei der Planung gemeinsamer Projekte enger zusammenarbeiten könnten. Ein Bedarf für eine Zusammenlegung der Sekretariate an einem Ort besteht insbesondere für die Sekretariate der Umweltabkommen, die einen ähnlichen Regelungsgegenstand haben. Vorbild können insoweit die Abkommen zum Schutz der wildlebenden Tierarten sein. CMS fungiert als Dachkonvention für verschiedene weitere regionale Abkommen; die Vertragsorga-

---

[630] UN Doc. UNEP/IGM/2/5 vom 4. 7. 2001: „Proposals for a Systematic Approach to Coordination of Multilateral Environmental Agreements", Par. 14.

[631] Vgl. z.B.: „Proposed Joint Work Plan between the Conventions [CBD und Ramsar Konvention] (1998-99), Prepared by the Bureau of the Convention on Wetlands", Text in: UNEP/CBD/COP/4/Inf.8 vom 27. 3. 1998, angenommen durch CBD COP Dec. IV/15; zweiter gemeinsamer Arbeitplan zwischen CBD und der Ramsar Konvention für die Jahre 1997-2002. Im Jahre 2002 wurde ein weiterer "joint work plan" verabschiedet. Vgl. auch "Joint Work Plan 2003-2005" zwischen der Ramsar Konvention und CMS sowie der Ramsar Konvention und AEWA. Der Text dieser Vereinbarungen ist erhältlich unter www.ramsar.org/index_mou.htm.

[632] Siehe zu den gemeinsamen Arbeitsprogrammen von CBD und anderen Konventionen: www.biodiv.org/convention/partners-workprogramme.asp.

[633] Vgl. zu diesem Vorschlag UN Doc. A/CONF.151/26 (Vol.III), Agenda 21, Kap. 38.22 (h); Beyerlin, Strengthening International Governance, S. 12; Desai, YIEL 13 (2002), S. 43, 57 f.
Ein weiterer Vorschlag betrifft die Zusammenlegung der Sekretariate regionaler Umweltabkommen mit den Verbindungsstellen der Sekretariate der globalen Umweltabkommen; siehe UN Doc. UNEP/IGM4/4 vom 16. 11. 2001: „Implementing the Clustering Strategy for Multilateral Environmental Agreements: A Framework", Par. 60.

ne der CMS sind auch an der Verwaltung dieser Abkommen beteiligt. Von UNEP wurde für diese Abkommen in Bonn eine „Agreements Unit" eingerichtet[634]. Von den von UNEP gestellten Sekretariaten ist nur das Sekretariat der Wiener Konvention und des Montrealer Protokolls in dem Hauptquartier in Nairobi selbst angesiedelt. Der Großteil der Sekretariate verteilt sich auf die Büros der Vereinten Nationen in Genf und in Bonn.

b. Andere Vertragsorgane

Die Vertragsstaatenkonferenzen der einzelnen Abkommen sind – schon von der unterschiedlichen Zusammensetzung der Vertragsstaaten her - unabhängige rechtliche Einheiten, die nicht dazu verpflichtet sind, die Entscheidungen, die im Rahmen anderer Abkommen getroffen wurden, zu berücksichtigen[635]. Eine Zusammenarbeit der Vertragsstaatenkonferenzen selbst findet bisher kaum statt. UNEP hat jedoch innerhalb der Ministergruppe für „International Environmental Governance" verschiedene Vorschläge für eine verbesserte Koordination erarbeitet. Zum einen wird vorgeschlagen, dass die „bureaux" der Vertragsstaatenkonferenzen zu regelmäßigen Treffen zusammenkommen sollen. Das „bureau" einer Vertragsstaatenkonferenz tagt zwischen den Sitzungen der Vertragsstaatenkonferenz. Die Treffen der „bureaux" sollen insbesondere Unvereinbarkeiten zwischen den Entscheidungen verschiedener Vertragsstaatenkonferenzen schon im Vorfeld vermeiden. Es wird auch angedacht, diese Treffen mit den Sitzungen des GMEF von UNEP abzustimmen[636]. Weitere Vorschläge von UNEP gehen dahin, Treffen der Vertragsstaatenkonferenzen selbst durchzuführen oder die Sitzungen der Vertragsstaatenkonferenzen im engen zeitlichen Zusammenhang an demselben Ort stattfinden zu lassen, um Abstimmungen zu erleichtern[637]. Dem ebenfalls von UNEP unterbreiteten Vorschlag von gemeinsamen Sitzungen der Vertragsstaatenkonferenzen[638] steht allerdings entgegen, dass die Vertragsstaatenkonferenzen nur für vertragsspezifische Entscheidungen zuständig sind. Daher muss der Entscheidungsprozess für die jeweiligen Abkommen getrennt stattfinden. Die Verträge sehen zwar vor, dass die Vertragsstaatenkonferenzen mit den Institutionen anderer Verträge Vereinba-

---

[634] Diese ist neben den Vertragsorganen der CMS auch für die Verwaltung des „Agreement on the Conservation of African-Eurasian Migratory Waterbirds" und das „Agreement on the Conservation of Small Cetaceans of the Baltic and North Seas" sowie das „Agreement on the Conservation of Populations of European Bats" (bis 2002: „Agreement on the Conservation of Bats in Europe") zuständig; vgl. UNEP/CMS/Conf.7.14.2. vom 12. 8. 2002: „Institutional Arrangements: Co-Location of Agreement Secretariats", Par. 2 ff; zu den Dienstleistungen, die CMS für diese drei Abkommen übernimmt vgl. Annex I. Zu weiteren in Bonn angesiedelten Vertragssekretariaten vgl. Beyerlin/Reichard, GYIL 46 (2003), S. 123, 158 ff.

[635] UN Doc. UNEP/IGM/4/5 vom 16. 11. 2001: „The Decision-Making Process of Multilateral Environmental Agreements: A Case for Enhanced Coordination", Par. 90.

[636] UN Doc. UNEP/IGM/2/4 vom 4. 7. 2001, Par. 16 ff. Da einige der Büros der COP oder die entsprechenden Organe so groß sind, wird auch vorgeschlagen, dass nur ausgewählte Vertreter der Abkommen zusammenkommen, die zumindestens eine beratende Funktion wahrnehmen; UN Doc. UNEP/IGM/4/4 vom 16. 11. 2001, Par. 71 ff.

[637] UN Doc. UNEP/IGM/2/5 vom 4. 7. 2001, Par. 35 ff.

[638] UN Doc. UNEP/IGM/2/5 vom 4. 7. 2001, Par. 37.

rungen treffen sollen (z.B. Art. 23 Abs. 4 (h) CBD); es ist jedoch nicht davon auszugehen, dass hiervon auch gemeinsame und für mehrere Abkommen verbindliche Entscheidungen erfasst sind. Hierfür wäre eine Vertragsänderung notwendig.

IV. Zusammenarbeit mit anderen Institutionen

Neben der Koordination der Arbeit der Organe der Konventionen ist UNEP auch koordinierend auf der Ebene der Vereinten Nationen und im Verhältnis zu anderen internationalen Umweltorganisationen tätig, um ein gemeinsames Vorgehen für bestimmte Bereiche zu erreichen. Dies stellt seit der Gründung eine der wesentlichen Aufgaben von UNEP dar. Neben den anderen primär mit Umweltfragen befassten Institutionen, wie z.B. CSD, ergeben sich auch mit verschiedenen Wirtschaftsorganisationen Überschneidungen in der Arbeit, so dass die Zahl der Organisationen, mit denen die Arbeit zum Zwecke eines effektiven Umweltschutzes abzustimmen ist, groß ist[639].

1. Formen der Zusammenarbeit von UNEP mit anderen Institutionen

Kurz nach seiner Gründung hat UNEP begonnen, die Zusammenarbeit zwischen den verschiedenen UN-Organen im Umweltbereich durch gemeinsame Arbeitsprogramme („joint programming" [640]) und durch die Wahrnehmung der Funktion als „clearing-house"-Stelle, zu fördern. UNEP unterhält im Rahmen des „joint programming" Partnerschaften mit verschiedenen UN-Sonderorganisationen, wie z.B. WMO, IMO und WHO, sowie mit UN-Habitat und IUCN.

Die Zusammenarbeit von UNEP mit anderen Organisationen findet in der Regel auf der Grundlage von rechtlich unverbindlichen „memoranda of understanding" statt[641]. UNEP hat sich z.B. mit der „World Customs Organization" (WCO) darüber geeinigt, dass eine Zusammenarbeit u. a. in Form eines Informationsaustausches sowie bei der Ausbildung von Zollbeamten und anderen Vollzugsbeamten

---

[639] *Kilian* hat die Organisationen, mit denen UNEP zusammenarbeiten muss, in vier Gruppen unterteilt. Zum einen sind dies die „technischen Organisationen" (WMO, ITU, IAEA), die „sozialen Organisationen", deren Maßnahmen hauptsächlich im Interesse der ärmeren Länder liegen (u.a. WHO, UNESCO, FAO, ILO, UNICEF) und die Wirtschaftsorganisationen, die auf die Interessen der Entwicklungsländer ausgerichtet sind (Regionale Wirtschaftskommissionen, UNCTAD, UNIDO, UNDP). Die vierte Gruppe, mit der eine Zusammenarbeit stattfinden muss, sind die Wirtschaftsorganisationen, die von den Interessen der Industrieländer bestimmt werden (IBRD, IMF, WTO). Mit der letztgenannten Gruppe gestaltet sich die Zusammenarbeit aufgrund des Nord-Süd-Konflikts am schwierigsten, zumal innerhalb von UNEP die Entwicklungsländer über eine Mehrheit verfügen, Kilian, Umweltschutz durch Internationale Organisationen, S. 383ff.

[640] Nachdem im Jahre 1977 der Verwaltungsrat auf Empfehlung des „Environment Coordination Board" entschieden hat, dieses Programm zu stärken, wurde der Begriff des „thematic joint programming" eingeführt; vgl. UNEP Annual Report 1982, Ch. III, par. 6, S. 19.

[641] Die Parteien des „Memorandum of Understanding between the United Nations Environment Programme Finance Initiatives (UNEP FI) and the World Conservation Union (IUCN)" haben ausdrücklich betont, dass es sich bei der Vereinbarung um ein „letter of intent" handelt und keine rechtliche Bindung angestrebt ist.

stattfinden soll, um so den illegalen Handel mit gefährdeten Arten sowie mit gefährlichen Stoffen und Produkten zu bekämpfen[642]. Eine weitere Vereinbarung hat UNEP z.B. mit der WHO über eine Zusammenarbeit im Bereich von „environmental health" getroffen[643]. Zur Umsetzung dieser Vereinbarungen sollen innerhalb der beiden Organisationen Zentralstellen eingerichtet sowie ein ständiger Informationsaustausch gewährleistet werden[644]. Die Vereinbarungen, die UNEP mit anderen Organisationen trifft, werden in der Regel nicht veröffentlicht. Der Exekutivdirektor legt dem Verwaltungsrat von UNEP jährlich eine Liste über die neuen Vereinbarungen mit kurzer Inhaltsbeschreibung vor[645].
In diesen Vereinbarungen bringen die Organisationen zum Teil nur allgemein zum Ausdruck, dass sie in der Zukunft zusammenarbeiten wollen; andere haben die Durchführung konkreter Projekte zum Gegenstand. Oftmals sind Regelungen über die Streitbeilegung enthalten; es wird entweder an eine dritte Partei als Mediator verwiesen oder die Vorsitzenden der beiden Organisationen, d.h. im Falle von UNEP der Exekutivdirektor, sollen eine für beide Seiten annehmbare („billige") Lösung finden[646]. Eine Beendigung der Vereinbarung ist regelmäßig durch eine schriftliche Mitteilung an die andere Partei mit einer bestimmten Frist möglich[647].
Mit dem Großteil der Organisationen, die sich mit Umweltfragen beschäftigen oder die Umsetzung von Projekten unterstützen können, hat UNEP derartige Vereinbarungen getroffen. Durch diese Vereinbarungen hat UNEP eine Grundlage für eine koordinierte Zusammenarbeit mit anderen Organisationen geschaffen und einzelne

[642] „Memorandum of Understanding between the World Customs Organization and the United Nations Environment Programme". Auf einem „inter-agency" Treffen in Paris vom 10.-11.11.1994 haben UNEP, ILO, FAO, WHO, UNIDO und OECD sich über die Einrichtung eines Programms für die sichere Behandlung von Chemikalien geeinigt und ein memorandum of understanding hierüber vereinbart (Kurukulasuriya, YIEL 5 (1994), S. 546, 550).

[643] „Memorandum of Understanding" zwischen der WHO und UNEP „On Enhancement of Cooperation in the field of environmental health" vom 23.8.1999. Weitere Beispiele. „Memorandum of Understanding Governing Cooperation between the United Nations Environment Programme and the United Nations Population Fund" vom 9.4.1999 und „Memorandum of Understanding on Cooperation between the United Nations Children´s Fund and the United Nations Environment Programme" vom 5.3.1997; "Memorandum of Understanding" zwischen FAO Africover-Eastern Africa und UNEP (in Kraft bis 31.08.1999).

[644] Z.B. „Memorandum of Understanding" zwischen der WHO und UNEP „On Enhancement of Cooperation in the field of environmental health" vom 23.8.1999, Par. 5; ebenso „Memorandum of Understanding on Cooperation between the United Nations Children´s Fund and the United Nations Environment Programme" vom 5.3.1997, Par. 11 ff.

[645] Vgl. UN Doc. UNEP/GC.21/INF/7 vom 18.12.2000; UN Doc. UNEP/GC.22/INF/6 vom 13.11.2002; UN Doc. UNEP/GC.23/INF/13 vom 2.02.1005.

[646] „Memorandum of Understanding between the World Customs Organization and the United Nations Environment Programme", Art. 7. Das "Memorandum of Understanding" zwischen der FAO Africover-Eastern Africa und UNEP sieht ein Schiedsverfahren zur Streitschlichtung vor (Par. 10).

[647] Z.B. „Memorandum of Understanding between the World Customs Organization and the United Nations Environment Programme" Art. 5 Abs. 1 und 2 (Beendigungsfrist von 6 Monaten). In anderen Fällen wird nur festgelegt, dass die Vereinbarung solange in Kraft sein soll, wie die Parteien sich über die Umsetzung einig sind, z.B. „Memorandum of Understanding Providing Labour-Related Services through National Cleaner Production Centres" Par. 11.

Organisationen in gemeinsame Projekte oder die Umsetzung des Umweltprogramms von UNEP eingebunden. Mit einigen Organisationen findet eine Zusammenarbeit auch über gemeinsame zwischenstaatliche Stellen statt, wie z.B. die Joint Group of Experts on the Scientific Aspects of Marine Environment Protection (GESAMP)[648] oder die Consultative Group on International Agricultural Research (CGIAR)[649].

Die von UNEP wahrgenommene Funktion als „clearing-house"-Stelle sollte den Kontakt zwischen den Entwicklungsländern und den Entwicklungsorganisationen vermitteln. Ziel des „clearing-house" war es, geeignete Geldgeber für Projekte zu finden, die die Umweltsituation in den Entwicklungsländern verbessern sollen. Die Durchführung erfolgte durch ein Programme Activity Center (PAC)[650]. Außerdem wurden Fonds für Maßnahmen des „clearing- house"-Mechanismus eingerichtet, die zum Teil von UNEP treuhänderisch verwaltet werden[651].

2. Koordinationsgremien

Die „Environmental Management Group" (EMG) unter dem Vorsitz von UNEP und das „Chief Executives Board for Coordination" (CEB) stellen die entscheidenden Koordinationsgremien innerhalb der Vereinten Nationen dar. Für die Koordination der Arbeit der Finanzierungshilfeorganisationen wurde das „Committee of International Development Institutions on the Environment" (CIDIE) eingerichtet, in dem UNEP, die Weltbank, UNDP und elf weitere intergouvernmentale Finanzorganisationen vertreten sind.

a. Chief Executives Board for Coordination (CEB)

Im Jahre 1946 wurde das „Administrative Committee on Coordination" (ACC) als zentrales Koordinierungsorgan innerhalb der Vereinten Nationen eingerichtet[652]. ACC wurde im Jahre 2000 in „Chief Executives Board for Coordination" (CEB) umbenannt. Die Aufgabe des ACC bestand darin, die Umsetzung der Vereinbarungen zwischen den Vereinten Nationen und deren Sonderorganisationen und die Koordination zwischen den verschiedenen Organisationen sicherzustellen. Die Mitglieder des ACC waren die Vorsitzenden der UN-Sonderorganisationen und mit ihnen verbundenen Organe und Einrichtungen[653].
Die Koordinierungsaufgabe von ACC war umfassend auf alle Themen der Vereinten Nationen angelegt. Im Umweltbereich war die Arbeit der ACC im Schwerpunkt darauf gerichtet, Maßnahmen zur Koordination der Umweltprogramme der ver-

---

[648] Neben UNEP sind u.a. FAO, IAEA, IMO, UNESCO, WHO und WMO daran beteiligt.
[649] Die Hauptaufgabe liegt in der Forschung. Hieran sind u.a. die Weltbank, FAO, UNDP und UNEP beteiligt. Weitere Beispiele für diese Form der Zusammenarbeit sind IPCC und das Intergovernmental Forum on Chemical Safety (IFCS).
[650] Environmental Policy and Law, 12 (1984), S. 92 f.; vgl. auch UNEP Annual Report 1984, Kap. III, S. 23 ff.
[651] UNEP Annual Report 1984, Kap. III, S. 24.
[652] ECOSOC Res. 13 (III) vom 21. 9. 1946.
[653] Sands, Principles of International Environmental Law, S. 79.

schiedenen Organe zu beraten und entsprechende Empfehlungen an die Mitgliedsorganisationen zu geben. Die Aufgaben des ehemals im Rahmen von UNEP eingerichteten Umweltkoordinierungsrates (ECB) wurde nach einigen Jahren vollständig von ACC übernommen[654]. Zur Vorbereitung der Treffen des ACC war dann auf Drängen des Verwaltungsrates von UNEP die (inter-agency board) Expertengruppe „Designated Officials on Environmental Matters" (DOEM) eingerichtet worden, deren Vorsitz UNEP hatte[655].
Im Anschluss an die Rio-Konferenz richtete ACC im Jahre 1993 das „Inter-Agency Committee on Sustainable Development" (IACSD) als Unterausschuss ein, dessen Aufgabe darin bestand, Empfehlungen für die Umsetzung der Ergebnisse des UNCED und in diesem Rahmen für eine Kooperation der verschiedenen Organe und Organisationen der Vereinten Nationen an ACC zu richten. IACSD stand den „senior officials" aller Mitglieder des ACC offen[656]. Für die einzelnen Aufgaben wurden jeweils „task manager" bestimmt, wobei UNEP für die Arbeitsbereiche Atmosphäre, toxische Chemikalien, gefährliche Abfälle, Wüstenbildung und Artenvielfalt zuständig war[657]. IACSD hat zweimal jährlich getagt und war gegenüber ACC zu einem jährlichen Bericht über seine Arbeit verpflichtet. An ACC wurde immer wieder kritisiert, dass es sich um einen Koordinationsausschuss auf Verwaltungsebene handelt, der zwar im Verhältnis zu den Organisationen der UN tätig werden kann, nicht aber im Verhältnis zu den Mitgliedsstaaten. Ein weiterer Kritikpunkt bestand darin, dass die ACC nicht im Bereich der Planung, sondern nur auf der administrativen Ebene koordinierend aktiv war[658]. Durch die Einrichtung des IACSD und der „task manager" wurde dieser Kritik begegnet; zusätzlich wurden in den einzelnen Bereichen auch Planungsaktivitäten vorgenommen. IACSD übernahm auch die Aufgaben der von UNEP im Jahre 1993 eingerichteten „Inter-Agency Environment Group", die zusammenkommen sollte, wenn Bedarf für die Wahrnehmung einer bestimmten Koordinierungsaufgabe bestand[659].

---

[654] Dupuy, in: Bernhardt (Hrsg.), EPIL Bd. IV, S. 1101, 1102. Zu den Aufgaben von ECB vgl. UNGA Res. 2997 (XXVII), IV 2; Birnie, in: Roberts/Kingsbury; United Nations, Divided World, S. 327, 346.

[655] UNEP Annual Report 1982, Ch. III, par. 16f., S. 21: Die Mitgliedschaft in diesem Gremium wechselte; fast jede Organisation innerhalb der Vereinten Nationen hatte einen Vertreter entsandt. In der Regel fanden drei Treffen im Jahr statt. Später wurde DOEM durch die Inter-Agency Environment Coordination Group ersetzt.

[656] Insbesondere nahmen Vertreter von FAO, UNESCO, WMO, WHO, ILO, Weltbank, IAEA, UNEP und UNDP teil (Sands, Principles of International Environmental Law, S. 79). Das Sekretariat von CSD hat an den Treffen des Inter-Agency Committee on Sustainable Development (IACSD) teilgenommen, UNEP/CBD/COP/3/29 vom 22. 9. 1996: „Activities undertaken in relation to cooperation with other Biodiversity-Related Conventions", Par. 15.

[657] Vgl. zu den Aufgabengebieten der anderen „Task manager": www.un.org/esa/sustdev/inter_agency/iacsdref.html.

[658] Wolfrum, in: Wolfrum (Hrsg.), Die Reform der Vereinten Nationen, S. 129, 147 f.

[659] UNEP GC Decision 17/9 vom 21.5.1993. Der Verwaltungsrat hat später entschieden, dass die Aufgaben von IACSD wahrgenommen werden sollen, UNEP GC Decision 18/14 vom 26.5.1995.

Die Umstrukturierung von ACC zu CEB erfolgte auf Vorschlag des Generalsekretärs der Vereinten Nationen[660]. CEB tagt zweimal im Jahr unter dem Vorsitz des Generalsekretärs[661]. Im Rahmen der Umwandlung wurden die Unterorgane und –abteilungen der ACC sowie des IACSD aufgelöst. Es wurden stattdessen zwei Ausschüsse eingerichtet; das „High Level Committee on Programmes" (HLCP) und das „High Level Committee on Management" (HLCM). CEB hat derzeit 27 Mitglieder, zu denen auch die WTO und die Bretton Woods Organisationen gehören[662]. Ziel der Umstrukturierung war es, dass die mehrere Ebenen umfassende und formale Struktur mit ständigen Organen zugunsten von flexibleren Einrichtungen ersetzt wird. Es sollte ein Netzwerk von Spezialisten und ad hoc Arbeitsgruppen geschaffen werden[663]. Die Namensgebung CEB sollte widerspiegeln, dass es sich um eine hochrangig besetzte Einrichtung und ein kollegiales Gremium handelt, dessen Mitglieder gemeinsam die Verantwortung für ein integratives System tragen[664].

Die Zusammenarbeit zwischen UNEP und ACC war seit Bestehen des ACC insbesondere durch die Leitung des Vorbereitungsgremiums DOEM und durch die Rolle als „task manager" von IACSD geprägt. Durch die Umstrukturierungen ist für UNEP der Einfluss in den ständigen Ausschüssen entfallen. CEB versucht, seine Koordinationstätigkeit auf der Planungsebene durch die Arbeitsgruppen zu verstärken. Es bleibt abzuwarten, ob die neue Struktur die Erwartungen erfüllt.

b. Environmental Management Group (EMG)

Auf Empfehlung der „United Nations Task Force on Environment and Human Settlements" wurde innerhalb der Vereinten Nationen die „Environmental Management Group" (EMG) durch eine Resolution der Generalversammlung einge-

---

660 Die Rechtsnatur von CEB ist nicht eindeutig geklärt. Zum einen könnte es sich um ein Nebenorgan der UN und zum anderen um ein gemeinsames Nebenorgan aller teilnehmenden Organisationen handeln. Vgl hierzu: Meng, in: Simma (Hrsg.), The Charter of the United Nations, Rn.15, der von der letzten Möglichkeit ausgeht mit der Begründung, dass alle teilnehmenden Staaten gleichberechtigt sind und die Zustimmung aller Organisationen Voraussetzung dafür war, CEB als eine Organisation zu schaffen, die in gewisser Weise über den anderen steht.

661 Berichte zu den Treffen im Jahr 2002 UN Doc. CEB/2002/1 vom 6. 6. 2002 und UN Doc. CEB/2002/2 vom 9. 12. 2002; zu dem 1. Treffen im Jahr 2003 vgl. CEB/2003/1 vom 16.03.2002. Im Jahr 2004 fanden die Treffen vom 2. bis 3.04.2004 in Genf und vom 29. bis 30.11.2004 in New York statt.

662 Vgl. http://ceb.unsystem.org/default.htm. Zu den sog. Bretton Woods Organisationen zählen die auf der Konferenz von Bretton Woods gegründeten Organisationen (Internationaler Währungsfonds (IWF), Weltbank, GATT).

663 www.nyo.unep.org/ceb01.htm. Der „Plan of Implementation" des WSSD empfiehlt allerdings die Einführung eines ständigen Koordinationsmechanismus für Fragen im Zusammenhang mit Meeres- und Küstenfragen. Dieser würde den aufgelösten ACC-Unterausschuss zu diesem Thema ersetzen, UN Doc. A/CONF.199/20, Johannesburg Plan of Implementation, Kap. IV, Par. 30 (c); Sands, Principles of International Environmental Law, S. 80.

664 Sands, Principles of International Environmental Law, S. 80.

setzt[665]. Mitte des Jahres 2003 wurde das ständige Sekretariat der EMG in Genf eingerichtet.
Die Aufgabe, die EMG wahrnehmen sollte, wurde von der Task Force wie folgt beschrieben: „The group would adopt a problem-solving, results oriented approach that would enable United Nations bodies and their partners to share information, consult on proposed new initiatives and contribute to a planning framework and develop agreed priorities and their respective roles in the implementation of those priorities in order to achieve a more rational and cost-effective use of their resources."[666]. Ziel sollte damit eine bessere Koordination und ein gemeinsames Handeln aller Gruppen sein, die im Bereich der Umwelt und des „human settlement" aktiv sind[667]. Mitglieder der EMG sind die Sonderorganisationen, Programme und Organe der Vereinten Nationen sowie die Sekretariate multilateraler Umweltabkommen. UNEP hat den Vorsitz von EMG inne. Des Weiteren stellt UNEP das Sekretariat für EMG, das in Genf angesiedelt ist. UNEP ist nach der Resolution 58/209 vom 13.02.2004 verpflichtet, die Berichte der EMG über deren Arbeit an die Generalversammlung zu übergeben (Par. 11). Der Berichtspflicht kommt EMG nach, indem es regelmäßig an den GMEF Bericht erstattet. Die Ministergruppe zu International Environmental Governance hat allerdings vorgeschlagen, dass das Berichtsverhältnis zwischen GMEF und EMG klar definiert werden und EMG verpflichtet sein soll, jährlich einen Bericht über die „inter-agency" Aktivitäten an GMEF zu übergeben[668]. Auf seiner siebten Sondersitzung hat der Verwaltungsrat diesen Bericht angenommen[669].
EMG ist kein Organ von UNEP, sondern ein „Forum" der Vereinten Nationen[670]. Das Entscheidungsorgan besteht aus „senior-level"-Vertretern der Mitgliedsorganisationen und der Vertragssekretariate. Mindestens einmal im Jahr soll ein Treffen der EMG stattfinden[671]. Für die Untersuchung oder die Durchführung bestimmter Projekte können „ad hoc issue management groups" eingesetzt werden, die nur für die Zeitdauer der Aufgabe Bestand haben. Die Arbeitsgruppen stehen unter der Leitung einer der Mitgliedsorganisationen, die für die Organisation der Treffen und die Vorbereitung der Dokumente zuständig ist. In der Regel hat UNEP den Vor-

---

[665] UN Doc. A/53/463 vom 6. Oktober 1998, Annex: Recommendation 1; UNGA A/RES/53/242 vom 10. 8. 1999, Par. 5.
[666] UN Doc. A/53/463 vom 6. Oktober 1998, Par. 11.
[667] UN Doc. A/53/463 vom 6. Oktober 1998, Annex: Par. 25.
[668] UN Doc. UNEP/GCSS.VII/1 vom 15.02.2002, Appendix: Report of the Open-ended Intergovernmental Group of Ministers or their Representatives on International Environmental Governance, Par. 37. Außerdem soll auch geregelt werden, welche Berichtspflichten der EMG gegenüber CSD und anderen Foren innerhalb der UN obliegen sollen.
[669] UN Doc. UNEP/GCSS.VII/1 vom 15.02.2002, Par. 1.
[670] "Report of the Environmental Management Group on its Meeting of 3 July 2003" vom 10.07.2003, Par. 15 (erhältlich unter www.unemg.org).
[671] Bisher haben mehrmals im Jahr Treffen der EMG in Genf stattgefunden: z.B. Treffen am 22. 1. 2001, am 15. 6. 2001 und 10. 10. 2001; Treffen am 3. 7. 2003 und am 26. 9. 2003. Nichtmitglieder können sowohl an den Treffen der EMG als auch an den Sitzungen der Arbeitsgruppen auf Einladung des Vorsitzenden teilnehmen, soweit sie mit dem Thema vertraut sind (with a potential and specific expertise). Die neunte Sitzung fand am 8.11.2004 in Genf statt.

sitz; die Arbeitsgruppen können jedoch eine andere Organisation bestimmen, soweit diese für die Behandlung des bestimmten Themas besser geeignet ist[672]. Die Arbeitsgruppen legen nach dem Abschluss ihrer Arbeit dem Vorsitzenden der EMG einen Ergebnisbericht vor.

Durch die EMG ist eine weitere Stelle, die für die Koordination der internationalen Umweltschutztätigkeiten zuständig ist, innerhalb des Systems der Vereinten Nationen hinzugekommen. Dadurch sollte und konnte aufgrund der strukturellen Ausgestaltung keine Konkurrenz zu UNEP entstehen. Vielmehr soll es auch eine Aufgabe der EMG sein, insbesondere dem Verwaltungsrat von UNEP und der Commission on Human Settlements bei der Vorbereitung von koordinierten Beiträgen zu intergouvernementalen Foren, wie z.B. der CSD, Unterstützung zu leisten[673]. Des Weiteren soll es auch einen Rahmen bieten, um die analytischen und normativen Aktivitäten von UNEP mit der operativen Rolle von UNDP abzustimmen[674]. EMG sollte weiterhin auch ein Forum zur Beratung von Problemen der Umsetzung der multilateralen Umweltabkommen und der dazu von den jeweiligen Organisationen wahrzunehmenden Aufgaben sein[675].

Im Unterschied zur ACC ist der Aufgabenbereich von EMG auf die Themen Umwelt und menschliche Siedlungen („human settlements") beschränkt. Die Aufgabe der EMG besteht darin, konkrete Lösungen zu bestimmten, in der Praxis aufgetretenen Umweltproblemen, die den Zuständigkeitsbereich mehrerer Organisationen betreffen, zu entwickeln. Ziel ist es, zügig eine Lösung zu finden. Dieses Ziel prägt die Arbeit der EMG. So wird der Zeitraum für die Arbeitsgruppen von vornherein beschränkt; die Organisationen haben in der Regel nur vier Wochen Zeit für eine Stellungnahme[676]. Dementsprechend sollen die Themen so speziell und abgegrenzt sein, dass sie in naher Zukunft gelöst und die Lösungswege klar umrissen werden können[677]. EMG war von vornherein an als ein flexibler Mechanismus eingerichtet worden, der dann tagen sollte, wenn eine Lösung für ein bestimmtes Problem erar-

---

[672] Unter dem Vorsitz von UNEP und UNDP besteht eine „Issue Management Group on an Intergovernmental Strategic Plan for Capacity Building and Technology Support"; die erste Sitzung fand am 8.11.2004 statt (Bericht erhältlich unter: www.unemg.org). Außerdem wurden Arbeitsgruppen u.a. zu den Themen Harmonisierung der Berichte im Bereich der Artenvielfalt (Vorsitz: UNEP), Entwicklung eines systemweiten Vorgehens bei Umwelterziehung und –training (Vorsitz: UNESCO), Abfallmanagement (Vorsitz: UNEP und UNIDO) und Chemikalien (Vorsitz: UNEP) eingesetzt. Vgl. Report of the Environmental Management Group at its First Meeting vom 22. 1. 2001, Par. 13, 17; UN Doc. UNEP/IGM/2/INF/4 vom 4. 7. 2001: „Report on the Environmnental Management Group on its Second Meeting", Par. 27.
Die „Terms of Reference" wurden von ACC auf seiner Früjahrssitzung im Jahr 1999 bestätigt, nachdem sie unter der Beteiligung von UNEP, des Committee of Permanent Representatives (CPR) und IACSD ausgehandelt worden waren; Text unter: www.unemg.org.

[673] UN Doc. A/53/463 vom 6. Oktober 1998, Annex: Par. 25.

[674] UN Doc. A/53/463 vom 6. Oktober 1998, Par. 11.

[675] Vgl. Report of the Environmental Management Group at its First Meeting vom 22. 1. 2001, Par. 3; zu den von EMG wahrgenommen Aufgaben in den Jahren 2004-2005 siehe UN Doc. UNEP/GC.23/7 vom 14.12.2004.

[676] Vgl. „Terms of Reference" der EMG, Text erhältlich unter: www.unemg.org.

[677] UN Doc. UNEP/IGM/2/INF/4 vom 4. 7. 2001: „Report of the Environmental Management Group on its Second Meeting", Par. 23.

beitet werden sollte. Ein solcher Praxisbezug fehlte bei der ECB und ACC und ist in diesem Maße bei der CEB ebenfalls nicht gegeben. Die Treffen der EMG sind zumeist auf einen Tag beschränkt, an dem die Berichte der Arbeitsgruppen und zukünftige Themen behandelt werden. Die eigentliche Arbeit findet in den themenspezifischen Arbeitsgruppen statt. EMG stellt damit kein Forum dar, in dem weitreichende Veränderungen oder Verbesserungen diskutiert werden sollen, sondern es sollen konkrete Maßnahmen für bestimmte dringende Umweltprobleme beschlossen werden, ohne dass langwierige Verfahren zu durchlaufen sind. UNEP nimmt als Leitungsorganisation sein Mandat zur Koordination der internationalen Umweltpolitik wahr und kann durch die Leitung der Arbeitsgruppen wesentlich auf die Art und Weise der Behandlung eines bestimmten Umweltthemas Einfluss nehmen.

3. *Zusammenfassung und Ausblick*

UNEP hat im Rahmen der Vereinten Nationen die entscheidende Koordinationsrolle. Es wird zum Teil allerdings eine Abschwächung dieser Funktion darin gesehen, dass die Entscheidung des Verwaltungsrates 18/1 vom 26. Mai 1995 als Ziel nur noch ins Auge fasst: „Facilitating the coordination of the activities of all United Nations bodies on matters concerned with the environment, ensuring through cooperation, liasion and expert participation, that environmental considerations are taken into account"[678]. Diese Aussage ist allerdings eher so zu werten, dass UNEP sich seiner im Verhältnis zu anderen UN-Organisationen begrenzten Möglichkeiten bewusst ist, dennoch allerdings soweit wie möglich die Umweltaspekte berücksichtigt wissen will.

Insbesondere durch die Leitung der EMG und der Arbeitsgruppen hat UNEP seine maßgebliche Stellung bei der Koordination auf der Ebene der Vereinten Nationen gewahrt. Neben den beiden dargestellten Gremien ist UNEP auch an den Exekutivausschüssen beteiligt, die ebenfalls im Zuge des Reformprozesses des Generalsekretärs als „Instrumente" zur Politikentwicklung, Entscheidungsfindung und zum Management in vier Bereichen eingesetzt wurden. UNEP ist Mitglied des „Executive Committee on Economic and Social Affairs" (EC-ESA)[679].

EMG stellt das Forum innerhalb der Vereinten Nationen dar, das die Arbeit des GMEF innerhalb von UNEP ergänzt. Das Verhältnis von EMG zum Verwaltungsrat und insbesondere zum GMEF bietet allerdings weitere, noch nicht genutzte Möglichkeiten für eine engere Zusammenarbeit.

---

[678] Beyerlin/Maurahn, Rechtsetzung und Rechtsdurchsetzung, S. 59 Fn 135.

[679] UNEP ist außerdem Mitglied der „United Nations Development Group" (UNDG), um sicherzustellen, dass dort die Umweltinteressen ausreichend berücksichtigt werden. Des Weiteren ist UNEP Mitglied des „Executive Committee on Humanitarian Affairs" (EC-HA). Vgl. hierzu www.nyo.unep.org/p31.htm#449.

V. Umweltüberwachung und Umweltbewertungen („Monitoring" und „Environmental Assessment")

Eine weitere Aufgabe von UNEP ist die Sammlung und Bereitstellung von Informationen über die aktuelle Umweltsituation. Die zwei wesentlichen Instrumente hierfür stellen die Umweltüberwachung („monitoring") und die Bewertung der Umwelt („assessment") dar. Auf der Stockholmer Umweltkonferenz wurde beschlossen, dass UNEP ein globales Programm zur Umweltbewertung einrichten soll[680]; nach der Gründungsresolution sollte das „Environmental Assessment" der dritte große Aufgabenbereich von UNEP sein. Von UNEP wurde daraufhin ein „Global Environmental Monitoring Service" (GEMS) und ein „International Referral Service" eingerichtet mit dem Ziel, ein weltweites Datennetzwerk für Umweltinformationen zu schaffen[681]. Dies wurde später umbenannt in „International Referral System for Sources of Environmental Information" (INFOTERRA)[682]. Ein wesentlicher Teil der Bewertungen, die von UNEP durchgeführt werden, dienen dazu, die Auswirkungen von Projekten oder anderen Maßnahmen auf die Umwelt im Vorfeld festzustellen[683]. Seit dem Jahre 1999 erstellt UNEP außerdem Gutachten über die Umweltsituationen in ehemaligen Kriegs- oder Krisengebieten.

1. „Monitoring"-Verfahren

„Monitoring"-Verfahren bestehen in einer ständigen Überwachung der Umweltsituation, der Umweltaktivitäten und der Feststellung der Resultate solcher Aktivitäten[684]. Die aus dem „monitoring" gewonnenen Informationen sind die Grundlage für Bewertungsverfahren[685].

---

[680] UN Doc. A/CONF.48/14/Rev.1, Kap. II, Action Plan for the Human Environment, Kap. C; Mahmoudi, in: Asisan Yearbook of International Law 5 (1995), S. 175, 188.

[681] UN Doc. A/CONF.48/14/Rev.1, Kap. II, Action Plan for the Human Environment, Empfehlung 101.

[682] Mahmoudi, Asian Yearbook of International Law 5 (1995), S. 175, 188. Im Jahre 1980 hat UNEP zusammen mit der Weltbank, UNDP und sechs anderen Entwicklungshilfeinstitutionen die „Declaration of Environmental Policies and Procedures Related to Economic Development" unterzeichnet. Danach sollen Verfahren zur Umweltüberprüfung und –bewertung für alle Entwicklungsaktivitäten und Umweltschutzaktivitäten in den Entwicklungsländern eingerichtet werden. Um die Umsetzung der Deklaration zu überprüfen, richteten die Organisationen das „Committee of International Development Institutions on the Environment" (CIDIE) ein, Timoshenko/Berman, in: Werksman (Hrsg.), Greening International Institutions, S. 38, 40. CIDIE ist nicht Teil des UN- Systems, vgl. Palmer, AJIL 86 (1992), S. 259, 261.

[683] Daneben gibt es auch „risk assessments" und „response assessments"; vgl. Haas, in: Commission on Global Governance, Issues in Global Governance, S. 333, 356.

[684] In der Convention for the Protection of the Marine Environment of the North East Atlantic (OSPAR Konvention, 1992) wird „Monitoring" beschrieben als ein „repeated measurement", das aus drei Faktoren besteht: „(a) the quality of the...environment and each of its compartments...; (b) activities or natural and anthropogenic inputs which may affect the quality of the...environment; [and] (c) the effects of such activities" (vgl. Sands, Principles of International Law, S. 848; OSPAR Convention 1992, Annex IV, Art. 1). „Monitoring" wird auch wie folgt definiert: „ The essence of all definitions is that it represents a scientifically designed and continuing observation and/or measurement of given indicators or environmental variables, in ac-

„Monitoring"-Verfahren sind in internationalen Verträgen vorgesehen; in der Regel handelt es sich um die Überwachung spezieller Umweltbereiche oder –entwicklungen[686]. Daneben bestehen aber auch „monitoring"-Verfahren, die nicht an ein bestimmtes Abkommen gebunden sind[687]. UNEP unterhält selbst „monitoring"-Programme, die zum Teil auf bestimmte Themengebiete beschränkt sind, zum Teil eine umfassende Umweltüberwachung gewährleisten sollen.
Das Ziel des „monitoring" ist die Erlangung und der Austausch von technischen und wissenschaftlichen Daten. Diese Informationen dienen zum einen dazu, Auswirkungen der menschlichen Aktivitäten auf das Ökosystem zu untersuchen, um die Zusammenhänge zu verstehen; zum anderen sind die wissenschaftlichen Daten die Grundlage für die Anpassung bestehender und die Aufstellung neuer umweltrechtlicher Standards[688]. Die Kontrolle und Überwachung der Implementierung internationaler Abkommen stellen nur einen Nebeneffekt dar. Im Zusammenhang mit der Einrichtung des GEMS wurde gerade betont, dass „monitoring" nicht der Überwachung der Erfüllung von Regelungen (regulations) oder Standards dienen soll; allerdings wird in dem gleichen Dokument auch gesagt, dass die Informationen aus den „monitoring"-Verfahren Indizien für die Effektivität von Kontrollmaßnahmen sein können[689]. Voraussetzung dafür, dass „monitoring"-Verfahren eine Überwachung der Implementierung von Vertragsbestimmungen ermöglichen, ist, dass diese hinreichend konkretisiert sind; dies ist z.B. der Fall, wenn die Verpflichtungen in Form von zu erfüllenden Umweltstandards, Emissionsbeschränkungen oder Listen von kontrollierten Substanzen bestehen[690]. In diesen Fällen kann das „monitoring" zur Verifizierung der durch die Staatenberichte erlangten

---

cordance with a fixed schedule in space and time, and using comparable methodologies and standardized procedures" (Gosovic, The Quest for World Environmental Cooperation, S. 36).

[685] Ehrmann, Erfüllungskontrolle, S. 392. Vgl. zu den Begriffen auch Gosovic, The Quest for World Environmental Cooperation, S. xvi f.

[686] Szasz, in: Brown Weiss (Hrsg.), Environmental change and international law, S. 340, 353: „"macro monitoring" und „micro monitoring". Der Großteil der Regionalmeerabkommen enthalten Bestimmungen über die Einrichtung von Überwachungsmechanismen/-systemen zur Verschmutzung der Meeresumwelt, z.B. Art. 10 der Barcelona Konvention (Text in: ILM 15 (1976), 290). Gem. Art. XXIV des Übereinkommens über die Erhaltung der lebenden Meeresschätze der Antarktis vom 20. Mai 1980 (BGBl. 1982 II S. 421) sollen die Parteien bei der Einrichtung eines Beobachtungs- und Inspektionssystems zusammenarbeiten (vgl. auch Art. XV Abs. 4 des Übereinkommen über den Schutz des Schwarzen Meeres gegen Verschmutzung, Text in: ILM 32 (1993), 1110). „Monitoring" ist auch bei bilateralen Verträgen denkbar (Szasz, Administrative and Expert Monitoring, S. 1, 2).

[687] Insgesamt variieren die einzelnen Mechanismen sehr. Denkbar ist eine Überwachung in Form von Vor-Ort-Untersuchungen, Staatenberichten oder einer allgemeinen Überwachung. Die Bewertung (assessment) können durch eine internationale Stelle, wie das Vertragssekretariat, eine Kommission oder eine internationale Organisation, durch eine Nichtregierungsorganisation oder auch einen dritten Staat durchgeführt werden, Wolfrum, RdC 272 (1998), S. 13, 36.

[688] Sachariew, YIEL 2 (1991), S. 31, 35.

[689] Gosovic, The Quest for World Environmental Cooperation, S. 37; UN Doc. A/CONF:48/11 vom 10.01.1972, Par. 30 Fn 5. Vgl. auch UN Doc. A/CONF:48/12 vom 17.12.1971, Par. 127 ff.

[690] Sachariew, YIEL 2 (1991), S. 31, 35.

Informationen dienen[691]. Einzelne Abkommen legen ausdrücklich die Erfüllungsüberwachung als Ziel der vertragsspezifischen Überwachungsverfahren fest, wie z.B. Art. 7 der ECE Convention on Environmental Impact Assessment in a Transboundary Context[692].

Im Anschluss an die Stockholmer Konferenz richtete UNEP im Jahre 1973 Earthwatch ein[693]. Earthwatch ist zum einen der organisatorische Rahmen, unter dessen Dach selbst Überwachungssysteme durchgeführt werden, und hat zum anderen die wissenschaftlich-organisatorische Aufgabe, die Umweltüberwachungs- und bewertungsaktivitäten des gesamten UN- Systems zu koordinieren sowie den Zugang zu den gewonnenen Informationen zu ermöglichen. Auf seiner ersten Sitzung hat die „Earthwatch Inter-Agency Working Party" die Aufgaben von Earthwatch definiert als „to coordinate, harmonize and integrate observing, assessment and reporting activities across the UN system"[694]. Die drei wesentlichen Komponenten von Earthwatch stellten zu Beginn INFOTERRA[695], das „International Register of Potentially Toxic Chemicals" (IRPTC) und insbesondere das GEMS dar. Die Aufgaben von INFOTERRA und IRPTC bestehen hauptsächlich darin, den Informationsaustausch zu gewährleisten[696]. Mit GEMS sollte ein umfassendes globales Überwachungs- und Bewertungssystem entwickelt werden. Zunächst konzentrierte sich GEMS auf einzelne Bereiche, wie insbesondere gesundheitsbezogene Überwachung; im Jahre 1975 wurde das Mandat ausgeweitet. Im Zuge der Umstrukturie-

---

691 Beyerlin, Umweltvölkerrecht, Rn. 488.
Für die „monitoring"-Verfahren im Rahmen einzelner Verträge wird vorgeschlagen, dass die Konventionsekretariate weiter eingebunden werden sollen (vgl. Sandford, Green Globe Yearbook 1994, S. 17, 29).

692 Sachariew, YIEL 2 (1991), S. 31, 36; vgl. auch Maurahn, ZaöRV 56 (1996), S. 696, 708.

693 Es bestanden schon vor der Stockholmer Konferenz „Monitoring"-Mechanismen, zu denen insbesondere „World Weather Watch" und das „Background Air Pollution Monitoring Network" (BAPMON), die von der WMO eingerichtet wurden, gehören.
Einen Überblick über die Überwachungs- und Bewertungsprogramme gibt UNEP-HEM, A Survey of International Monitoring and Assessment Programmes of International Organizations (ED.3.4), Stand März 1995.
Auf europäischer Ebene richten die Europäische Kommission und die europäische Raumfahrtagentur ESA gemeinsam ein „Global Monitoring for Environment and Security" (GMES) ein; vgl hierzu Umwelt 2003, S. 532 ff.; Umwelt 2004, S. 7 f.

694 Der Bericht der Sitzung, die vom 1. bis 2.06.1994 in Genf stattgfunden hat (UNEP/EAP.MR.94.3), ist erhältlich unter http://earthwatch.unep.net/about/about.php. Als die vier Themenbereiche wurden die Überwachung von Umweltindikatoren, Verbreitung von Informationen, Forschung und Bewertung sowie Überwachung der Umweltsituation vorgesehen. Da die UN-Sonderorganisationen und die Entwicklungsländer ihre Interessen nicht ausreichend vertreten sahen, wandten sie sich gegen den Namen „Earthwatch". Dies führte dazu, dass der Name „ UNEP Environmental Assessment Programme" verwendet wurde, Fritz, Earthwatch 25 Years On, S. 4 f..

695 INFOTERRA hieß ursprünglich „Information Referral System".

696 Gosovic, The Quest for World Environmental Cooperation, S. xviii; Sands, Principles of International Law, S. 848. Auf europäischer Ebene wurde im Rahmen der Convention on Long-Range Transboundary Air Pollution (LRTAP, 13.11.1979) das „European Monitoring and Evaluation Programme" (EMEP) eingerichtet. Siehe Neumann, Durchsetzung internationaler Umweltschutzpflichten, S. 44 ff.; Sachariew, YIEL 2 (1991), 31, 37.

rung von UNEP im Jahre 1992 wurde GEMS aufgelöst. Seitdem unterstützt UNEP das „Global Observation System" (GOS), das von der WMO geleitet und koordiniert wird. Dieses umfasst das „Global Terrestrial Observation System" (GTOS), „Global Oceans Observation System" (GOOS) und „Global Climate Observation System" (GCOS), die von unterschiedlichen Organisationen unterstützt werden. „Earthwatch" ist im Rahmen des GOS für die Koordination zuständig. Im Folgeprozess der Rio-Konferenz wurde Earthwatch Teil der „UNEP Environmental Information and Assessment Division" und bekam damit erstmals ein eigenes Sekretariat[697]. Nach der Agenda 21 soll eine Koordination von Earthwatch mit den Mechanismen der Entwicklungsüberwachung innerhalb der Vereinten Nationen erfolgen[698]. Damit ist eine wesentliche Aufgabe von Earthwatch die Koordination der Umweltüberwachung auf UN-Ebene.

2. *Environmental Impact Assessment (EIA)*

„Environmental Impact Assessments" (EIA) werden heute vielfach von Regierungen und internationalen Organisationen angeregt, um die Konsequenzen von wirtschaftlichen und entwicklungstechnischen Entscheidungen für die Umwelt zu bewerten[699]. Ziel soll sein, dass die Regierungen unter Abwägung der Vor- und Nachteile eines Projektes oder einer rechtlichen Regelung auf der Grundlage eines Gutachtens eine Entscheidung treffen können[700].

UNEP hat im Jahre 1987 Richtlinien für die Durchführung von Umweltbewertungen erlassen, in denen grundlegende Anforderungen an ein solches Verfahren festgelegt werden[701]. Mittlerweile enthalten viele multilaterale Abkommen eine Verpflichtung zur Durchführung von EIA[702]; die Weltbank hat solche Bewertungen als

---

[697] Fritz, Earthwatch 25 Years On, S. 11.

[698] UN Doc. A/CONF.151/26 Annex II: Agenda 21,Kap. 40.13. Parallel zu „Earthwatch" hat UNDP im Folgeprozess der Agenda 21 in Zusammenarbeit mit UNEP, FAO, der Weltbank und WHO „Development Watch" eingerichtet.
UNEP soll auch eine Führungstolle bei der „Integrated Global Observing Strategy" (IGOS) übernehmen.(http://earthwatch.unep.net/about/about.php).
Seit 1997 werden die „state of the environment"-Berichte in der Form des „Global Environmental Outlook" (GEO) veröffentlicht. Diese Berichte und auch andere Berichte über den Stand der Umwelt sollen durch „Earthwatch" in Form von direkter Unterstützung und "capacity-building" gefördert werden.

[699] Haas, in: Commission on Global Governance, Issues in Global Governance, S. 333, 336 f.; vgl. zu der Bedeutung auch Andreen, Columbia Journal of Environmental Law 25 (2000), S. 17, 38 ff.

[700] Die Bewertungen der Umweltauswirkungen haben auch für den nationalen Bereich wesentliche Bedeutung. Es ist in verschiedenen Dokumenten, wie z.B. in Prinzip 17 der Rio-Deklaration, gefordert worden, dass derartige Untersuchungen von den Staaten durchgeführt werden müssen, bevor sie Handlungen vornehmen, die u.U. schwere Umweltschäden zur Folge haben können.

[701] „Goals and Principles of Environmental Impact Assessment", angenommen durch UNEP/GC/Dec./14/25 vom 17.06.1987; vgl. auch UNGA A/RES/42/184 vom 11.12.1987.

[702] Z.B. Art. 7 (c) und Art. 14 Abs. 1 (a) CBD; Art. 15 Abs. 1 i.V.m. Annex III Cartagena Protokoll.

Voraussetzung für eine Finanzierung bei einigen Projekten verlangt[703]. UNEP hat in dem Montevideo-Programmen II bekräftigt, dass es die Entwicklung der Verfahren durch Richtlinien und Entwürfe für Abkommen fördern will[704].

Daneben führt UNEP selbst Umweltbewertungen durch. So hat UNEP das „Global International Waters Assessment" ins Leben gerufen. Im Rahmen dieser Gewässerstudie soll eine umfassende Evaluierung der Umweltprobleme erfolgen[705]. Die Studien über die Umweltauswirkungen dienen neben der Funktion als Entscheidungsgrundlage für die nationalen Regierungen dazu, neue Umweltabkommen anzubahnen und hierfür die wissenschaftliche Grundlage zu liefern. Des Weiteren kann aufgrund derartiger Umweltstudien die Umsetzung von Abkommen verbessert werden, indem die nationalen Regierungen sich z.B. bei ihren Implementierungsmaßnahmen auf gesicherte wissenschaftliche Daten stützen können. Die Durchführung dieser Studien ist Teil des Mandats von UNEP. Hieraus ergibt sich jedoch keine rechtliche Grundlage für die Durchführung von Untersuchungen auf dem Territorium eines Staates. Soweit Messstationen o.ä. auf dem Gebiet eines Staates errichtet werden sollen, ist daher das Einverständnis des betroffenen Staates notwendig[706].

3. Untersuchungen in ehemaligen Krisengebieten und bei Naturkatastrophen

Im Jahre 2001 hat UNEP eine Abteilung für die Bewertung der Umweltsituation nach militärischen Konflikten („Post-Conflict Assessment Unit", PCAU) gegründet. Vorausgegangen waren Untersuchungen der Umweltsituation in der Balkan-Region seit dem Jahr 1999. Seitdem erstellt UNEP über ehemalige Krisen- und Kriegsgebiete Umweltstudien. Die bisher veröffentlichten Studien betrafen außer der Balkan-Region (Bundesrepublik Jugoslawien, Bosnien-Herzigovina) die Situation in Afghanistan, in den besetzten palästinensischen Gebieten und im Irak[707]. Diese sollen die Grundlage zum einen für kurzfristig durchzuführende Projekte zur

---

703 Vgl. Sands, Principles of International Environmental Law, S. 821.

704 UNEP GC. Dec. 17/ 25 vom 21. 5. 1993, Annex: Kap. F. Im Montevideo-Programm III sind Umweltbewertungen als Instrument ebenfalls vorgesehen, z.B. Montevideo-Programm III, Par. II. 15 (n), angenommen durch UNEP GC, Dec. 21/ 23 vom 9. 2. 2001. Vgl. hierzu auch Sands, Principles of International Environmental Law, S. 799 ff., 825. UNEP führt außerdem Schulungen zur Durchführung dieser Bewertungen durch. UNEP hat hierzu Schulungsmaterial veröffentlicht, wie z.B. "Environmental Impact Assessment, Training Resource Manual, 2.Aufl., Nairobi 2002.

705 Töpfer, VN 1999, S. 56, 57 f.: Für die Studie wurde ein Jahresbudget von 13, 5 Mill. $ vorgesehen.

706 UNEP hat z.B. mit Georgien ein Abkommen über die Einrichtung eines Zentrums für Umweltstatistik geschlossen; vgl. Töpfer, VN 1999, S. 56, 57.

707 "Afghanistan Post-Conflict Environmental Assessment, Januar 2003"; "Depleted Uranium in Kosovo – Post Conflict Environmental Assessment März 2001"; Depleted Uranium in Serbia and Montenegro – Post Conflict Envrionmental Assessment in the Federal Republic of Yugoslavia, 2002"; "Depleted Uranium in Bosnia and Herzegovina Post-Conflict Environment Assessment, March 2003". Die Berichte sind abzurufen unter http://postconflict.unep.ch.

Verbesserung der Umwelt[708], aber auch für längerfristige Maßnahmen wie den Beitritt zu multilateralen Umweltabkommen und die Entwicklung von nationalen Umweltschutzgesetzen sein. Auf der Basis des Berichtes sollen auch die Unterstützungsmaßnahmen von UNEP und andere UN-Maßnahmen geplant werden.
Das Mandat von UNEP zur Durchführung von Umweltuntersuchungen und -bewertungen umfasst auch diese Art von Studien. Für die Durchführung der Maßnahmen ist aber ein Ersuchen der Regierung des Staates erforderlich, auf dessen Gebiet sich die Untersuchungen beziehen; angesichts der politischen Bedeutung der Untersuchungen ist von Mitgliedsstaaten von UNEP gefordert worden, dass auch die anderen Mitgliedsstaaten zustimmen müssen[709].
Für die Bewertung der Umweltschäden, die durch den Kosovokonflikt verursacht worden sind, wurde im Mai 1999 eine „UNEP/UNCHS Balkans Task Force" eingesetzt[710]. Der im Jahre 2003 fertiggestellte Irakbericht war durch die Schweiz auf einem Treffen zu humanitären Fragen in Genf im Februar 2003 initiiert worden. Für den Irak hat UNEP zunächst nur eine „Desk Study" erarbeitet, für die es auf Medieninformationen, Regierungsberichte und Berichte von Nichtregierungsorganisationen zurückgegriffen hat[711]. Das neu eingerichtete irakische Umweltministerium hat UNEP im August 2004 gebeten, eine umfassende Studie zu erstellen. Die Finanzierung dieser Studien erfolgt nicht aus dem regulären Budget von UNEP, sondern mit Hilfe externer Finanzierungsquellen[712].

4. *Zusammenfassung*

UNEP ist mit Earthwatch die zentrale Stelle für die Umweltkoordination und führt die zentralen Umweltuntersuchungen durch. Damit ist UNEP die Stelle, bei der sich das entsprechende Fachwissen bündelt. Die Informationen aus der Umweltüberwachung und den Umweltuntersuchungen sind in erster Linie die Voraussetzungen für die Entwicklung neuer Umweltmaßnahmen und –standards; für die Umsetzung und Durchsetzung bereits bestehender Verpflichtungen haben sie nur

---

[708] Z.B. Richtlinien über die Minimierung der Risiken im Zusammenhang mit freigesetztem Uranium sowohl für das Militär als auch für Zivilpersonen.

[709] Das Konfliktpotential, das diese Studien mit sich bringen können, wird am Beispiel von Bosnien deutlich. Die Schweiz, Italien und andere Länder hatten UNEP gebeten, eine Feststellung über abgereichertes Uranium in Bosnien durchzuführen. Die USA hatten Bosnien mit Bomben beschossen, von denen 80% abgereichertes Uranium enthielten, weshalb die USA das Mandat von UNEP zu diesen Untersuchungen in Frage gestellt haben. Vor dem Irakkrieg 2003 hatte Irak UNEP gebeten, aufgrund der Bombardements durch die USA im Golfkrieg 1991 derartige Untersuchungen durchzuführen. UNEP lehnte dies jedoch ab, da sich nicht genügend Staaten diesem Begehren angeschlossen hatten. Die Untersuchung erfolgt in der Regel auf Einladung der Regierung des betroffenen Staates, so hat z.B. Bosnien und Herzegovina UNEP offiziell im Jahre 2002 gebeten, eine Untersuchung über abgereichertes Uranium durchzuführen.

[710] Umwelt 2000, S. 9. Am 14.10.1999 wurde der abschließende Bericht dem Generalsekretär der Vereinten Nationen übergeben.

[711] "UNEP Desk Study on Environment in Iraq", April 2003"; "Environment in Iraq: UNEP Progress Report", Juli/August 2003; erhältlich unter http://postconflict.unep.ch.

[712] vgl. http://postconflict.unep.ch/about.htm. Die Studie über die Situation im Irak wurde z.B von der Schweiz mit finanziert.

eine nachrangige Bedeutung. EIA spielt für die Umsetzung internationaler Abkommen eine Rolle, indem es zum einen im Vorfeld der Verabschiedung eines neuen Vertrages die zu erwartenden Folgen untersucht und zum anderen die Akzeptanz von Umsetzungsmaßnahmen durch eine wissenschaftliche Untermauerung erleichtert[713]. Die Umweltstudien in ehemaligen Krisengebieten haben eine andere Zielrichtung; sie stellen die Grundlage für verschiedene Umweltmaßnahmen zur Behebung von Umweltschäden durch kriegerische Einwirkungen dar. UNEP will seine Arbeit in dem Bereich der Umweltüberwachung weiter ausbauen und berät über ein „Environment Watch Framework"[714] sowie ein „Intergovernmental Panel on Global Environmental Change", das als Nebenorgan des Verwaltungsrates sicherstellen soll, dass die neuesten wissenschaftlichen Erkenntnisse in die Entscheidungen einfließen[715].

VI. Implementierung auf regionaler Ebene am Beispiel des „Lusaka Agreement on Co-operative Enforcement Operations Directed at Illegal Trade in Wild Fauna and Flora"

Das „Lusaka Agreement on Co-operative Enforcement Operations Directed at Illegal Trade in Wild Fauna and Flora" (Lusaka Abkommen) ist ein regionales Durchsetzungsabkommen für CITES in Afrika. Es ist im Jahre 1996 in Kraft getreten[716]. Das Ziel des Lusaka Abkommen ist die Durchsetzung von CITES in Afrika, um den illegalen Handel mit wildlebenden Pflanzen und Tieren zu beschränken und letztendlich auszuschalten. UNEP hat sowohl an der Entstehung als auch an der Durchführung des Abkommens entscheidend mitgewirkt; die Verhandlungen fanden unter der Leitung von UNEP statt.
Das Lusaka Abkommen verfügt mit der „Task Force for Co-operative Enforcement Operations Directed at Illegal Trade in Wild Fauna and Flora", die oftmals auch „regional Interpol"[717] oder „African Interpol for wildlife"[718] genannt wird, über ein im Umweltbereich bisher einmaliges Durchsetzungsorgan. Für das Vorge-

---

[713] Um die Umweltbewertungen zu verbessern, wird vorgeschlagen, dass UNEP rgelmäßig Bilanz über die laufenden Untersuchungen auch anderer Organisationen zieht und dass ein „Partnership"-Rahmen für die Identifizierung von Notwendigkeiten eingeführt wird; UN Doc. UNEP/GCSS.VIII/5 vom 25.2.2004, Par.18ff., 27f.

[714] Vgl. UN Doc. UNEP/GC.23/INF/18 vom 4.11.2004.

[715] Vgl. UN Doc. UNEP/GC.22/INF/15 vom 9.01.2003.

[716] Text in: Austen/Richards, Basic Legal Documents, S. 205 ff; UN Doc. UNEP/GC.21/INF/5 vom 18. 12. 2000, Par. 22. Bis heute sind sechs Länder Vertragsparteien dieses Abkommens geworden: Kongo, Kenia, Lesotho, Uganda, Vereinte Republik von Tansania und Sambia. Äthiopien, Südafrika und Swaziland haben das Abkommen unterzeichnet, aber noch nicht ratifiziert.

[717] Sands, Principles of International Environmental Law, S. 526.

[718] Die Task Force wird auch „regional Interpol" oder "African Interpol" genannt, vgl. UNEP Press Release vom 21.12.1999: "Another milestone attained in operationalizing Lusaka Agreement" (www.unep.org/Documents/Default.Print.asp?DocumentID=134&ArticleID=2081); UNEP Press Release vom 18.03.1999: "International task force to fight wildlife crime in Africa" (erhältlich unter www.grida.no).

hen gegen den illegalen Handel hat die „Task Force“ nach Art. 5 Abs. 8 des Lusaka Abkommens in jedem Land, das das Abkommen ratifiziert hat, die erforderlichen rechtlichen Befugnisse. Die „Task Force“ hat nach Art. 5 Abs. 9 (b) des Lusaka Abkommens insbesondere die Aufgabe, Verstöße gegen das nationale Recht über den illegalen Handel zu untersuchen. In jedem Vertragsstaat soll gem. Art. 6 des Lusaka Abkommens ein nationales Büro eingerichtet werden, dessen Aufgabe es ist, die Task Force mit Informationen zu versorgen und die Arbeit der „Task Force“ bei der Bekämpfung des illegalen Handels zu unterstützen. Die „Task Force“ hat ihre Tätigkeit am 1. Juni 1999 mit dem „Kenia Wildlife Service“ aufgenommen[719].

UNEP war bei der Implementierung dieses Abkommens maßgeblich beteiligt, indem es das Übergangssekretariat für dieses Abkommen gestellt hat[720]. Ursprünglich sollte UNEP diese Aufgabe nur bis zum ersten Treffen der Vertragsstaaten übernehmen; das Mandat wurde insofern erneuert, als UNEP weiterhin Unterstützung leisten und eine beratende Funktion gegenüber der „Task Force“ und den anderen Organen übernehmen soll[721]. Nach dem Vorbild des Lusaka-Abkommens werden ähnliche regionale Ansätze für Lateinamerika und die Karibik erwogen[722].

VII. Bewertung

UNEP hat auf die neuen Herausforderungen des internationalen Umweltrechts reagiert. Die größten Erfolge hat UNEP bei der Entwicklung von internationalem Umweltrecht erreicht. Soweit die Implementierung internationalen Umweltrechts betroffen ist, ist UNEP zwar nicht die zentrale Instanz für die Sicherstellung der Implementierung internationaler Abkommen, ist aber an vielen Maßnahmen beteiligt, die speziell zur Kontrolle der Implementierung erfolgen und damit mittelbar auch die Umsetzung fördern. Die wichtigsten Instrumente stellen die Mitwirkung an den Berichtsverfahren der Abkommen und die Koordinationsbemühungen von UNEP in Bezug auf die Vertragsorgane dar. Die Unterstützung des Kapazitätenaufbaus in den einzelnen Ländern durch UNEP ist nur sehr begrenzt, was dadurch bedingt ist, dass UNEP kein Mandat für operative Aufgaben hat. Da das „capacity-building“ in Form der Erfüllungskontrolle für die Implementierung internationaler Umweltabkommen eine wichtige Funktion hat, wäre zu überlegen, ob das Mandat von UNEP entsprechend erweitert werden sollte. Die Verwaltung der Treuhandfonds für die Umweltkonventionen sichert UNEP aber gewisse Einflussmöglich-

---

[719] Sands, Principles of International Law, S. 526; vgl. auch Iqbal, in: YIEL 11 (2000), S. 710 ff.; ders., in: YIEL 12 (2001), S. 716, 721f.

[720] UN Doc. UNEP/GC.21/INF/5 vom 18. 12. 2000, Par. 22.

[721] UN Doc. UNEP/GC.21/INF/5 vom 18. 12. 2000, Par. 25: UNEP sollte sich des Weiteren auch um die Beschaffung finanzieller Mittel kümmern. Diese Aufgabe soll das Sekretariat dann weiter fortsetzen. UNEP selbst hat ein erstes Startkapital zur Beschaffung der wichtigsten Ausstattung zur Verfügung gestellt.

[722] UN Doc. UNEP/GC.21/INF/5 vom 18. 12. 2000, Par. 27.
UNEP unterstützt auch NEPAD, um die nachhaltige Entwicklung in Afrika zu fördern (vgl. 2. Kapitel B 4 c).

keiten. UNEP hat sich zu der entscheidenden Umweltinformationsstelle entwickelt. In den letzten Jahren sind die Untersuchungen in ehemaligen Kriegsgebieten hinzugekommen.
Das Sekretariat von UNEP ist zwar isoliert betrachtet sehr klein im Verhältnis zu denen anderer Organisationen. Berücksichtigt man jedoch die Vertragssekretariate, die zwar kein Teil von UNEP sind, aber von UNEP maßgeblich unterstützt werden, sowie die anderen wissenschaftlichen Organe der Umweltabkommen, die ebenfalls zum Teil unter der Leitung von UNEP stehen, ist der Wirkungs- und Einflussbereich von UNEP wesentlich weiter.
UNEP wurde als Koordinierungsorganisation gegründet; dadurch sind die Aufgaben weitgespannt, wie sich oben gezeigt hat. Der nicht genau abgegrenzte Aufgabenbereich hat aber entgegen der in der Literatur geäußerten Sorge nicht zur „Erosion"[723] von UNEP geführt. UNEP hat sein Mandat in den letzten Jahren erfüllt, obwohl seine Kapazitäten mangels der Möglichkeit von operativen Tätigkeiten nur schwach ist. Die Frage, inwiefern die Position von UNEP gestärkt werden sollte und kann, soll im abschließenden Kapitel untersucht werden.

[723] Vgl. Downie/Levy, in: Chasek (Hrsg.), The global environment, S. 355, 359 f.; Desai, Down to Earth 9 (2001), S. 48; Andresen/Skjaerseth, Can International Environmental Secretariats Promote Effective Co-operation?, S. 18: „A core problem for UNEP, somewhat paradoxically, is that since it has been so successful in spurring international treaties, the present agenda is so dense that it is no longer able to coordinate and manage it."

3. Kapitel: Verhältnis von UNEP zu anderen Organisationen

Neben UNEP sind noch weitere Organisationen für die Implementierung des internationalen Umweltrechts zuständig, auf deren Unterstützung UNEP angewiesen ist. Zum Zeitpunkt der Gründung von UNEP waren insbesondere die FAO, UNDP, die UN Industrial Organization (UNIDO), die Weltbank und die WMO im Bereich des Umweltschutzes tätig. Hinzu gekommen sind die GEF und die CSD sowie die Sekretariate der einzelnen Abkommen[724]. Neben diesen Institutionen, die auf der universalen Ebene tätig sind, existieren noch eine Vielzahl von Organisationen, die im regionalen Bereich auf eine Implementierung von internationalem Umweltrecht hinwirken. Hierzu gehören die Europäische Union, OECD, OSCE und die Economic Commission for Europe (ECE), die auf Grundlage des Art. 68 der Charta der Vereinten Nationen gegründet wurde[725]. Im Folgenden soll das Verhältnis von UNEP zu CSD, GEF und UNDP sowie UNOPS und die Zusammenarbeit dieser Institutionen mit UNEP untersucht werden.

A. Commission on Sustainable Development (CSD)

Auf der Rio- Konferenz im Jahre 1992 wurde die Einrichtung der „Commission on Sustainable Development" (CSD) beschlossen[726]. Die CSD wurde dann am 12. Februar 1993 durch einen Beschluss von ECOSOC als dessen Nebenorgan auf der Grundlage des Art. 68 der Charta der Vereinten Nationen gegründet[727]. CSD soll insbesondere den Zweck erfüllen, „(...) to ensure the effective follow-up of the Conference, as well as to enhance international cooperation and rationalize the intergovernmental decision-making capacity for the integration of environment and development issues and to examine the progress of the implementation of Agenda 21 at the national, regional and international levels, (...)"[728].

I. Aufbau der CSD und rechtliche Stellung

Ebenso wie UNEP ist CSD ein „subsidiary organ", das keine Völkerrechtspersönlichkeit besitzt. Aufgrund der begrenzten Mitgliedschaft des ECOSOC waren insbesondere der Süden und wenige Länder des Nordens zunächst gegen die Einrichtung der CSD als Nebenorgan des ECOSOC und wollten CSD als Nebenorgan

---

[724] Downie/Levy, in: Chasek (Hrsg.), The Global Environment, S. 355, 359.
[725] Beyerlin, ZaöRV 56 (1996), S. 602, 620.
[726] Report of the United Nations Conference on Environment and Development UN Doc. A/CONF.151/26 (Vol.III), Agenda 21, Kap. 38.11.
[727] UNECOSOC Resolution E/1993/207 vom 12. Februar 1993. Dem war die Resolution der Generalversammlung UNGA Resolution A/RES/47/191 vom 29. Januar 1993 vorangegangen, in der ECOSOC aufgefordert wurde, CSD im Anschluß an die Rio- Konferenz einzurichten.
[728] Agenda 21, Kap. 38.11.

der Generalversammlung gem. Art. 22 der Charta der Vereinten Nationen gründen[729]. Sie konnten sich jedoch nicht durchsetzen.
CSD soll neben der Generalversammlung und dem ECOSOC, der die Generalversammlung bei dem Folgeprozess der Rio-Konferenz unterstützen und die systemweite Koordination bei der Implementierung der Agenda 21 überwachen soll, als neues Organ einen dritten wichtigen Aufgabenbereich wahrnehmen, nämlich die Entwicklung von neuen Ideen und die Koordination der Aktivitäten der Vereinten Nationen bezüglich der Umwelt und Entwicklung[730].

1. Mitgliedschaft

CSD besteht aus 53 Mitgliedern, die durch ECOSOC für die Dauer von drei Jahren gewählt werden[731]. Sie werden aus dem Kreis der Mitgliedsstaaten der Vereinten Nationen und der Mitglieder der UN-Sonderorganisationen auf der Grundlage eines geographischen Verteilungsschlüssels gewählt[732]. Staaten, die nicht vertreten sind, Organisationen der Vereinten Nationen und akkreditierte IOs (Intergovernmental Organizations) und NGOs können als Beobachter an den Sitzungen teilnehmen[733].

2. Interne Organisationsstruktur

Das Sekretariat der CSD ist in New York. Es ist dem Department for Social and Economic Affairs (DESA) der UN und zwar der „Division for Sustainable Development“ zugeordnet[734]. Die Arbeit der CSD wird durch das reguläre Budget der Vereinten Nationen finanziert.
Das Sekretariat ist hauptsächlich für die Dokumentation und Sammlung von nationalen Berichten sowie Informationen aus anderen Quellen zuständig. Des Weiteren ist es an der Entwicklung von Indikatoren für die nachhaltige Entwicklung beteiligt. Daneben besteht das „Bureau“, das sich aus einem Vorsitzenden, drei stellvertretenden Vorsitzenden und einem Berichterstatter zusammensetzt, die jeweils aus

[729] Mensah, in: Werksman (Hrsg.), Greening International Institutions, S. 21, 27. Diese Frage hat insbesondere Bedeutung für die Zusammensetzung von CSD als subsidiary organ und dafür, gegenüber wem die zu gründende Organisation berichtspflichtig ist.
[730] Mensah, in: Werksman (Hrsg.), Greening International Institutions, S. 21, 28.
[731] Mensah, in: Werksman (Hrsg.), Greening International Institutions, S. 21, 31: Bezüglich der Zahl 53 wird vermutet, dass dadurch die Ordnung innerhalb der Vereinten Nationen gewahrt werden sollte, wonach die Praxis besteht, dass die “functional commissions” zahlenmäßig nicht größer sein sollen als das sie gründende Organ.
[732] 13 Sitze für die Afrikanischen Staaten; 11 Sitze für die Asiatischen Staaten; 6 Sitze für Osteuropäiische Staaten; 10 Sitze für die Lateinamerikanischen und Karibischen Staaten sowie 13 Sitze für die Westeuropäischen Staaten und andere (ECOSOC Res. 1993/207 vom 12. Februar 1993).
[733] Chasek, in: Chasek, (Hrsg.), The global environment, S. 378, 380.
[734] Der DESA sind noch weitere Sekretariate von Kommissionen, wie z.B. der Commission for Social Development und der Commission on the Status of Women, zugeordnet. Dem Sekretariat übergeordnet ist das Department for Policy Coordination and Sustainable Development (DPCSD), das mit Organisations- und Dokumentationsaufgaben betraut ist, vgl. Beyerlin, Umweltvölkerrecht, Rn. 46.

den verschiedenen regionalen Gruppen gewählt werden. Die Aufgabe des „Bureau" liegt insbesondere darin, die Sitzungen der CSD vorzubereiten[735].

Die CSD wurde in ihrer Arbeit zunächst durch das IACSD[736] sowie das „High-Level Advisory Board" (HLAB) unterstützt. Letzteres besteht aus 21 Experten auf dem Gebiet der Umwelt und der Entwicklung, die für zwei Jahre vom UN-Generalsekretär ernannt werden. Die Aufgabe des HLAB besteht darin, den Generalsekretär, sowie durch ihn CSD, ECOSOC und die Generalversammlung zu beraten[737]. Durch die Einrichtung des HLAB, dem auch Vertreter aus Nichtregierungskreisen angehören, wurde deren Kritik begegnet, dass CSD ausschließlich aus Regierungsvertretern bestehe.

II. Aufgabenbereich und Arbeitsprogramm der CSD

Die Hauptaufgaben der CSD stellen die Überwachung der Umsetzung der Agenda 21, der Rio-Deklaration[738] und der Waldgrundsatzerklärung[739] sowie die Förderung der Integration von Umwelt- und Entwicklungszielen durch die Regierungen, Nichtregierungsorganisationen und UN-Organe dar[740]. Insbesondere soll CSD das Konzept der nachhaltigen Entwicklung („sustainable development") fördern und damit für eine Verknüpfung der wirtschaftlichen, sozialen und umweltspezifischen Aspekte sorgen. CSD soll außerdem die Umwelt- und Entwicklungstätigkeiten der UN-Sonderorganisationen koordinieren, sowie den Technologietransfer, die Einhaltung der ODA-Zugeständnisse und die Finanzierung von Umwelttechnologien überwachen[741]. Ebenso wie bei UNEP sind das Tätigkeitsfeld und die zu ergreifenden Maßnahmen der CSD nur ungenau umschrieben. CSD übt ihren Einfluss insbesondere dadurch aus, dass sie über ECOSOC auf der Grundlage der zu erstattenden Berichte Empfehlungen gegenüber der Generalversammlung zur Umsetzung der Agenda 21 aussprechen kann[742].

---

[735] Vgl. UN Doc, A/RES/47/191 vom 29.01.1993, Par. 11. Die Mitglieder des "Bureaus" und Berichte der Treffen sind unter www.un.org/esa/sustdev/index.html abzurufen.
[736] Vgl. 2. Kapitel B IV 2 a.
[737] Birnie, in: Roberts/Kingsbury, United Nations, Divided World, S. 327, 375f: In dem HLAB waren neben Experten aus allen Bereichen der Gesellschaft, insbesondere Vertreter der NGOs und der Industrie vertreten. Vgl. auch: UN Doc. E/CN.17/1996/16 vom 28.02.1996, Report of the Secretary-General, Institutional arrangements to follow up the United Nations Conference on Environment and Development, Par.22.
[738] UN Doc. A/CONF.151/26 (Vol.I) Annex I: „Rio Declaration on Environment and Development".
[739] UN Doc. A/CONF:151/26 (Vol.III) Annex III: „Non-legally binding authoriatative statement of principles for a global consensus on the management, conservation and sustainable development of all types of forests".
[740] UN Doc. A/CONF.151/26 (Vol. III), Agenda 21, Kap. 38.12 und 38.13; UNGA Res. A/RES/47/191 vom 29.1.1993, Par. 3 (a).
[741] Haas, in: Commission on Global Governance, Issues in Global Governance, S. 333, 344. UNGA A/RES/47/191 vom 29. Januar 1993, Par. 3(d), (e), 5 (a).
[742] UNGA A/RES/47/191 vom 29. Januar 1993, Par.3 (i).

1. Tätigkeiten von CSD

CSD führt ihre Arbeit auf der Grundlage von 5-Jahres-Programmen durch. Auf der ersten Sitzung der CSD im Jahr 1993 wurde ein Arbeitsprogramm für die Jahre 1993 bis 1997 beschlossen, in dem neun Bereiche für die Überprüfung der Umsetzung der Agenda 21 festgelegt wurden[743]. Ein Schwerpunkt der Arbeit stellt daneben die Entwicklung von Indikatoren für die nachhaltige Entwicklung als Grundlage für die nationalen Berichte dar. Auf der UN-Sondergeneralversammlung im Jahre 1997 fand eine umfassende Überprüfung und eine Bewertung der Agenda 21 statt und wurde das Arbeitsprogramm der CSD für die Jahre 1998 bis 2002 festgelegt. Hauptthemen sollten danach die Armutsbekämpfung und die Veränderung der Produktions- und Konsumgewohnheiten sein[744]. Für das Arbeitsprogramm der CSD ab dem Jahre 2003 wurden aufgrund der Erfahrungen mit der Arbeit der CSD in den ersten Jahren verschiedene Verbesserungsvorschläge gemacht, die darin übereinstimmen, dass die Arbeit von CSD sich auf wenige Themen beschränken soll. In Zukunft soll sich die Arbeit auch an den im Mai 2002 vom Generalsekretär der Vereinten Nationen festgelegten „WEHAB"-Rahmen halten[745]. Themenübergreifende Aspekte wie Finanzen, Armut, Technologietransfer etc. können dann in Zusammenhang mit den jeweiligen Themenbereichen behandelt werden.

Die bedeutendsten Tätigkeitsfelder von CSD in den letzten Jahren waren der Schutz der Wälder und die „Small Islands Developing States"[746]. Die Rio-Konferenz hat eine Grundsatzerklärung zu den Wäldern verabschiedet, die allerdings (nur) ein rechtlich unverbindliches Dokument mit allgemein gehaltenen Verpflichtungen darstellt[747]. Die Agenda 21 fordert die Staaten zum Abschluss rechtlich bindender Vereinbarungen auf[748], zumal bisher der Schutz der Wälder zwar in

---

[743] Mensah, in: Werksman (Hrsg.), Greening International Institutions, S. 21, 34. Die fünf Bereiche, die jährlich behandelt werden sollten, sind: Kritische Elemente der Nachhaltigkeit, unter Einschluss der Kapitel über Armut und veränderte Konsumgewohnheiten; Finanzielle Ressourcen und Mechanismen; Bildung, Wissenschaft, Transfer von umweltverträglichen Technologien; Zusammenarbeit und capacity-building; Entscheidungsstrukturen und Rolle der "major groups". Außerdem sollten die folgenden Bereiche in den angegebenen Jahren auf der Tagesordnung stehen: 1994 Gesundheit, "human settlements", Süßwasser, sowie als weiterer Bereich giftige Chemikalien und gefährliche Abfälle; 1995 Land, Wüstenbildung, Wälder und Artenvielfalt; 1996 Atmosphäre, Ozeane und alle Arten von Meeren.

[744] Beyerlin, Umweltvölkerrecht, Rn. 153. Vgl. zu den Tätigkeiten von CSD auch, Tornberg, New York Law School Journal of Human Rights 17 (2001), S. 957 ff.

[745] Dieser Rahmen umfasst fünf kritische Bereiche, und zwar Wasser und Gesundheitspflege ("water and sanitation"); Energien ("energy"); Gesundheit ("health"); Landwirtschaftliche Produktivität und Nahrungssicherheit ("agricultural productivity"); Artenvielfalt und Ökosystem-Management (biodiversity and ecosystem management").

[746] CSD unterstützt auch maßgeblich die Washington Declaration on the Global Programme of Action for the Protection of the Marine Environment from Land Based Activities (1999).

[747] UN Doc. A/CONF.151/26 (Vol. III) vom 14.08.1992, Annex III, Non-Legally Binding Authoritative Statement of Principles for a Global Consensus on the Management, Conservation and Sustainable Development of all Types of Forests. Vgl. hierzu Beyerlin, Umweltvölkerrecht, Rn. 424 ff.

[748] UN Doc. A/CONF.151/26 (Vol.III) vom 14.08.1992, Annex II, Agenda 21, Kap. 11.12 (e).

einigen Abkommen wie z.B. CBD, UNCCD und CITES behandelt ist, aber kein Instrument zum umfassenden Schutz des Waldes besteht. Aufgrund der gegensätzlichen Interessen des Nordens und des Südens war dies im Rahmen der Rio-Konferenz nicht zu erreichen. Um den Schutz des Waldes zu fördern, beschloss CSD im Jahre 1995 auf ihrer 3. Sitzung die Einrichtung eines „Intergovernmental Panel on Forests“ (IPF)[749]. Auf der Ebene der Vereinten Nationen wurde außerdem im Anschluss an die Gründung des IPF eine „Interagency Task Force on Forests“ (ITFF) eingerichtet[750]. Das IPF wurde im Jahre 1997 durch das „International Forum on Forests“ (IFF) abgelöst[751], dessen Einsetzung auf eine Empfehlung des IPF in seinem Abschlußbericht zurückging[752]. Das IPF und IFF haben eine große Zahl von Vorschlägen für ein nachhaltiges Waldmanagement unterbreitet. Ein völkerrechtlich bindendes Abkommen ist aber bisher nicht verabschiedet worden; Einrichtungen wie das IPF oder jetzt das IFF können auf diesem Weg eine treibende Kraft darstellen. Im Jahre 2000 wurde durch die ECOSOC Resolution 2000/35 das „UN Forum on Forests“, das die Arbeit von IPF und IFF weiterführen soll, eingerichtet[753].

Die Förderung der nachhaltigen Entwicklung der „Small-Island Developing States“ (SIDS) geschieht vor allem durch die Beteiligung der CSD an dem Barbados Programme of Action und dessen Umsetzung[754]. Die SIDS sind aufgrund ihrer geo-

---

[749] Die Hauptaufgabe bestand darin, die Entscheidungen der UNCED bezüglich des Waldschutzes auf nationaler und internationaler Ebene umzusetzen; zu diesem Zweck sollten u.a. Indikatoren für ein nachhaltiges Management der Wälder entwickelt werden (zu Dokumenten des IPF siehe: www.un.org/esa/forests/documents-ipf.html). Das Mandat des Panels war von vornherein auf zwei Jahre begrenzt, vgl. auch Chasek; in: Chasek (Hrsg.), The global environment, S. 378, 381 f.

[750] UN Doc. E/CN.17/1997/12 vom 20.3.1997, Report of the Ad Hoc Intergovernmental Panel on Forests on its fourth session, Par.137. Da FAO der “task manager” für das 11. Kapitel der Agenda 21 ist, in dem der Waldschutz geregelt ist, hat FAO den Vorsitz des ITFF inne. Es war zunächst auf zwei Jahre angelegt. Dieses Forum beruht auf informellen Vereinbarungen; seine Hauptaufgabe besteht darin, die Eingaben der internationalen Organisationen bezüglich des Prozesses zu den Waldpolitiken zu koordinieren.

[751] In diesem Forum sind die wesentlichen Organisationen, die sich mit Fragen des Waldschutzes beschäftigen, vertreten: CBD, Centre for International Forestry Research (CIFOR), FAO, International Tropical Timber Organization (ITTO), United Nations Department for Economic and Social Affairs (UN/DESA), UNDP, UNEP, Weltbank (zu Berichten des IFF siehe: www.un.org/esa/forests/documents-iff.html).

[752] Beyerlin, Umweltvölkerrecht, Rn. 155, 426; UN Doc. E/CN.17/1997/12 vom 20.3.1997, Report of the Ad Hoc Intergovernmental Panel on Forests on its fourth session, Par. 147 (b); siehe auch www.un.org/esa/forests/documents-ipf.html.

[753] Vgl. hierzu Schulte zu Sodingen, ZaöRV 63 (2003), S. 397, 405 ff.; auch unter www.un.org/esa/forests.

[754] Eine erste Bewertung der Fortschritte und der Tätigkeiten bezüglich der Umsetzung des Programme of Action innerhalb der CSD ist auf der 4. Sitzung der CSD im Jahr 1996 erfolgt; eine umfassendere Bewertung fand im Jahre 1998 statt. Im Januar 2005 fand eine Konferenz zum 10jährigen Bestehen des BPoA auf Mauritius statt (“International Meeting to Review the Implementation of the Programme of Action for the Sustainable Development of Small-Island Developing States”). Im Rahmen dieser Konferenz wurde die “Mauritius Strategy” (UN Doc.

graphischen Lage verstärkt der Gefahr von Naturkatastrophen ausgesetzt, was nachteilige Auswirkungen auch auf ihre wirtschaftliche Entwicklung hat. Im April 1994 fand die „Global Conference on the Sustainable Development of Small Island Developing States“ in Barbados statt. Auf dieser Konferenz wurde das Barbados Programme of Action (BPoA) beschlossen. Erstmalig wurde die Agenda 21 in ein konkretes Aktionsprogramm umgesetzt, das Maßnahmen enthält, die auf nationaler, regionaler und internationaler Ebene zur Unterstützung der nachhaltigen Entwicklung der SIDS getroffen werden sollen. CSD soll die Implementierung der Bestimmungen des BPoA überwachen. Hierfür wurde ein SIDS Sekretariat innerhalb der Vereinten Nationen in der Abteilung für nachhaltige Entwicklung (Division for Sustainable Development) eingerichtet.

a. Überwachung der Implementierung

CSD ist bei der Überwachung der Umsetzung der Agenda 21 auf Informationen von Staaten, Organen und Organisationen der Vereinten Nationen, Vertragsstaatenkonferenzen und Nichtregierungsorganisationen über die Verwirklichung der nachhaltigen Entwicklung angewiesen. Die Weltbank sowie andere internationale, regionale und unterregionale Finanzierungs- und Entwicklungsinstitutionen, eingeschlossen GEF, sollen ebenfalls regelmäßig Berichte über ihre Erfahrungen, Tätigkeiten und Pläne bezüglich der Umsetzung der Agenda 21 übermitteln[755]. Weder die Staaten noch diese Organisationen unterliegen jedoch einer Berichtspflicht gegenüber CSD[756].

Zu Beginn der Arbeit der CSD haben auch nur wenige Staaten Berichte an CSD erstattet. Im Vorfeld der Rio-Konferenz und des Weltgipfels in Johannesburg 2002 hat aber der Großteil der Staaten Berichte über die bisher ergriffenen Maßnahmen vorgelegt. Das Sekretariat von CSD hat auf der Grundlage dieser Berichte z.B. für die Konferenz in Johannesburg den Stand der nationalen Umsetzung der Agenda 21 dargestellt[757].

CSD hat bereits auf ihrer ersten Sitzung für die jährlichen Berichte der Staaten Richtlinien beschlossen; in den letzten Jahren hat CSD auch Länderprofile erstellt, die nur aktualisiert werden müssen, um die Erstellung der Berichte für die Staaten zu erleichtern. Die Berichte sollen noch weiter vereinfacht werden[758].

A/CONF.207/CRP.7 vom 13.01.2005) und die "Mauritius Declaration" (UN Doc. A/CONF.207/L.6 vom 13.01.2005) beschlossen. Vgl. www.un.org/esa/sustdev/sids/sids.htm.

755 UNGA Resolution A/RES/47/191 vom 29. Januar 1993, Par. 23.

756 Vgl. UN Doc. A/RES/191 vom 29.01.1993, Par. 3; z.B. Par. 3 (h) geht davon aus, dass die Vertragsstaatenkonferenzen Informationen bereitstellen können.

757 Zu der Entwicklung des Berichtsverfahren in den ersten Jahren von CSD vgl. Yamin, Yearbook of International Co-operation on Environment and Development 1998/99, S. 51 ff.

758 Das wichtigste Element hierbei ist die Entwicklung von geeigneten Indikatoren auf der nationalen Ebene (siehe zu den neueren Entwicklungen: UN Doc. E/CN.17/2004/17 vom 9.2.2004: „Progress in implementing the decisions of the Commission on Sustainable Development related to improvements in national reporting and further work on indicators of sustainable development - Report of the Secretary-General“).
Die Länderprofile können auf der Internetseite von CSD abgerufen werden, www.un.org/esa/sustdev/index.html.

Viele der Informationen, die die Staaten im Rahmen anderer Berichtsverfahren, insbesondere der Berichtsverfahren im Rahmen von Abkommen, übermitteln, sind auch für CSD von Bedeutung. Eine umfassende zusätzliche Berichtspflicht gegenüber CSD würde eine Duplizierung bedeuten. Um dies zu vermeiden, müssen die Informationen aus anderen Berichtsverfahren auch für CSD nutzbar gemacht werden. Erste Schritte in diese Richtung sind bereits unternommen worden[759]. Um eine doppelte Belastung der Staaten zu vermeiden, wäre auch eine Berichtspflicht der Vertragsstaatenkonferenzen gegenüber CSD denkbar[760]. Die Vertragsstaatenkonferenzen der Abkommen sind jedoch institutionell unabhängig von CSD[761] und anderen Organen der Vereinten Nationen, so dass eine Berichtspflicht gegenüber CSD nur schwer zu verwirklichen ist.

b. Zusammenarbeit mit Nichtregierungsorganisationen und der Industrie

Die Nichtregierungsorganisationen stellen eine wichtige zusätzliche Informationsquelle für Themen der nachhaltigen Entwicklung dar. Deshalb ist der CSD in der Gründungsresolution auch die Förderung des Dialogs mit den Nichtregierungsorganisationen aufgegeben worden[762]. Die Zusammenarbeit mit den Nichtregierungsorganisationen und auch anderen „stakeholders"[763] hat für die CSD wesentliche Bedeutung. Seit dem Jahre 1993 hat sich innerhalb der UN und der CSD die Einbeziehung der „stakeholders" in den Entscheidungsprozess immer weiter verstärkt. Im Jahre 1993 war den major groups[764] zunächst erlaubt worden, an den formellen und informellen Treffen im Rahmen von CSD teilzunehmen. Im Jahre 1998 wurde erstmalig ein „multi-stakeholder"-Prozess[765], d.h. der Eintritt in Beratungen mit „stakeholders", im Anschluss an eine Entscheidung der CSD über frei-

[759] Einen Überblick über die Berichtsverfahren und die Bedeutung für das Konzept der nachhaltigen Entwicklung gibt die „Note by the Secretariat on National Reporting to the Commission on Sustainable Development", Background Paper No. 3, DESA/DSD/2003/3; siehe auch Background Paper for the Meeting of National Focal Points on Improving Future National Reporting to the Commission on Sustainable Development, New York 12.-13.2.2002, erhältlich unter: www.un.org/esa/agenda21/natlinfo/wssd/nfpmeeting_bp.pdf.

[760] Beyerlin/Maurahn, Rechtsetzung und Rechtsdurchsetzung, S. 120.

[761] Röben, in Morrisson/Wolfrum (Hrsg.), International, Regional and National Environmental Law, S. 71, 78.

[762] UNGA Res. A/RES/47/191 vom 29. Januar 1993, Par.3 (f), (g). Vgl. zu der Einbeziehung von NGOs in die UN und Bretton Woods Organisation French, in: Werksman (Hrsg.), Greening International Institutions, S. 251 ff.

[763] Unter „stakeholders" sind alle diejenigen zu verstehen, die ein Interesse an einer bestimmten Entscheidung haben. Dazu gehören Individuen, aber auch Organisationen, die von der Entscheidung betroffen werden können.

[764] Die neun "major groups" sind nach der Agenda 21 Frauen, Kinder und Jugendliche, Eingeborene, NGOs, lokale Behörden, Arbeiter und ihre Handelsvereinigungen ("trade unions"), Wirtschaft und Industrie, Wissenschaftler und Technologen sowie Bauern, vgl. UN Doc. A/CONF.151/26 (Vol.III), Agenda 21, Section III, Par. 24 ff.

[765] Unter "multi-stakeholder" ist im Zusammenhang mit CSD die Einbeziehung aller relevanten „stakeholder" in den Prozess zu verstehen. Zu den „stakeholder" sind auch die Regierungen, intergouvernementale Organisationen, "major groups" etc. zu verstehen. Siehe UN Doc. E/CN.17/2003/2 vom 18. Februar 2003, Par. 70 Fn.4.

willige Vereinbarungen und Initiativen der Industrie eingeleitet. In den nächsten Jahren folgten weitere Initiativen dieser Art[766]. Informationen, die von den „stakeholders" zusammengestellt worden sind, werden vor den Treffen der CSD regelmäßig als UN-Hintergrundpapiere verteilt. Neben einer Beteiligung an den Entscheidungsprozessen innerhalb der UN und auch der CSD ist im Rahmen des WSSD beschlossen worden, dass die „stakeholder" auch stärker in den Implementierungsprozess einbezogen werden müssen. CSD soll sich verstärkt in diesem Bereich engagieren[767]und als ein „focal point for the discussion of partnerships that promote sustainable development" [768] dienen.

Seit dem Weltgipfel in Johannesburg wurde eine Vielzahl von „public private partnerships" gegründet. Diese „partnerships" sollen zur Umsetzung von multilateralen Umweltabkommen und der Millenium Development Goals beitragen[769]. Sie können zum einen zwischen der Industrie, aber auch zwischen Regierungen und sowohl auf lokaler als auch globaler Ebene stattfinden[770]. Für die Arbeit der CSD könnten sie eine wichtige Rolle bei der Überwachung der Implementierung spielen. Fraglich ist allerdings, wie wiederum eine Kontrolle der CSD über die entsprechenden „partnerships" stattfinden könnte. Die Einführung von Berichtssystemen und etwaigen Berichtspflichten könnte im Hinblick darauf, dass die „partnerships" auf freiwilliger Basis beruhen, nur im Wege von Vereinbarungen erfolgen. Sie sind nicht zum System der „International Environmental Governance" zu zählen. Dies ändert aber nichts daran, dass die Partnerschaften eine innovative Möglichkeit darstellen, die Konzepte der nachhaltigen Entwicklung umzusetzen. Eine wesentliche Aufgabe der CSD liegt damit in der Zusammenarbeit mit Nichtregierungsorganisa-

---

[766] Vgl. zu der Einbeziehung der "major groups" Chasek, in: Chasek (Hrsg.), The global environment, S. 378, 386 f. Im Jahre 1999 wurde der "multi-stakeholder"-Prozess im Anschluss an eine Tourismusentscheidung der CSD aufgenommen. Im Jahre 2000 befasste sich der "multi-stakeholder"-Prozess mit den Folgen einer Entscheidung der CSD über "nachhaltige" Landwirtschaft, die von der FAO unterstützt worden war. Im Zuge dieser Beratungen war es zu einer Art von Koalition der "major groups" (Frauen, Wirtschaft, Bauern, Gewerkschaften und Ureinwohnern) und zu der Erarbeitung eines gemeinsamen Standpunktes gekommen.

[767] UN Doc. A/CONF.199/20 Report of the World Summit on Sustainable Development, Johannesburg Plan of Implementation, Par. 146: "Within that context, the Commission should place more emphasis on actions that enable implementation at all levels, including promoting and facilitating partnerships involving Governments, international organizations and relevant stakeholders for the implementation of Agenda 21."

[768] UN Doc. A/CONF.199/20: Report of the World Summit on Sustainable Development, Johannesburg Plan of Implementation, Par. 147 (b).

[769] In dem „Johannesburg Plan of Implementation" sind als Bereiche, in denen die partnerships die Implementierung unterstützen sollen, aufgeführt: nachhaltiger Tourismus; nachhaltige Nutzung der biologischen Artenvielfalt; nachhaltige Nutzung der verschiedenen natürlichen Ressourcen; Transfer von umweltverträglichen Technologien; Workshops bezüglich der Umweltverantwortlichkeit; Massentransport in den Entwicklungsländern; Abfallmanagement; Kapazitätenaufbau; Sammlung und Kategorisierung von Umweltrecht.

[770] Bisher bestehen 300 "partnerships". Zu der Entwicklung der "partnerships" und der geltenden Richtlinien DESA/DSD/2005/1 "Partnerships for Sustainable Development, Background Paper No.1; UN Doc. A/RES/58/129 vom 19.02.2004; UN Doc. A/RES/56/76 vom 24.02.2002.

tionen und anderen Interessengruppen. Innerhalb der Vereinten Nationen ist CSD ein zentrales Forum für den Dialog und die Zusammenarbeit mit diesen.

2. Rolle der CSD nach dem World Summit on Sustainable Development (WSSD)

Auf dem Gipfel in Johannesburg wurde das bisherige Mandat der CSD bestätigt. CSD soll ihre Arbeit bezüglich der Implementierung der Agenda 21 verstärken und dabei den Dialog mit anderen Organisationen innerhalb und außerhalb der Vereinten Nationen und mit Nichtregierungsorganisationen sowie Interessengruppen intensivieren.

Die Arbeit der CSD soll zum Zwecke der Effektivitätssteigerung neu organisiert werden. Zunächst sollen die Themen der Agenda 21 und des Johannesburg Plan of Implementation in die drei Bereiche allgemeine Entwicklungsfragen, speziell mit der nachhaltigen Entwicklung zusammenhängende Themen sowie Themen im Zusammenhang mit natürlichen Ressourcen und verwandte wirtschaftliche Bereiche aufgeteilt werden[771]. Hinsichtlich der Themen, die vom ECOSOC oder der Generalversammlung ausführlich behandelt werden oder in speziellen Foren berücksichtigt werden, soll sich die Arbeit von CSD darauf beschränken, die Zusammenhänge mit anderen Themen und die Überschneidungen aufzuzeigen[772]. Das Hauptaugenmerk der CSD soll auf Tätigkeiten liegen, die mit der Implementierung der Agenda 21 zusammenhängen. Aus diesem Grunde sollen Beratungen über neue Maßnahmen nur noch alle zwei Jahre Gegenstand der Sitzungen der CSD sein[773]. Statt einer generellen Untersuchung von Themen soll die Arbeit auf eine detailliertere Analyse des Fortschritts (oder des mangelnden Fortschritts) bei der Umsetzung der beschlossenen Ziele und Aufgaben beschränkt werden[774].

3. Zusammenfassung

Im Ergebnis soll CSD die Lücken im System der UN füllen, für die bisher keine bestimmte UN-Organisation die Verantwortung hatte. Auf der anderen Seite will

---

[771] UN ECOSOC E/CN.17/2003/2 vom 18. Februar 2003, Report of the Secretary-General: Follow-up to Johannesburg and the Future Role of the CSD-The Implementation Track, Par. 34 ff.

[772] UN ECOSOC E/CN.17/2003/2 vom 18. Februar 2003, Report of the Secretary-General: Follow-up to Johannesburg and the Future Role of the CSD - The Implementation Track, Par. 35.

[773] UN Doc. A/CONF.199/20, Report of the World Summit on Sustainable Development, Johannesburg Plan of Implemenation, Par. 147 (d). Aus diesem Grunde könnte der Rhythmus der CSD so aussehen, dass in dem ersten Jahr, dem sogenannten „Review Year", zunächst eine Untersuchung und Bewertung des Standes der Implementierung und der dabei erzielten Fortschritte stattfindet. Auf der Grundlage der im dem „Review Year" gewonnenen Erkenntnisse sollten in dem folgenden „Policy Year" mögliche Maßnahmen, die ergriffen werden müssen, um in dem betroffenen Bereich intensiver tätig zu werden, diskutiert werden, vgl. UN Doc. E/CN.17/2003/2 vom 18. Februar 2003, Report of the Secretary-General: Follow-up to Johannesburg and the Future Role of the CSD-The Implementation Track, Par. 40 ff.

[774] UN ECOSOC E/CN.17/2003/2 vom 18. Februar 2003, Report of the Secretary-General: Follow-up to Johannesburg and the Future Role of the CSD - The Implementation Track, Par. 26.

CSD aber auch eine Duplizierung der Arbeit vermeiden, die in anderen Foren behandelt wird, wie insbesondere in den Vertragsstaatenkonferenzen der Umweltabkommen[775]. Die Zusammenarbeit mit anderen Organisationen wird jedoch dadurch erschwert, dass bei diesen die Sorge besteht, Aufgabenbereiche an die CSD zu verlieren.

Durch den Anspruch, alle Bereiche der Agenda 21 abzudecken, die CSD in ihrem Arbeitsprogramm an sich gestellt hat, hat sich CSD eine kaum zu bewältigende Aufgabe gesetzt. In der Zukunft muss die Arbeit von CSD deshalb auf wenige Themen konzentriert werden. Die Bereiche Wälder und SIDS können dabei als Vorbilder dienen, welche Möglichkeiten CSD zur Verfügung stehen, um auf eine effektive Implementierung hinzuwirken.

Die CSD erarbeitet für die jeweiligen Themenbereiche politische Prioritäten, die im Rahmen der UN-Organisationen umgesetzt werden sollen; sie ist daher als „Programminstitution“ und „politisches Leitgremium“ zu sehen[776]. Demgemäss beschränken sich die Tätigkeiten der CSD auf politische Empfehlungen[777]. Als Nebenorgan müssen die Entscheidungen der CSD durch ECOSOC angenommen werden, so dass der Einfluss der CSD auf die internationale Gemeinschaft und die nationalen Regierungen geschmälert ist[778]. Als Nebenorgan von ECOSOC verfügt CSD über keine Handlungsbefugnisse, um Regierungen in die Pflicht zu nehmen. CSD ist deshalb bei der Verwirklichung ihrer Ziele auf den Willen der Mitgliedsstaaten zur Zusammenarbeit angewiesen[779].

Der Vorteil der CSD im Vergleich zu der Generalversammlung der UN und anderen Organen ist, dass die Mitwirkung von Nichtregierungsorganisationen sowie anderen wichtigen Gruppen erleichtert ist[780]. Das Mandat der CSD gibt den „major groups“ die weitestgehenden Einflussmöglichkeiten auf die Arbeit eines UN-Organs.

Bisher hat CSD es noch nicht geschafft, Finanz-, Wirtschafts- und Sozialminister in gleichem Maße wie Umweltminister in ihre Arbeit einzubeziehen. An den Treffen nahmen bisher nur vereinzelt Finanz-, Wirtschafts- oder Sozialminister teil. Des Weiteren ist es CSD noch nicht gelungen, die Bretton Woods-Organisationen und die WTO in ausreichendem Maße einzubeziehen[781].

Die Agenda 21, deren Implementierung die wesentliche Aufgabe der CSD darstellt, stellt kein rechtlich verbindliches Dokument dar und ist auch nicht in einer normativen Sprache verfasst. Dies stellt für die Arbeit von CSD eine große Herausforderung dar. Auf der anderen Seite erhält die Agenda 21 durch die Einrichtung der CSD und – trotz der beschränkten Handlungsmöglichkeiten – durch deren Arbeit, insbesondere die Überprüfung der Implementierung und die Aufbereitung der

---

[775] Chasek; in: Chasek (Hrsg.), The global environment, S. 378, 395.
[776] Loibl, in: Cede/Sucharipa-Behrmann (Hrsg.), S. 179, 184.
[777] Birnie/Boyle, International Law and the Environment, S. 52.
[778] Chasek; in: Chasek (Hrsg.), The global environment, S. 378, 393f.
[779] Mensah, in: Werksman (Hrsg.), Greening International Institutions, S. 21, 36.
[780] Chasek, in: Chasek (Hrsg.), The global environment, S. 378, 392.
[781] Chasek, in: Chasek (Hrsg.), The global environment, S. 378, 394.

Probleme, auf die die Regierungen bei der Umsetzung stoßen, eine größere Aufmerksamkeit und Bedeutung in der Umweltpolitik[782].

III. Verhältnis von CSD zu UNEP

Nach der Aufgabenbeschreibung in der Agenda 21[783] ließe sich das Aufgabengebiet von CSD auf Themen der nachhaltigen Entwicklung und der Umsetzung der Agenda 21 begrenzen. Die Agenda 21 besagt jedoch auch, dass UNEP die Entwicklungsaspekte der Umweltfragen berücksichtigen soll[784]. In der Agenda 21 werden praktisch alle Tätigkeiten von UNEP angesprochen, so dass sich das Mandat von UNEP nur soweit verändert, als es die neuen Anforderungen des Prinzips der nachhaltigen Entwicklung erfordern[785]. Das Konzept der nachhaltigen Entwicklung ist gerade dadurch geprägt, dass Umweltschutz und Entwicklung gleichgewichtige Ziele darstellen, die gemeinsam in ihren Wechselwirkungen berücksichtigt werden sollen. Daher widerspricht dem Prinzip der nachhaltigen Entwicklung eine Aufteilung in der Art, dass UNEP primär für den Umweltschutz zuständig ist und CSD die nachhaltige Entwicklung fördert[786]. Schon in den Stockholmer Prinzipien der Konferenz in Stockholm im Jahre 1972 wurden die Wechselwirkungen zwischen Umwelt- und Entwicklungsaspekten betont[787]. Daher ist davon auszugehen, dass UNEP, das auf dieser Konferenz gegründet wurde, sich nicht nur auf die Umweltaspekte in seiner Tätigkeit beschränken kann. Die Sondergeneralversammlung der Vereinten Nationen im Jahre 1997 hat mit Blick auf UNEP festgestellt, dass es „the coherent implementation of the environmental dimension of sustainable development within the United Nations system(...)"[788] fördern soll. Dass dies nicht bedeuten soll, dass UNEP die Entwicklungsaspekte außer Acht lassen soll, wird im Anschluss klargestellt[789]. Das Mandat von CSD wurde auf dieser Konferenz nicht gestärkt, sondern es wurde wieder darin gesehen, „global governance" für den Um-

---

[782] Birnie/Boyle, International Law and the Environment, S. 52.

[783] UN Doc. A/CONF.151/26 (Vol.III), Agenda 21, Kap. 38.11: „In order to ensure the effective follow-up of the Conference, as well as to enhance international cooperation and rationalize the intergovernmental decision-making capacity for the integration of environment and development issues and to examine the progress in the implementation of Agenda 21 at the national, regional and international levels,(...)".

[784] UN Doc. A/CONF.151/26 (Vol.III), Agenda 21, Kap. 38.23 und 38.21, UNGA Res. A/RES/S-19/2 vom 19.9.1997, Par. 122.

[785] So der Verwaltungsrat von UNEP auf seiner 17. Sitzung, UN Doc. E/CN.17/1996/16 vom 28.2.1996, Par.26.

[786] Vgl. Beyerlin/Maurahn, Rechtsetzung und Rechtsdurchsetzung, S. 66.

[787] UN Doc. A/CONF.48/14/Rev.1, Chapter I, Declaration of the United Nations Conference on the Human Environment, Principles 8-16; vgl. Beyerlin/Maurahn, Rechtsetzung und Rechtsdurchsetzung, S. 66; zu den Prinzipien siehe auch Sohn, Harvard International Law Review 14 (1973), S. 423, 464 ff.

[788] UNGA Resolution A/RES/S-19/2 vom 19.9.1997, Par. 123.

[789] UNGA Resolution A/RES/S-19/2 vom 19.9.1997, Par. 124: „The United Nations Programme, in the peformance of its role, should focus on environmental issues, taking into account the development perspective".

weltbereich zu koordinieren und zu initiieren[790]. Aus diesem Grunde stellen die auf der Rio-Konferenz getroffenen Regelungen, insbesondere das Kriterium der Zuständigkeit für die nachhaltige Entwicklung, keine taugliche Abgrenzung dar[791]. In keinem der Abschlussdokumente der großen Konferenzen im Umweltbereich ist eine eindeutige Abgrenzung der Aufgabenbereiche von UNEP und CSD erfolgt.

Da eine Abgrenzung anhand der thematischen Zuständigkeitsbereiche nicht möglich erscheint, sind die in der Praxis wahrgenommenen Tätigkeiten als mögliche Anhaltspunkte für eine Grenzziehung heranzuziehen. Eine Abgrenzung könnte für die Mitwirkung an der Rechtsetzung, d.h. die Initiierung und Vorbereitung internationaler Abkommen erwogen werden. Der Schwerpunkt der Arbeit der CSD soll in der Implementierung liegen. Die Aufgabenbestimmung in der Agenda 21, für die es an konkreten Formulierungen fehlt und die damit eher vage bleibt, lässt die Frage offen, ob CSD auch für die Initiierung von internationalen Verträgen und deren Vorbereitung zuständig sein soll[792]. Im Bereich des Schutzes der Wälder hat CSD mehrere Gremien eingesetzt, die das Ziel verfolgen, ein rechtlich verbindliches Instrument zu schaffen. CSD hat im Bereich des Waldschutzes durch den IPF und das IFF entscheidende Vorbereitungen für die Verabschiedung eines internationalen Abkommens geleistet[793]. Da CSD für die Implementierung der Agenda 21 zuständig ist und diese auch in der Umsetzung in internationale Abkommen besteht, könnte hierin eine Verantwortlichkeit der CSD für die Entwicklung von neuem Umweltrecht eingeschlossen sein. Dagegen würde jedoch sprechen, dass für UNEP eine solche Kompetenz ausdrücklich festgelegt ist. Ein Mandat für die Initiierung und Vorbereitung internationaler Verträge würde CSD damit in ausdrückliche Konkurrenz zu UNEP stellen. Eine Abgrenzung, die eine Konkurrenz beider Organe vermindert, könnte dahin vorgenommen werden, dass die Verhandlungsführung und –unterstützung bei den Beratungen über internationale Abkommen regelmäßig bei UNEP liegt. Hierfür sprechen die Erfahrungen von UNEP auf die-

---

790 Röben, in: Morisson/Wolfrum (Hrsg.), International, Regional and National Environmental Law, S.71, 78.

791 Anders jedoch Timoshenko/Berman, in: Werksman(Hrsg.), Greening International Institutions, S. 38, 45, die davon ausgehen, dass die Mandate von CSD, UNEP und UNDP in den Entscheidungen der Rio-Konferenz klar voneinander getrennt und dadurch Überschneidungen ausgeschlossen werden.

792 Beyerlin, ZaöRV 56 (1996), S.602, 622.

793 Im Abschlußbericht des Intergovernmental Panel on Forests (IPF) werden für das Nachfolgegremium, das Intergovernmental Forum on Forests (IFF), als Alternativen folgende Mandate vorgesehen:
„(i) On that basis, considering and advising on the need for other arrangements and mechanisms, including legal arrangements covering all types of forests, and reporting on those matters to the Commission at the appropriate time in its work programme, which has yet to be defined;
and/or:
(ii) Preparing the basis and building the necesary consensus for a decision to negotiate and elaborate possible elements of a legally binding instrument; reporting to the Commission in 1999 on its work;“ UN Doc. E/CN.17/1997/12 vom 20.3.1997, Report of the Ad Hoc Intergovernmental Panel on Forests on its fourth session, Par.147 (b).

sem Gebiet und das – gerade für die Verhandlungen erforderliche – Informationswissen von UNEP. CSD könnte demgegenüber in erster Linie für die Erschließung von Problembereichen mit Blick auf eine künftige Rechtsetzung zuständig sein, während UNEP bei der Rechtsetzung im Umweltbereich die führende Organisation wäre[794]. Ein etwaiges Konkurrenzverhältnis von UNEP und CSD in der Vorbereitungsphase eines neuen Abkommens ist nicht auszuschließen. Dies kann aber – trotz möglicher Doppelarbeiten – den Rechtsetzungsprozess positiv beeinflussen und beschleunigen und ist daher unschädlich. Aufgrund der bisherigen Aufgabenaufteilung ist nicht davon auszugehen, dass CSD weitergehend in den Rechtsetzungsprozess eingreifen wird.

Sowohl CSD als auch UNEP haben die Aufgabe der Koordinierung. So wurde bei dem Treffen der Umweltminister der G7-Staaten im Jahre 1995 die Rolle von CSD darin gesehen, als Gremium zu fungieren, das in enger Abstimmung mit den übrigen UN-Einrichtungen die wesentlichen Richtungsbestimmungen für nachhaltige Entwicklung vornimmt und sich der sektorspezifischen Umsetzung dieses Grundsatzes in allen Politikbereichen annimmt[795]. Die Funktion von UNEP als „Stimme der Umwelt" und zentrales Kontroll-, Monitor- und Rechtsetzungsorgan innerhalb des UN-Systems soll danach stärker akzentuiert werden[796]. In der Tendenz hiermit übereinstimmend wurde auf der Sondergeneralversammlung im Jahre 1997 UNEP eine Zuständigkeit für die gesamte Umwelt zugedacht[797], während CSD sich auf einzelne Teilbereiche, die in besonderer Weise durch Aspekte der nachhaltigen Entwicklung geprägt sind, beschränken soll. Dies würde auch der organisatorischen Struktur beider Organe entsprechen. Zwar handelt es sich bei CSD und auch UNEP um Nebenorgane, CSD ist jedoch zahlenmäßig und mit Blick auf den innerorganisatorischen Aufbau wesentlich kleiner. Das UNEP-Sekretariat ist zwar auch in das Sekretariat der Vereinten Nationen eingegliedert, es genießt aber größere Unabhängigkeit als das CSD-Sekretariat.
Als Organ der Vereinten Nationen soll UNEP Berichte über die Umsetzung der Agenda 21 an CSD übermitteln[798]; eine direkte Verantwortlichkeit gegenüber CSD besteht jedoch nicht. Über die Berichte hinaus ist CSD bei der Förderung und Kontrolle der Umsetzung der Agenda 21 auf weitergehende Hintergrundinformationen angewiesen. UNEP soll CSD hierbei durch wissenschaftliche, technische und politische Informationen unterstützen; ein entsprechendes Kooperationsangebot hat UNEP schon im Jahre 1995 gemacht[799]. Auch wenn man CSD nur eine Rolle bezüglich der Erschließung von Problembereichen mit Blick auf eine zukünftige Rechtssetzung zubilligt, setzt dies voraus, dass CSD hierzu über ausreichende

[794] Vgl. Beyerlin/Maurahn, Rechtsetzung und Rechtsdurchsetzung, S. 67.
[795] Treffen in Hamilton, Kanada, siehe Umwelt Nr. 7-8 (1995), S. 263.
[796] Umwelt Nr. 7-8 (1995), S. 263.
[797] UNGA Resolution A/RES/S-19/2 vom 19.9.1997, Par.123: „principal body in the field of the environment" und „leading global environmental authority".
[798] UNGA Res. A/RES/47/191 vom 29.01.1993, Par. 25, 22.
[799] Vgl. UN Doc.E/CN.17/1996//16 vom 28.2.1996, Par.31; UNGA Resolution A/RES/S-19/2 vom 19.9.1997, Par. 124.

Hintergrundinformationen von Experten verfügt[800]. Eine Aufgabenteilung in diesem Bereich ist in der Form denkbar, dass UNEP für die Beschaffung der Informationen aufgrund seiner besseren Möglichkeiten und seiner Verbindung mit den Vertragsorganen, CSD dagegen in erster Linie für die Auswertung der Berichte und die Identifikation der Bereiche, in denen Handlunsgbedarf besteht, zuständig ist. Eine Zusammenarbeit zwischen CSD und UNEP findet auch in der Weise statt, dass UNEP von CSD gebeten wurde, Tätigkeiten in verschiedenen Bereichen auszuführen bzw. zu unterstützen[801].

Insgesamt lässt sich mehr als zehn Jahre nach der Gründung von CSD festhalten, dass die Gründung der CSD eine weitere Stärkung der Autorität von UNEP verhindert hat. Allerdings wurde UNEP nicht durch CSD verdrängt; der Platz von UNEP als Umweltorganisation wurde auch nicht durch CSD streitig gemacht. Ein entscheidender Grund hierfür ist auch die Größe von UNEP und die Möglichkeit von UNEP, auf Fachwissen zurückzugreifen. UNEP spielt eine mehr „katalysatorische" und wissenschaftliche Rolle für die Bestimmung neuer Themen und bei der Initiierung von Vertragsverhandlungen als CSD. Demgegenüber ist die Funktion von CSD durch ihren Sitz im Hauptquartier der Vereinten Nationen in New York und die dadurch vereinfachte Zusammenarbeit mit anderen Organisationen der UN sowie auch mit Organisationen außerhalb der Vereinten Nationen geprägt; dies erleichtert die Koordination. Allerdings hat sich dadurch keine Vorrangstellung der CSD ergeben, von der zum Teil auch angenommen wurde, dass sie einmal ECOSOC als Hauptkoordinierungs- und politisches Organ für die wirtschaftlichen, sozialen sowie Umwelt- und Entwicklungsfragen verdrängen könnte[802]. Eine solche Entwicklung hat sich in den letzten Jahren nicht angedeutet. Die Überschneidung in den Aufgabenbereichen der beiden Organisationen bestehen allerdings weiterhin.

IV. Ausblick

Kritisiert wird an der CSD, dass auf ihren Sitzungen überwiegend Umwelt- und Entwicklungsminister vertreten sind, aber nur ausnahmsweise Finanz-, Wirtschafts- oder Außenminister. Dadurch könne die themenübergreifende Funktion („cross-cutting function") der CSD nicht realisiert wird[803]. Weiterhin stößt die Struktur der CSD auf Kritik. CSD wird zum Teil als „permanent diplomatic forum (...) but one with no powers, few resources, and limited influence" gesehen[804]. Andere werten

[800] Beyerlin/Maurahn; Rechtsetzung und Rechtsdurchsetzung, S. 64.
[801] UN Doc. E/CN.17/1996/16 vom 28.2.1996, Par.32.
Nach dem Johannesburg Plan of Implementation soll CSD bei seiner Arbeit verstärkt die regionale Ebene berücksichtigen und einbinden. In diesem Zusammenhang soll ein engeres Zusammenwirken durch ein CSD Regional Implementation Forum erreicht werden, wobei neben den UN Regional Commissions u.a. UNEP mitwirken soll, UN Doc. E/CN.17/2003/2 vom 18. Februar 2003; Par. 58 f.
[802] Vgl. Chasek; in: Chasek (Hrsg)., The global environment, S. 378, 394.
[803] Biermann/Simonis, A World Environment and Development Organization, S. 12.
[804] Birnie/Boyle, International Law and the Environment, S. 52.

CSD sogar als „talking shop“ ab[805]. Um die Akzeptanz von CSD zu stärken, ist es daher notwendig, dass ihre Aufgaben klarer umrissen werden und das Verhältnis zu anderen Organisationen, insbesondere UNEP, geklärt wird. Dies wird allerdings aufgrund des auf eine Gesamtbetrachtung gerichteten Prinzips der nachhaltigen Entwicklung schwierig werden[806]. Aufgrund der engen Verzahnung der drei Komponenten des Konzepts der „nachhaltigen Entwicklung“ muss eine Umweltorganisation ebenso wie eine Entwicklungsorganisation auch die beiden jeweils anderen Aspekte in ihrer Arbeit und insbesondere bei der Durchführung bestimmter Projekte berücksichtigen. Es stellt sich daher die Frage, was eine Organisation, die dem Prinzip der „nachhaltigen Entwicklung“ verpflichtet ist, leisten und worin ihre Aufgabe liegen kann. Die Aufgabe von CSD in der Zukunft hat der Generalsekretär in seinem Bericht vom 18. Februar 2003 folgendermaßen beschrieben: „A future function of the Commission could, therefore, be providing a global forum for exchange of information, facilitiating international cooperation and promoting multi-stakeholder partnerships and other activities, to turn visions of sustainable development into real progress.“[807]

Eine Institution mit einer Zuständigkeit für das Konzept der „nachhaltigen Entwicklung“, die durch das Zusammenwirken der drei Aspekte geprägt ist, soll sich daher insbesondere darum bemühen sicherzustellen, dass die für die jeweiligen Bereiche zuständigen Organisationen auch die jeweils anderen Aspekte berücksichtigen. Daher sollte CSD weniger eigene Projekte durchführen und damit in Konkurrenz zu anderen Organisationen treten, sondern vielmehr eine „clearing-house“-Rolle übernehmen und als zentrale Anlaufstelle für Themen der nachhaltigen Entwicklung sowohl für Staaten als auch für internationale Organisationen dienen. Damit würde CSD auch weiterhin für die Implementierung durch die Sammlung und Auswertung von Berichten über „sustainable development“ zuständig sein. Da die Staaten gegenüber anderen Organisationen und insbesondere den Vertragsstaatenkonferenzen der Umweltabkommen zur Abgabe von jährlichen Berichten verpflichtet sind, ist anzustreben, auch die in diesen Berichten enthaltenen wesentlichen Informationen zur nachhaltigen Entwicklung zusammenzustellen. Eine Weitergabe der darin enthaltenen Informationen durch die Vertragsstaatenkonferenzen könnte mit Zustimmung der Staaten erfolgen. Die bisherigen Bemühungen zur Vereinfachung der Berichtspflichten insbesondere in Form der Länderprofile sollen weiter vorangetrieben werden. Ein separater umfassender Bericht der Länder und der anderen Organisationen wäre demnach nur zur Vorbereitung von großen Staatenkonferenzen erforderlich. Auf der Grundlage dieser Informationen kann CSD die Umweltbereiche und Problemfelder, in denen Handlungsbedarf besteht,

[805] Yamin, Yearbook of International Cooperation on Environment and Development 1998/99, S.51; vgl. auch Desai, in: Dolzer/Thesing (Hrsg.), Protecting Our Environment, S. 231, 249.

[806] *Charnovitz* wirft daher die Frage auf, ob ein derartiger „talk shop“ nicht die beste Lösung für eine Organisation mit einer solchen Zuständigkeit ist, siehe Charnovitz, in: Biermann/Bauer (Hrsg.), A World Environment Organization, S. 87, 100.

[807] UN ECOSOC E/CN.17/2003/2 vom 18. Februar 2003, Report of the Secretary-General: Follow-up to Johannesburg and the Future Role of the CSD - The Implementation Track, Par. 28.

herausfiltern. Diese könnten dann Gegenstand von Vertragsverhandlungen unter der Führung von UNEP werden[808]. Hierfür sprechen die Erfahrung und Erfolge von UNEP bei der Förderung internationaler Rechtsetzungsprozesse und die Möglichkeiten des einfachen Rückgriffs auf wissenschaftliche Informationen innerhalb von UNEP. Eine Auflösung von CSD würde für UNEP eher die Gefahr bedeuten, dass es sich nicht mehr in ausreichendem Maße auf die eigentlichen Umweltfragen konzentrieren kann, und ist daher nicht anzustreben. Der Ausbau der Funktion von CSD als „clearing-house"-Stelle ist auch mit Blick auf die bestehenden Kontakte zu den Nichtregierungsorganisationen und anderen Interessengruppen anzustreben.

Soweit CSD durch die Berichte oder in anderer Form auf Erfüllungsdefizite oder Umweltverstöße aufmerksam wird, ist zu fragen, ob CSD für die Einleitung oder Durchführung von Kontrollverfahren verantwortlich sein kann. Anhaltspunkte für die Beantwortung dieser Frage kann ein Vergleich mit der United Nations Human Rights Commission (UNHRC) bieten, die für die Überwachung der rechtlich nicht bindenden „Universal Declaration on Human Rights" eingesetzt worden ist[809]. UNHRC entwickelte Beschwerdeverfahren, durch die außerhalb von bestimmten Verträgen jegliche Art von Menschenrechtsverletzungen zumindest dadurch, dass die Vorwürfe Gegenstand von Untersuchungen und Diskussionen – z.T. in der Öffentlichkeit - werden, „sanktioniert" werden können[810].

Die Einrichtung und Durchführung vergleichbarer Beschwerdeverfahren unter der Aufsicht der CSD würden weitergehende Kompetenzen voraussetzen. Die Zahl der

---

[808] Beyerlin, Strengthening International Governance, S. 9.

[809] Zum Teil wurde UNHRC als Vorbild für CSD gesehen, vgl. Kiss/Shelton, International Environmental Law, S. 90; Ricupero, Colorado Journal of International Environmental Law and Policy 4 (1993), S. 81, 97 f. Auch bei den Menschenrechten weisen die Entwicklungsländer immer wieder darauf hin, dass es einen Zusammenhang zwischen dem Stand der Entwicklung und der Umsetzung der Menschenrechte gibt, was die Industrieländer jedoch ablehnen. UNHRC wurde von ECOSOC im Jahre 1946 gem. Art. 68 der Charta der Vereinten Nationen als „functional commission" gegründet; vgl. Marks, in: Bernhardt (Hrsg.), EPIL Bd. II, S. 893, 894; auch: Birnie/Boyle, International Law and the Environment, S. 52. UNHRC sollte auch rechtsetztend tätig werden und ein „Universal Bill of Rights" ausarbeiten, Riedel, in: Wolfrum (Hrsg.), Handbuch Vereinte Nationen, S. 572, 574.

[810] UN ECOSOC Resolution 1503 (XLVIII) vom 27.5.1970 (Text in: Knipping/v.Mangoldt/Rittberger (Hrsg.), Das System der Vereinten Nationen, Bd. I/1, Dok.101); ECOSOC Resolution 1235 (XLII) vom 6. 6.1967 (Text in:Knipping/ v.Mangoldt/Rittberger (Hrsg.), .Das System der Vereinten Nationen, Bd.I/1, Dok. 100). Das „1235-Verfahren" findet in öffentlichen Debatten statt; Ziel ist durch die Ausübung von öffentlichem Druck, die Staaten dazu zu bewegen, Abhilfe zu schaffen; vgl. Riedel, in: Wolfrum (Hrsg.), Handbuch Vereinte Nationen, S. 572, 578 ff.; Alston, The Commission on Human Rights, S. 126, 144. Demgegenüber verläuft das „1503- Verfahren" in mehreren Stufen mit vertraulichen Sitzungen der betroffenenen Organe. Falls das Verfahren allerdings an ECOSOC weitergeleitet wird, wird das Verfahren damit öffentlich; Riedel; in: Wolfrum (Hrsg.), Handbuch Vereinte Nationen, S. 572, 576 ff., Alston, The Commission on Human Rights, S. 126, 148. Wenn festgestellt worden ist, dass Anhaltspunkte für gravierende Menschenrechtsverletzungen vorliegen, kann das Verfahren eingestellt oder es können weitere Untersuchungen durchgeführt werden. Eine Weiterleitung an ECOSOC erfolgt kaum.

Staaten, die ihre Berichte an CSD abgeben, ist zwar gestiegen und das Bewusstsein für den Umweltschutz ist größer geworden; es sind aber keine Anhaltspunkte dafür ersichtlich, dass die Staaten CSD weitergehende Kompetenzen übertragen wollen. Auf der ersten Sitzung der CSD wurde die Freiwilligkeit der Berichterstattung betont[811]. Somit ist nicht davon auszugehen, dass CSD eine vergleichbare Entwicklung wie UNHRC erfahren wird.

B. United Nations Development Programme (UNDP)

UNDP wurde im Jahre 1965 durch einen Zusammenschluss des „United Nations Special Fund"[812] und des „United Nations Expanded Programme for Technical Assistance"[813] gegründet[814]. UNDP sollte das zentrale Finanzierungs- und Koordinationsorgan im Bereich der technischen Unterstützung für die Entwicklungsländer sein[815]. Die Gründung der UNDP ist Ausdruck der großen Bedeutung, die die Zusammenarbeit im Bereich der Entwicklung als Aufgabe der Vereinten Nationen erlangt hat[816]. Durch die von UNDP unterstützten Projekte soll ein Anreiz für den Einsatz von Entwicklungskapital und die Anwendung moderner Technologien durch die Staaten geschaffen werden[817].

I. Aufbau

1. Stellung im System der Vereinten Nationen

UNDP wurde durch eine Resolution der Generalversammlung[818] - wie UNEP - als deren Nebenorgan gegründet. UNDP ist bei der Ausführung seiner Aufgaben weitgehend unabhängig, so dass es sich ebenfalls um einen sog. „semi-autonomous body" handelt. Es ist verpflichtet, seine Berichte gegenüber ECOSOC abzugeben, der diese an die Generalversammlung weiterleitet. UNDP besitzt keine internationale Rechtspersönlichkeit. Die Einzelheiten der Verantwortlichkeiten von UNDP werden durch Resolutionen der Generalversammlung und Aktionspläne bestimmt, die auf UN-Konferenzen beschlossen werden[819].

---

[811] UN Doc. E/1993/25/Add.1 vom 30.06.1993, Par. 11.
[812] Der Special Fund wurde im Jahr 1958 gegründet.
[813] EPTA wurde im Jahr 1949 gegründet.
[814] UNGA Res. 2029 (XX) vom 22.11.1965 (Text in: Knipping/v.Mangoldt/Rittberger (Hrsg.), Bd. I/1, Dok. 27, S.670 ff.). Die Aufgaben und die Funktionsweise des Programms wurde im Jahre 1970 durch eine weitere Resolution der Generalversammlung genauer festgelegt, sog. „Konsensus-Resolution": UNGA Res. 2688 (XXV) vom 11.12.1970 (Text in: Knipping/v.Mangoldt/Rittberger (Hrsg.), Bd. I/1, Dok.28, S.680 ff.).
[815] Sahlmann/Blank, in: Wolfrum (Hrsg.), United Nations Bd. 2, Kap. 134 Rn. 1.
[816] Sahlmann/Blank, in: Wolfrum (Hrsg.), United Nations Bd. 2, Kap. 134 Rn. 2.
[817] Timoshenko/Berman, in: Werksman (Hrsg.), Greening International Institutions, S. 38, 46.
[818] UNGA Res. 2029 (XX) vom 22.11.1965.
[819] Eine Übersicht über Resolutionen und Konferenzergebnisse bei Wallace, in: Bernhardt (Hrsg.), EPIL Bd. IV, S.1086, 1088; Wolfrum, in: Wolfrum (Hrsg.), Reform der Vereinten Nationen, S. 129, 143.

Die Mitglieder der Vereinten Nationen, deren Sonderorganisationen und der IAEA können entweder durch die Leistung eines finanziellen Beitrages oder als Empfängerländer an dem Programm partizipieren[820].

2. Organisatorische Struktur und Finanzierung

UNDP hat einen „Executive Board", der aus 36 Mitgliedern besteht, die sowohl aus Industrie- als auch aus Entwicklungsländern stammen[821]. Die Verteilung der Sitze erfolgt nach geographischen Gesichtspunkten, wobei die Entwicklungsländer in der Mehrheit sind[822]. Das „Executive Board" kommt zumindest zu einer jährlichen Sitzung zusammen. Es ist für die Umsetzung der entsprechenden Aufgabenbereiche und Leitlinien verantwortlich, die von der UN-Generalversammlung und dem ECOSOC erlassen werden. Des Weiteren entscheidet es über das Finanzbudget und beschließt die Programme einschließlich der Länderprogramme[823].

Für die Durchführung der Programme bestimmt der UN-Generalsekretär einen „UNDP Administrator", der für das Management aller Programmteile und außerdem für die Ernennung und Verwaltung der Mitarbeiter zuständig ist. Die Generalversammlung muss der Ernennung des Administrators zustimmen[824]. Für die Umsetzung der Projekte auf der nationalen Ebene sind „resident representatives" zuständig, deren Bestellung von der Regierung des Landes, in dem sie tätig werden sollen, bestätigt werden muss[825].

Die Finanzierung von UNDP erfolgt durch freiwillige Beiträge der teilnehmenden Staaten, die Geberländer sowie zusätzlich auch durch Spenden der Industrie und der NGOs[826]. UNDP ist auch für die Verwaltung spezieller Treuhandfonds zustän-

---

[820] Sahlmann/Blank, in: Wolfrum (Hrsg.), United Nations, Kap. 134 Rn. 5.

[821] UNGA Res. A/RES/48/162 vom 14.1.1994, Annex I, Par. 21. Hierdurch wurde der bisher bestehende Verwaltungsrat („Governing Council") ersetzt. Dieser bestand aus 48 Mitgliedern, die durch ECOSOC aus einer Expertenliste gewählt wurden. 27 Sitze standen den Entwicklungsländern zu und 21 Sitze Vertretern aus den wirtschaftlich besser gestellten Ländern. Die Entscheidungen des Verwaltungsrates wurden an ECOSOC weitergeleitet, der die UNDP-Programmentscheidungen in der vorgelegten Form akzeptieren oder Veränderungen vorschlagen konnte. Falls ECOSOC der Ansicht war, dass die in Frage stehende Entscheidung sich nicht im Rahmen des Mandats von UNDP hält, dann mußte die Entscheidung der Generalversammlung vorgelegt werden. Vgl. Wallace, in: Bernhardt (Hrsg.), EPIL Bd. IV, S. 1086, 1087 ff.

[822] Die Schlüssel für die Sitzverteilung ist folgender: 8 Sitze für afrikanische Staaten, 7 Sitze für asiatische Staaten, 4 für osteuropäische Staaten, 5 für lateinamerikanische und karibische Staaten sowie 12 Sitze für westeuropäische und andere Staaten (vgl.: UNGA Res. A/RES/48/162 vom 14.1.1994, Annex I, Par.25). Zu der Mitgliedschaft der einzelnen Staaten im Executive Board vgl. UN Handbook 2003, S.185 ff.; zu der aktuellen Zusammensetzung vgl. www.undp.org/execbrd/memberseng.htm#Bureau%members.

[823] UNGA Res. A/RES/48/162 vom 14.1.1994, Annex I, Par. 22 (a), (e) und (f). Das „Executive Board" des UNDP ist gleichzeitig das „Executive Board" des „United Nations Population Fund" (UNFPA). UNFPA wurde im Jahre 1967 als „UN Trust Fund for Population Activities" gegründet; im Jahre 1969 wurde er dem Administrator von UNDP unterstellt (zu der weiteren Entwicklung vgl. UN Handbook 2003, S.188 ff.).

[824] Wallace, in: Bernhardt (Hrsg.), EPIL Bd. IV, S. 1086, 1087.

[825] Wallace, in: Bernhardt (Hrsg.), EPIL Bd. IV, S. 1086, 1087.

[826] Sands, Principles of International Environmental Law, S.85.

dig. Hierzu gehören der „United Nations Revolving Fund for Natural Resources Exploration“ (UNRFNRE), „UNDP Energy Account“ „United Nations Trust Fund for Sudano-Sahelian Activities“, „Capacity 21“-Fonds und „Thematic Trust Fund for Environment“, mit denen Umweltmaßnahmen finanziert werden sollen[827].

II. Arbeit von UNDP

Die drei Aufgabenfelder von UNDP sind die Finanzierung der Entwicklungstätigkeiten der Vereinten Nationen, die Koordinierung der Maßnahmen auf Länderebene durch die Länderrepräsentanten, die oftmals zugleich Repräsentanten der gesamten UN für Entwicklungsfragen sind, und die Koordinierung mit anderen UN-Entwicklungsorganisationen[828]. Die Hauptaufgabe von UNDP ist die zentrale Planung, Koordinierung und Finanzierung der technischen Unterstützungsmaßnahmen der Vereinten Nationen[829]. Unter technischer Unterstützung ist insbesondere der Technologie-Wissenstransfer von den Industrieländern an die Entwicklungsländer zu verstehen[830]. UNDP spielt eine wichtige Rolle bei den operativen Entwicklungstätigkeiten der Vereinten Nationen[831].
Charakteristisch für die Unterstützung durch UNDP ist, dass die Länder einen weiten Entscheidungsspielraum bezüglich der Verwendung der ihnen zur Verfügung gestellten Mittel haben und dass sie die Projekte zum Großteil in Eigenverantwortung durchführen[832]. Anders als bei einer Unterstützung durch die Weltbank müssen die Länder die von UNDP gewährte Unterstützung nicht zurückzahlen.
Die eigentliche Durchführung der Projekte erfolgt nicht durch UNDP direkt. Zu Beginn der Tätigkeit von UNDP wurden verschiedene Sonderorganisationen der Vereinten Nationen, insbesondere FAO, UNESCO, ILO und UNIDO, mit der Ausführung betraut[833]. Es zeigte sich jedoch, dass sich das Ziel, den Staaten zur Selbständigkeit zu verhelfen, besser verfolgen lässt, wenn diese auch bei der Umsetzung der Projekte ein größeres Mitspracherecht haben. Aus diesem Grunde wurde den Staaten immer mehr eigener Handlungsspielraum eingeräumt. Zunächst wurden die nationalen Entwicklungspläne der Regierungen maßgebliche Grundlage für die Länderprogramme[834]; die Umsetzung wurde von dem Verwaltungsrat von UNDP und dem Administrator überwacht. Dazu wurden Regionalbüros auf der

[827] Kilian, Umweltschutz durch Internationale Organisationen, S.224; Sands, Principles of International Environmental Law, S.85. Weitere Fonds sind der „Capital Development Fund“ und „United Nations Development Fund for Women and the United Nations Volunteer Programme“, vgl. Sahlmann/Blank, in: Wolfrum (Hrsg.), United Nations, Kap. 134 Rn. 9.
[828] Klingebiel, Leistungsfähigkeit und Reform, S.74 f.
[829] Sahlmann/Blank, in: Wolfrum (Hrsg.), United Nations, Kap.134 Rn. 7.
[830] Ssekandi/Johnson, ISLA journal of international & comparative law 7 (2000), S. 39.
[831] Klingebiel, Leistungsfähigkeit und Reform, S. 72.
[832] Sahlmann/Blank, in: Wolfrum (Hrsg.), United Nations, Kap. 134 Rn. 16.
[833] Sahlmann/Blank, in: Wolfrum (Hrsg.), United Nations, Kap.134 Rn.7; Ssekandi/Johnson, ISLA journal of international & comparative law 7 (2000), S. 39, 40, 48 f.; eine Übersicht der wichtigsten ausführenden Organisationen des UNDP bei Hampe, S.73.
[834] UNGA Res. 2688 vom 11.12.1970, Par. 4 ff.

Ebene des Hauptsitzes von UNDP als Verbindungsstelle für die „resident representatives" und diejenigen, die für die Verwaltung des Projektes zuständig sind, eingerichtet[835].
Seit Anfang der 90er Jahre erfolgt die Entwicklungshilfe nach dem Prinzip der „national execution"[836]. Die Entwicklungsländer wählen in Abstimmung mit UNDP eine nationale Stelle aus, die für die Planung zuständig ist, und eine weitere, die die einzelnen Aufgaben wahrnimmt[837]. UN-Organisationen werden nur noch tätig, soweit die Staaten die Aufgaben nicht alleine wahrnehmen können; sie leisten dann insbesondere technische Unterstützung. Die Tätigkeiten von UNDP in dieser Phase beschränken sich darauf, dass die UNDP-Länderbüros („country offices") die nationalen Stellen unterstützen[838]; UNDP verfügt über ein gut ausgebautes Netzwerk in den einzelnen Ländern für die Unterstützung der Projekte. Nur in Ausnahmefällen kann UNDP noch weitere Aufgaben übernehmen[839]. Voraussetzung für die Unterstützung durch UNDP ist eine entsprechende Anfrage der Staaten; rechtliche Grundlage für Unterstützungsmaßnahmen stellt ein „letter agreement" dar[840].

III. Verhältnis von UNEP zu UNDP

Der Umweltschutz spielte in der Arbeit von UNDP zunächst keine große Rolle. Die Entwicklungshilfe von UNDP beschränkte sich auf die „human aspects of development". Auf der Rio-Konferenz wurde die Verbindung zwischen wirtschaftlicher Entwicklung und Umweltschutz als wichtiger Aspekt des Prinzips der „nachhaltigen Entwicklung" hergestellt. Dies hat auch Bedeutung für das Verhältnis zwischen UNDP als Entwicklungsorganisation und UNEP als Umweltorganisation. Beide sind für die Implementierung der Agenda 21 zuständig. Die Aufgabe von UNEP besteht insbesondere in der Koordination der Umweltaktivitäten, wobei aber Entwicklungsaspekte berücksichtigt werden müssen[841]. UNDP ist für das „capacity-building" und die Mobilisierung neuer (finanzieller) Unterstützungsquellen

---

[835] UNGA Res. 2688 (XXV) vom 11.12.1970, Par.57; Ssekandi/Johnson, ISLA journal of international & comparative law 7 (2000), S. 39, 49 f.
[836] Ssekandi/Johnson, ISLA journal of international & comparative law 7 (2000), S. 39, 60 ff, 63.
[837] Die „executing agency" kann ein Ministerium, die Abteilung eines Ministeriums oder andere nationale Einheiten wie z.B. die Zentralbank oder eine Universität sein. Oftmals ist diese zugleich auch „implementing agency"; falls nicht, kann auch eine NGO oder eine private Firma bestimmt werden. Die Auswahl der Stellen erfolgt durch eine „government Coordinating Authority" nach Abstimmung mit UNDP, vgl. Ssekandi/Johnson, ISLA journal of international & comparative law 7 (2000), S.39, 63 f.
[838] U.U. kann UNDP auch in die Regierungsstruktur eingebettete „management support units", die hauptsächlich Verwaltungsaufgaben wahrnehmen, unterstützen, Ssekandi/Johnson, ISLA journal of international & comparative law 7 (2000), S.39, 65.
[839] Es wird z.T. gefordert, dass UNDP grundsätzlich keine Durchführungsaufgaben mehr wahrnehmen soll. Siehe auch zu anderen Vorschlägen für eine Umstrukturierung von UNDP Klingebiel, Leistungsfähigkeit und Reform, S.243 ff.
[840] Ssekandi/Johnson, ISLA journal of international & comparative law 7 (2000), S. 39, 65.
[841] Timoshenko/Berman, in: Werksman (Hrsg.), Greening International Institutions, S. 38, 48.

zuständig. Seit der Rio-Konferenz verfolgt UNDP das Ziel „sustainable human development". Hierunter ist das Prinzip zu verstehen, das „not only generates economic growth but distributes its benefits equitably; that regenerates the environment rather than destroying it; that empowers people rather than marginalizing them"[842]. Die Verbesserung der Umweltsituation muss daher bei allen von UNDP durchgeführten Maßnahmen berücksichtigt werden. UNDP soll nach der Agenda 21 und auch nach dem „Plan of Implementation" die „capacity-building"-Maßnahmen des gesamten UN-Systems koordinieren. UNDP hat daraufhin „Capacity 21" als Fonds zur Unterstützung der Staaten bei der Umsetzung einer nachhaltigen Entwicklung gegründet[843]. Im Rahmen des WSSD wurde beschlossen, dass das „capacity-building" in den Ländern fortgeführt und hierbei auf die Erfahrungen aus den „Capacity 21"-Projekten zurückgegriffen werden soll[844]. UNDP hat als Konsequenz hieraus „Capacity 2015" als Nachfolger-Fonds eingesetzt, mit dessen Hilfe insbesondere auch die „Millenium Development Goals"[845] umgesetzt werden sollen. Durch „Capacity 2015" soll u.a. ein Kapazitätenaufbau auf der lokalen Ebene unterstützt werden[846]. UNDP unterhält außerdem einen „Thematic Trust Fund Environment" („TTF for Environment"). Durch diesen Fonds sollen Projekte zur Einbeziehung des Umweltschutzes in die nationalen Entwicklungsplanungen, zur Stärkung der lokalen „environmental governance" und zur Lösung globaler und regionaler Umweltherausforderungen gefördert werden, um dadurch sowohl die Umwelt zu schützen als auch die Armut zu bekämpfen[847]. Der „TTF for Environment" soll die bisherigen Treuhandfonds und Tätigkeiten von UNDP im Bereich der nachhaltigen Entwicklung ergänzen[848]. UNDP ist durch diesen Fonds an dem Aufbau und der Stärkung von „environmental governance" sowohl auf lokaler als auch auf globaler Ebene beteiligt.

---

[842] Timoshenko/Berman, in: Werksman (Hrsg.), Greening International Institutions, S. 38, 49. UNDP hat „sustainable human development" als sein Ziel in einem „mission statement" im Jahre 1996 bekräftigt (Dec.96/29 vom 15.5.1996; abgedruckt in: Klingebiel, Leistungsfähigkeit und Reform, S. 346 f.).

[843] Timoshenko/Berman, in: Werksman (Hrsg.), Greening International Institutions, S. 38, 50 f.

[844] UN Doc. A/CONF.199/20, Johannesburg Plan of Implementation, Kap. X, Par. 127; Kap. XI, 153.

[845] Hierunter sind die auf internationaler Ebene im Jahre 2000 vereinbarten Entwicklungsziele einschließlich der in der „Millenium Declaration" enthaltenen Ziele zu verstehen; vgl. United Nations Millenium Declaration UNGA A/Res/55/2 vom 18. 9. 2000.

[846] Zum Programm des "Capacity Building 2015" siehe www.capacity.undp.org.

[847] UNDP Thematic Trust Fund Environment, S. 2, 4 ff. (erhältlich unter www.undp.org/dpa/publications/TTFEnvironment0105.pdf). Die Finanzierung hat ihren Schwerpunkt auf Projekten in Ländern mit geringem Einkommen, insbesondere in den am wenigsten entwickelten Ländern in Afrika. Nur ein geringer Teil der finanziellen Mittel soll für globale und regionale Maßnahmen eingesetzt werden.

[848] Hierzu gehören der „Thematic Trust Fund Energy for Sustainable Development", „Capacity 21", „Office to Combat Desertification and Drought" (UNSO), GEF und das Montrealer Protokoll; vgl. UNDP Thematic Trust Fund Environment, S. 3 (erhältlich unter www.undp.org/dpa/publications/TTFEnvironment0105.pdf).

UNDP und UNEP sind beide ausführende Organisationen des GEF und des Montrealer Protokolls[849]. Während UNEP für die Verwaltung des Sekretariates zuständig ist, unterstützt UNDP die Staaten bei der Planung und Durchführung der Länderprogramme[850]. Im Rahmen der GEF ist UNEP hauptsächlich für die wissenschaftliche Seite der Projekte zuständig, ist aber auch an der Ausführung einiger Projekte beteiligt. UNDP ist für die Entwicklungshilfe insgesamt zuständig und kann daher Projekte aus allen Bereichen durchführen, während UNEP nur Unterstützungsmaßnahmen im Umweltbereich vornehmen kann.
Seit der Rio-Konferenz haben sich die Berührungspunkte im Arbeitsbereich zwischen UNDP und UNEP durch die Verknüpfung von Umwelt und Entwicklung vermehrt. Während UNEP hauptsächlich eine eher „normative" Funktion durch die Entwicklung internationaler Konventionen und deren Umsetzung wahrnimmt, hat UNDP eine operationale Rolle insbesondere bei der Unterstützung des „capacity-building" in den Ländern. Anders als UNDP wurde UNEP nicht als Finanzierungsorganisation begründet.
UNDP führt neben eigenen Initiativen, die dem Umweltschutz dienen, auch gemeinsame Projekte mit UNEP durch, wie insbesondere das Projekt zur Förderung der Entwicklung des Rechts in Afrika (PADELIA)[851]. Bei diesem Projekt arbeiten UNDP und UNEP nicht nur bei der Planung, sondern auch bei der Ausführung eng zusammen. Im Rahmen der GEF und des Montrealer Fonds ist die Aufgabenaufteilung dagegen klarer getrennt in dem Sinne, dass UNEP für den wissenschaftlichen und verwaltungstechnischen Bereich zuständig ist; bei der eigentlichen Ausführung wird auf die bestehenden Strukturen von UNDP, insbesondere dessen Länderbüros, zurückgegriffen. Beide Organisationen sind um den Ausbau ihrer Informationssysteme und um die Verbesserung des Zugangs zu Informationen bemüht[852], ohne dass Überschneidungen oder Konkurrenzsituationen bestehen.
Der Schwerpunkt der Arbeit von UNDP liegt im Unterschied zu UNEP auf der Planung und Durchführung von Projekten in den einzelnen Ländern vor Ort. Zwar hat UNDP auch die Aufgabe der Koordinierung[853]. So wurden einige Vertreter von UNDP in den Ländern vom Generalsekretär zu „United Nations Resident Coordinators" ernannt; sie haben eine zentrale Funktion für die Aktivitäten der Vereinten Nationen in diesen Ländern. Die Hauptaufgabe von UNDP liegt jedoch anders als bei UNEP nicht in der Koordination, sondern in operationalen Tätigkeiten, d.h. der Planung und Ausführung von Projekten. Die Abstimmung zwischen UNEP

---

849 Der Montrealer Fonds soll Projekte zur Unterstützung der Entwicklungsländer bei der Umsetzung des Montrealer Protokolls finanzieren. Neben UNDP und UNEP sind UNIDO und die Weltbank ausführende Organisationen des Montrealer Fonds. Innerhalb von UNDP besteht eine „Montreal Protocol Unit" (MPU), die neben den Länderbüros vor Ort die Planung und Durchführung von Länderprojekten betreut. Siehe hierzu www.undp.org/montrealprotocol/.

850 Timoshenko/Berman, in: Werksman (Hrsg.), Greening International Institutions, S.38, 52.

851 Siehe 2. Kapitel B I 4 b.

852 UNDP hat z.B. unter Mitwirkung von UNEP "Development Watch" eingerichtet. Vgl. zu den Tätigkeiten von UNEP in diesem Bereich 2. Kapitel B I 3 c bb und V. Ferner besteht ein Sustainable Development Networking Programme (www.sdnp.undp.org/about/).

853 Vgl. hierzu Klingebiel, Leistungsfähigkeit und Reform, S.251 ff.

und UNDP erfolgt durch rechtlich unverbindliche „memoranda of understanding", in denen bestimmte Bereiche und Verfahren für eine Zusammenarbeit festgelegt werden können.

IV. Bewertung und Ausblick

Obwohl UNDP wie UNEP ein Programm der Vereinten Nationen ist, genießt UNDP größere Anerkennung, was u.a. auf die positive Rolle, die UNDP für die Entwicklungsländer spielt, und die Präsenz in diesen Ländern zurückzuführen ist. UNEP und UNDP haben sich in der Vergangenheit in ihrer Arbeit ergänzt. UNEP könnte nach seinem Mandat z.B. noch weitergehende Aktivitäten zum Kapazitätenaufbau entfalten, kann dies jedoch aufgrund seiner mangelnden finanziellen Ausstattung nicht. Der „capacity-building"-Bereich von UNEP ist deshalb relativ klein. UNDP hat ein wesentlich größeres Budget als UNEP[854] und hat eine größere Mitarbeiterzahl. UNEP hat daher UNDP das Mandat für die Steuerung der „capacity-building"-Prozesse nicht streitig gemacht. Soweit die beiden Organisationen an einem Projekt beteiligt sind, übernimmt UNDP die Ausführung.
Fraglich ist, ob das Prinzip „sustainable development" eine solche Verzahnung der Aufgabenbereiche Entwicklung und Umwelt mit sich bringt, dass UNDP in Zukunft kaum noch Aufgaben außerhalb des Umweltschutzes bleiben. Insofern wäre an eine schrittweise Zusammenlegung der beiden Organisationen zu denken[855]. Das Prinzip der nachhaltigen Entwicklung hat zum Inhalt, dass eine (wirtschaftliche) Entwicklung Voraussetzung für die Verwirklichung von Umweltschutz ist und auf der anderen Seite Verbesserungen der Umweltbedingungen, wie z.B. der Wasserversorgung, entscheidende Schritte einer Entwicklungspolitik sind. UNDP soll deshalb den Umweltaspekt bei allen seinen Maßnahmen berücksichtigen. Die nachhaltige Entwicklung will beide Aspekte gemeinsam berücksichtigt wissen, so dass eine eindeutige Abgrenzung schwer fällt. Durch eine Auflösung der beiden Organisationen und der Einrichtung eines gemeinsamen Programms für nachhaltige Entwicklung könnten UNEP und UNDP vereint werden. Gegen eine Zusammenlegung spricht aber bereits die Größe von UNDP und die dadurch bedingte Gefahr, dass Entwicklungsfragen gegenüber dem Umweltschutz den Vorrang erhalten könnten. Außerdem ist zu befürchten, dass eine solche Organisation einen zu weiten Aufgabenbereich haben und dadurch die einzelnen Aspekte des Prinzips der nachhaltigen Entwicklung nicht in ausreichendem Maße umsetzen könnte. Dies

[854] Das Budget von UNDP für die Jahre 2004-2005 wird auf 575.168 Millionen $ geschätzt (UN Doc. DP/2003/28 vom 11.06.2003); für UNEP wird für diesen Zeitraum von einem Budget von 118.27 Millionen $ ausgegangen (UN Doc. UNEP/GC.23/INF/6 vom 4.02.2005).

[855] Klingebiel, Leistungsfähigkeit und Reform, S. 253 f. schlägt für eine Stärkung der Entwicklungszusammenarbeit der Vereinten Nationen vor, dass alle von UNDP verwalteteten Fonds und die von UNDP unabhängigen Fonds und UN-Programme in die Struktur von UNDP integriert werden sollen, soweit ihre Aufgabenbereiche zu denen von UNDP passen. Für den Umweltbereich wird allerdings eine Ausnahme gemacht, falls sich herausstellt, dass diese nicht sinnvoll einzugliedern sind; diese sollten dann zu maximal drei operativen Einrichtungen zusammengeschlossen werden.

spricht dafür, Umweltschutz und Entwicklung in einem Dialog zwischen den verschiedenen Organisationen zu fördern, zumal sich die beiden Organisationen in ihrer Arbeit bisher ergänzt haben. UNDP und UNEP haben am 5. Januar 2005 ein „memorandum of understanding" über eine engere Zusammenarbeit unterzeichnet[856]. Hierin haben sie vereinbart, sich gegenseitig über „capacity-building"-Maßnahmen zu informieren und miteinzubeziehen. Insbesondere bei Umweltprojekten auf Länderebene soll UNEP eng mit UNDP zusammenarbeiten.

C. United Nations Office for Project Services (UNOPS)

UNOPS ist ein Dienstleistungsunternehmen innerhalb der Vereinten Nationen. Es hat keine Zuständigkeit für die Durchführung von eigenen Projekten, sondern es ist ausschließlich dafür zuständig, Projekte anderer UN-Organisationen zu betreuen. Der Großteil der Projekte, die UNOPS ausführt, wird im Auftrag von UNDP vorgenommen. Auch UNEP nutzt die Dienstleistungen von UNOPS.

UNOPS geht auf einen Beschluss des ECOSOC und der Generalversammlung aus dem Jahre 1994 zurück[857]. Vorläufer von UNOPS war das Büro für Projektdienste von UNDP („Office for Project Services", OPS)[858]. Mit der Umstrukturierung von OPS in UNOPS sollte eine Trennung der Finanzierungs- und Koordinierungsfunktion von UNDP von seiner Durchführungsfunktion erfolgen[859], die im Wesentlichen UNOPS obliegen sollte.

UNOPS wird von einem Exekutivdirektor geleitet, der vom Generalsekretär der Vereinten Nationen ernannt wird. Es besteht ein Koordinierungsausschus für das Management („Management Coordination Committee", MCC), dem neben dem Administrator von UNDP, der auch den Vorsitz hat, u.a. der Untergeneralsekretär für Wirtschaft und Soziales („Under-Secretary-General for Economic and Social Affairs" (DESA)) angehört[860]. Der Exekutivrat von UNDP hat die Aufsicht über UNOPS[861].

---

856 "Memorandum of Understanding between the United Nations Development Programme and the United Nations Environment Programme", vgl. UN Doc. UNEP/GC.23/INF/13 vom 2.02.2005.

857 UN Doc. ECOSOC Dec. 1994/284 vom 26.7.1994; UN Doc. DP/DEC/ 94/32 vom 19.9.1994.

858 Zunächst hieß die entsprechende Abteilung innerhalb von UNDP „Project Execution Division" (PED), die 1975 dann in „Office for Projects Execution" (OPE) umbenannt wurde; Helmke, VN 1999, S. 60.

859 Helmke, VN 1999, S. 60.

860 Außerdem sind vertreten: „Under-Secretary-General for Management" (DAM), „UN Controller", Vertreter des „International Fund for Agricultural Development", „UN Office of Legal Affairs" und „UN Department of Peacekeeping Operations"; vgl. UN Handbook 2003, S. 205.

861 Zu der weiteren Organisationsstruktur von UNOPS vgl. Helmke, VN 1999, S. 60, 62. Daneben besteht ein Beratungsgremium für die Nutzer der Dienste von UNOPS („Users Advisory Committee", UAG), dessen Vorsitz der Administrator von UNDP bzw. der Untergeneralsekretär der Abteilung für wirtschaftliche und soziale Angelegenheiten („Department of Economic and Social Affairs", DESA) innehat. Durch das UAG soll die Kommunikation zwischen UNOPS und dessen Nutzern erleichtert werden.

UNOPS ist eine Organisationseinheit der Vereinten Nationen. In seiner Struktur ist UNOPS bisher einzigartig innerhalb des Systems der Vereinten Nationen. Die Finanzierung von UNOPS erfolgt aus eigenen Mitteln, d.h. aus den Entgelten für die zur Verfügung gestellten Dienste. Es finanziert selbst keine Programme und Projekte. Die Aufgaben, die UNOPS bei der Durchführung von Projekten übernimmt, reichen von der Übernahme einzelner Tätigkeiten bis zu einem umfassenden Projektmanagement[862]. Zwar hat UNDP die Aufsicht über UNOPS; bei der unternehmerischen Gestaltung und der Ausführung der einzelnen Projekte besitzt UNOPS allerdings weitgehende Unabhängigkeit. Eine vollständige Trennung von dem operativen Bereich von UNDP, wie er mit der Umstrukturierung von UNOPS angestrebt war, ist in der Praxis noch nicht erfolgt.
UNEP nutzt ebenfalls die Dienstleistungen von UNOPS in verschiedenen Bereichen. Es wurde am 12. Februar 2001 ein „memorandum of understanding" mit UNOPS vereinbart, wonach UNOPS die Ausführung von Projekten von UNEP unterstützen soll[863]. UNOPS soll dabei folgende Aufgaben übernehmen: Management, Vermittlung, Vertragsschlüsse mit Experten und Firmen mit Management-Erfahrung sowie Überwachung und Ausführung der Projekte in verschiedenen Umweltbereichen, wie z.B. die Säuberung von verseuchten Gebieten im Balkan. UNOPS erhält hierfür eine Gebühr, die maximal 8 % der Gesamtkosten für das Projekt betragen soll[864]. Es hat einen „environment-officer" an UNEP abgestellt, der in der Abteilung für die Umsetzung der Umweltpolitiken für die von UNOPS ausgeführten Projekte zuständig ist.
Da UNOPS kein Mandat für eigene inhaltliche Aufgaben hat, bestehen im Verhältnis zu UNEP keine Überschneidungen und Konflikte. UNOPS stellt vielmehr eine sinnvolle Ergänzung dar, mit dessen Hilfe UNEP gering ausgeprägte Kapazitäten im operativen Bereich bei bestimmten Projekten kompensieren kann.

D. Global Environment Facility (GEF)

In den Jahren nach der Konferenz in Stockholm 1972 wurde deutlich, dass die bestehenden Umweltfonds für die Umweltprogramme und -projekte nicht ausreichend waren. Hierbei handelte es sich um vertragsspezifische Fonds, wie z.B. des Ramsar-Übereinkommens oder des Montrealer Protokolls, und den Umweltfonds von UNEP, der aber aufgrund seiner unzureichenden Finanzausstattung keine umfassende Finanzierung gewährleisten konnte. Auf der anderen Seite war die Zahl der Umweltabkommen, -programme und -projekte stark angestiegen und bestand die Notwendigkeit, die Entwicklungsländer in größerem Maße in deren Umsetzung einzubeziehen. Einen Bedarf für die Einrichtung eines an die Weltbank angegliederten Finanzierungsmechanismus stellte bereits der Bericht der Brundtland-

862 Helmke, VN 1999, S. 60, 62.
863 Vgl. UN Doc. UNEP/GC.22/INF/6 vom 13.11.2002; Iqbal, YIEL 12 (2001), S. 716 f.
864 Iqbal, YIEL 12 (2001), S. 716.

Kommission im Jahre 1987 fest[865]. Bei dem Treffen des Entwicklungsausschusses (Development Committee) der Weltbank, in dem die Finanzminister vertreten sind, im Jahr 1989 wurde auf Initiative Frankreichs und aufgrund eines allgemeinen Vorschlags Deutschlands die Frage einer zusätzlichen Finanzierungsquelle für Umweltprojekte in Entwicklungsländern diskutiert, die das Ziel des globalen Umweltschutzes verfolgen[866]. 1990 wurde in Paris auf einer Konferenz von 25 Industrie- und Entwicklungsländern, der Weltbank, UNDP und UNEP die „Global Environmental Facility" (GEF) gegründet[867].
Mit der Gründung der GEF wurde der Zweck verfolgt, die Finanzierung von Umweltschutzmaßnahmen zu gewährleisten. Wie auch schon bei der Gründung von UNEP sollte eine weitere Bürokratisierung vermieden werden. Stattdessen sollten die Einrichtungen der bereits bestehenden Organisationen genutzt werden. Aus diesem Grunde verfügt die GEF insbesondere auf der Ebene der Ausführung von Programmen und Projekten über keine eigenen institutionellen Einrichtungen. Stattdessen bildet GEF ein Dach, unter dem UNDP, UNEP und die Weltbank in arbeitsteiliger und koordinierter Zusammenarbeit die Umsetzung der Maßnahmen übernehmen. Bei der Einbindung der drei Organisationen spielte zum einen die Erwägung eine Rolle, durch die Bündelung von Fachkompetenzen eine höchstmögliche Effizienz zu erreichen; zum anderen diente die Einbeziehung insbesondere der UNDP aber auch dazu, die Akzeptanz bei den Entwicklungsländern zu erhöhen[868]. Als die GEF im Jahre 1991 eingerichtet wurde, war zunächst an ein Pilotprojekt für drei Jahre gedacht. Im Jahre 1994 wurde GEF zu einem permanenten Finanzierungsmechanismus umstrukturiert.

I. Anfangsphase der GEF als Pilotprojekt

In der Pilotphase bestand die GEF aus dem „Global Environment Trust Fund" (GET) und dem „Ozone Projects Trust Fund" (OTF)[869]. GET stellte den Hauptfonds dar, während der OTF nur für die Finanzierung von Projekten im Rahmen des Montrealer Protokolls bestimmt war. Es handelte sich bei beiden um Treuhandfonds, die unter der Verwaltung der Weltbank standen.

---

[865] World Commission on Environment and Development, Our Common Future, S. 338. Daneben wurden Vorschläge von dem World Resources Institute für eine "International Environment Facility" sowie von dem früheren Indischen Premierminister Rajiv Ghandi unterbreitet, der für einen Planet Protection Fund zum Zwecke des Transfers von umweltfreundlichen Technologien in die Entwicklungsländer eintrat. Dieser Vorschlag ging von einem bei der UN angesiedelten Fonds aus, zu dem alle Länder einen festen Betrag ihres Einkommens beitragen sollten. Diese Vorschläge wurden jedoch nicht ernsthaft in Erwägung gezogen. Siehe zu diesen beiden Vorschlägen: Sjöberg, in: Werksman (Hrsg.), Greening International Institutions, Kap. 9, S. 148, 150.

[866] Vgl. Sjöberg, From Idea to Reality, S. 15 ff.

[867] Thacher, in: Hurrell/Kingsbury, S. 183, 199 ff.; vgl. auch Sjöberg, in: Werksman (Hrsg.), Greening International Institutions, Kap. 9, S. 148, 150.

[868] Klemm, RIW 1998, S. 921, 923.

[869] Resolution No.91-5 vom 14.3.1991, Par.1, abgedruckt in: ILM 30 (1991), S.1758 ff. Vgl. Shihata, The World Bank in a Changing World, Bd. I, S. 168 ff., Bd. II, S. 223 ff.

Die GEF beruhte auf einer Resolution der Exekutivdirektoren der Weltbank[870]. Die Weltbank als Treuhänder der Fonds hatte die Aufsicht und konnte die wesentlichen Entscheidungen treffen, so z.B. über das Arbeitsprogramm des Fonds GET und über dessen Beendigung[871]. Daneben haben die Verwaltungsräte von UNEP[872] und UNDP[873] eigene Resolutionen bezüglich der Einrichtung der GEF erlassen. Die drei Organisationen trafen entsprechend der Gründungsresolution[874] außerdem verfahrensrechtliche Vereinbarungen („procedural arrangements"). In diesen Übereinkünften wurde festgelegt, welche Aufgaben die einzelnen Organisationen wahrnehmen sollen, dass die Organisationen eng zusammenarbeiten und vor wichtigen Entscheidungen Konsultationen zwischen ihnen stattfinden sollen[875]. UNEP und UNDP sollten im Vorfeld von wichtigen Entscheidungen, wie z.B. der Entscheidung über das Arbeitsprogramm, angehört werden; die letzte Entscheidung lag jedoch bei der Weltbank.
Die Mittel des GET standen für Projekte in Entwicklungsländern und Ländern zur Verfügung, in denen UNDP-Programme durchgeführt wurden[876]. Es wurden Projekte in den vier Bereichen Klimawandel, biologische Artenvielfalt, internationale Gewässer und Zerstörung der Ozonschicht unterstützt. Eine Finanzierung durch GEF war aber nur möglich, sofern es sich um Projekte handelte, die dem globalen Umweltschutz dienten[877]. Nicht gefördert werden sollten Maßnahmen, die nur zu einer Verbesserung der lokalen Umweltsituation führen würden[878]. Im Laufe der

---

[870] Resolution No. 91- 5 vom 14. 3. 1991, abgedruckt in: ILM 30 (1991), S. 1735, 1758. Daneben bilden „interagency agreements" zwischen Weltbank, UNDP und UNEP sowie „instruments of contributions", die von den beitragszahlenden Staaten unterzeichnet wurden, die Rechtsgrundlage.

[871] Resolution No. 91-5 vom 14. 3. 1991, in: ILM 30 (1991), Par. 7, 12.

[872] UNEP GC Dec. 16/47 vom 13. 5. 1991.

[873] UNDP GC Dec. 92/16 vom 26. 5. 1992.

[874] Resolution No. 91-5 vom 14. 3. 1991; in: ILM 30 (1991), Par. 20.

[875] Eine solche Vereinbarung wurde über die Zusammenarbeit im Rahmen der GEF getroffen sowie über die Zusammenarbeit und Unterstützung bei dem Schutz der Ozonschicht im Rahmen des Montrealer Protokolls: Procedural Arrangements among the International Bank for Reconstruction and Development („World Bank"), the United Nations Environment Programme („UNEP"), and the United Nations Development Programme („UNDP") for Operational Cooperation under the Global Environment Facility vom 28. Oktober 1991, Annex C zu Resolution No. 91-5, Text in: ILM 30 (1991), S. 1735, 1766 ff.; Procedural Arrangements among the International Bank for Reconstruction and Development („World Bank"), the United Nations Environment Programme („UNEP"), and the United Nations Development Programme („UNDP") for co-operation and assistance in protecting the Ozone layer in the context of the Vienna Convention for the protection of the Ozone layer and its Montreal Protocol on Substances that Deplete the Ozone layer vom 12. März 1991, Annex D zu Resolution 91- 5, Text in: ILM 30 (1991), S. 1735, 1770 ff.

[876] Sand, in: Lang (Hrsg.), Sustainable Development, S.167, 177: Außerdem war auch finanzielle Unterstützung durch ein von UNDP geleitetes Finanzhilfe-Programm von Nichtregierungsorganisationen möglich.

[877] Resolution No. 91-5 vom 14.03.1991, in: ILM 30 (1991), S. 1739, 1740. Vgl. auch Reed, American University Journal of International Law and Policy 9 (1993), S. 191, 195 ff.

[878] Siehe hierzu Klemm, RIW 1998, S. 921, der daher feststellt, dass GEF keine „Global Facility for the Environment", sondern eine „Facility for the Global Environment" darstellt.

Pilotphase hatte GEF 115 Projekte in 63 Ländern durchgeführt, die ein Budget von ca. 730 Millionen US $ in Anspruch genommen haben[879]. Diese Projekte dienten hauptsächlich der Reduzierung der Auswirkungen der Treibhausgase und dem Schutz der Artenvielfalt.

Der OTF stellt einen separaten globalen Treuhandfonds neben dem Multilateralen Fonds des Montrealer Protokolls[880] dar, aus dem nur die Mehrkosten („incremental costs“) finanziert werden sollten, die für die Entwicklungsländer durch die Einhaltung der Kontrollmaßnahmen aus dem Montrealer Protokoll entstehen[881]. Das für den Multilateralen Fonds verantwortliche Exekutivkomitee und die Weltbank haben über die Verwaltung und Nutzung des OTF im Jahre 1991 eine Vereinbarung getroffen[882]. Die Gelder für den OTF werden danach von dem Multilateralen Fonds bereitgestellt[883]. Die Weltbank ist für die Verwaltung des OTF zuständig; das Exekutivkomitee des Multilateralen Fonds legt allerdings die Rahmenbedingungen für den OTF fest[884].

Neben diesen beiden Fonds wurden Vereinbarungen über zusätzliche Finanzierungen abgeschlossen („cofinancing arrangements“)[885]. Hierdurch sollte es Geberländern ermöglicht werden, für spezielle Projekte finanzielle Unterstützung zu leisten[886]. Zu Beginn hatten sich insgesamt 30 Staaten, von denen 19 Mitglieder der OECD und 11 Entwicklungsländer waren, verpflichtet, den Fonds mit insgesamt 800 Millionen US $ auszustatten. Die Zahlung eines Beitrages an den Fonds oder eine Kofinanzierungsvereinbarung war Voraussetzung für eine Mitgliedschaft in der GEF während der Pilotphase. Die Mitgliedschaft des (Entwicklungs-)Landes war jedoch nicht Bedingung für die Projektfinanzierung in dem Land.

---

879 Boisson de Chazournes, Max Planck UNYB 3 (1999), S. 243, 250.

880 „Multilateral Fund for the Implementation of the Montreal Protocol on Substances that Deplete the Ozone Layer“; vgl. hierzu auch 2. Kapitel B II 4 a; Bryner, Colorado Journal of International Environmental Law and Policy 1997, S. 1, 10 ff.

881 Resolution No.91-5 vom 14.03.1991, Preamble Par. D, in: ILM 30 (1991), S.1758 ff.

882 „Ozone Projects Agreement: Agreement between the Executive Committee of the Interim Multilateral Fund for the Implementation of the Montreal Protocol and the International Bank for Reconstruction and Development (World Bank)“ vom 9. Juli 1991, Text in: ILM 30 (1991), S. 1735, 1773. Zu dem Verhältnis von GEF und dem Multilateralen Fonds vgl. Reed, American University Journal of International Law and Policy 9 (1993), S. 191, 197.

883 Im Gegensatz zum GET wird der OTF somit nicht durch direkte Beiträge finanziert, vgl. Shihata, The World Bank in a Changing World, S. 169; Sand, in: Wolfrum (Hrsg.), Enforcing Environmental Standards, S. 479, 491; Silard, George Washington Journal of International Law and Economics 28 (1995), S. 607, 618.

884 Insofern ähnelte die Vereinbarung den Bestimmungen der CBD sowie UNFCCC über das Verhältnis zur GEF, Sand, in: Wolfrum (Hrsg.), Enforcing Environmental Standards, S. 479, 491; siehe dazu 3. Kapitel D II 3 b. Vgl. auch Boisson de Chazournes, Max Planck UNYB 3 (1999), S. 243, 247 ; Silard; George Washington Journal of International Law and Economics 28 (1995), S. 607, 618.

885 Resolution No. 91-5, Par. 13, in: ILM 30 (1991), S. 1758 ff. Vgl. auch Reed, American University Journal of International Law and Policy 9 (1993), S.191, 196.

886 Boisson de Chazournes, Max Planck UNYB 3 (1999), S. 243, 249.

II. Einführung der Restructured Global Environment Facility

Am 16. März 1994 wurde in Genf das „Instrument for the Establishment of the Restructured Global Environment Facility"[887] beschlossen. Dieses trat in Kraft, nachdem die zuständigen Organe von Weltbank, UNDP und UNEP es angenommen hatten[888]. Die entsprechenden Resolutionen haben zwar mangels Völkerrechtspersönlichkeit von UNEP und UNDP keine Außenwirkung; die Organisationen haben damit aber, wenn auch nicht streng rechtlich gesehen, gleichberechtigt GEF eingerichtet. Der GET wurde aufgelöst und der „GEF Trust Fund" eingerichtet[889]. Der OTF besteht als selbständiger Fonds, d.h. außerhalb der GEF, unter der Aufsicht des Exekutivkomitees des Montrealer Protokolls nach der Umstrukturierung fort[890]. Im Jahre 2003 haben die drei Durchführungsorganisationen Weltbank, UNDP und UNEP Änderungen des „Instrument for the Establishment of the Restructured Global Environmental Facility" beschlossen, nachdem die Versammlung der GEF im Jahre 2002 eine entsprechende Empfehlung ausgesprochen hatte[891]. Die Änderungen betreffen insbesondere die Erweiterung der Kernbereiche der GEF.

In der Pilotphase war Voraussetzung für die Mitgliedschaft in der GEF, dass die Länder einen Mindestbeitrag an den Fonds leisten. Dieses Kriterium wurde bei der umstrukturierten GEF zum Zweck der Verwirklichung einer universellen Mitgliedschaft aufgegeben.

Noch vor der Reform war die GEF als vorläufige Finanzierungseinrichtung für die beiden Rio-Konventionen UNFCCC und CBD eingesetzt worden. Daneben sollte GEF auch die vereinbarten Mehrkosten der Entwicklungsländer durch die Umsetzung der Agenda 21 tragen[892]. Die Akzeptanz der GEF als ständige Finanzierungseinrichtung der neuen Konventionen wurde jedoch von einer universellen Mitgliedschaft sowie der Herbeiführung einer größeren Transparenz in der Verwaltung abhängig gemacht[893]. Dies entsprach den Interessen der Entwicklungsländer, die hierdurch erreichen wollten, dass der Einfluss der Weltbank und damit der Industrie-

---

887 Resolution No. 487 des World Bank Board of Governors vom 7.07.1994, Text in: ILM 33 (1994), S. 1278, 1282, Annex: "Instrument for the Establishment of the Restructured Global Environmental Facility. Vgl. auch Resolution 94-2 der World Bank Executive Directors vom 24.03.1994, Text, in: ILM 33 (1994), S. 1278, 1281.

888 Sand, in: Wolfrum(Hrsg.), Enforcing Environmental Standards, S. 479, 483 f.

889 Die Finanzmittel und Verpflichtungen wurden in den GEF Treuhandfonds überführt. „Instrument for the Establishment of the Restructured Global Environment Facility" Preamble Par. (d), (e), Annex C, in: ILM 33 (1994), S.1283 ff.

890 Holstein, S.157.

891 Der Text des ergänzten „Instrument for the Establishment of the Restructured Global Environment Facility" und die Entscheidungen der Verwaltungsorgane von UNEP, UNDP und Weltbank sind erhältlich unter www.theGEF.org. Zuvor war die dritte Auffüllung des GEF-Fonds beschlossen, vgl. Matz, ZaöRV 63 (2003), S. 503, 511.

892 UN Doc. A/CONF.151/26 (Vol. III) vom 12.02.1992, Agenda 21; Kap. 33.14 lit.a.

893 Van Praag, Introductory Note zu The Global Environment Facility: Instrument Establishing, in: ILM 33 (1994), S. 1273.

länder beschränkt wird. GEF bleibt weiterhin bei der Weltbank angesiedelt; allerdings wurde ihre Unabhängigkeit gestärkt[894].
Weitere Forderungen der Entwicklungsländer betrafen die Erhöhung der Finanzmittel, die von den Industrieländern zur Verfügung gestellt werden, sowie die Einrichtung neuer Fonds und die Erweiterung deren Anwendungsmöglichkeiten[895]. Seit der Umstrukturierung existierte nur noch ein einziger GEF-Treuhandfonds, in den der GET aus der Pilotphase aufgegangen ist[896]. Der Fonds wurde um mehr als das Doppelte im Vergleich zu der Ausstattung des Fonds in der Pilotphase aufgestockt.

1. Institutionelle Ausgestaltung der GEF

Die Organisationsstruktur der GEF besteht aus der Versammlung („assembly"), dem Rat („council") und dem Sekretariat. Neben diesen Organen existiert noch ein wissenschaftlicher Beirat („Scientific and Technical Advisory Panel", STAP).

a. Versammlung und Rat

In der Versammlung sind alle teilnehmenden 176 Staaten mit einem Sitz vertreten. Da die Mitgliedschaft in der Versammlung nicht mehr von der Beitragszahlung an den Fonds abhängig ist, müssen die Staaten für die Teilnahme an der GEF lediglich ein „instrument of participation" beim Sekretariat hinterlegen. Formal betrachtet ist die Versammlung das höchste Organ der GEF[897]. Die Versammlung, die nur alle drei Jahre zusammenkommt, überprüft die allgemeine Politik und die Tätigkeit der GEF[898].

Das neue Hauptverwaltungsorgan ist der Rat, der mindestens zweimal im Jahr zu Sitzungen zusammenkommt und die laufenden Geschäfte führt sowie Richtlinien für die Mittelverwendung beschließt[899]. Im Rat sind 32 Staaten vertreten; 18 Staaten sind zu den Empfängerländern, von denen 16 Entwicklungsländer und 2 Schwellenländer sind, und 14 zu den Industrieländern (OECD-Länder) zu zählen[900]. Zum Teil repräsentieren die Mitglieder einen einzelnen Staat, zum Teil aber auch Staatengruppen, die zu einer Stimmrechtseinheit zusammengeschlossen sind. Als Beob-

---

[894] Boisson de Chazournes, Max Planck UNYB 3 (1999), S. 243, 253.

[895] Boisson de Chazournes, Max Planck UNYB 3 (1999), S. 243, 251; Reed, American University Journal of International Law and Policy 9 (1993), S.191, 210: Einige Nichtregierungsorganisationen haben im Vorfeld der Umstrukturierung der GEF weitergehend gefordert, dass die Versammlung ein unabhängiges, gesetzlich errichtetes Organ sein soll, das Verträge mit CBD und UNFCCC schließen kann, und dass das Sekretariat außerhalb der Weltbank angesiedelt und dadurch unabhängiger sein soll.

[896] Silard, George Washington Journal of International Law and Economics 28 (1995), S. 607, 618 f.

[897] Klemm, RIW 1998, S. 921, 922.

[898] Instrument for the Establishment of the Restructured Global Environment Facility (geänderte Fassung vom 19.07.2003), Par. 13 u. 14.

[899] Instrument for the Establishment of the Restructured Global Environmental Facility (geänderte Fassung vom 19.07.2003), Par. 20 (e) und (f).

[900] Boisson de Chazournes, Max Planck UNYB 3 (1999), S. 243, 260.

achter können fünf akkreditierte Vertreter von NGOs, sowie Vertreter der Durchführungsorganisationen, des wissenschaftlichen Beirats der GEF, der CSD und ausgewählten Konventionen an den Sitzungen teilnehmen[901]. Die Zulassung von Nichtregierungsorganisationen als Beobachter zu den Sitzungen der Finanzierungsorganisationen war bis dahin unüblich[902].

Die Aufgaben des Rates bestehen in der Überwachung der Tätigkeiten der GEF, der Entscheidung über die Nutzung des Fonds sowie in der Festlegung des Arbeitsprogramms. Die drei ausführenden Organisationen der GEF (Weltbank, UNDP, UNEP) sind dem Rat gegenüber verantwortlich. Er koordiniert unter dem Blickwinkel der GEF auch die Arbeit der Durchführungsorganisationen[903].

Der Vorsitzende des Rates wird für die Dauer einer Sitzung aus dem Kreis der Ratsmitglieder abwechselnd aus einem Empfänger- und einem Nichtempfängerland gewählt. Er leitet u.a. die Beratungen über die allgemeine Politik der GEF, das Verhältnis zu den Vertragsstaatenkonferenzen und die Genehmigung des Verwaltungsbudgets[904]. Für die Leitung der Beratungen über das Arbeitsprogramm und die Verwendung der Mittel der GEF-Fonds ist der „Chief Executive Officer" (CEO) zuständig. Dieser wird vom Rat auf der Grundlage eines Vorschlages der Weltbank, des UNDP und UNEP für drei Jahre bestimmt[905]. An der Spitze der GEF steht damit der gewählte Leiter des Rates und der „Chief Exeutive Officer" als Vorsitzender der GEF.

Innerhalb des Rates und der Versammlung gilt bei der Entscheidungsfindung grundsätzlich das Konsensprinzip. Erst wenn keine einvernehmliche Entscheidung erreichbar ist, wird eine Abstimmung vorgenommen. Eine Mehrheit setzt die Zustimmung von 60% der Stimmen voraus, wobei diese Mehrheit 60 % der Beitragszahlungen in den Fonds repräsentieren muss. Dieses Abstimmungsverfahren ist als Kompromiss zwischen den Entwicklungs- und den Industrieländern zu sehen. Durch dieses Abstimmungsverfahren haben sowohl die Entwicklungsländer als auch die wichtigsten Geberländer die Möglichkeit des Vetos[906]. Durch die Mehrheitserfordernisse können auch die Entwicklungsländer alleine keine Entscheidungen durchsetzen. Nur bei Änderungen des GEF-Instruments ist das Konsensverfahren zwingend vorgeschrieben[907].

b. Sekretariat

Das Sekretariat der GEF steht unter der Leitung des „Chief Executive Director". Die Aufgaben des Sekretariats bestehen hauptsächlich in der Wahrnehmung der

---

901 Sand, in: Wolfrum (Hrsg.), Enforcing Environmental Standards, S. 479, 484.
902 Miller, Vermont Law Review 24 (2000), S. 1229, 1236 f.
903 Silard, George Washington Journal of International Law and Economics 28 (1995), S. 607, 638.
904 Instrument for the Establishment of the Restructured GEF (geänderte Fassung vom 19.07.2003), Par. 18, 20.
905 Instrument for the Establishment of the Restructured GEF (geänderte Fassung vom 19.07.2003), Par. 21, 18, 20.
906 Miller, Vermont Law Review 24 (2000), S. 1229, 1236.
907 Klemm, RIW 1998, S. 921, 923.

Verwaltungsaufgaben sowie in der Koordination der Arbeit zwischen dem Rat und den Durchführungsorganisationen. Des Weiteren ist das Sekretariat für die Vorbereitung der Beschlüsse des Rates, insbesondere durch Zusammenstellung der erforderlichen Informationen, und für die Umsetzung dieser Entscheidungen zuständig. Das Sekretariat besteht zum Großteil aus Personal der Weltbank, von UNDP und von UNEP[908].

Das Sekretariat wird von der Weltbank in verwaltungstechnischer Hinsicht unterstützt. Es ist jedoch nur direkt gegenüber dem Rat berichtspflichtig, so dass es von den Durchführungsorganisationen und damit auch von der Weltbank unabhängig ist.

2. Rechtliche Stellung der GEF

Zwar wird die GEF von einer Mindermeinung als Völkerrechtssubjekt angesehen[909]. Hierfür lässt sich die innere Struktur von GEF - insbesondere die weitreichenden Befugnisse des Rates - anführen. Insoweit weist GEF Ähnlichkeiten mit einer internationalen Organisation auf. Gegen die Annahme der Völkerrechtspersönlichkeit der GEF spricht aber vor allem die Art der Entstehung. Wie dargelegt, handelt es sich bei dem „Instrument Establishing the Restructured Global Environment Facility" nicht um einen völkerrechtlichen Vertrag, sondern um eine „interagency"-Vereinbarung von Weltbank, UNDP und UNEP. Es fehlt also an einer Einigung im Sinne des Völkerrechts, die geeignet wäre, ein Völkerrechtssubjekt zu schaffen. Dies wäre nur möglich, wenn die Vertragspartner selbst als Staaten oder internationale Organisationen Völkerrechtssubjekte sind. Die maßgebliche Beteiligung von UNDP und UNEP an der Gründung der GEF, die beide keine Völkerrechtssubjekte sind, schließt dies aus. Die Staaten haben die Vereinbarung nicht ratifiziert. Entscheidend gegen die Annahme einer Völkerrechtspersönlichkeit spricht zudem, dass keine der drei beteiligten Organisationen ein neues Völkerrechtssubjekt schaffen wollte. Auch wenn es sich um ein völlig neues Gebilde im Gegensatz zur GEF der Pilotphase handelt, wollten die Gründer die umstrukturierte GEF nicht mit Rechtspersönlichkeit ausstatten, so dass sie keine internationale Organisation im Rechtssinne ist[910]. Dies zeigt sich auch daran, dass Änderungen an dem „Instrument" zwar von der Versammlung der GEF beschlossen werden; der Beschluss der Versammlung bedarf aber zur Wirksamkeit der Zustimmung der drei Durchführungsorganisationen[911]. Diese „Abhängigkeit" der GEF von den Beschlüssen der Weltbank, von UNDP und UNEP spricht gegen eine eigene

---

[908] Vgl. Ehrmann, ZaöRV 57 (1997), S. 565, 589.

[909] Klemm, RIW 1998, S. 921, 922 Fn. 20; vgl. auch Schermers/Blokker; International Institutional Law, § 38: „(...) and may now be characterized as an international organization".

[910] Vgl. hierzu Schermers/Blokker, International Institutional Law, 3. Aufl. 1995, § 38 Fn. 85; Ehrmann, ZaöRV 57 (1997), S. 565, 592; Holstein, S. 158 ff.; Werksman, YIEL 6 (1995), S. 27, 55 ff.

[911] Instrument for the Establishment of the Restructured GEF (geänderte Fassung vom 19.07.2003), Par. 34; vgl. auch Ehrmann, ZaöRV 57 (1997), S. 565, 591; Boisson de Chazournes, Max Planck UNYB 3 (1999), S. 243, 285.

Rechtspersönlichkeit[912]. Auch die Rechtsabteilung der Vereinten Nationen geht in ihrem Gutachten vom 23. August 1994[913] davon aus, dass es sich bei der GEF lediglich um ein Nebenorgan und zwar um ein gemeinsames Nebenorgan der Vereinten Nationen und der Weltbank handelt.
Wenn GEF mit anderen Völkerrechtssubjekten oder z.B. den Vertragsstaatenkonferenzen durch Vereinbarungen in Beziehung treten will, sind die Staaten durch die hierfür erforderliche Bestätigung des Rates an dem Entscheidungsprozess über die „Außenbeziehungen" der GEF beteiligt. Der Großteil dieser Entscheidungen muss außerdem durch die Weltbank als Treuhänder formalisiert werden[914].
Auch wenn die GEF kein Völkerrechtssubjekt ist, kommt ihr in der neu strukturierten Form ein hoher Grad an funktionaler Unabhängigkeit zu und weist sie Charakteristika einer unabhängigen Einrichtung auf.

3. Tätigkeiten der GEF

Nach der Umstrukturierung im Jahre 1994 blieb der Aufgabenbereich der GEF zunächst im Wesentlichen unverändert; erst im Jahre 2003 kamen die Kernbereiche „Bodenveränderung" und „schwer abbaubare organische Schadstoffe" („persistent organic pollutants") hinzu. GEF wurde außerdem zum Finanzierungsinstrument von vier Umweltkonventionen eingesetzt.

a. Aufgaben der GEF

GEF ist seit der im Jahre 2003 beschlossenen Ergänzungen des „Instruments for the Establishment of the Restructured Global Environmental Facility" für die Finanzierung von Projekten in den mittlerweile sechs Kernbereichen Klimawandel, biologische Artenvielfalt, internationale Gewässer, Zerstörung der Ozonschicht, Bodenveränderungen und schwer abbaubare organische Schadstoffe zuständig. Die GEF soll auch Projekte zum Chemikalienmanagement finanzieren, sofern diese mit einem der Kernbereiche in Zusammenhang stehen. Andere Projekte auf der Grundlage der Agenda 21 können mit Zustimmung des Rates unterstützt werden, sofern sie dem Schutz der globalen Umwelt in den Kernbereichen der GEF dienen[915]. Insbesondere mit der Aufnahme der Bodenveränderungen in den Zuständigkeitsbereich wurde den Forderungen der Entwicklungsländer Rechnung getragen, die eine Erweiterung des Zuständigkeitsbereichs anstrebten, da diese bisher hauptsächlich die Probleme der Industrieländer im Blick hatten.

---

912 Matz, Max Planck UNYB 6 (2002), S. 473, 505; Shihata, The World Bank in a Changing World, Bd.III, S.507; Silard, George Washington Journal of International Law and Economics 28 (1995), S. 607, 644 bezeichnet die GEF zwar als „quasi-internationale Organisation", ohne Zweifel stelle sie aber keine internationale Organisation im eigentlichen Sinne dar.

913 UN Doc. A/AC.237/74 vom 23.08.1994, Annex :"Memorandum of 23 August 1994 to the Executive Secretary from Mr. Hans Corell, Under-Secretary-General for Legal Affairs, the Legal Counsel", Par. 9.

914 Boisson de Chazournes, Max Planck UNYB 3 (1999), S. 243, 257.

915 Instrument for the Establishment of the Restructured Global Environment Facility (geänderte Fassung vom 19.07.2003), Par. 2 und 3.

Die Finanzierung durch die GEF erfolgt nicht in Form von rückzahlungspflichtigen Darlehen, sondern durch zinslose Zuschüsse. Hierfür ist ausschlaggebend, dass die globale Umwelt geschützt werden soll und die dadurch entstehenden Kosten nicht den einzelnen Ländern, sondern der Gemeinschaft aufgebürdet werden sollen[916]. Grundsätzlich soll GEF nicht die gesamten Kosten für die Durchführung eines Projektes, sondern nur die Mehrkosten („incremental costs“) finanzieren, die dadurch entstehen, dass das von einem Land durchgeführte Projekt einen Nutzen für die globale Umwelt bewirkt[917]. Des Weiteren soll GEF nur zusätzliche Kosten übernehmen („new and additional funding“); d.h. nur die Kosten, die nicht durch Unterstützung im Rahmen der Entwicklungshilfe oder durch andere Projekte übernommen werden[918]. Für eine Unterstützung durch die GEF kommen die Länder in Betracht, die die Voraussetzungen für einen Kredit der Weltbank erfüllen oder die durch UNDP unterstützt werden können[919]. Der Rat kann noch weitere Auswahlkriterien festlegen.

b. Finanzierung im Rahmen von Umweltkonventionen

Die GEF wurde im Folgeprozess der Rio-Konferenz vorläufig als Stelle zur Finanzierung von Projekten zur Umsetzung der beiden Rio-Konventionen UNFCCC und CBD bestimmt. Bisher haben die Vertragsstaatenkonferenzen GEF nicht als ständigen „Finanzierungsmechanismus“ eingesetzt. Die Gründe hierfür liegen u.a. darin, dass die Vertragsstaaten befürchten, dass die Industrieländer zu großen Einfluss auf die Entscheidungen nehmen können[920]. Mittlerweile ist GEF auch für die Finanzierung von Projekten im Rahmen der „United Nations Convention to Combat Desertification“ (UNCCD)[921] und der „Stockholm Convention on Persistent Organic Pollutants“ (POP-Konvention) zuständig, wobei es sich allerdings bisher nur um eine vorübergehende Aufgabe bis zur Entscheidung der Vertragsstaatenkonferenzen handelt.

---

[916] Ehrmann, ZaöRV 57 (1997), S. 565, 578.

[917] Klemm, RIW 1998, S. 921, 923.

[918] Holstein, S. 153 f.: Hierdurch wurde den Bedenken der Entwicklungsländer Rechnung getragen, dass die GEF zu Einschränkungen bei der Entwicklungshilfe führen würde.

[919] „Instrument for the Establishment of the Restructured Global Environmental Facility“ (geänderte Fassung vom 19.07.2003), Par. 9 (b).

[920] Zu den Entwicklungen im Bereich der Vertragsstaatenkonferenzen von UNFCCC und CBD vgl. Ehrmann, ZaöRV 57 (1997), S. 565, 600 ff.; Saunders, in: Schoenbaum (Hrsg.), S. 89, 100: „Both the Biological Diversity and Climate Change Conventions provide for the creation of permanent financial mechanisms subject to the direction of the respective Conferences of the Parties on issues such as eligibility criteria and the definition of programs and criteria. In neither case has a permanent structure been designated, and both are continuing to use the Global Environment Facility (GEF) as an interim measure, as was provided in the Conventions, and since extended. The Desertification Convention does not designate the GEF as an interim facility but, rather, opts for creation of a Global Mechanism to be created by the first Conference of the Parties.“

[921] UNCCD Decision 6/COP.6 (2004) Zunächst wurde nur der „International Fund for Agricultural Development“ (IFAD) als Finanzierungsmechanismus für UNCCD eingesetzt. Schon vor der Einsetzung der GEF als Finanzierungsmechanismus haben GEF und die Organe der UNCCD gem. Art. 20 Abs. 2 (b) UNCCD eng zusammengearbeitet.

Das Verhältnis der GEF zu den Konventionen wird durch „memoranda of understanding" mit den Vertragsstaatenkonferenzen geregelt. Die Auswahlkriterien für Projekte im Rahmen der Konventionen werden von den Vertragsstaatenkonferenzen für das jeweilige Abkommen festgelegt[922]. Für die Projekte ist die GEF gegenüber den Vertragsstaatenkonferenzen verantwortlich. Voraussetzung für eine Finanzierung von Projekten durch die GEF ist, dass die entsprechenden Staaten die Konvention ratifiziert haben[923].

Im Rahmen von UNFCCC bestehen die Aufgaben der GEF zum einen nach Art. 12 Abs. 1 UNFCCC darin, die vollen Kosten zu tragen, die den Entwicklungsländern bei der Vorbereitung der nationalen Berichte, in denen die Schritte beschrieben werden, die von den Entwicklungsländern zur Umsetzung der Konvention in Angriff genommen werden, sowie durch die Beschaffung aller weiteren Informationen entstehen, die als relevant für das Erreichen der Ziele der UNFCCC angesehen werden. Art. 4 Abs. 3 UNFCCC sieht außerdem die Übernahme der vollen Mehrkosten der Entwicklungsländer durch die GEF in bestimmten Fällen vor. Dies sind hauptsächlich Projekte, mit denen z.B. die Reduktion des Ausstoßes von Treibhausgasen gefördert wird[924]. Hierbei handelt es sich um einen Kompromiss zwischen den Interessen der Industrie- und der Entwicklungsländer, der nach längeren Verhandlungen auf der Grundlage des Prinzips der „common but differentiated responsibilities" gefunden wurde. Bei der Umsetzung der UNFCCC gibt es zum einen Projekte, die insbesondere der nationalen Umweltsituation förderlich sind; zum anderen sind es Projekte, die die Verbesserung der globalen Umweltsituation zum Ziel haben. Während die erste Art von Projekten in der Regel durch die offizielle Entwicklungshilfe unterstützt wird, ist eine solche Finanzierung bei der zweiten Art von Projekten eher unwahrscheinlich, so dass diese eine höhere Priorität für GEF haben[925]. Die Frage der Mehrkosten und die Entscheidung darüber, welches Projekt einen größeren Nutzen für die globale Umwelt hat, wirft allerdings im Rahmen der Konventionen immer wieder Probleme auf[926].

In schwierigen Verhandlungen haben sich die Vertragsstaaten der CBD und die GEF auf ein „memorandum of understanding" geeinigt, das auf dem dritten Treffen der Vertragsstaatenkonferenz in Buenos Aires im November 1996 beschlossen

---

922 „Instrument for the Establishment of the Restructured Global Environment Facility" (geänderte Fassung vom 19.07.2003), Par. 9(a). Kritisch zu dem Einfluss der Vertragsstaatenkonferenzen Baker Röben/Röben, ZaöRV 63(2003), S. 517, 539.

923 Die Weltbank und das Exekutivkomitee haben eine entsprechende Regelung in ihrer Vereinbarung aus dem Jahre 1991 aufgenommen (vgl. zu der Vereinbarung oben 3. Kapitel D III). Zu der Vereinbarkeit dieses Erfordernisses mit den Regeln der Weltbank vgl. Holstein, S.163 ff.; Sand, in: Wolfrum (Hrsg.), Enforcing Environmental Standards, S. 479, 495 f. Zur Vereinbarkeit mit der Souveränität der Staaten vgl. Gündling, ZaöRV 56 (1996), S. 796, 808. Zu der Frage, ob auch regionale Entwicklungsbanken, die in die Ausführung von GEF-Projekten eingebunden werden könnten, ebenfalls an die Bestimmungen in den Umweltabkommen gebunden sind Handl, AJIL 92 (1998), S.642, 652 ff.

924 Mintzer, Implementing the Framework Convention on Climate Change, S. 2 f.

925 Mintzer, Implementing the Framework Convention on Climate Change, S. 26.

926 Mintzer, Implementing the Framework Convention on Climate Change, S. 29 ff.

wurde[927]. Hiernach legt die Vertragsstaatenkonferenz die wesentlichen Vorgaben fest, nach denen die GEF im Bereich der Artenvielfalt tätig wird. Allerdings stößt der Abstimmungsprozess mit der GEF immer wieder auf Kritik. Kritisiert wird die lange Dauer vom Beginn der Projektplanung bis zur tatsächlichen Umsetzung sowie ferner, dass einige Anweisungen der Vertragsstaatenkonferenzen von der GEF nicht umgesetzt werden können, da sie nicht mehr in den Zuständigkeitsbereich der GEF fallen. Ein besonderer Kritikpunkt ist zudem die Begrenzung der Finanzierungstätigkeit der GEF auf die Mehrkosten eines Projektes, die durch das Ziel des globalen Umweltschutzes entstehen. Im Bereich der Artenvielfalt werden die dadurch aufgeworfenen Abgrenzungsschwierigkeiten am Beispiel der Landwirtschaft deutlich. Neben dem Schutz der Artenvielfalt und dem Nutzen für die globale Nahrungsmittelversorgung stehen die Vorteile für die nationale Nahrungsmittelversorgung wie auch für die Bauern in dem betreffenden Land, so dass nicht ohne weiteres der Nutzen für die globale Umwelt zu bejahen ist. Falls dies der Fall ist, muss immer noch das Kriterium der Mehrkosten erfüllt werden[928].
Sowohl die UNFCCC als auch die CBD sehen vor, dass der „Finanzierungsmechanismus" des Übereinkommens unter der Leitung und Aufsicht der Vertragsstaatenkonferenzen stehen soll[929]. Die Einzelheiten der Zusammenarbeit zwischen den Vertragsstaatenkonferenzen und der GEF werden weder in den beiden Übereinkommen noch in dem „GEF-Instrument" festgelegt. Hierüber sollen Vereinbarungen zwischen den Vertragsstaatenkonferenzen und der GEF getroffen werden[930].
Wenn der Rat das Arbeitsprogramm der GEF beschließt, muss er im Bereich des Klimaschutzes und der biologischen Vielfalt die politischen Vorgaben der Vertragstaatenkonferenz des jeweiligen Abkommens berücksichtigen[931]. Dadurch wird faktisch die Entscheidungssouveränität des Rates und der GEF eingeschränkt[932]. Falls die Parteien die GEF als „Finanzierungsmechanismus" wählen, haben die Abkommen Vorrang und bestimmen die Vertragsstaatenkonferenzen die Richtlinien gegenüber der GEF. Die GEF setzt diese Richtlinien dann in Arbeitsprogramme um und verteilt die Projekte entsprechend der Zuständigkeiten an die Durchführungsorganisationen[933]. Somit haben die Vertragsstaaten maßgebenden Einfluss auf die Entscheidungen der GEF über Finanzierungen im Rahmen der Konventionen. Durch die Abstimmungsregeln im Rat sind auf der anderen Seite die Interessen der Entwicklungsländer gesichert. Eine Alternative zur Finanzierung durch die

---

927 Lake, RECIEL 7 (1998), S. 68, 69.
928 Lake, RECIEL 7 (1998), S. 68, 70 f.
929 Art. 11 Abs. 1 UNFCCC; Art. 21 Abs. 1 CBD.
930 Art. 11 Abs. 3 UNFCCC; Art. 21 Abs. 2 S.2 CBD; „Instrument for the Establishment of the Restructured Global Environment Facility" (geänderte Fassung vom 19.07.2003), Par. 27. Zu den Entwicklungen zwischen GEF und CBD, UNFCCC und UNCCD vgl. Matz, Max Planck UNYB 6 (2002), S.473.506 ff.; zu den Vereinbarungen zwischen GEF und UNFCCC, vgl. Ehrmann, ZaöRV 57 (1997), S. 565, 603 ff.
931 „Instrument for the Establishment of the Restructured Global Environment Facility" (geänderte Fassung vom 19.07.2003), Par. 26 f.
932 Klemm, RIW 1998, S. 921, 922.
933 Sjöberg, in: Werksman (Hrsg.), Greening International Institutions, S. 148, 161 f.; ; zu dem Verhältnis vgl. auch Mertens, RECIEL 3 (1994), S. 105, 109.

GEF wäre eine Fonds nach dem Vorbild des Montrealer Protokolls. Nach dem Montrealer Protokoll wurde der Fonds unter der Aufsicht der Vertragsstaatenkonferenz eingerichtet und bestimmt ein von den Vertragsparteien eingesetztes Exekutivkomitee selbst die Verteilung der Ressourcen[934].

4. *Aufgaben der Durchführungsorganisationen*

Die ausführenden Organisationen des GEF sind seit deren Gründung die Weltbank, UNDP und UNEP. Ihre Aufgabenbereiche sind auch nach der Umstrukturierung bestehen geblieben. Die Überprüfung und Genehmigung der förderungswürdigen Projekte wird in einem Verfahren vorgenommen, an dem die Durchführungsorganisationen, der Rat und das Sekretariat beteiligt sind[935]. Die Umsetzung der Projekte erfolgt jedoch ausschließlich durch die Weltbank, UNEP und UNDP, deren Zustimmung zu dem jeweiligen Projekt deshalb erforderlich ist[936]. Das Sekretariat wird von diesen halbjährlich über den Stand der Umsetzung informiert und erstellt jährlich einen Bericht über die Umsetzung, der dem Rat zugeleitet wird. Soweit es die Umsetzung der Projekte betrifft, sind die Durchführungsorganisationen gegenüber dem Rat verantwortlich. Bei der Durchführung der Projekte wenden die Organisationen ihre eigenen Verfahrensregeln an. UNEP, UNDP und die Weltbank haben auf der Grundlage der im Anhang zu dem GEF-Instrument festgelegten Prinzipien eine entsprechende Vereinbarung abgeschlossen[937].

UNEP als Hauptkoordinator internationaler Umweltschutzabkommen soll darüber hinaus zum einen sicherstellen, dass die Projekte der GEF mit den bestehenden Abkommen und anderen umweltrechtlichen Regelungen im Einklang stehen. Zum anderen soll UNEP auch dafür sorgen, dass die Erfahrungen bei der Umsetzung der von der GEF finanzierten Projekte bei der Entwicklung von neuen umweltvölkerrechtlichen Instrumenten berücksichtigt werden. UNEP soll ferner den Entwicklungsländern bei der Feststellung Hilfe leisten, wo Bedarf für eine Unterstützung durch die GEF besteht. Eine wichtige Aufgabe von UNEP besteht zudem in der Bereitstellung der wissenschaftlichen und auch technologischen Grundlagen für die Tätigkeiten der GEF. Einen wesentlichen Teil dieser Aufgabe leistet UNEP als Leiter des „Scientific and Technical Advisory Panel" der GEF[938].

---

[934] Sjöberg, in: Werksman(Hrsg.), Greening International Institutions, S. 148, 160.
[935] Siehe dazu Klemm, RIW 1998, S. 921, 925.
[936] Silard, George Washington Journal of International Law and economics 28 (1995), S. 607, 638. Bei der Ausführung der Projekte werden die Durchführungsorganisationen von sog. „Executing Agencies" unterstützt. Hierzu gehören die „African Development Bank" (AfDB), „Asian Development Bank" (ADB), „European Bank for Reconstruction and Development" (EBRD), „Inter-American Development Bank" (IDB), „International Fund for Agricultural Development" (IFAD), „Food and Agricultual Organization" (FAO), „United Nations Industrial Development Organization" (UNIDO), vgl. www.gefweb.org/Partners/Exe_Agencies/exe_agencies.html.
[937] „Instrument for the Establishment of the Restructured Global Environment Facility" (geänderte Fassung vom 19.07.2003), Par. 22, Annex D.
[938] „Instrument for the Establishment of the Restructured Global Environment Facility" (geänderte Fassung vom 19.07.2003), Par. 22ff., Annex D Par. 11 (b).

UNDP als Entwicklungsorganisation soll darauf hinwirken, dass die Entwicklungs- und Umweltaspekte ergänzend bestmögliche Berücksichtigung finden. Die Aufgabenbereiche von UNDP im Rahmen der GEF sind insbesondere die Organisation von technischer Hilfe sowie der Aufbau von Institutionen und die Durchführung von Schulungen. Hierbei sollen die Erfahrung von UNDP in diesem Bereich und das von UNDP eingerichtete Netz von „field offices" in den Ländern genutzt werden. Diese sind vor Ort für die Ausführung von Projekten zuständig; gleichzeitig sollen sie als Verbindungsstellen für die weiteren mit der Projektdurchführung betrauten Stellen dienen[939].

Die Weltbank hatte schon seit dem Jahre 1970 die Gewährung von Subventionen und Krediten an Umweltaspekte geknüpft; diese Praxis ist durch die GEF institutionalisiert worden. Die wesentliche Aufgabe der Weltbank im Bereich der GEF besteht in der treuhänderischen Verwaltung des Fonds[940]. Zur Aufstockung des Fonds soll die Weltbank auch Gelder aus privaten Quellen mobilisieren[941]. Die Weltbank übernimmt letztlich drei wesentliche Funktionen im Rahmen der GEF: Sie ist Treuhänderin des GEF-Treuhandfonds, des Weiteren ist sie neben UNEP und UNDP als Durchführungsorganisation tätig und stellt die verwaltungstechnische Seite für das funktionell unabhängige Sekretariat bereit[942]. Die Weltbank unterwirft sich damit als Durchführungsorganisation zumindest teilweise den Entscheidungen von anderen Organen. So bestimmt der Rat der GEF das Arbeitsprogramm; er kann auch Leitlinien für die „implementing agencies" bezüglich der Durchführung aufstellen. Im besonderen Maße gilt dies für die beiden Konvention CBD und UNFCCC, bei denen die Vertragsstaatenkonferenzen die Kriterien der Vergabe von Krediten und Subventionen festlegen. Aus diesem Grunde wurde das „Instrument for the Restructured GEF" auch nicht wie in der Pilotphase von den Exekutivdirektoren, sondern von dem Verwaltungsrat („Board of Governors") der Weltbank beschlossen[943].

Durch die Einführung der GEF als Finanzierungsmechanismus sollte gerade nicht eine neue Institution geschaffen, sondern sollten die Kompetenzen der drei Organisationen Weltbank, UNDP und UNEP durch eine koordinierte und institutiona-

939 „Instrument for the Establishment of the Restructured Global Environmental Facility" (geänderte Fassung vom 19.07.2003), Par. 22, Annex D Par. 11 (b).

940 Die Weltbank ist insoweit auch gegenüber dem Rat verantwortlich: „Instrument for the Establishment of the Restructured Global Environmental Facility" (geänderte Fassung vom 19.07.2003), Annex B.

941 „Instrument for the Establishment of the Restructured Global Environmental Facility" (geänderte Fassung vom 19.07.2003), Par. 22, Annex D Par. 11 (c).

942 Silard, George Washington Journal of International Law and Economics 28 (1995), S. 607, 635.

943 Der Verwaltungsrat hat die alleinige Kompetenz, mit anderen Organisationen Vereinbarungen über eine Zusammenarbeit zu treffen, die über eine informelle Vereinbarung auf einer temporären oder verwaltungstechnischen Basis hinausgeht, vgl. Sand; in Wolfrum (Hrsg.), Enforcing Environmental Standards, S. 479, 498.

lisierte Zusammenarbeit genutzt werden. Insoweit haben diese drei Organisationen, wie dargelegt, gemeinsame, aber auch für sie spezifische Verantwortlichkeiten[944].

III. Insbesondere: Die Rolle von UNEP in der GEF

Die Aufgabe von UNEP im Rahmen der GEF besteht insbesondere darin, die wissenschaftlichen und technologischen Informationen für die Projekte bereit zu stellen sowie sicherzustellen, dass die Projekte mit internationalen Umweltabkommen vereinbar sind. Die wichtigste Quelle für die wissenschaftlichen Hintergrundinformationen stellt der „Scientific and Technical Advisory Panel" (STAP) dar[945], das UNEP auf der Grundlage von Art. 24 des „Instruments for the Establishment of the Restructured Global Environmental Facility" eingerichtet hat und dessen Sekretariat UNEP stellt[946]. Der Exekutivdirektor von UNEP ernennt die Mitglieder des Panels - 11 Wissenschaftler, ein Wirtschaftswissenschaftler, ein Jurist[947] - in Abstimmung mit UNDP, der Weltbank und dem Sekretariat der GEF. STAP ist insbesondere für die Beratung der Entscheidungsorgane der GEF zuständig. Das Panel hat insoweit kein Vetorecht; sein Bericht hat aber erhebliches Gewicht bei der Bewertung der Projekte[948]. Es wirkt auch bei der Auswahl von Projekten mit und übernimmt die Kooperation sowie Koordination mit den wissenschaftlichen und technischen Organen der Konventionen. Seine Aufgabe besteht darin, Kriterien für die Bewertung der Integrität („integrity") und Stichhaltigkeit („soundness") der einzelnen Projekte aufzustellen und jedes Projekt in Abstimmung mit den Durchführungsorganisationen zu bewerten[949].
Daneben hat GEF Vereinbarungen in Form von „Strategic Partnerships" mit UNEP über eine Zusammenarbeit in den Bereichen Bewertung, Management von globalem Umweltwissen und Reichweite von Umweltfragen („environmental outreach") getroffen[950]. Die dadurch erlangten Informationen sollen zum einen dazu dienen, die Arbeit von GEF effektiver zu gestalten; zum anderen soll UNEP auf Grund seiner Fachkompetenz z.B. auch auf der regionalen Ebene mit den wichti-

[944] Boisson de Chazournes, Max Planck UNYB 3 (1999), S. 243, 261.
[945] Zu der Rolle des STAP vgl. GEF/C.23/Inf.10 vom 16.04.2004: „Note of the Executive Director of UNEP on the Partial Reconstitution of STAP III while Enhancing the Role of the Scientific and Technical Advisory Panel (STAP)".
[946] UN Doc. UNEP/GC.23/INF/24 vom 17. 12. 2004, Par. 11 f., vgl auch Dolzer, in: Alfredsson/ Macalister-Smith, S. 331, 334 f.; www.unep.org/stapgef/home/index.htm.
[947] Reed, American University Journal of International Law and Policy 9 (1993), S.191, 205.
[948] Reed, American University Journal of International Law and Policy 9 (1993), S.191, 205.
[949] Reed, American University Journal of International Law and Policy 9 (1993), S.191, 205.
[950] Im Jahre 1999 hat der Rat der GEF den Vorschlag zur Einrichtung von Strategic Partnerships zwischen dem Sekretariat und den ausführenden Organisationen gebilligt. Diese Partnerships sollen mit den Durchführungsorganisationen in bestimmten kritischen Bereichen entsprechend ihrer Zuständigkeit gebildet werden; vgl. GEF Council GEF/C.13/9 vom 7. April 1999: „Strategic Partnerships with GEF Implementing Agencies".

gen wissenschaftlichen und technischen Einrichtungen zusammenarbeiten, um länderspezifische GEF-kompatible Vorschläge zu entwickeln[951].

Zu den Projekten, an denen UNEP im Rahmen der GEF beteiligt war, gehört u.a. die Entwicklung einer Strategie zur Unterstützung der Länder schon vor dem Inkraftreten des Cartagena Protokolls. Danach sollten verschiedene Projekte durchgeführt werden, wie z.B. die Entwicklung von „National Biosafety Frameworks", um eine spätere Umsetzung des Protokolls sicherzustellen[952]. Auch im Rahmen des Abkommens über die „Persistent Organic Pollutants" (POP-Konvention) arbeiten GEF und UNEP bei der Untersuchung der Auswirkungen der Schadstoffe und von Alternativmaßnahmen zusammen. Zum Zwecke einer regionalen Untersuchung der „Persistent Toxic Pollutants" wurde von der GEF eine Projektentwicklungsstelle eingesetzt[953]. Die Rolle des Sekretariats dieses Gremiums soll die Abteilung „Chemicals" von UNEP übernehmen. Ein Projekt, an dem alle drei Durchführungsorganisationen (UNEP, UNDP und die Weltbank) neben weiteren regionalen Organisationen beteiligt sind, ist das „Strategic Action Programme (SAP) for the Red Sea and Gulf of Aden", das im Jahre 1995 ins Leben gerufen wurde und hauptsächlich durch die GEF finanziert wird[954].
Die durch die GEF finanzierten Projekte treten neben die von UNEP als Treuhänder der Fonds verschiedener Umweltkonventionen unterstützten Projekte. Oftmals findet eine Zusammenarbeit statt, auch wenn die Umweltfonds formal getrennt sind. Denkbar wäre, dass GEF die bisher unabhängigen Fonds übernimmt und damit zu einem zentralen „Finanzierungsmechanismus" für Umweltkonventionen wird[955]. Andererseits ist aber zu bedenken, dass die Treuhandfonds für UNEP ein wichtiges Instrument zur Umsetzung internationaler Umweltabkommen darstellen, so dass eine Zusammenfassung der Fonds unter dem Dach der GEF für UNEP erhebliche Einschränkungen bedeuten würde. Für die Arbeit der GEF ist der Rat das Entscheidungsgremium; insoweit könnte UNEP nur Empfehlungen für die Nutzung der Fonds aussprechen. Bisher zeichnet sich eine solche Entwicklung nicht ab und stellt die GEF noch keine Konkurrenz für UNEP dar, was insbesondere damit zusammenhängen kann, dass die Entwicklungsländer wegen des vermuteten Einflusses der Weltbank immer noch skeptisch gegenüber der GEF sind.

---

[951] GEF Council GEF/C.13/9 vom 7. April 1999: „Strategic Partnerships with GEF Implementing Agencies, Par. 18, 21. So soll UNEP z.B. eine Studie zur Nutzung der Windenergie erstellen; zu den Tätigkeiten von UNEP siehe www.unep.org/gef/Strategic_Partnership/Strategic_Partnership.htm.

[952] Vgl. GEF Council GEF/C.16/4/Rev.1 vom 1.-3. November 2000: „Initial Strategy for Assisting Countries to Prepare for the Entry into Force of the Cartagena Protocol on Biosafety". Dieses Projekt wird hauptsächlich von GEF finanziert ($ 26.1 million); eine beträchtliche Summe wird jedoch auch von UNEP und den teilnehmenden Ländern geleistet ($ 12.3 million). Siehe hierzu: www.unep.ch/biosafety/. Zu weiteren Projekten vgl. UN Doc. UNEP/GC.23/INF/24 vom 17.12.2004, Appendix II.

[953] Siehe: www.gpa.unep.org/pollute/organic2.htm.

[954] Vgl. auch www.unep.org/regionalseas/programmes/.

[955] Matz, Max Planck UNYB 6 (2002), S.473, 533.

Die Funktionsweise der GEF wird im Zusammenhang mit Verbesserungen des Systems der „International Environmental Governance" immer wieder diskutiert. Es wird zum Teil vorgeschlagen, dass UNEP in der dreigliedrigen Struktur der ausführenden Organisationen eine führende Rolle übernehmen soll[956]. Da UNEP in den Entwicklungsländern eine größere Glaubwürdigkeit besitzt, geht ein Vorschlag auch dahin, dass das Management von GEF auf UNEP übertragen wird[957].

IV. Bewertung

GEF ist die erste Einrichtung, in der Umwelt- und Entwicklungsorganisationen und vor allem eine Bretton-Woods-Organisation mit UN-Organisationen unter einem Dach zusammenarbeiten. GEF profitiert von der Verbindung der Arbeit der drei Organisationen und besitzt daher eine große Flexibilität. Eine institutionalisierte Zusammenarbeit und Koordination zwischen diesen Organisation hatte zuvor noch nicht stattgefunden. Auf diesem Wege wurde die Gründung einer selbständigen neuen Organisation umgangen. Die Kehrseite dieser Lösung ist aber, dass die Abstimmung einerseits zwischen den drei Ausführungsorganisationen und andererseits dieser Organisationen sowie der GEF mit den Vertragsstaatenkonferenzen die Struktur der GEF kompliziert macht[958].

Die GEF hat erreicht, dass die Entwicklungsländer stärker in die Umweltpolitik eingebunden wurden; ihre Stellung innerhalb der GEF wurde durch die Umstrukturierung, d.h. durch die veränderte Zusammensetzung des Rates als Leitungsorgan und die Einführung des neuen Abstimmungsmodus, entscheidend gestärkt. Im Unterschied zu den anderen Finanzorganisationen haben die Entwicklungsländer im Rahmen der GEF ein weitgehendes Mitspracherecht. Die Finanzierung durch die GEF ist für viele Entwicklungsländer Voraussetzung dafür, dass sie eine Umweltkonvention unterzeichnen[959]. Der Rat der GEF hat aber auch beschlossen, dass die finanzielle Unterstützung versagt werden soll, wenn die Länder die Verpflichtungen aus den Abkommen, hierzu zählen auch die Berichts- und Beitragszahlungspflichten, nicht erfüllen. Die Gewährung von Finanzmitteln durch die GEF stellt zum einen einen Anreiz für die Erfüllung der Vertragspflichten dar, die Zahlungsverweigerung auf der anderen Seite kann aber als Retorsion im Falle der Nichterfüllung angewandt werden[960]. Somit stellt die GEF ein wichtiges Instrument

---

956 Najam, in: Brack/Hyvarinen (Hrsg.), Global environmental institutions, S. 32, 39. Für eine stärkere Einbeziehung der UNEP in den Entscheidungsprozess der GEF auch Enquete-Kommission des Deutschen Bundestages „Globalisierung der Weltwirtschaft-Herausforderungen und Antworten", BT-Drs. 14/9200 v. 12.6.2002, Empf.7-24.

957 Najam, in: Biermann/Bauer (Hrsg.), A World Environment Organization, S.235, 249.

958 Silard, George Washington Journal of International Law and Economics 28 (1995), S. 607, 619.

959 Den Zusammenhang zwischen der Implementierung der Abkommen durch die Entwicklungsländer und der finanziellen Unterstützung dieser Länder durch die Industrieländer haben die Staaten z.B. in Art. 4 Abs. 7 UNFCCC und Art. 20 Abs. 4 CBD zum Ausdruck gebracht. Zu der Rolle der GEF zur Vermeidung von Konflikten Payne, Journal of Peace Research, S. 363 ff.

960 O´Connell, GYIL 35 (1992), S. 293, 319.

für die Umsetzung internationaler Umweltabkommen dar. Die Arbeit der GEF ist allerdings dadurch eingeschränkt, dass die Projekte einen „globalen Nutzen" haben müssen. Dies steht oftmals mit den Interessen der Entwicklungsländer in Widerspruch, die darauf angewiesen sind, die nationale Umweltsituation zu verbessern. Die Beschränkung auf Projekte mit globalen Auswirkungen und auf bestimmte Themenbereiche, aus denen die Projekte stammen müssen, wird immer wieder kritisiert[961].
Als Zwischenbilanz lässt sich feststellen, dass die Bedeutung der GEF zunimmt; es ist davon auszugehen, dass sie in der Zukunft vermehrt als „Finanzierungsmechanismus" von internationalen Umweltabkommen eingesetzt wird. Bisher bestehen die Treuhandfonds der Umweltabkommen neben der GEF. Es wird sich zeigen, ob diese in die GEF eingebunden werden können. Widerstand wird insoweit von den Entwicklungsländern kommen, solange deren Sorge einer zu weitgehenden Einflussnahme der Weltbank auf die GEF nicht ausgeräumt ist.

E. Zusammenfassung

GEF und CSD stellen Organisationen dar, die beide der Verwirklichung der nachhaltigen Entwicklung verpflichtet sind. Bei der GEF spiegeln sich die Elemente Umwelt und Entwicklung durch die Zusammenarbeit von UNEP und UNDP am deutlichsten wieder. Zum Teil wird in GEF und CSD der Ausdruck eines Treuhandmodells gegenüber der Umwelt gesehen, was dem generationsübergreifenden Aspekt der nachhaltigen Entwicklung entsprechen würde[962].

Die Abgrenzung der Aufgabenbereiche von UNEP und CSD und deren jeweiliger Funktion bei der Vorbereitung und Verhandlung von Umweltabkommen steht noch aus. Sie ist zur Gewährleistung einer effektiven Arbeit beider Organisationen, insbesondere zur Vermeidung unnötiger Konkurrenzverhältnisse, erforderlich. Die Zusammenarbeit mit UNDP wirft vergleichbare Abgrenzungsprobleme wie mit CSD nicht auf. Sie sollte vielmehr enger werden und kann insbesondere durch den Abschluss von „memoranda of cooperation" gestärkt werden. Die Zusammenarbeit der Organisationen wird auch dadurch erschwert, dass diese an unterschiedlichen Orten ihren Hauptsitz haben (UNEP: Nairobi; GEF: Washington D.C.; CSD: New York; UNDP: New York).
In der Zusammenarbeit mit anderen Organisationen stellt die regionale Präsenz von UNDP durch seine Regionalbüros und Programme in den einzelnen Ländern vor Ort einen wichtigen Faktor dar. Die Zusammenarbeit der Regionalbüros von UNEP und UNDP könnte verstärkt werden. UNEP hat vor allem durch seine Fachkompetenz einen großen Einfluss. Insgesamt lässt sich jedoch festhalten, dass die Stellung von UNEP durch die Entwicklungen seit der Stockholmer Umwelt-

[961] Saunders, Schoenbaum (Hrsg.), S. 89, 102; vgl. auch Bloch, YIEL 9 (1998), S. 550, 555. Kritisch auch zu der Beschränkung auf die Finanzierung von Mehrkosten Lake, RECIEL 7 (1998), S. 68, 73.
[962] Birnie/Boyle, International Law and the Environment, S. 90.

konferenz, d.h. der Neugründung der CSD und auch der GEF, nicht gestärkt wurde. Andererseits ist es auf Grund der Einbindung von UNEP in die GEF und auch in die Umweltkonventionen nicht zu einer erheblichen Schmälerung der Rolle von UNEP gekommen.

4. Kapitel: Reformvorschläge zur Struktur von UNEP

A. Stand der International Environmental Governance

I. Defizite

Es ist deutlich geworden, dass das wesentliche Problem der bestehenden „International Environmental Governance" die Fragmentierung und das Fehlen einer Organisation ist, die eine Lenkungsfunktion hat, die allgemeingültiges Recht setzen kann und über Durchsetzungsmechanismen verfügt. Die Fragmentierung besteht zum einen bezüglich der multilateralen Abkommen als auch durch die nicht geringe Zahl verschiedener internationaler Organisationen und Institutionen. Als „status quo" des „International Environmental Governance"-Prozess lässt sich daher festhalten, dass von einer „governance" im Sinne eines geordneten Zusammenwirkens für eine internationale Umweltpolitik trotz vieler guter Ansätze nicht gesprochen werden kann. Es besteht ein Netzwerk, im Rahmen dessen in vielen Bereichen eine Zusammenarbeit und Koordination der Akteure stattfindet, dem jedoch das lenkende und durchsetzungsfähige Zentrum fehlt.

Mit Ausnahme des internationalen Menschenrechtsschutzes ist das internationale Umweltrecht der einzige völkerrechtliche Bereich, in dem so viele unterschiedliche Gruppen mitwirken und neben den Staaten vor allem internationale Organisationen und nichtstaatliche Akteure eine wichtige Rolle übernehmen[963]. Durch jedes neue Umweltabkommen, das in den letzten Jahren verabschiedet wurde, sind neue vertragsspezifische Organisationen hinzugekommen, die an „International Environmental Governance" beteiligt sind. Diese „Proliferation"[964] führt zu einer weiteren Fragmentierung. Bisher bestehen weder auf der Ebene der verschiedenen Organisationen, noch im Verhältnis der Staaten zu den Umweltorganisationen genau abgrenzbare Aufgabenbereiche und klare Regeln, die das Verhältnis bestimmen.

UNEP hat verschiedene Initiativen gestartet und geleitet, um durch eine Koordination und Kooperation abgestimmte Politiken zu erreichen. Dies brachte die Einführung dreier weiterer Gremien mit sich, die ebenfalls im System der „International Environmental Governance" eine Rolle spielen[965]. Durch EMG und auch GMEF sollen die Tätigkeiten der verschiedenen Umweltakteure aufeinander abgestimmt werden, indem ein Diskussionsforum unter Einbeziehung der Fachkreise zur Stärkung der konzeptionellen Aufgabe von UNEP (GMEF) und eine weitere Stelle zur Koordination der internationalen Umweltschutztätigkeiten (EMG) geschaffen wurden. Da aber z.B. EMG nur eine fallbezogene Koordination durch speziell eingesetzte Arbeitsgruppen mit einem zeitlich befristeten Mandat wahrnimmt, sind bisher keine entscheidenden Erfolge zu verzeichnen. Gegenüber den

---

963 Sands, Principles of International Law, S. 70.

964 Desai, YIEL 13 (2002), S.43, 45.

965 EMG, GMEF, Open-Ended Intergovernmental Group of Ministers or their Representatives on International Environmental Governance.

„großen" etablierten UN-Organisationen wie z.B. UNDP und FAO ist UNEP ein „Zwerg"[966]. UNEP verfügt über keine Handhabe und Kompetenzen, um für die anderen Organisationen und die Staaten bindende Vorschriften zu erlassen. Die bisher bestehenden Koordinationsmechanismen sind noch nicht in der Lage, die Duplikation von Aufgaben oder die Entstehung von Widersprüchen zu vermeiden[967].
Des Weiteren besteht auch eine Fragmentierung im Bereich der multilateralen Umweltabkommen. Die Institutionen der Abkommen arbeiten nur in wenigen Fällen eng zusammen. Zwei positive Beispiele in diesem Bereich sind die Regionalmeerprogramme und die Artenvielfaltsabkommen; insbesondere bei den Berichtspflichten der Staaten nach diesen Abkommen findet eine durch UNEP geförderte Zusammenarbeit statt. Die Vertragsinstitutionen haben die Entscheidungszuständigkeit über die im Rahmen der Verträge zu treffenden Maßnahmen. Aufgrund der rechtlich unabhängigen Stellung dieser Institutionen sind die Möglichkeiten der Koordinierung durch eine internationale Organisation begrenzt auf die Veranstaltung von gemeinsamen Treffen oder die Ausarbeitung von gemeinsamen Arbeitsprogrammen, deren Durchführung allerdings von der Entscheidung der jeweiligen Vertragsorgane abhängt.

Als Defizite in Bezug auf die Implementierung internationaler umweltrechtlicher Regelungen sind bei der vorhergehenden Bestandsaufnahme insbesondere deutlich geworden:

1. UNEP stellt keine übergeordnete Umweltorganisation mit klar abgegrenzten Befugnissen auch gegenüber den anderen Organisationen dar, die sich mit Umweltfragen beschäftigen, insbesondere CSD und UNDP.
   UNEP kann in seiner derzeitigen Struktur der „Proliferation" im internationalen Umweltbereich nicht entgegenwirken, da es keine Kompetenz zur Normsetzung und auch kein Mandat zur Ausführung eigener Programme hat. Bisher stellen die Fonds die einzige Möglichkeit dar, dass UNEP operative Aufgaben wahrnehmen kann. Sie sind zudem ein wesentliches Instrument für die Umsetzung der internationalen Umweltabkommen.
2. UNEP übernimmt bei der Implementierung von internationalem Umweltrecht eine wichtige Rolle. Dieser Bereich stellt eine der zentralen Herausforderungen von „International Environmental Governance" dar. Allerdings kann UNEP insoweit regelmäßig nur auf informelle Mittel zurückgreifen, sofern nicht die Vertragsstaaten ihm weitergehende Befugnisse einräumen.
   Außerdem sind die durch die strukturellen Besonderheiten des Völkerrechts bestehenden Grenzen zu beachten. „International Environmental Governance" ist grundsätzlich nicht hierarchisch und die Maßnahmen können nicht auf eine

[966] Kilian, Umweltschutz durch Internationale Organisationen, S.360.
[967] Vgl. das Beispiel bei Hierlmeier, Georgetown International Environmental Law Review 14 (2002), S.767, 780: Auf dem Treffen der Vertragsparteien („Meeting of the Parties") des Montrealer Protokolls wurde entschieden, dass bestimmte ozonschädigende Substanzen nicht mehr genutzt werden und durch andere Substanzen ersetzt werden sollen, die allerdings nach der UNFCCC verboten waren.

vergleichbare Legitimitätsgrundlage wie die Maßnahmen nationaler Regierungen gestützt werden. Bisher verteilt sich die Autorität auf viele verschiedene Organisationen unter Einschluss von Nichtregierungsorganisationen, die eine immer wichtigere Rolle übernehmen.

3. Jedes Abkommen hat sein eigenes Berichts- und anschließendes Überprüfungsverfahren. Die Anforderungen an diese Verfahren unterscheiden sich stark; auch haben die für die Durchführung der Erfüllungskontrolle zuständigen Organe unterschiedlich weitreichende Befugnisse. Es ist daher zu untersuchen, ob und in welcher Form ein zentral organisiertes und einheitliches Berichtsverfahren zu verwirklichen ist. Ein solches würde auch eine Entlastung der Staaten von der Vielzahl der Berichtspflichten bedeuten.
   Des Weiteren besteht kein effektives Streitschlichtungsverfahren. Insbesondere wäre zu prüfen, ob im Anschluss an ein Streitschlichtungsverfahren die Möglichkeit der Verhängung von Sanktionen zur Durchsetzung der getroffenen Entscheidungen eingeführt werden sollte. Auch wenn es sinnvoll erscheint, auf die nicht konfrontativen Mittel der Rechtsdurchsetzung zurückzugreifen, so ist ein völliger Verzicht darauf nicht sinnvoll.
4. Neben den einzelnen institutionellen Änderungen ist zu prüfen, in welcher Form eine Zusammenfassung oder bessere Abstimmung der Abkommen erreicht werden kann. Denkbar wäre die Form des „clustering", nämlich eine Zusammenfassung mehrerer Abkommen und die Einrichtung gemeinsamer Mechanismen, oder die Förderung des Abschlusses von Rahmenübereinkommen.

Bei allen Überlegungen über Änderungen in der Struktur von UNEP ist zu prüfen, inwieweit die rechtliche Unabhängigkeit und die Rolle der Vertragsstaatenkonferenzen erhaltenswert ist. In diesem Zusammenhang bedarf es der Klärung, wie das Verhältnis zwischen diesen und UNEP besser gestaltet werden kann.

II. Ansatzpunkte für Reformen

Aufgrund der bisherigen Situation, insbesondere der dargelegten Mängel, ist ein Reformbedarf im Wesentlichen in folgenden Bereichen zu sehen:

1. Das Verhältnis von UNEP oder einer neu zu gründenden Organisation zu den multilateralen Umweltabkommen bedarf der Klärung.
2. Welche Möglichkeiten bestehen, um ein einheitliches Erfüllungskontroll- und Streitschlichtungsverfahren zu verwirklichen?
3. Welche Rolle soll UNEP oder eine neu zu gründende Organisation im Verhältnis zu anderen Organisationen haben?

B. Untersuchung der einzelnen Reformvorschläge

Die Untersuchung der Arbeit von UNEP und „International Environmental Governance" hat gezeigt, dass die Organisationen an die neuen Herausforderungen von „International Environmental Governance" angepasst werden müssen. Die

Vorschläge für eine Reformierung von UNEP unterscheiden sich sowohl in der rechtlichen Ausgestaltung, der Aufgabenzuweisung, der Struktur und Stimmengewichtung innerhalb der Organisation sowie in der Frage des Verhältnisses zu anderen Organisationen. Einig sind sich die Vertreter aller Ansichten, dass eine Koordination der verschiedenen Umweltorganisationen und eine Zusammenführung der multilateralen Umweltabkommen stattfinden muss. Des Weiteren stimmen sie darin überein, dass das Verhältnis zu den anderen Organisationen, vor allem zu der WTO, einer Regelung bedarf.

Die Vorschläge lassen sich in drei Gruppen zusammenfassen: Die erste Gruppe fordert eine Stärkung von UNEP unter Beibehaltung der jetzigen rechtlichen Ausgestaltung als Nebenorgan der Vereinten Nationen („subsidiary organ"). Andere dagegen wollen eine Umwandlung von UNEP in eine Sonderorganisation der Vereinten Nationen („specialized agency") und damit in eine internationale Organisation. Frankreich unterstützt diesen Vorschlag und hat auf der Ebene der Vereinten Nationen im Februar 2004 eine Initiative mit dem Ziel gestartet, auf der Grundlage dieses Reformansatzes die mögliche Rolle von UNEP in Zukunft zu untersuchen. Eine dritte Gruppe vertritt die Ansicht, dass eine Umweltorganisation losgelöst von den bisherigen Organisationen und unabhängig von dem System der Vereinten Nationen gegründet werden sollte[968]. Die neu zu gründende Organisation wird als „Weltumweltorganisation" („World Environment Organization") oder „Globale Umweltorganisation" („Global Environment Organization") bezeichnet[969]. Hierbei ist jedoch zu beachten, dass die Vertreter anderer Reformvorschläge diese Begriffe ebenfalls verwenden.

Neben diesen Ansätzen wird auch vorgeschlagen, einen „Grünen Treuhandrat" („green trusteeship council") einzurichten oder Umweltschutzaufgaben an den UN-Treuhandrat zu übertragen[970]. Ferner wird die Einrichtung eines Umweltsicherheitsrates mit Durchsetzungskompetenzen vertreten[971].

---

[968] Eine Darstellung der verschiedenen Denkrichtungen und der Vorschläge bei Gupta, in: Biermann/Bauer (Hrsg.), A World Environment Organization, S.57, 62 ff.

[969] Zum Großteil werden diese beiden Begriffe synonym gebraucht für die Einrichtung einer zentral ausgerichteten internationalen Umweltorganisation. Vgl. näher Charnovitz, A World Environment Organization, S.11, 27. Es wird auch zum Teil danach unterschieden, ob die Organisation sich mit globalen Fragen oder mit „world"-Problemen oder sog. „shared"-Problemen, d.h. mit Problemen die alle Staaten haben, die aber kein Zusammenwirken aller notwendig machen, befassen soll; vgl. hierzu Biermann, in: Biermann/Bauer (Hrsg.), A World Environment Organization, S. 117, 130; auch Esty/Ivanova, in: Esty/Ivanova (Hrsg.), Global Environmental Governance, S. 181, 188. Da eine Abgrenzung nur schwer möglich ist und auch die regionalen Probleme eine entscheidende Rolle für den Umweltschutz spielen, soll in den folgenden Ausführungen von einer Organisation ausgegangen werden, die sich nicht auf die Behandlung globaler Probleme beschränkt.

[970] Sand, Lessons Learned, S.34; ders. in: Lang (Hrsg.), Sustainable Development, S.167, 180. Dieser Vorschlag wurde insbesondere von der späteren UNEP-Exekutivdirektorin Maurice Strong gemacht. 1988 hat Maurice Strong die Idee eingebracht, dass der bestehende UN-Treuhandrat in ein globales Organ für „sustainable development" umgewandelt werden soll. Dieser Vorschlag wurde aber abgelehnt, da hierfür eine Ergänzung der Charta Voraussetzung wäre. Vgl. auch Desai, Indian Journal of International Law 2000, S. 455, 498 ff. Der Wissenschaftliche Beirat Globale Umweltveränderungen (WBGU) will für die allen offenstehenden Umweltgüter Hohe See,

Im Folgenden soll untersucht werden, welche rechtlichen Schritte für die Umsetzung der jeweiligen Reformvorschläge notwendig sind und welche Bedeutung dies für „International Environmental Governance" hat. Ebenso soll in den Blick genommen werden, welche Folgen die jeweiligen Reformen für die Implementierung von internationalem Umweltrecht, insbesondere für die Umsetzung multilateraler Umweltabkommen hätten. Bevor eine abschließende Bewertung vorgenommen wird, sollen Vorschläge für eine Verbesserung der Implementierungstätigkeiten von UNEP, insbesondere eine verstärkte Einbindung in die Verfahren der Erfüllungskontrolle sowie die Möglichkeit eines zentralen Streitschlichtungsmechanismus, untersucht werden. Maßstab soll jeweils sein, ob die einzelnen Reformen geeignet sind, die aufgeführten Defizite zu beseitigen.

I. Beibehaltung von UNEP als Programm

Im Falle der Beibehaltung der rechtlichen Stellung von UNEP werden Änderungen der internen Organisationsstruktur sowie ein Ausbau des Mandats und der Handlungsbefugnisse von UNEP vorgeschlagen, um seine Funktion für „International Environmental Governance" zu stärken[972]. Eine spätere Aufwertung zu einer internationalen Organisation wird dabei nicht ausgeschlossen; ein Automatismus soll aber nicht in Gang gesetzt werden.

1. *Verwaltungsrat/Global Ministerial Environment Forum (GMEF)*

In den letzten Jahren wurden schon einige Reformen der internen Organisationsstruktur von UNEP umgesetzt oder in die Wege geleitet. Die wichtigste Neuerung stellt die Einrichtung des Globalen Umweltministerforums (GMEF) dar. Andere Vorschläge, wie die Aufhebung der beschränkten Mitgliedschaft im Verwaltungsrat, wurden verschiedentlich auf die Tagesordnung gesetzt, ohne dass hierüber bisher eine endgültige Entscheidung getroffen wurde.

Im Jahre 2000 hat das Globale Umweltministerforum zum ersten Mal getagt. Es sollte das „umbrella policy forum" darstellen[973]. Mit der Einrichtung des GMEF war die Hoffnung verbunden, dass durch die jährlichen Treffen dieses Forums die politische Anerkennung von UNEP gesteigert wird und ein Austausch mit anderen Umweltinstitutionen innerhalb des UN-Systems stattfindet. GMEF sollte durch die Ausarbeitung eines Aktionsplanes auch darauf hinwirken, das u.a. durch über-

---

Luftraum und Weltraum ebenfalls eine Treuhandbehörde für deren Verwaltung einrichten. Für die Nutzung dieser Güter sollen Entgelte erhoben werden.

[971] Vgl. zu diesem Vorschlag Biermann/Simonis, in: Aus Politik und Zeitgeschichte 1999, S. 3, 7.

[972] Oberthür/Gehring, in: Biermann/Bauer (Hrsg.), A World Environment Organization, S. 205, 229; Najam, in: Brack/Hyvarinen (Hrsg.), Global environmental institutions, S. 32, 38 f.; ders., in: Biermann/Bauer (Hrsg.), A World Environment Organization, S.235, S. 248; vgl. auch Hierlmeier, Georgetown International Environmental Law Review 14 (2002), S. 767, 799 ff. Das WBGU schlägt ein Programm nach dem Vorbild von UNCTAD als eine Möglichkeit für eine Umstrukturierung vor (WBGU Jahresgutachten 2000, Kap. E.2.3.1).

[973] UN Doc. UNEP/IGM/3/3 vom 28.09.2001, Annex I, Par. 5 (b).

schneidende Zuständigkeiten anderer Organisationen geschwächte UNEP zu stärken.
Die Stellung von GMEF innerhalb von UNEP bedarf näherer Untersuchung, auch unter dem Gesichtspunkt, ob es zu einer Stärkung von UNEP geführt hat.

Das Verhältnis zwischen dem Verwaltungsrat von UNEP und GMEF sowie das Verhältnis dieser beiden Institutionen zu der EMG ist bisher noch nicht hinreichend geklärt. Die Mitgliedschaft im GMEF steht allen offen. Die eigentlichen Entscheidungen werden aber weiterhin von den 58 Staatenvertretern im Verwaltungsrat getroffen.
Daher wird zum Teil vorgeschlagen, dass der UNEP-Verwaltungsrat zwar ein Nichtplenarorgan bleiben, also keine Erweiterung auf eine universelle Mitgliedschaft stattfinden soll, aber klar abgegrenzte Entscheidungsbefugnisse erhalten und auf Ministerebene tagen soll[974]. Aufgrund seines weiten Aufgabenbereichs sollte der Verwaltungsrat in der Zukunft kontinuierlich tätig werden können. In seiner Arbeit sollte der Verwaltungsrat von einem hochrangigen zwischenstaatlichen Organ unterstützt werden, das ihn in umweltpolitischen Fragen berät. Diese Aufgabe könnte grundsätzlich auch CSD wahrnehmen, so dass angezweifelt wird, ob GMEF wirklich benötigt wird[975].
Die vorgeschlagene Aufwertung des Verwaltungsrates durch die Tagung auf Ministerebene und auch durch die universelle Mitgliedschaft muss nicht gleichbedeutend mit dem Wegfall des GMEF sein. Entscheidend hierfür ist vielmehr, ob dem GMEF in Zukunft eine eigenständige Funktion zukommt, die es rechtfertigt, dieses als Nebenorgan des Verwaltungsrates aufrechtzuerhalten, also nicht GMEF und Verwaltungsrat zu verschmelzen; dies wird unter dem Gesichtspunkt der Ersetzung des Verwaltungsrates durch das GMEF oder der Übernahme der Aufgaben des GMEF durch den Verwaltungsrat diskutiert. Wenn eine solche eigenständige, zu den Aufgaben des Verwaltungsrates hinreichend abgrenzbare Funktion des GMEF besteht, treten auch die Bedenken, dass eine zweigeteilte Verwaltungsstruktur den Entscheidungsprozess schwerfälliger und weniger transparent macht, zurück.

a. Stärkung der Rolle des GMEF

Eine Stärkung der Rolle des Verwaltungsrates und auch des GMEF wurde schon von der Siebten Sondersitzung des Verwaltungsrates von UNEP im Jahr 2002 in Cartagena gefordert[976]. Die Präzisierung einer eigenständigen Funktion des GMEF würde eine Stärkung seiner Stellung bedeuten. Dies könnte in dreifacher Hinsicht erfolgen. Zum einen könnte GMEF in zunehmendem Maß die zentrale Koordinationsstelle für die multilateralen Umweltabkommen sein und als Forum für den Dialog zwischen den Vertragsorganen verschiedener Abkommen dienen. Dieser Funktion kommt wegen der großen Zahl von Umweltabkommen und des dadurch

[974] Beyerlin, Strengthening International Governance, S. 6.
[975] Beyerlin, Strengthening International Governance, S. 6.
[976] Vgl. hierzu oben 1. Kapitel B IV. UN Doc. A/57/25 Appendix UN GC Dec. SS.VII/1 v. 15.2.2002, Par.10 f.; UN Doc. UNEP/GCSS VII/2 vom 15. Februar 2002, Annex: Par. 11, (c) (ii), (h) (iii).

entstehenden Abstimmungsbedarfs eine immer größere Bedeutung zu. Da die Entscheidungen aber nach der bisherigen Konzeption der Umweltabkommen in den vertragsspezifischen Organen getroffen werden, würde es sich nur um eine koordinierende Funktion handeln. Der Vorteil läge darin, dass die bisherigen von UNEP organisierten Treffen regelmäßig stattfinden würden. Im Rahmen dieser Treffen könnte die Unterzeichnung von „memoranda of understanding" gefördert werden[977]. UNEP könnte gemeinsame Sekretariatsdienste anbieten und die Zusammenarbeit der Vertragsstaatenkonferenzen verstärken. Für eine solche Funktion, insbesondere auch als Forum, das dazu beitragen kann, mögliche Konflikte zwischen den Vertragsorganen von Umweltabkommen zu vermeiden, bietet die Struktur von GMEF wesentliche Vorteile. Im Unterschied zum Verwaltungsrat in der bisherigen Zusammensetzung besteht das GMEF aus hochrangigen Staatenvertretern. Diese besitzen eine größere Autorität. Auch steht GMEF allen Staaten offen und bezieht sie damit in die Arbeit von UNEP ein. Für die Funktion als Steuerungsgremium für multilaterale Umweltabkommen ist eine solche Öffnung Voraussetzung. Auch bei einer Aufwertung des Verwaltungsrates zu einem hochrangig besetzten Organ mit universeller Mitgliedschaft bliebe als wesentlicher Vorteil, dass diese Aufgabe von einem Gremium wahrgenommen würde, das nicht – wie der Verwaltungsrat - als Entscheidungsorgan von UNEP, sondern von vornherein als Forum eingerichtet worden ist.
Dies gilt in gleicher Weise für die weitere Funktion von GMEF, eine Leitbildfunktion für den Umweltbereich durch konzeptionelle Diskussionen auf Ministerebene wahrzunehmen und auf dieser Grundlage auch Empfehlungen für die Umweltpolitik auszusprechen. Diese Aufgabe sollte von der Verabschiedung konkreter Vorhaben, wie sie dem Verwaltungsrat obliegt, abgehoben werden. Hiermit steht als dritter Aspekt die Unterstützung des Verwaltungsrates in umweltpolitischen Fragen durch ein hochrangig besetztes Organ in Zusammenhang[978]. Diese Aufgabe sollte nicht CSD, sondern GMEF wahrnehmen. Hierfür spricht, dass CSD bisher die Erwartungen nicht erfüllt hat. Der weite Aufgabenbereich „sustainable development" der CSD spricht ebenfalls dagegen, ihr diese Aufgabe zu übertragen. Die Zuordnung dieser Funktion unter das Dach von UNEP würde jedenfalls weiteren zusätzlichen Abstimmungsbedarf entbehrlich machen.

b. Universelle Mitgliedschaft im Verwaltungsrat

Bisher steht allen Staaten die Mitarbeit nur im GMEF und im „Committee of Permanent Representatives" (CPR) offen. Letzteres ist ein „subsidiary organ" des Verwaltungsrates und des Globalen Umweltministerforums. Sowohl GMEF als auch CPR bereiten die Entscheidungen im Verwaltungsrat vor; die Entscheidungsgewalt liegt jedoch weiterhin beim Verwaltungsrat. Seit dem Weltgipfel in Johan-

[977] Damit könnte zumindest eine informelle Neuordnung stattfinden (Susskind/Ozawa, in: Hurrell/Kingsbury (Hrsg.), The International Politics of the Environment, S. 142, 164).
[978] Vgl. Beyerlin, Strengthening International Governance, S. 6.

nesburg im Jahre 2002 wird die Einführung der universellen Mitgliedschaft intensiv dirkutiert[979].
Die universelle Mitgliedschaft würde die (umwelt-)politische Stellung von UNEP stärken, aber auch funktionale Verbesserungen mit sich bringen. Wenn allen Mitgliedern der Vereinten Nationen eine Teilnahme an den Entscheidungen von UNEP offen stünde, würde der Entscheidungsprozess transparenter werden. Des Weiteren hat das Thema „Umwelt" insbesondere durch das Prinzip der nachhaltigen Entwicklung einen höheren Stellenwert bekommen und kann durch die Einbeziehung auch wirtschaftlicher und sozialer Themen die Interessen weiterer Staaten berühren, so dass es gerechtfertigt erscheint, wenn sich alle Staaten an den Entscheidungen von UNEP beteiligen können.
Demgegenüber hat die „Open-ended Intergovernmental Group of Ministers on International Environmental Governance" zunächst lediglich eine universelle Teilnahme im Gegensatz zur universellen Mitgliedschaft vorgeschlagen[980]. Damit ist gemeint, dass jedem Staat die Teilnahme an den Sitzungen möglich ist, ohne dass damit ein Stimmrecht bei Abstimmungen verbunden ist. Als Argument gegen die Aufhebung der begrenzten Mitgliedschaft wird die Befürchtung geäußert, dass das Gremium handlungs- und entscheidungsunfähig werden könnte. Die Verfahrensregeln für den Verwaltungsrat sehen allerdings bisher schon vor, dass an den Sitzungen des Verwaltungsrates auch Staaten und internationale Organisationen teilnehmen können, auch wenn sie nicht Mitglieder des Verwaltungsrates sind. Dementsprechend werden die Dokumente an alle Mitglieder der Vereinten Nationen und der Sonderorganisation verteilt und bei der Erstattung von Reisekosten, die aus Treuhandfonds bestritten werden, auch Nichtmitglieder des Verwaltungsrates berücksichtigt[981]. Daher werden die finanziellen Belastungen für UNEP durch die Aufhebung der begrenzten Mitgliedschaft voraussichtlich nicht wesentlich größer sein.
Ein Grund für die Beschränkung der Mitgliedschaft in dem Entscheidungsgremium von UNEP auf 58 Staaten ist darin zu sehen, dass die Funktionen des Verwaltungsrates ursprünglich im Wesentlichen darauf beschränkt waren, allgemeine Weisungen für die durch den Umweltfonds finanzierten Aktivitäten zu geben[982], und im Übrigen ihren Schwerpunkt in der Koordinierung der Arbeit der verschiedenen UN-Organisationen im Umweltbereich hatten. Sofern die Stellung von UNEP in Richtung einer „Hauptumweltorganisation" gestärkt und ausgebaut werden soll, ist es nur konsequent, dass alle Staaten sich daran beteiligen und damit in die Arbeit

---

[979] UN Doc. A/CONF.199/20, Annex, Plan of Implementation, Par. 140 (d); UN Doc. UNEP/GC.22/INF/36 vom 19.12.2002; UN Doc. UNEP/GCSS.VIII/INF/11 vom 23.02.2004; UN Doc. A/RES/57/251 vom 21.02.2003, Par. 4.
[980] UN Doc. UNEP/GCSS.VII/1 vom 15.02.2003, Appendix, Par. 11 (a).
[981] Die Reisekosten für die Delegationen werden durch freiwillige Beiträge finanziert und stellen damit keine Belastung für das normale Budget von UNEP dar. Die Konferenzräume in Nairobi sehen auch die Möglichkeit der Teilnahme aller Mitgliedsstaaten der UN vor; es müßte lediglich sichergestellt werden, dass jede Delegation die gleiche Anzahl von Plätzen hat (vgl. UN Doc. UNEP/GCSS.VIII/INF/11 vom 23.2.2004, Par. 35, 39).
[982] UN Doc. UNEP/GCSS.VIII/INF/11 vom 23.2.2004, Par. 16.

von UNEP einbezogen werden können. Wenn alle Staaten die Möglichkeit haben, an den Entscheidungen mitzuwirken, sorgt dies für eine größere Akzeptanz unter den Staaten. Dem halten die Gegner einer universellen Mitgliedschaft entgegen, dass die Nichtmitglieder des Verwaltungsrates nur an den förmlichen Abstimmungen nicht teilnehmen können, die aber nur sehr selten stattfinden; in der Regel würden die Entscheidungen im Konsens erfolgen, so dass die Einführung einer universellen Mitgliedschaft nicht unbedingt notwendig sei[983]. Diese Argumentation lässt aber einen weiteren wesentlichen Unterschied unberücksichtigt. So können in der Regel Nichtmitglieder des Verwaltungsrates nicht alleine Vorschläge einbringen, sondern bedürfen hierzu der Unterstützung durch einen Staat, der einen Sitz im Verwaltungsrat hat[984]. Für den Willen der Staaten, eine getroffene Entscheidung umzusetzen, spielt es aber eine nicht unerhebliche Rolle, ob sie am eigentlichen Abstimmungsprozess mitgewirkt haben. Eine wichtige Aufgabe von UNEP ist die Koordination der multilateralen Umweltabkommen, die allen Staaten als Vertragspartner offen stehen. Für eine Einführung der universellen Mitgliedschaft spricht daher, dass dann ein Gremium entsprechende Empfehlungen aussprechen oder Entscheidungen treffen kann, in dem alle Mitgliedsstaaten der Abkommen auch ein Stimmrecht haben[985]. Die Beibehaltung der begrenzten Mitgliedschaft könnte auch zu Widerständen gegen einen Ausbau der Stellung von UNEP führen. Der Gefahr einer Beschränkung der Handlungs- und Entscheidungsfähigkeit des Verwaltungsrates durch eine universelle Mitgliedschaft kann durch die gleichzeitige Einführung eines entsprechenden Abstimmungsverfahrens entgegnet werden.

c. Voraussetzungen für die Einführung der universellen Mitgliedschaft

Der Exekutivdirektor von UNEP hat im Vorfeld der achten Sondersitzung des Verwaltungsrates/GMEF die Regierungen aufgefordert, ihren Standpunkt zu der Frage der universellen Mitgliedschaft darzulegen. Von den 19 Staaten, die dieser Bitte nachgekommen sind, haben sich 13 dafür ausgesprochen und nur drei ausdrücklich dagegen[986].

Die Charta der Vereinten Nationen sieht für die Ausgestaltung der Nebenorgane im Einzelnen oder für den Fall der Umstrukturierung keine näheren Regelungen vor. Die Generalversammlung hat in einer Resolution aus dem Jahre 1992 dementsprechend zum Ausdruck gebracht, dass jeder Fall einzeln zu betrachten ist und

983 UN Doc. UNEP/GCSS:VIII/INF/6 vom 15.3.2004, Par. 14(a).

984 Regel 67 der Geschäftsordnung des Verwaltungsrates.

985 UN Doc. UNEP/GCSS.VIII/INF/11 vom 23.2.2004 Par. 24; UN Doc. UNEP/GCSS.VIII/INF/6 vom 15.3.2004, Par.12(c). Ob eine Ausweitung der Mitgliedschaft im Verwaltungsrat auch dazu führen würde, dass auch andere Organisationen, deren Aufgabenbereich die nachhaltige Entwicklung ist, gestärkt werden, ist allerdings fraglich (vgl. hierzu UNEP/GCSS.VIII/5 vom 25.2.2004, Par.12(i)).

986 UN Doc. UNEP/GCSS.VIII/INF/6 vom 15.3.2004, Par.2 f.: Zwei Staaten haben sich mehr Zeit für eine Stellungnahme erbeten und ein Staat hat zum Ausdruck gebracht, dass er der Frage grundsätzlich positiv gegenüber stehe. Den Standpunkt der Mitglieder der Europäischen Union hat Italien übermittelt.

keine allgemeingültigen Regeln bestehen[987]. Die Entscheidung über die Einführung einer universellen Mitgliedschaft obliegt der Generalversammlung.
Als Beispiel für eine nachträgliche Erweiterung der Mitgliedschaft kann auf das „Trade und Development Board" der United Nations Conference on Trade and Development (UNCTAD) verwiesen werden. UNCTAD wurde ebenfalls als „subsidiary organ" der Generalversammlung gegründet[988]. Die Mitgliedschaft ist im Unterschied zu anderen Nebenorganen nicht an die Mitgliedschaft in den Vereinten Nationen gebunden, so dass UNCTAD von Beginn an ein großes Maß an Unabhängigkeit besessen hat[989]. Zu unterscheiden ist die Mitgliedschaft in der Versammlung („Conference") und diejenige in dem „Trade and Development Board", dem permanenten Organ von UNCTAD. In diesem waren zunächst nur eine begrenzte Anzahl von Staaten vertreten, die von der Versammlung nach einem bestimmten Verteilungsschlüssel gewählt wurden[990]. Im Jahre 1976 wurde die Begrenzung der Mitgliedschaft für das „Trade and Development Board" aufgehoben; alle Mitglieder der Konferenz können seitdem durch einfachen Antrag Mitglied werden[991]. Die Öffnung des wichtigen „Trade and Development Board" und damit die Einbeziehung weiterer Mitgliedsstaaten in dessen Entscheidungsprozess hat dazu beigetragen, dass UNCTAD innerhalb der Vereinten Nationen einen immer größeren Grad an Autorität erlangt hat, ohne dass dies in der Gründungsresolution so zum Ausdruck gekommen war[992]. Die Situation von UNEP und UNCTAD ist insofern vergleichbar, als es sich bei beiden um Nebenorgane der UN-Generalversammlung handelt, die aber in ihrer Arbeit praktisch weitgehend autonom sind.

Ein weiterer Fall in der Geschichte der Vereinten Nationen, in dem nachträglich die Mitgliedschaft für alle Staaten, die Mitglied der Vereinten Nationen sind, er-

---

[987] UN Doc. A/RES/46/235 vom 20.07.1992, Annex, Par. 4 (g).

[988] UNGA Res. 1995 (XIX) vom 30.12.1964. UNCTAD wurde als permanentes Nebenorgan der UN-Generalversammlung gegründet. Die Aufgabe von UNCTAD ist insbesondere die Förderung des internationalen Handels und eine Stärkung der Entwicklungsländer (Chrispeels, in: Bernhardt (Hrsg.), EPIL Bd.IV, S. 1083 f.). Die Einrichtung einer ständigen Organisation wurde auf der ersten Konferenz für Handel und Entwicklung (UNCTAD) beschlossen. Unter UNCTAD sind sowohl die Organisation als auch die Konferenzen seiner Mitglieder zu verstehen (Gloria, in: Ipsen, Völkerrecht, § 44 Rn. 25; vgl. zu der Entwicklung Arda, in; Werksman(Hrsg.), Greening International Institutions, S. 71 ff.).

[989] Marxen, in: Wolfrum (Hrsg.), Handbuch Vereinte Nationen, Kap.121 Rn.3: UNCTAD sei daher als „internationale Organisation sui generis" einzuordnen.

[990] UNGA Res. 1995 (XIX) vom 30.12.1964, Par. 5. Das „Trade and Development Board" wurde als permanentes Organ gegründet, das zwischen den Sitzungen der „Conference" deren Funktionen wahrnehmen sollte, d.h. insbesondere die Beratung und Ausführung des Arbeitsprogramms. Der Verteilungsschlüssel für die Wahl der Mitglieder bestimmte sich zum einen nach geographischen Gesichtspunkten; zum anderen sollte eine kontinuierliche Vertretung der wichtigsten Handelsstaaten gewährleistet sein.

[991] UNGA Res. 31/2 vom 29.9.1976, Par. 1. Vgl. Corea, in: Bernhardt (Hrsg), EPIL Bd.IV, S.1077, 1078. Dies wurde auf der 4. Welthandelskonferenz in Nairobi beschlossen (Marxen, in: Wolfrum (Hrsg.), Handbuch Vereinte Nationen, Kap. 121 Rn. 7).

[992] Schermers/Blokker, International Institutional Law, § 38.

möglicht wurde, stellt die Abrüstungskommission („Disarmament Commission") dar. Im Jahre 1952 war eine Abrüstungskommission von der Generalversammlung eingerichtet worden[993]. Diese beendete ihre Arbeit im Jahre 1965. Erst im Jahre 1978 wurde als Nachfolgerin wiederum eine „Disarmament Commission" als Nebenorgan der Generalversammlung eingerichtet[994]. Die Mitgliedschaft in dieser Kommission stand von Anfang an allen Mitgliedern der Vereinten Nationen offen. Die Ausgangssituation stellte sich damit anders dar als bei UNEP. Die Abrüstungskommission mit unbegrenzter Mitgliedschaft stellte keine unmittelbare Nachfolgerin der ursprünglichen Kommission dar, so dass keine Umstrukturierung im eigentlichen Sinne stattgefunden hat. Dieser Fall macht jedoch deutlich, dass die Stellung als „subsidiary organ" der universellen Mitgliedschaft nicht entgegensteht[995].

d. Abstimmungsverfahren im Verwaltungsrat mit universeller Mitgliedschaft

Bisher hat jeder Mitgliedsstaat des Verwaltungsrates eine Stimme und werden die Entscheidungen mit einfacher Mehrheit der anwesenden Staaten(vertreter) getroffen. Die Entwicklungsländer haben in der jetzigen Zusammensetzung des Verwaltungsrates die Mehrheit, so dass ihre Interessen bei diesem Abstimmungsverfahren ausreichend berücksichtigt sind.

Eine unterschiedliche Stimmengewichtung ist nur in den Fällen berechtigt, in denen einige Staaten ein besonderes Interesse aufweisen können, das dies rechtfertigt. Dies ist u.a. bei der Weltbank gegeben, wo die Staaten ein nach ihren finanziellen Beiträgen bestimmtes Stimmengewicht haben, um so sicherzustellen, dass die Interessen dieser Länder ausreichend berücksichtigt werden[996]. Bei dem Verwaltungsrat von UNEP ist eine solche Interessenlage nicht ersichtlich, so dass eine gleichgewichtige Wertung der Stimmen auch in einem Verwaltungsrat mit universeller Mitgliedschaft stattfinden muss. Für die Entwicklungsländer bedeuten Umweltmaßnahmen oftmals größere Belastungen als für die Industriestaaten. Es muss deshalb sichergestellt sein, dass die Interessen der Entwicklungsländer auch bei einer universellen Mitgliedschaft ausreichend berücksichtigt werden.

---

[993] UNGA Res. 502 (VI) vom 11.1.1952, Text in: Rauschning/Wiesbrock/Lailach (Hrsg.), Key Resolutions, S.46.

[994] UNGA Res. S-10/2 vom 30.6.1978, Text in: Rauschning/Wiesbrock/Lailach (Hrsg.), Key Resolutions, S.47ff. Die Aufgaben dieser Kommission bestehen u.a. darin, ein umfassendes Abrüstungsprogramm zu erarbeiten und Empfehlungen zu Abrüstungsfragen auszusprechen.

[995] Ein weiteres Beispiele für eine nachträgliche Änderung der Mitgliedschaft ist das „Committee on Information", das ursprünglich als „Commitee to Review United Nations Public Information Policies and Activities" (UNGA Res. 33/115C vom 19.12.1978) mit 41 Mitgliedern eingerichtet worden war und dessen Mitgliedschaft auf 98 Staaten erhöht wurde. Das UN Forum on Forests stellt ebenfalls eine Nebenorgan des ECOSOC dar, bei dem die Mitgliedschaft allen offensteht. Demgegenüber wurde die Mitgliedschaft in den Verwaltungsorganen von UNDP, UNFPA und UNICEF im Jahre 1993 auf 36 Staaten begrenzt (UN Doc. UNGA Res. 48/162 vom 14.01.1994, Par. 25). Vgl. hierzu UN Doc. UNEP/GCSS.VIII/INF/11 vom 23.2.2004, Par. 18.

[996] Eine modifizierte Form der Stimmengewichtung besteht bei dem International Fund for Agricultural Development (IFAD). Es bestehen drei verschiedene Arten der Stimmengewichtung: Industriestaaten, OPEC-Staaten und Entwicklungsländer (vgl. näher Klein, in: Bernhardt (Hrsg.), EPIL Bd.IV, S. 1172, 1182).

In dem Großteil der Plenarorgane der Sonderorganisationen, in denen alle Mitgliedsstaaten vertreten sind, werden die Entscheidungen grundsätzlich mit einfacher Mehrheit der anwesenden Mitglieder getroffen. Eine Ausnahme gilt nur für Fragen von grundlegender Bedeutung. In der Generalkonferenz von UNIDO ist z.B. für die Bestätigung des Programms und des Budgets, die „scale of assesments", die Wahl der Mitglieder, Abkommen mit den Vereinten Nationen, einen Wechsel des Hauptquartiers und für Änderungen des Gründungsvertrages eine Zwei-Drittel-Mehrheit erforderlich[997]. Zum Teil kommen neben einer unterschiedlichen Stimmengewichtung zusätzliche Anforderungen an das Vorliegen einer Mehrheit oder Vetorechte zur Anwendung; so können z.B. die USA bei Entscheidungen des IMF allein ein Veto einlegen[998]. Das Konsensverfahren, also die ausdrückliche Zustimmung aller (anwesenden) Mitglieder, wird nur selten vorausgesetzt. Das „Committee on Peaceful Uses of Outer Space" stellt insoweit eine Ausnahme dar. Denkbar ist auch ein sog. „umgekehrter Konsens", der z.B. für die Entscheidungen des Streitschlichtungsorgans der WTO gilt. Eine Entscheidung gilt danach als angenommen, wenn nicht alle Staaten sich einstimmig dagegen aussprechen.
In Betracht könnte auch ein kombiniertes Konsens- und Mehrheitsverfahren nach dem Vorbild der dritten UN-Seerechtskonferenz kommen. Die Verfahrensregeln dieser Konferenz haben vorgesehen, dass grundsätzlich alle Entscheidungen im Konsens getroffen werden müssen. Erst wenn auf diesem Wege keine Einigung erzielt werden kann, kann eine Mehrheitsentscheidung gefällt werden[999]. Durch die Möglichkeit des Rückgriffs auf ein Mehrheitsverfahren wird der Gefahr entgegengewirkt, dass keine Entscheidung getroffen und das Organ entscheidungsunfähig wird. Die Verfahrensregeln der Seerechtskonferenzen setzen jedoch große Bemühungen um Einigkeit voraus, bevor ein Rückgriff auf das Mehrheitsverfahren erfolgen kann; so werden Zwischenphasen vorgesehen, die dazu dienen sollen, die Positionen zu überdenken. Es besteht daher die Gefahr, dass eine Entscheidung verzögert oder sogar vertagt wird.
Es ist zu beachten, dass der Verwaltungsrat von UNEP mit universeller Mitgliedschaft, aber unter Beibehaltung der Stellung als Nebenorgan keine erweiterten Entscheidungskompetenzen als bisher haben würde. Im Unterschied zu den Sonderorganisationen kann der Verwaltungsrat von UNEP keine Entscheidungen über grundlegende Änderungen der Struktur der Organisation treffen. Die Entscheidungsgewalt hierüber liegt weiterhin bei der Generalversammlung. Die Bedeutung der Entscheidungen der Seerechtskonferenz ist daher auch nicht mit den von UNEP zu treffenden Entscheidungen vergleichbar. Mit der Aufhebung der be-

---

[997] Szasz, in: Bernhardt (Hrsg.), EPIL Bd.IV, S.1132, 1135. Siehe auch Klein, in: Bernhardt (Hrsg.), EPIL Bd.IV, S.1172, 1182: Die Abstimmungsregeln im Rahmen des IMF sind noch weiter differenziert und sehen Mehrheiten zwischen 70 und 85 % vor.
[998] Klein, in: Bernhardt (Hrsg.), EPIL Bd.IV, S. 1172, 1182.
[999] Sofern keine Einigung erzielt werden kann, kann eine Entscheidung mit 2/3-Mehrheit getroffen werden (UN Doc. A/CONF.62/30/Rev.3: "Rules of Procedure"). Dieses Abstimmungsverfahren gilt auch für die Änderung des Seerechtsübereinkommens der Vereinten Nationen vom 10.12.1982 (BGBl. 1994 II S. 1799) gem. Art. 312 Abs. 2 SRÜ und für Entscheidungen der Überprüfungskonferenz ("Review Conference") gem. Art. 155 Abs. 3 SRÜ.

grenzten Mitgliedschaft wird insbesondere der Zweck verfolgt, dass die Entscheidungen des Verwaltungsrates durch die Einbeziehung weiterer Staaten größeres Gewicht bekommen. Im Falle der Einführung eines Konsensverfahrens besteht jedoch die Gefahr, dass das Entscheidungsverfahren schwerfällig wird.
Als Abstimmungsverfahren erscheint daher die Beibehaltung der einfachen Mehrheit der anwesenden Mitglieder und ausnahmsweise eine Zwei-Drittel-Mehrheit angezeigt, soweit über das Programm und finanzielle Fragen von erheblicher Bedeutung entschieden wird[1000]. Die Entwicklungsländer und Schwellenländer haben auch bei einer universellen Mitgliedschaft ein Übergewicht, so dass anzunehmen ist, dass ihre Interessen bei einem solchen Abstimmungsverfahren bereits durch ihre Zahl ausreichend berücksichtigt würden. Allerdings ist zu bedenken, dass es für Entwicklungsländer unter Umständen schwierig sein kann, zu Sitzungen des Verwaltungsrates immer einen Vertreter zu entsenden. Im Hinblick darauf, dass den Interessen der Entwicklungsländern – wie der bisherige Verteilungsschlüssel für die Vertretung von Staaten in dem Verwaltungsrat zeigt - bei der Gründung von UNEP und auch bei späteren Entscheidungen ein großes Gewicht beigemessen wurde, sollte ein Abstimmungsverfahren gewählt werden, das die Interessen der Entwicklungsländer in jedem Fall wahrt. Dies wäre durch ein Abstimmungsverfahren gewährleistet, das nicht nur die Zustimmung der Mehrheit der anwesenden Staaten(vertreter), sondern auch die Zustimmung der Mehrheit der vertretenen Entwicklungsländer für eine Entscheidung des Verwaltungsrates voraussetzt.

2. *Finanzierung von* UNEP

Die Verwaltungskosten des Sekretariats und des Verwaltungsrates von UNEP werden nur zu einem Teil aus dem Budget der UN finanziert. Dieser finanzielle Anteil ist zudem gesunken[1001]. Insoweit würde es eine finanzielle Entlastung für UNEP bedeuten, wenn die finanzielle Unterstützung aus dem regulären Budget der Vereinten Nationen erhöht werden würde. Gem. Art. 17 der Charta der Vereinten Nationen liegt das Haushaltsrecht bei der Generalversammlung, so dass UNEP insoweit den Vorgaben der Generalversammlung unterliegt[1002]. Andere „subsidiary organs“ wie UNICEF und UNDP sind dagegen völlig unabhängig von dem Budget der Vereinten Nationen[1003]. Der in Teil IV des regulären Budgets vorgesehene Betrag für Umwelt ist im Vergleich zu dem für Handel und Entwicklung gering[1004], so

---

[1000] Eine vergleichbare Regelung gilt auch bei UNCTAD. Im Rahmen des Handels- und Entwicklungsrates werden die Beschlüsse in der Regel mit einfacher Mehrheit verabschiedet. Die Entwicklungsländer haben die Mehrheit in dem Rat, so dass sie auch bei den Abstimmungen mit einfacher Mehrheit ein Übergewicht haben. Bei den UNCTAD-Konferenzen ist für Entscheidungen über substantielle Fragen eine Zwei-Drittel-Mehrheit erforderlich; bei allen anderen Fragen ist eine einfache Mehrheit ausreichend (Marxen, in: Wolfrum (Hrsg.), Handbuch Vereinte Nationen, Kap. 121 Rn. 5).

[1001] Vgl. 1. Kapitel A III 4.

[1002] Vgl. Sarooshi, BYIEL 67 (1996), S. 413, 473 ff.

[1003] Hilf/Khan, in: Simma (Hrsg.), The Charter of the United Nations, Art. 22 Rn. 46.

[1004] Vgl. z.B. UN Res. A/RES/58/271 A-C vom 4.4.2004: „Programme budget for the biennium 2004-2005“.

dass der Spielraum für die Erhöhung der finanziellen Ressourcen von UNEP begrenzt ist. Eine Erhöhung der Unterstützung aus dem regulären Budget der Vereinten Nationen ist seit dem Jahr 2002 allerdings dadurch erfolgt, dass die Kosten für die Sitzungen des Verwaltungsrates aus dem in Teil I vorgesehenen Budget für „General Assembly Affairs and Conference Services" gezahlt werden[1005].
Im Mittelpunkt der Diskussion um eine verbesserte Finanzausstattung von UNEP stehen die Beiträge der Staaten zu dem Umweltfonds von UNEP, aus dem - ebenso wie aus von UNEP verwalteten Treuhandfonds - das Programm von UNEP finanziert wird. Eine verbesserte Finanzausstattung setzt voraus, dass die Staaten ihre Beiträge tatsächlich und in der versprochenen Höhe zahlen. Insoweit wäre an die Möglichkeit eines bindenden Abkommens zu denken, durch das die Beiträge zu dem Umweltfonds von UNEP rechtlich verbindlich festgelegt werden[1006]. Auch wenn die Staaten zu einem solchen Abkommen bereit wären, bleibt fraglich, ob dadurch die Zahlungsmoral der Staaten verbessert wird. Bisher bestehen nur vereinzelt Vereinbarungen mit Staaten („partnership agreements") über finanzielle Unterstützung, die sich aber nur auf bestimmte Programme beziehen und nicht Beiträge zum allgemeinen Umweltfonds zum Gegenstand haben[1007].
Eine weitere Finanzierungsmöglichkeit könnte die Erhebung von Steuern und zwar von Steuern auf natürliche Ressourcen im Sinne von globalen Gemeinschaftsgütern darstellen[1008]. Eine Erhebung von Steuern wird insbesondere für den Luftraum und die Hohe See vorgeschlagen. Eine Kompetenz zur Erhebung solcher (Umwelt-)steuern steht den UN bisher nicht zu. Es erscheint auch fraglich, ob die Staaten und die Sonderorganisationen darin einwilligen würden, dass etwaige Einnahmen aus derartigen Steuern allein zur Finanzierung des Programms von UNEP genutzt werden.
Aus diesem Grunde sind die weiteren Erfahrungen mit der vom Verwaltungsrat/GMEF beschlossenen „indicative scale of contributions" abzuwarten, durch die den Staaten zumindest eine Leitlinie für die Höhe ihrer Zahlungen vorgegeben wird. Nach den Erfahrungen in dem ersten Jahr der Geltung dieser Bemessungsskala sind die Beiträge zum Umweltfonds und die Zahl der Länder, die ihre Beiträge gezahlt haben, gestiegen, so dass die Einführung dieser Bemessungsskala positiv zu bewerten ist. Der Großteil der Staaten hat die „indicative scale of contributions" als Berechnungsgrundlage für die Höhe seiner Beitragszahlungen akzeptiert[1009]. Für

---

[1005] Dieser Betrag machte für 2002-2003 US $ 1,51 Millionen aus. Insgesamt betrug die Unterstützung aus dem Budget der Vereinten Nationen US $ 10,11 Millionen (vgl. UN Doc. UNEP/GCSS.VIII/INF/9 vom 6.2.2004).

[1006] Downie/Levy, in: Chasek (Hrsg.), The global environment, S.355, 370: Eine solche Vereinbarung besteht z.B. für das „European Monitoring and Evaluation Programme". Dieses ist ein Nebenorgan der „Convention on Long-range Transboundary Air Pollution"; die Finanzierung des Programms wird in einem Protokoll zu diesem Abkommen geregelt.

[1007] Bisher bestehen Vereinbarungen mit Norwegen, Belgien, Irland und Niederlande; vgl. www.unep.org/rmu/en/Partnerships.htm.

[1008] Vgl. Downie/Levy, in: Chasek (Hrsg.), The global environment, S. 355, 371.

[1009] Vgl. 1. Kapitel A III 4; ferner UN Doc. UNEP/GCSS.VIII/INF/12, Par.1 ff., Table 3. Vgl. zu weiteren Einzelheiten der Zahlungen auch an die Treuhandfonds sowie zur Höhe der

das Jahr 2004 waren vor Ende des Jahres 2003 so viele Zahlungseingänge wie nie zuvor zu verzeichnen[1010]. Daneben bemüht sich UNEP um eine Finanzierung durch den privaten Sektor und andere Interessengruppen[1011].
Bei der Verwendung der Mittel ist anzustreben, dass die UN-Generalversammlung UNEP eine größere Autonomie hinsichtlich des Budgets einräumt. Hierfür könnte das Vorbild von UNDP sprechen[1012].

3. Mandat von UNEP

Die Handlungsbefugnisse von UNEP bleiben im Falle der Beibehaltung der Stellung als „subsidiary organ" weiterhin begrenzt. Mit dieser Stellung ist die Beschränkung der Handlungsbefugnisse auf informelle Mittel, insbesondere bei der Ausarbeitung und Umsetzung von Umweltabkommen, verbunden. Daran würde sich nur etwas ändern, wenn UNEP als Völkerrechtssubjekt selbst Vertragspartner derartiger Abkommen sein könnte. Soweit es die Durchführung von Projekten betrifft, ist UNEP als Verwalter der Treuhandfonds zunehmend tätig geworden. Insgesamt lässt sich feststellen, dass grundsätzlich eine Ausweitung der Aufgaben von UNEP über die drei Bereiche Mitwirkung an der Rechtsetzung, Koordinierung und Implementierung von internationalem Umweltrecht hinaus nicht erforderlich erscheint. Für die Arbeit von UNEP ist daher wichtiger, dass seine Kompetenzen im Verhältnis zu den anderen Organisationen, insbesondere zur CSD, klar abgegrenzt werden.

Eine Erweiterung eher der Handlungsbefugnisse und weniger der Aufgabenbereiche ist für die Implementierung von internationalem Umweltrecht und die Koordinationstätigkeit von UNEP empfehlenswert. Für die Implementierung sollte eine Erweiterung und Konkretisierung der Handlungsbefugnisse von UNEP dahin vorgenommen werden, dass UNEP in die Einholung von Berichten über die Umsetzung von Konferenzbeschlüssen und in die Berichtsverfahren der einzelnen Abkommen stärker eingebunden wird. Für die Überwachung der Umsetzung der Agenda 21 ist allerdings CSD zuständig. In die Berichtsverfahren der einzelnen Abkommen könnte UNEP sein Fachwissen einbringen, indem es die Formate der Berichte festlegt und Empfehlungen an die Vertragsorgane aussprechen kann, wenn UNEP die Informationen aus den Berichten frühzeitig zur Verfügung gestellt

---

Unterstützung aus dem regulären Haushalt der Vereinten Nationen: UN Doc. UNEP/GCSS.VIII/INF/9 vom 6.2.2004.

[1010] UN Doc. UNEP/GCSS.VIII/INF/12 vom 5.3.2004, Par. 4: 61 Staaten haben auf die Bitte des Exekutivdirektors sich zu der neuen "indicative scale of contributions" für die Jahre 2004-2005 geäußert. 45 Staaten unterstützen die „indicative scale of contributions", nur ein Staat hat sich dagegen ausgesprochen. Insgesamt sechs Staaten haben Zahlungen unterhalb der Bemessungsgrenze geleistet. Vgl. zu der „indicative scale of contributions" für die Jahre 2004-2005: UN Doc. UNEP/GCSS.VIII/INF/12 vom 5.3.2004, Table 1.

[1011] Im Jahre 2003 betrug die finanzielle Unterstützung durch diese über 11 Millionen $ (vgl. UN Doc. UNEP/GCSS.VIII/5 vom 25.2.2004, Par. 53 ff.).

[1012] Najam, in: Brack/Hyvarinen (Hrsg.), Global environmental institutions, S. 32, 38 f.

werden[1013]. Die Koordinationstätigkeit von UNEP könnte verstärkt werden, indem es eine Rolle als „clearing-house"-Stelle für alle Umweltaktivitäten auf internationaler Ebene übernimmt. Diese Funktion könnte zwar auch von CSD aufgrund der Zuständigkeit für den Umweltschutz und für die sich hieraus ergebenden wirtschaftlichen Fragen wahrgenommen werden. Hiergegen spricht jedoch, dass die finanzielle Ausstattung und auch die politische Autorität von CSD geringer sind als die von UNEP[1014]. Das Mandat von UNEP sieht bereits bisher eine übergeordnete Rolle von UNEP für die Koordinierung vor. Inwieweit UNEP diese Rolle zu einer „clearing-house"-Funktion ausbauen kann, hängt maßgeblich davon ab, inwieweit die Staaten eine solche erweiterte Tätigkeit von UNEP zulassen und wie sich das Verhältnis zu den anderen Organisationen gestaltet. Kap. 38.22 (h) der Agenda 21 sieht jedenfalls bereits vor, dass UNEP bei der Zusammenlegung von Konventionssekretariaten tätig werden soll, so dass diese Aufgabe auch von dem bisherigen Mandat von UNEP umfasst ist.

4. *Implementierung internationaler Umweltabkommen*

UNEP hat bisher schon verschiedene Formen einer engeren Zusammenarbeit zwischen den Organen der Umweltabkommen gefördert. Hierauf aufbauend schlägt *von Moltke* vor, dass gleichartige Abkommen in Gruppen zusammengefasst werden sollen („clustering")[1015]. Unter „clustering" ist die Zusammenfassung oder Gruppierung von Abkommen aufgrund ähnlicher Regelungsbereiche oder aufgrund funktionaler Gemeinsamkeiten zu verstehen. Dies ist als kontinuierlicher Prozess zu sehen und nicht als einzelner Akt[1016]. Mit dem „clustering" sind keine feststehenden Regeln und Instrumente verbunden. Die Zusammenarbeit und die institutionelle Verknüpfung können in verschiedenen Formen und in unterschiedlicher Intensität stattfinden.

Innerhalb der einzelnen Gruppen sollte eine enge Zusammenarbeit sowohl bei der Entscheidungsfindung als auch bei der Implementierung der Abkommen, insbesondere bei der Umsetzung in nationales Recht, stattfinden. Ein „clustering" verschiedener Abkommen aufgrund eines gemeinsamen Regelungsgegenstandes ist z.B. in die Gruppe von Konventionen, die dem Schutz bestimmter Tierarten oder Umweltbereiche dienen, und in die Gruppe von Konventionen zum Schutz der Atmosphäre möglich[1017]. Innerhalb dieser Gruppen sind Treffen der Vertragsstaa-

---

[1013] Vgl. zu den Möglichkeiten für die Verbesserung der Implementierung von Umweltabkommen 4. Kapitel I 4.

[1014] Esty, in: Kenen (Hrsg.), Managing the World Economy, S. 287, 291.

[1015] von Moltke, in: Biermann/Bauer (Hrsg.), A World Environment Organization, S.175, 179; von Moltke, On Clustering IEAs, S.3 ff.

[1016] Weitergehend als das „clustering" ist die Verschmelzung („merger") von Abkommen. Dies ist bisher nur einmal erfolgt und zwar durch die Zusammenfassung der Osloer und Pariser Konvention. Dieser Schritt wurde dadurch begünstigt, dass die Mitgliedschaft beider Konventionen identisch war (vgl. von Moltke, in: Brack/Hyvarinen (Hrsg.), Global environmental institutions, S. 44).

[1017] Zu der ersten Gruppe („conservation cluster") gehören CBD, CMS, CITES, Ramsar Konvention, UNCCD, „FAO International Undertaking on Plant Genetic Resources" und das „International Timber Agreement"; zu der zweiten Guppe sind UNFCCC und das Kyoto

tenkonferenzen an einem Ort, eine engere Zusammenarbeit der Konventionssekretariate sowie auch eine Zusammenarbeit bei der Finanzierung anzustreben. Das „capacity-building" könnte für mehrere Abkommen auf Länderebene koordiniert werden. Hierfür könnten gemeinsame Außenstellen der Konventionssekretariate in verschiedenen Regionen eingerichtet werden[1018]. Anders als bei einer „Verschmelzung" der Abkommen sollen allerdings die rechtlichen Strukturen und der Verwaltungsaufbau im Wesentlichen bestehen bleiben.
Eine andere Möglichkeit des „clustering" besteht auf der funktionalen Ebene; einzelne Aufgaben, wie die Harmonisierung der Berichte, können zusammengefasst werden. Als weiterer Anknüpfungspunkt kommt der gemeinsame regionale Geltungsbereich in Betracht[1019]. Eine derartige Zusammenarbeit hat UNEP bei den Berichtspflichten für einige Artenvielfaltsabkommen initiiert und gefördert. Des Weiteren sind gemeinsame Treffen der Sekretariate und eine Abstimmung der Arbeitsprogramme erfolgt. UNEP kann für die einzelnen Gruppen eine übergeordnete und lenkende Funktion wahrnehmen, die auf dem bisherigen Mandat zur Koordination und Implementierung des internationalen Umweltrechts aufbaut. UNEP kann zu diesem Zweck die Arbeit der Abteilung für Umweltkonventionen (Division of Environmental Conventions, DEC) weiter ausbauen, eine Zusammenarbeit der Konventionssekretariate sowie gemeinsame Verwaltungsdienstleistungen und die Zusammenarbeit der regionalen Büros fördern. Die Überwachung der Umsetzung auf der nationalen und sub-nationalen Ebene könnte entweder durch eine zentrale Überwachung aller internationaler Umweltverpflichtungen eines Landes oder durch eine gemeinsame Kontrolle von verwandten oder sich überschneidenden Abkommen effektiver werden[1020]. Die Wahrnehmung einer lenkenden Funktion wird dadurch erleichtert, dass UNEP z.B. für verschiedene Abkommen über gefährliche Substanzen das Vertragssekretariat übernommen hat[1021].

„Clustering" bedeutet nicht zwangsläufig, dass die Kompetenzen der Vertragsstaatenkonferenzen beschränkt werden. Denkbar wäre jedoch eine Übertragung von Kompetenzen in einzelnen Bereichen auf UNEP. Wenn UNEP weiterhin als Nebenorgan der Generalversammlung bestehen bleibt, ist zu beachten, dass nur solche Kompetenzen übertragen werden können, deren Ausübung keine eigene (internationale) Rechtspersönlichkeit voraussetzt. Die Mitgliedsstaaten müssten eine Übertragung von Kompetenzen durch eine Änderung der betreffenden Konven-

---

Protokoll, die Wiener Konvention und das Montrealer Protokoll zu rechnen. Weitere Einteilungen sind u.a. möglich in Abkommen über gefährliche Substanzen sowie Regionalmeerabkommen und mit diesen verbundene Abkommen (vgl. von Moltke, in: Biermann/Bauer (Hrsg.), A World Environment Organization, S. 175, 187ff.; ders., Whither MEAs, S. 18 f.; auch UN Doc. UNEP/IGM/4/4 vom 16. 11. 2001: „Implementing the Clustering Strategy for Multilateral Environmental Agreements: A Framework; Par. 25 und Table I).

1018 Vgl. hierzu Sandford, Green Globe Yearbook 1994, S. 17, 27; zur Zusammenlegung von Konventionssekretariaten vgl. UN Doc. UNEP/IGM/1/2 vom 4.04.2001, Par. 149.

1019 UN Doc. UNEP/IGM/4/4 vom 16. 11. 2001: „Implementing the Clustering Strategy for Multilateral Environmental Agreements: A Framework", Par. 23.

1020 von Moltke, in: Brack/Hyvarinen (Hrsg.), Global environmental institutions, S. 44, 49.

1021 u.a. Basler Konvention, PIC-Konvention und POP-Konvention.

tionen oder durch einen entsprechenden Beschluss der Vertragsstaatenkonferenzen vornehmen. Die einzelnen Konventionen haben sich mit ihren vertragsspezifischen Organen zu eigenständigen „internationalen Regimen" entwickelt. Den Vertragsstaatenkonferenzen wird inzwischen ein Status ähnlich einer internationalen Organisation zuerkannt[1022]. Für diese würde eine Übertragung von Kompetenzen auf UNEP eine Beschränkung bedeuten, so dass fraglich ist, ob eine weitgehende Übertragung von Aufgaben stattfinden wird. Dadurch würde auch eine zusätzliche Entscheidungsebene neben den Vertragsstaatenkonferenzen entstehen, die bisher für alle die Konvention betreffenden Entscheidungen zuständig sind.
Koordinierende Aufgaben im Sinne des „clustering" könnte UNEP sowohl im Falle einer Umstrukturierung zu einer internationalen Organisation als auch in seiner bestehenden rechtlichen Stellung und mit seinem bisherigen Mandat wahrnehmen; der Gründung einer neuen „Super-Organisation" bedarf es dazu nicht[1023].

5. Bewertung

Die Gegner der Schaffung einer neuen Umweltorganisation sind der Ansicht, dass die Probleme von „International Environmental Governance" nicht durch eine neue Organisation gelöst werden können, da der mangelnde Wille der Staaten zur Kooperation und die schlechte finanzielle Ausstattung von UNEP die eigentlichen Gründe für die Missstände sind[1024]. Es ist insoweit auch darauf zu verweisen, dass gut funktionierende internationale Regime bereits bestehen. Die Verbindung und Zusammenarbeit zwischen den einzelnen Bereichen muss allerdings verbessert werden. Für die Beibehaltung der bisherigen Struktur für „International Environmental Governance" kann sprechen, dass sie von einer großen Flexibilität geprägt ist. Es wird keine unter Umständen schwerfällige neue bürokratische Einrichtung geschaffen; die kleineren Organisationen sind u.U. in der Lage, im Abstimmungsprozess schnellere Entscheidungen zu treffen. Gegen die Einrichtung einer großen und zentralisierten Organisation wird außerdem eingewandt, es sei dadurch nicht gewährleistet, dass eine bessere Organisation und Koordination stattfindet[1025]. Gegen die Beibehaltung der bisherigen dezentralisierten Mechanismen lässt sich allerdings anführen, dass die zentrale Voraussetzung für das Gelingen von „International Environmental Governance" die Koordination der Arbeit der verschiedenen Akteure und die Kooperation sein wird. In den letzten Jahren wurden zu diesem Zweck verschiedene Gruppen und Foren eingerichtet, ohne dass große Fortschritte zu verzeichnen waren. Dies deutet darauf hin, dass eine große Reform notwendig

---

1022 Für eine Beibehaltung der Rolle der Vertragsstaatenkonferenzen und die Erhaltung ihrer Budgethoheit: Kimball, in: Brack/Hyvarinen (Hrsg.), Global Environmental Institutions, S. 19, 25.

1023 Najam, in: Brack/Hyvarinen (Hrsg.), Global environmental institutions, S. 32, 39. Nach Agenda 21 Kap. 38.22 h soll UNEP eine Koordinierungsrolle mit Blick auf die Umweltkonventionen wahrnehmen.

1024 Vgl. Najam, in: Biermann/Bauer (Hrsg.), A World Environment Organization, S.235 ff.

1025 Hierlmeier, Georgetown International Environmental Law Review 14 (2002), S.767, 791: Ebenso wird argumentiert, dass eine größere Organisation zwar niedrigere "Transaktionskosten" verursachen würde, dafür aber mit höheren "bürokratischen" Kosten verbunden wäre.

ist. Bei allen Koordinierungsbemühungen ist zu berücksichtigen, dass die Staaten und die Organisationen häufig ihre eigenen Interessen schützen wollen.
Da auf der Grundlage der erörterten Reformvorschläge UNEP weiterhin ein „subsidiary organ“ der UN-Generalversammlung bleibt, ergeben sich keine Änderungen für die Stellung von UNEP innerhalb der Vereinten Nationen und im Verhältnis zu anderen internationalen Organisationen. Die Öffnung der Mitgliedschaft des Verwaltungsrates für alle Staaten stellt die Entscheidungen zwar auf eine breitere Legitimitätsgrundlage; sie bekommen dadurch jedoch keine andere rechtliche Qualität.
Die Beibehaltung der bisherigen Struktur von UNEP bedeutet für den Prozess der „International Environmental Governance“, dass die dezentralisierte Struktur erhalten bleibt. Es wird keine Organisation geschaffen, die gegenüber anderen Organisationen oder den Vertragsorganen eine übergeordnete Funktion hat und diesen gegenüber zu Weisungen oder sonstigen verbindlichen Vorgaben befugt ist. Es ist allerdings zu erwarten, dass die Aufhebung der begrenzten Mitgliedschaft im Verwaltungsrat sowie eine verbesserte finanzielle Grundlage mittelbar eine Stärkung von UNEP auch im Verhältnis zu anderen Organisationen und damit innerhalb von „International Environmental Governance“ bewirken werden.
Im Vergleich zu den bisherigen Strukturen und Mechanismen von „International Environmental Governance“ würde die bedeutendste Veränderung die Einführung eines organisierten und übergreifenden „clustering“ mit sich bringen. UNEP hätte zwar keine maßgeblichen neuen Kompetenzen, es hätte aber klar abgesteckte Verantwortlichkeiten. Es müsste daher nicht mehr um die Zuständigkeit für „clustering“-Aktivitäten „ringen“.
Ein wichtiger Aspekt, der bei der Durchsetzbarkeit umweltrechtlicher Ziele zu beachten ist, ist die Sorge der Staaten vor einem Souveränitätsverlust. Aus diesem Grund wird eine Reform von UNEP unter Beibehaltung seiner rechtlichen Stellung am wenigsten Widerstand erzeugen. Dies bedeutet auf der anderen Seite aber auch, dass sich an der jetzigen Situation von UNEP und seiner Stellung im System der „International Environmental Governance" nichts Grundlegendes ändern wird.

II. Umwandlung von UNEP in eine Sonderorganisation der Vereinten Nationen

Eine Umwandlung von UNEP in eine UN-Sonderorganisation („specialized agency“), d.h. in eine internationale Organisation, die durch Vertrag gem. Art. 57 i.V.m. Art. 63 der Charta der Vereinten Nationen in das System der Vereinten Nationen einbezogen wird, ist der Vorschlag, der wohl die breiteste Unterstützung findet[1026].

[1026] Biermann, in: Biermann/Bauer (Hrsg.), A World Environment Organization, S.117 ff.; Mahmoudi, Asian Yearbook of International Law 5 (1995), S.175, 197 f.; Palmer, AJIL 86 (1992), S. 259, 280 ff.; so wohl auch die Enquete-Kommission des Deutschen Bundestages „Globalisierung der Weltwirtschaft-Herausforderungen und Antworten“, Schlussbericht, BT-Drs. 14/9200 v. 12.6.2002, S. 376 ff., Empf. 7-23; Szasz, in: Brown Weiss (Hrsg.), Environmental change and international law, S.340, 376; vgl. auch Böhm/Trabold, ZfU 2004, S. 201, 213ff., die jedoch eine Zusammenlegung mit anderen Organisationen befürworten (siehe unten). Desai, Indian Journal of International Law 2000, S.455, 495 ff. schlägt die Gründung einer „United

Als UNEP auf der Stockholmer Konferenz 1972 gegründet wurde, stand dieser Vorschlag schon zur Debatte.
Der Wissenschaftliche Beirat der Bundesregierung Globale Umweltveränderungen (WBGU) strebt neben einer Reform der Organisation außerdem an, dass eine unabhängige Instanz eingerichtet wird, die für die Bewertung von Umweltproblemen zuständig sein soll („Earth Commission")[1027].

1. Formen der Sonderorganisation

a. United Nations Environment Organisation

Am 10. Februar 2004 wurde auf der Ebene der Botschafter bei der UN eine Arbeitsgruppe auf Initiative Frankreichs gebildet, die sich mit Fragen einer solchen Umstrukturierung befassen soll. Als Leitbild wird von einer „United Nations Environment Organisation" (UNEO) ausgegangen. Der Verantwortungsbereich der neuen Organisation soll gegenüber den Vertragsstaatenkonferenzen klar abgegrenzt sein, deren rechtliche Unabhängigkeit bestehen bleiben soll. Es soll weder eine reine Umsetzungs- oder Durchsetzungsinstanz noch eine mit der WTO konkurrierende Institution geschaffen werden. Die drei wesentlichen Tätigkeitsfelder sollen die Stärkung eines Beobachtungssystems, das „capacity-building" in den Entwicklungsländern und eine rationellere Gestaltung der bisherigen verstreuten Umweltaktivitäten sein.
Neben Frankreich hat Deutschland seit längerem seine Unterstützung für eine neue Umweltorganisation zum Ausdruck gebracht[1028]. Im Zuge der abschließenden Verhandlungen in Cartagena haben aber verschiedene andere Staaten, USA, Russland und China eingeschlossen, ihre Zurückhaltung (reservations) im Hinblick auf die Vorschläge zur Einrichtung einer Weltumweltorganisation und sogar gegenüber einer Umwandlung von UNEP in eine Sonderorganisation zum Ausdruck gebracht[1029].

Nations Environment Protection Organization" (UNEPO) vor; gleichzeitig soll aber auch der Treuhandrat ein Mandat für die Verwaltung von Umweltgütern erhalten. Der WBGU schlägt eine solche Umstrukturierung als mögliche erste Stufe für eine Aufwertung von UNEP als ein Bestandteil der „Earth Alliance" vor: WBGU Jahresgutachten 2000, Kap. E.2.3.1; kritisch: Birnie/Boyle, International Law and the Environment, S.54 f.

[1027] Schriftliche Stellungnahme von Frau Prof. Dr. Dr. Kokott, stellvertretende Vorsitzende des WBGU, zum Thema „Nachhhaltige Energieversorgung unter den Bedingungen der Globalisierung und der Liberalisierung" im Rahmen der Anhörung durch die-Enquete Kommission des Bundestages, S.10 f. (soweit ersichtlich: nicht veröffentlicht).

[1028] Bundesumweltminister Trittin: „Frankreich und Deutschland engagieren sich für eine vollwertige UN-Umweltorganisation, die Global Playern wie der Welthandelsorganisation, der Weltgesundheitsorganisation und der Weltbank Paroli bieten kann." (Pressemitteilung des BMU 206/03 vom 6.11.2003).

[1029] Desai, Future of International Environmental Governance, ESCP Report 2002, S. 42, 43.

b. Gründung einer Weltumwelt- und -entwicklungsorganisation („World Environment and Development Organization")

Andere Vorschläge gehen dahin, nicht nur eine Sonderorganisation zu gründen, sondern zugleich den Zuständigkeitsbereich auf Entwicklungsfragen zu erweitern. Ziel ist die Gründung einer Organisation für Umwelt und Entwicklung („World Environment and Development Organization")[1030]. In diese Organisation sollen UNEP, CSD, die wichtigen Konventionssekretariate, aber auch UNDP eingegliedert werden, und sie soll einen Teil der Aufgaben der GEF wahrnehmen[1031]. Auf jeden Fall soll eine enge Zusammenarbeit mit der Weltbank, IMF und der WTO stattfinden.

Für Abstimmungen soll eine Zweidrittelmehrheit aller Mitglieder notwendig sein, wobei zum Zwecke eines Ausgleichs der Nord-Süd-Interessen sowohl eine einfache Mehrheit der Entwicklungs- als auch der Industrieländer vorliegen muss[1032]. Des Weiteren soll das Modell der ILO übernommen werden; in dem Hauptorgan (Plenarorgan) soll jeder Staat zwei Sitze für Regierungsvertreter und jeweils einen Sitz für nationale Vertreter einer Umwelt- oder Entwicklungsorganisation sowie einer Industrievereinigung nach dem Vorbild der Allgemeinen Konferenz („General Conference") der ILO haben[1033].

Der Vorteil besteht darin, dass eine gemeinsame Organisation den Umwelt- und den Entwicklungsbereich einheitlich steuern und damit mehr als eine reine Koordination erreichen kann. Andererseits hätte eine Weltumwelt- und –entwicklungsorganisation einen so weiten Aufgabenbereich, dass die Organisation sehr groß sein müsste, um alle Ziele zu erfüllen[1034]. Es ist deshalb zu befürchten, dass sie zu schwerfällig sein würde, was gerade für den Umweltbereich, der auf eine gewisse Flexibilität und unter Umständen auf schnelles, wirkungsvolles Handeln angewiesen ist, einen erheblichen Nachteil bedeuten kann. Die Aspekte, die im Rahmen der

[1030] Böhm/Trabold, ZfU 2004, S.201, 214f.; Biermann/Simonis, A World Environment and Development Orgnization, S. 2; Biermann, Global Environmental Politics 2001, S.45, 47; Biermann/ Simonis, in: Aus Politik und Zeitgeschichte 1999, S. 3, 5.

[1031] Biermann/Simonis, A World Environment and Development Orgnization, S. 2; Biermann, Global Environmental Politics 2001, S. 45, 47; Biermann/Simonis, in: Aus Politik und Zeitgeschichte 1999, S. 3, 5, 7.

[1032] Biermann/Simonis, in: Aus Politik und Zeitgeschichte 1999, S. 3, 9: Für die Frage der Zugehörigkeit der einzelnen Staaten in die Gruppe der Entwicklungs- bzw. Industrieländer kommt entweder eine Einteilung nach Zugehörigkeit zu bestimmten Gruppen (z.B. G-77), nach Umweltproblemen oder durch eine Selbstdefinition, wie sie im Rahmen der UNCTAD stattfindet, in Betracht. Zumindestens sollen aber auch die Entwicklungsländer, die Mitglied der OECD sind, als Industrieländer eingestuft werden.

[1033] Biermann/Simonis, A World Environment and Development Organization, S. 7 ff.; Biermann/Simonis, in: Aus Politik und Zeitgeschichte 1999, S. 3, 10. Zur Finanzierung wird vorgeschlagen, dass das Ziel, dass 0,7 % des Bruttosozialproduktes für die Entwicklungshilfe verwendet werden soll, von allen Staaten eingehalten wird. Als weitere Finanzierungsquelle sollen Steuern auf den Flugbetrieb und internationale Finanztransaktionen erhoben werden. Des Weiteren wird die Möglichkeit der Umwidmung von Schuldentiteln der Entwicklungsländer in der Weise angedacht, dass diese Titel an die zu gründende Weltorganisation für Umwelt und Entwicklung abgetreten werden.

[1034] Charnovitz, in: Biermann/Bauer(Hrsg.), A World Environment Organization, S. 87, 104.

nachhaltigen Entwicklung zu berücksichtigen sind, sind so vielfältig, dass dies kaum von einer Organisation zu bewältigen ist. Dies hat sich bei der CSD gezeigt, für die sich der weite Aufgabenbereich als Hindernis für eine effektive Aufgabenerfüllung erwiesen hat. UNDP ist wesentlich größer und verfügt über größere Ressourcen als UNEP. Es besteht daher die Gefahr, dass UNEP im Falle einer Zusammenlegung zurückgedrängt wird. Ein weiterer struktureller Unterschied der beiden Organisationen besteht darin, dass der Schwerpunkt der Arbeit von UNDP in der Planung und Umsetzung konkreter Projekte in den Ländern vor Ort liegt. Demgegenüber spielt die operative Arbeit bei UNEP nur eine untergeordnete Rolle. Dies birgt zusätzlich die Gefahr, dass die Entwicklungsaspekte zu Lasten der Umweltaspekte im Vordergrund stehen werden. Es ist auch Widerstand von den Staaten, insbesondere den Entwicklungsländern, zu erwarten, die befürchten, dass Gelder für die Entwicklungshilfe für Umweltschutzmaßnahmen verwendet werden.
Aus diesem Grunde sind zwei Organisationen mit klar abgegrenzten Aufgabenbereichen vorzuziehen, die miteinander konkurrieren und auf diese Weise sicherstellen, dass beide Aspekte ausreichend berücksichtigt werden.

Vorgeschlagen wird ferner, dass die neu zu gründende Organisation die Aufgaben der GEF übernimmt und die GEF aufgelöst wird[1035]. Eine Zusammenlegung mit GEF würde aber die durch die GEF geschaffene Zusammenarbeit zwischen der Weltbank und den UN-Organisationen beenden. Die Unterstützung durch die Weltbank ist aber ein entscheidender Faktor für das Funktionieren der GEF. Eine Verschmelzung der beiden Organisationen ist daher nicht anzustreben.

2. *Vollzug der Umgestaltung/Beispiel UNIDO*

UNEP ist als Nebenorgan der Generalversammlung dieser unterstellt. Dementsprechend kann die Generalversammlung Entscheidungen über das Mandat von UNEP treffen. Bei einer Sonderorganisation der Vereinten Nationen handelt es sich um eine internationale Organisation, die durch internationalen Vertrag, der von den Staaten unterzeichnet wird, gegründet wird. Bei einer Umstrukturierung müsste UNEP daher aufgelöst werden und die Staaten müssten einen Vertrag über die neu zu gründende Organisation verabschieden[1036]. Zu einer Sonderorganisation

---

[1035] So die Vertreter einer „World Environment and Development Organization“ (WEDO). In diesem Zusammenhang wird auch vorgeschlagen, die bisherige Beschränkung der Finanzierung auf „global incremental“-Kosten aufzugeben. Die GEF könnte allerdings auch daneben als unabhängiger Finanzierungsmechanismus mit seinen bisherigen Verantwortlichkeiten bestehen bleiben und zusätzlich die kleineren Treuhandfonds der Konventionen verwalten. Außerdem könnte GEF auch Verwaltungsaufgaben für weitere Treuhandfonds für nachhaltige Entwicklung übernehmen. Vgl. Kimball, in: Brack/Hyvarinen (Hrsg.), Global Environmental Institutions, S. 19, 27.

[1036] Bei der "Nachfolge" einer Organisation werden folgende Formen unterschieden: Bei der Ersetzung („replacement“) soll die neue Organisation genau die Aufgaben erfüllen wie die vorige. Des Weiteren wird zwischen der Absorption, d.h. das Aufgehen einer Organisation mit begrenzten Funktionen in eine größere Organisation als deren Organ, der Verschmelzung zweier Organisationen zu einer Einheit („merger“) und die Übertragung bestimmter Funktionen auf eine andere Organisation („transfer of specific functions“) unterschieden. Die letztere

der UN wird die so gegründete zwischenstaatliche internationale Organisation durch einen weiteren völkerrechtlichen Vertrag, den sie gem. Art. 57, 63 der Charta der Vereinten Nationen mit ECOSOC abschließt. Dieser Vertrag tritt gem. Art. 63 Abs. 1 der Charta der Vereinten Nationen nach Genehmigung der Generalversammlung in Kraft. Er regelt die Beziehungen der neuen Organisation zu den Vereinten Nationen.

Der erste Fall der Umstrukturierung eines Nebenorgans der Generalversammlung zu einer Sonderorganisation stellt die United Nations Industrial Development Organization (UNIDO) dar, deren Aufgabe die Förderung der industriellen Entwicklung in den Entwicklungsländern ist[1037]. UNIDO wurde im Jahre 1966 als ein Nebenorgan der UN-Generalversammlung gegründet und hatte eine weitgehende autonome Stellung innerhalb des Systems der Vereinten Nationen[1038]. Im Jahre 1986 wurde UNIDO in eine Sonderorganisation der Vereinten Nationen umgewandelt[1039]. Nachdem die Generalversammlung entsprechende Vorschläge für eine Umstrukturierung gemacht hatte, hatte im Jahre 1975 die Allgemeine Konferenz von UNIDO den Generalsekretär gebeten, in Zusammenarbeit mit dem Exekutivdirektor von UNIDO ein Statut für die Gründung von UNIDO als Sonderorganisation auszuarbeiten[1040]. Die Konferenz hatte den in zwischenstaatlichen Ausschüssen erarbeiteten Vertrag über die Bildung von UNIDO als eigenständige internationale Organisation im Jahre 1979 angenommen; dieser ist im Jahre 1985 in Kraft getreten[1041]. Der Übergang von UNIDO in eine selbständige internationale Organisation sollte nach einer 1979 beschlossenen Resolution der Generalversammlung in dem Jahr stattfinden, in dem die erste Generalkonferenz[1042] („General Conference“) der neuen internationalen Organisation tagte. Zum Ende dieses Jahres sollte UNIDO als Nebenorgan aufhören zu bestehen. Im August 1985 fand die erste Generalkonferenz statt, in deren Rahmen die Mitglieder des neuen Rates für industrielle Entwicklung („Industrial Development Board“ (IBD)) und des Programm- und Haushaltausschusses („Programme and Budget Committee“ (PBC))

Fallkonstellation stellt die Trennung eines Nebenorgans von der maßgeblichen Organisation zum Zwecke der Bildung einer neuen selbständigen Organisation („separation“) dar (vgl. Schermers/Blokker, International Institutional Law, § 1627). Im Falle der Umstrukturierung von UNEP zu einer Sonderorganisation der Vereinten Nationen würde es sich um einen Fall der letzten Kategorie handeln.

[1037] Meng, in: Simma (Hrsg.) The Charter of the United Nations, Art. 57 Rn. 121.

[1038] UNGA Res. 2152 (XXI) vom 17.11.1966. Im Vorfeld der Gründung von UNIDO wurde schon eine Gründung als Sonderorganisation diskutiert (Meng, in: Simma (Hrsg.), The Charter of the United Nations, Art.59 Rn. 4; Szasz, in: Bernhardt (Hrsg.), EPIL Bd.IV, S. 1132, 1133).

[1039] UNIDO wurde damit die 16. UN-Sonderorganisation. Insbesondere die Entwickungsländer forderten eine Umwandlung in der Hoffnung, dass UNIDO als Sonderorganisation ihre Interessen besser vertreten könne (vgl. Jayaraj, Indian Journal of International Law 22 (1982), S.251ff, 263).

[1040] Szasz, in: Bernhardt (Hrsg.), EPIL Bd.IV, S.1132, 1133.

[1041] UN Doc. A/CONF.90/19 vom 8.04.1979: "Constitution of the United Nations Industrial Development Organization"; Szasz, in: Bernhardt (Hrsg.), EPIL Bd.IV, S. 1132, 1139; Schermers/ Blokker, International Institutional Law, § 1695.

[1042] Die Generalkonferenz stellt das höchste Entscheidungsgremium von UNIDO dar. In diesem sind alle Mitglieder von UNIDO gleichrangig vertreten.

zusammenkamen. Die neue und die alte UNIDO existierten damit weitere sechs Monate nebeneinander. Während dieser Zeit nahm der neu ernannte Generaldirektor schon die Aufgaben des Exekutivdirektors wahr[1043]. Der am 17. Dezember 1985 geschlossene Vertrag zwischen den UN und UNIDO als „specialized agency“ sieht insbesondere mit Blick auf Finanz- und Haushaltsfragen eine enge Abstimmung vor[1044]. Der Grund hierfür ist in der ursprünglichen Stellung von UNIDO und der damit verbundenen Abhängigkeit vom Budget der Vereinten Nationen zu sehen.
An dem Beispiel von UNIDO wird zum einen deutlich, dass trotz der formellen Auflösung des ursprünglichen Nebenorgans dessen Strukturen von der Sonderorganisation übernommen werden können. Des Weiteren zeigt dieses Beispiel, dass es möglich ist, dass beide Organisationen für eine Übergangszeit nebeneinander bestehen können, was den Übergang erleichtern kann. Voraussetzung ist somit ein zwischenstaatlicher Vertrag über die Gründung einer internationalen Organisation, ein Vertrag mit den Vereinten Nationen über die Stellung als Sonderorganisation und eine Resolution der Generalversammlung über die Auflösung von UNEP als Nebenorgan.

Als Nebenorgan nimmt UNEP an der rechtlichen Handlungsfähigkeit und der Rechtspersönlichkeit der Vereinten Nationen teil[1045]. Dies gilt für die umgewandelte UNEP nicht mehr. Als Folge davon müssen die internationalen und privatrechtlichen Verträge, wie insbesondere auch die Abkommen über den Hauptsitz, die von den UN unterzeichnet wurden, im Falle einer Umwandlung erneuert werden[1046]. Im Falle von UNIDO wurden, um zu vermeiden, dass die alten Abkommen durch den Untergang der „alten“ UNIDO gegenstandslos werden, zum Teil auch nur Schriftstücke („notes“) ausgetauscht, in denen ein Fortbestehen vereinbart wurde[1047]. Des Weiteren haben UNIDO und die UN ein Abkommen abgeschlossen, wonach rückwirkend zum 1. Januar 1988 UNIDO in die Rechte und Pflichten aus Verträgen eintritt, die von den UN als Ganzes für UNIDO abgeschlossen worden waren, als diese noch ein Nebenorgan der Vereinten Nationen war[1048].

[1043] Szasz, in: Bernhardt (Hrsg.), EPIL Bd. IV, S.1132, 1139.

[1044] “Agreement between the United Nations and the United Nations Industrial Development Organization”, Art. 17; Text abgedruckt in: Blankenburg/Spröte, S. 72 ff. Vgl. auch Koschorreck, in: Simma (Hrsg.), The Charter of the United Nations, Art. 17 Rn.104 f. Das Abkommen wurde durch die Entscheidung der Generalversammlung A/RES/40/180 vom 17.12.1985 bestätigt.

[1045] Für UNIDO Seidl-Hohenveldern/Rudolph, in: Simma (Hrsg.), The Charter of the United Nations, Art.104 Rn.24.

[1046] Soweit eine sofortige Neuverhandlung nicht möglich ist, ist eine übergangsweise Geltung der alten Verträge mit Veränderung der entsprechenden Stellen möglich (siehe für UNIDO Szasz, in: Bernhardt (Hrsg.), EPIL Bd.IV, S.1132, 1140).

[1047] Seidl-Hohenveldern/Rudolph, in: Simma (Hrsg.), The Charter of the United Nations, Art. 104 Rn.26.

[1048] Seidl-Hohenveldern/Rudolph, in: Simma (Hrsg.), The Charter of the United Nations, Art. 104 Rn.27.

a. Mitgliedschaft

Als Nebenorgan der Generalversammlung stand die Mitgliedschaft von UNEP allen Staaten der Vereinten Nationen offen. Allein für die „Mitgliedschaft" im Verwaltungsrat wurde eine Begrenzung vorgesehen. Im Falle einer Umwandlung in eine Sonderorganisation ist für eine Mitgliedschaft Voraussetzung, dass die Staaten den Gründungsvertrag unterzeichnen. Da die bisher von UNEP als Nebenorgan der Generalversammlung wahrgenommene globale Aufgabe – wenn auch in einer anderen selbständigen Organisation - fortgeführt und UNEP eine Sonderorganisation der Vereinten Nationen werden soll, empfiehlt es sich, dass die neue Sonderorganisation möglichst dieselben Mitglieder wie die Vereinten Nationen umfasst. Der Großteil der Verträge über die Gründung einer Sonderorganisation enthält Regelungen, dass ein Mitglied der Vereinten Nationen, einer Sonderorganisation oder der IAEA ohne weiteres dem Vertrag beitreten kann; andernfalls muss die „General Conference" dem Beitritt zunächst mit einer Zweidrittelmehrheit zustimmen[1049]. Für den Fall, dass Staaten von der Mitgliedschaft in den UN suspendiert werden, erfolgt auch automatisch eine Suspendierung von der Mitgliedschaft in einer Sonderorganisation (zumindest bei UNIDO).

b. Verwaltungsorgan

Die Sonderorganisationen haben als Organe in der Regel eine Mitgliedervollversammlung, in der jeder Mitgliedsstaat eine Stimme hat[1050], ein Exekutivgremium mit begrenzter Mitgliedschaft und ein Sekretariat mit einem Vorsitzenden zur Wahrnehmung der administrativen Aufgaben[1051]. In der bisherigen Struktur von UNEP gibt es kein Organ, in dem alle Mitglieder vertreten sind. Es wäre daher entweder eine Aufhebung der Begrenzung der Mitgliedschaft im Verwaltungsrat oder die Einrichtung eines neuen Organs in Betracht zu ziehen, in dem alle Mitgliedsstaaten vertreten sind. Dieses Organ könnte allerdings auch in größeren Zeitabständen tagen; in der Zwischenzeit könnte der Verwaltungsrat als Exekutivgremium dessen Aufgaben wahrnehmen[1052]. Einer Bestätigung der Generalversammlung bedürften die Entscheidungen der Organe von UNEP als Sonderorganisation nicht mehr.

Wenn jährlich eine Mitgliedervollversammlung stattfindet und daneben der Verwaltungsrat als Exekutivgremium fortbesteht, ist fraglich, ob GMEF neben der neu zu gründenden internationalen Organisation bestehen bleiben soll. GMEF könnte weiter als Forum auf Ministerebene bestehen bleiben. Hiergegen spricht jedoch, dass das Ziel der Reform eine Straffung und ein effektiverer Einsatz der Kapazitäten sein soll. GMEF wurde als Koordinationsforum eingerichtet, das Empfehlun-

---

[1049] Vgl. Klein, in: Bernhardt (Hrsg.), EPIL Bd. 4, S. 1173, 1178.

[1050] Eine Ausnahme hiervon stellen lediglich ILO, IFAD und die Weltbankgruppe dar, in denen eine Stimmengewichtung stattfindet (vgl. Epping, in: Ipsen, Völkerrecht, § 32 Rn. 88).

[1051] Vgl. Epping, in: Ipsen, Völkerrecht, § 32 Rn. 88.

[1052] Nach der Umstrukturierung von UNIDO ist die „General Conference" das Entscheidungsorgan; das jährlich tagende „Industrial Development Board" (IBD) nimmt in der Zwischenzeit die Aufgaben wahr, die ihm von der „General Conference" übertragen werden.

gen gegenüber anderen Organen aussprechen soll. Im Falle einer Umstrukturierung zu einer Sonderorganisation besteht aber die Sorge, dass GMEF eine Konkurrenz darstellt und als weiteres Forum der angestrebten klaren Zuständigkeitsverteilung entgegenwirkt. Der Aufwertung von UNEP durch GMEF als einziges Gremium, in dem regelmäßig höherrangige Staatenvertreter tagen, bedarf es nach einer Umstrukturierung von UNEP nicht mehr. Im Falle einer Sonderorganisation findet jährlich eine Mitgliedervollversammlung statt, die die konzeptionelle Aufgabe des GMEF übernehmen könnte. Angesichts der für alle Staaten offenen Mitgliedschaft entfällt auch die von GMEF wahrgenommene Funktion, in dem bisherigen Verwaltungsrat nicht vertretene Staaten in die Arbeit von UNEP einzubeziehen.
Die Frage, ob GMEF statt des Verwaltungsrates als Exekutivorgan eingesetzt werden kann, stellt sich bei einer Umstrukturierung von UNEP zur Sonderorganisation nicht. Die dem GMEF übertragene Aufgabe, Leitlinien und eine Konzeption für den Umweltschutz zu entwickeln, ist keine Aufgabe eines Exekutivgremiums; auch ist eine begrenzte Mitgliedschaft zur Sicherstellung der Handlungsfähigkeit des Exekutivorgans vorzuziehen. Ebenso begegnet eine Einsetzung des GMEF als Mitgliedervollversammlung der Sonderorganisation Bedenken. Bei der Versammlung muss es sich nach der Organstruktur der Sonderorganisation um ein Gremium handeln, das sich – soweit es jedenfalls das Stimmrecht betrifft - aus den tatsächlichen Mitgliedern zusammensetzt, die nicht zwangsläufig identisch mit den Mitgliedern der Vereinten Nationen sind.
Zum Teil ist vorgeschlagen worden, dass der Mitgliedervollversammlung drei spezielle Räte als funktionale Organe zugeordnet sein sollen, deren Mitgliederzahl beschränkt ist[1053]. Die Einrichtung solcher Fachgremien (ein „Science and Technology Council", ein „Environmental Law and Policy Council" sowie ein „Environmental Emergencies Relief Council") als Nebenorgane der Mitgliedervollversammlung kann zu deren fachlicher Beratung durchaus sinnvoll sein. Für die Zusammensetzung der Mitgliedervollversammlung ist ferner der Vorschlag gemacht worden, dass dort nach dem Vorbild der ILO neben den Regierungsvertretern auch Umweltexperten und Industrievertreter einen Sitz haben[1054]. In den letzten Jahren ist eine verstärkte Einbeziehung von Nichtregierungsorganisationen in die Beratungen der CSD und auch bei der Umsetzung in Form von Partnerschaften erfolgt. Dies setzt aber nicht notwendig ein Stimmrecht oder einen Sitz in der Versammlung voraus. Ein Stimmrecht auch für Vertreter von Umweltverbänden und Industrievertretern kann den Abstimmungsprozess erschweren, ohne dass eine vergleichbare Interessenlage wie im Arbeitsrecht mit Gewerkschaften und Arbeitge-

[1053] Desai, Indian Journal of International Law 2000, S.455, 496f.: Die Mitgliedschaft sollte auf 24 bis 60 beschränkt werden, die im Rotationsverfahren gewählt werden.
[1054] Palmer, AJIL 86 (1992), S. 259, 280; Charnovitz, A World Environment Organization, S.22: Da die zu treffenden Entscheidungen in den meisten Fällen auch andere Bereiche berühren, wird vorgeschlagen, dass in dem Vertrag zur WEO festgelegt wird, dass jede Regierung eine Delegation senden soll, die Verantwortlichkeiten für Umweltfragen auf nationaler Ebene entspricht. Der weitergehende Vorschlag, dass auch ein parlamentarisches Forum mit gewählten Vertretern aus den einzelnen Ländern eingerichtet werden soll, erscheint auf internationaler Ebene nicht durchsetzbar.

berverbänden als traditionellen Partnern von Tarifverträgen etc. besteht. Es ist außerdem fraglich, welche Organisationen neben den Regierungen vertreten sein sollen.

4. Erweiterung des Aufgabenbereichs

Durch eine Umstrukturierung zu einer Sonderorganisation wachsen UNEP nicht ohne weiteres Kompetenzen für eine engere Zusammenarbeit mit den Vertragsorganen der multilateralen Abkommen zu. In dem Gründungsvertrag könnten zwar allgemeine Regeln aufgestellt werden. Die jeweiligen (Vertrags-)Staaten eines internationalen Abkommens müssten sich aber – gegebenenfalls unter Abänderung der in dem Abkommen getroffenen Regelung - in einer gesonderten Vereinbarung darauf verständigen, dass die Aufgaben z.B. hinsichtlich der Berichtsverfahren und eines gemeinsamen Streitschlichtungsverfahrens UNEP übertragen werden[1055]. Dies kann bei den Berichtsverfahren insbesondere die Entgegennahme der Berichte, die Durchführung etwaiger Nachermittlungen und die Auswertung der Berichte umfassen.

Im Bereich der Rechtsetzung könnte UNEP als internationale Organisation neue Kompetenzen erhalten. Dies kann zum einen den Erlass von Entscheidungen mit verbindlicher Wirkung für die Mitgliedsstaaten und zum anderen – nach dem Vorbild anderer Sonderorganisationen - neue Befugnisse zum Abschluss internationaler Verträge auch mit Wirkung für die Mitgliedsstaaten betreffen. Voraussetzung ist aber in beiden Konstellationen, dass UNEP im Gründungsvertrag von den Mitgliedsstaaten entsprechende Befugnisse übertragen werden. So könnte in dem Gründungsvertrag vorgesehen werden, dass die Sonderorganisation Resolutionen auch über den organisationsinternen Bereich hinaus mit verbindlicher Wirkung für die Mitgliedsstaaten erlassen kann. Dies könnte etwa für Resolutionen bestimmt werden, die mit einem bestimmten Quorum (z.B. Mehrheit von 2/3) von der Mitgliedervollversammlung beschlossen werden. Die Mitgliedsstaaten wären dann verpflichtet, die Resolutionen, soweit erforderlich, in nationales Recht umzusetzen. Die Bindungswirkung würde sich – als vertragliche Bindung - aus dem Gründungsvertrag ergeben. Denkbar wäre auch eine Regelung im Gründungsvertrag über ein sog. „opting-out“-Verfahren[1056]. Eine solche Regelung enthält Art. 22 des WHO-Gründungsvertrages[1057]. Danach treten bestimmte in der Versammlung beschlossene Rechtsvorschriften („regulations“) für alle Mitglieder in Kraft und haben für diese verbindliche Wirkung; dies gilt jedoch nicht für diejenigen Mitglieder, die innerhalb einer bestimmten Frist der Bindung widersprechen, d.h. ihre Ablehnung oder Vorbehalte notifizieren. Ohne eine entsprechende Vereinbarung im Gründungsvertrag würde keine rechtliche Verpflichtung der Mitgliedsstaaten zur Umsetzung einer Resolution der Sonderorganisation bestehen. Allerdings wären die Mit-

---

[1055] Zu einem dahingehenden Vorschlag vgl. Biermann, in: Biermann/Bauer(Hrsg.), A World Environment Organization, S. 117, 122.

[1056] Zur vertraglichen Rechtsetzung vgl. Klein, in: Vitzthum (Hrsg.), Völkerrecht, 4. Abschn. Rn.198.

[1057] Satzung der Weltgesundheitsorganisation vom 22 Januar 1974 (BGBl. II S. 45).

gliedsstaaten trotz des dann nur empfehlenden Charakters der Resolution als Mitglieder der Organisation zu einer ernsthaften Prüfung verpflichtet, ob sie die Resolution in nationales Recht umsetzen[1058].

Die Gründungsverträge der internationalen Organisationen sehen zum Teil weitgehende Befugnisse der Organisation im Bereich der vertraglichen Rechtsetzung vor. Als Beispiel kann auf Art. 19 des WHO-Vertrages und auf Art. 19 des ILO-Vertrages[1059] verwiesen werden. Danach hat die Versammlung die Kompetenz („authority"), Konventionen mit 2/3-Mehrheit anzunehmen. Die Versammlung hat insoweit die Funktion einer Staatenkonferenz. Die Konvention wird von dem Präsidenten der Versammlung und dem Generaldirektor unterzeichnet (Art. 19 Abs. 4 ILO-Vertrag). Jeder Mitgliedsstaat ist verpflichtet, innerhalb von 12 oder 18 Monaten nach der Annahme durch die Versammlung das Ratifizierungsverfahren einzuleiten. Dies ist dem Generaldirektor der ILO bzw. der WHO anzuzeigen; ebenso müssen ggf. die Gründe dargelegt werden, warum die Konvention nicht ratifiziert worden ist. Dieses Verfahren bewirkt einen gewissen Druck auf die Mitgliedsstaaten zur Ratifizierung der Konvention (Art. 19 Abs. 5 Buchst. b, c und e ILO-Vertrag; Art. 19, 20 WHO-Vertrag). Ein ähnliches Verfahren sieht Art. 19 Abs. 6 des ILO-Vertrages für Empfehlungen („recommendations") vor.

Ein anderer Aufgabenbereich, der erweitert werden könnte, ist der Bereich des „capacity-building". Dies könnte durch eine verstärkte Koordinierung der bisherigen Programme erfolgen oder dadurch, dass UNEP Aufgaben der GEF oder anderer Organisationen bei der Projektdurchführung übernimmt[1060].

Das Abkommen gem. Art. 57, 63 Abs. 1 der Charta der Vereinten Nationen ermöglicht, dass UNEP als Sonderorganisation an den verschiedenen Koordinationsgremien der UN teilnehmen kann. Ebenso kann die Gestaltung der Zusammenarbeit mit anderen UN-Organisationen Inhalt des Abkommens sein. Hierbei würde UNEP zugute kommen, dass es auf Grund der Umwandlung in eine Sonderorganisation innerhalb des UN-Systems als globale Umweltautorität anerkannt wäre.

Ob UNEP als Aufgabenbereich, den es bisher noch nicht wahrnimmt, die „Umwelt-Notfallhilfe", d.h. die Hilfe im Fall einer Umweltkatastrophe, in Zusammenarbeit mit dem Internationalen Roten Kreuz übertragen werden sollte, wie in der Literatur vorgeschlagen[1061], erscheint fraglich. Hiergegen spricht, dass eine „Nothilfe" den Zuschnitt von UNEP erheblich verändern würde. Die „Nothilfe" wäre zwar mit den anderen Aufgaben hinsichtlich der Ursache (Umweltkatastrophe), nicht aber mit den bisherigen Tätigkeitsschwerpunkten und den derzeitig zur Verfügung stehenden personellen Kapazitäten kompatibel.

[1058] Doehring, Völkerrecht, Rn. 744: „Organisationstreue".

[1059] Verfassung der Internationalen Arbeiterorganisation vom 22.März 1957 (BGBl. II S. 318).

[1060] Siehe hierzu: Biermann, in: Biermann/Bauer (Hrsg.), A World Environment Organization, S.117, 126 f.

[1061] Dies schlägt Desai, Indian Journal of International Law 2000, S. 455, 496 f. vor. Der nach seinem Modell dafür zuständige Rat kann nach der Zustimmung von zwei Drittel seiner Mitglieder und bei einer schriftlichen Anfrage des betroffenen Staates tätig werden.

UNEP hat auf der regionalen Ebene z.B. durch die Regionalmeerprogramme erfolgreiche Umweltschutzprogramme etabliert. Für die Entwicklungsländer haben die Beseitigung lokaler bzw. regionaler Umweltprobleme vorrangige Bedeutung; dadurch kann die Entwicklung in diesen Ländern nachhaltig gefördert werden. Daher sollte die Zuständigkeit für Umweltprobleme sowohl auf lokaler, regionaler als auch globaler Ebene beibehalten werden und keine Beschränkung auf globale Probleme –wie zum Teil vorgeschlagen wird - erfolgen[1062]. Da die lokalen Probleme in den Ländern oftmals die gleichen sind, bieten sich gemeinsame Strategien an, die von einer internationalen Organisation entwickelt werden können.

5. Verhältnis zu den multilateralen Umweltabkommen

Ein wesentliches Ziel der Umwandlung von UNEP in eine eigenständige Organisation ist es, die Vielzahl der Umweltabkommen zu integrieren und zu koordinieren. Wesentliche Teile einer Koordinierung sind zwar nicht notwendig mit der Stellung als – eigenständige - internationale Organisation verknüpft, sondern könnten von UNEP auch als Nebenorgan der Generalversammlung erfüllt werden. Allerdings stellt die Umwandlung von UNEP in eine eigenständige Organisation und die damit verbundene Anerkennung als „Umweltautorität" eine wesentliche Hilfe dafür dar, dass die Vertragsstaaten bereit sein werden, weitere Aufgaben und Befugnisse im Rahmen der Umweltabkommen auf UNEP zu übertragen. Dies gilt nicht nur für die Übernahme und organisatorische Zusammenfassung von Sekretariatsdiensten, sondern insbesondere auch für ein gemeinsames, einheitliches Berichtsverfahren sowie eine gemeinsames System für „capacity-building" in den Entwicklungsländern für die multilateralen Umweltabkommen[1063]. Ebenso gilt dies für das Ziel, dass die Abkommen in Gruppen zusammengefasst werden („clustering") und die Sonderorganisation für die jeweiligen Gruppen eine koordinierende Funktion übernimmt[1064].

Wenn eine internationale Organisation gegründet wird, könnten die Staaten in dem Gründungsvertrag Regelungen über die Einbeziehung von internationalen Umweltabkommen und über die Übertragung der Streitschlichtung auf UNEP oder die Zuständigkeit für andere Maßnahmen zur Durchsetzung der Abkommen treffen. Zwar könnten sich die Vertragsstaaten eines Umweltabkommens einer Streitschlichtung durch UNEP, z.B. einem Schiedsspruch, unterwerfen, auch wenn UNEP nur ein Nebenorgan der Generalversammlung ist. Soweit aber bestimmte Maßnahmen zur Durchsetzung der Entscheidung aus einem Streitschlichtungsverfahren gegen einen bestimmtem Vertragsstaat ergriffen werden sollen, setzt dies eine (völker-)rechtliche Selbständigkeit von UNEP voraus. Die Stellung als internationale Organisation ist ferner Voraussetzung dafür, dass die Mitgliedervollversammlung der Organisation, wie dargelegt, die Funktion einer Staatenkonferenz

[1062] Esty/Ivanova, in: Esty/Ivanova (Hrsg.), Global Environmental Governance, S. 181, 188; Esty, in: Kenen (Hrsg.), Managing the World Economy, S. 287, 290, 293: Es sollten nur „common problems" zur Zuständigkeit gehören.

[1063] Biermann, Global Environmental Politics 2001, S.45, 47.

[1064] Vgl. oben unter 4. Kapitel B I 4.

wahrnehmen kann und aus dem Beschluss der Versammlung über die Annahme eines Vertragstextes Pflichten der Mitgliedsstaaten zur Einleitung des (innerstaatlichen) Ratifizierungsverfahrens erwachsen.
Für die Einbeziehung von Abkommen unter das Dach einer internationalen Organisation haben sich in der völkerrechtlichen Praxis verschiedene Regelungsmodelle herausgebildet, die Vorbild auch für eine neue Umweltorganisation sein könnten:

a. Eingliederung der Abkommen in eine internationale Organisation nach dem Vorbild der WTO

Als Vorbild für eine Einbeziehung von völkerrechtlichen Abkommen in eine internationale Organisation kann die WTO dienen[1065]. Nach der Präambel des WTO-Übereinkommens[1066] ist es dessen Ziel, ein integriertes, funktionsfähiges und dauerhaftes multilaterales Handelssystem zu entwickeln. Zu diesem Zweck sieht Art. II Abs. 2 des WTO-Übereinkommens vor, dass die in den Anlagen 1, 2 und 3 enthaltenen Abkommen und Rechtsinstrumente Bestandteil des WTO-Übereinkommens und für alle Mitglieder verbindlich sind[1067]. Mit der Mitgliedschaft in der WTO ist damit gleichzeitig der Beitritt zu allen unter das WTO-Übereinkommen fallenden Abkommen verbunden. Die Staaten haben daher nicht die Möglichkeit, nur Vertragspartei eines dieser Abkommen zu werden[1068]. Die drei wichtigsten Abkommen betreffen den Warenhandel (General Agreement on Tariffs and Trade, GATT), den Handel mit Dienstleistungen (General Agreement on Trade in Services, GATS) und den Schutz des geistigen Eigentums (Agreement on Trade-Related Aspects of Intellectual Property Rights, TRIPS). Ebenfalls für alle Mitglieder verbindlich sind die Vereinbarung über ein Streitbeilegungsverfahren (Understanding on Rules and Procedures Governing the Settlement of Disputes,

---

1065 Runge, A Global Environment Organization, S. 21ff.

1066 Übereinkommen zur Errichtung der Welthandelsorganisation (WTO) vom 15. April 1994, BGBl. II S. 1438, 1625.

1067 Anlage 1A: Multilaterale Handelsübereinkünfte: Allgemeines Zoll- und Handelsabkommen 1994 (GATT), Übereinkommen über die Landwirtschaft, Übereinkommen über die Anwendung gesundheitspolizeilicher und pflanzenschutzrechtlicher Maßnahmen, Übereinkommen über Textilwaren und Bekleidung, Übereinkommen über technische Handelshemmnisse, Übereinkommen über handelsbezogene Investitionsmaßnahmen, Übereinkommen zur Durchführung des Artikels VI des Allgemeinen Zoll- und Handelsabkommens 1994, Übereinkommen zur Durchführung des Artikels VII des Allgemeinen Zoll- und Handelsabkommens 1994, Übereinkommen über Kontrollen vor dem Versand, Übereinkommen zu Ursprungsregeln, Übereinkommen über Einfuhrlizenzen, Übereinkommen über Subventionen und Ausgleichsmaßnahmen, Übereinkommen über Schutzmaßnahmen; Anlage 1B: Allgemeines Übereinkommen über den Handel mit Dienstleistungen; Anlage 1 C: Übereinkommen über handelsbezogenen Aspekte der Rechte des geistigen Eigentums; Anlage 2: Vereinbarung über Regeln und Verfahren zur Beilegung von Streitigkeiten; Anlage 3: Mechanismus zur Überprüfung der Handelspolitik.

1068 Anders ist es nach Art. II Abs. 3 des WTO-Übereinkommens für die in der Anlage 4 aufgelisteten Plurilateralen Handelsübereinkünfte (Übereinkommen über den Handel mit Zivilluftfahrzeugen, Übereinkommen über öffentliches Beschaffungswesen, Internationales Übereinkommen über Milcherzeugnisse, Internationales Übereinkommen über Rindfleisch), die nur für die Mitglieder verbindlich sind, die sie angenommen haben.

DSU) sowie die Vereinbarung über den „Mechanismus" zur Überprüfung der Handelspolitik (Trade Policy Review Mechanism, TPRM). Das Streitbeilegungsverfahren und der TPRM finden auf alle WTO-Übereinkommen Anwendung. Die WTO bildet gem. Art. III des WTO-Übereinkommens den Rahmen für die Durchführung und Verwaltung der in der Anlage 1 genannten Abkommen und auch der in der Anlage 4 aufgeführten Plurilateralen Handelsübereinkommen, die z.T. über eigene Vertragsorgane verfügen. Die Vereinbarung über Streitbeilegung und das Übereinkommen zur Überprüfung der Handelspolitiken unterstehen unmittelbar der Verwaltung durch die WTO.

Die WTO besteht aus einer Ministerkonferenz, einem Allgemeinen Rat und einem Sekretariat, dessen Vorsitzender der Generaldirektor ist (Art. IV und VI des WTO-Übereinkommens). Die einzelnen Abkommen sehen die Einrichtung von Räten vor (Vereinbarung zur Auslegung der Art. XVII und XXIV GATT 1994, Art. XXIV GATS, Art. 68 TRIPS). Diese Räte sind für alle Mitglieder der Übereinkommen offen und stehen gem. Art. IV Abs. 5 des WTO-Übereinkommens unter der Leitung des Allgemeinen Rates der WTO, in dem alle Mitglieder vertreten sind[1069].

Die WTO hatte somit von Anfang an konkrete Befugnisse für die Umsetzung bestimmter Abkommen und auf Grund der Aufsicht über die Räte weitgehende Einflussmöglichkeiten auf die einzelnen Abkommen. Nach dem TPRM[1070] sind die Staaten zusätzlich verpflichtet, regelmäßig gegenüber dem „Trade Policy and Review Body", dessen Aufgaben der Allgemeine Rat der WTO wahrnimmt (Art. IV Abs. 4 des WTO-Übereinkommens), Bericht über ihre Handelspolitiken und -praktiken vorzulegen (Abs. D). Außerdem werden die Handelspolitiken und –praktiken einer regelmäßigen Prüfung unterzogen (Abs. C). Die Berichte der Mitgliedsstaaten sind Grundlage für den Bericht des Sekretariats[1071]. Das Berichtsverfahren nach dem TPRM stellt keine Grundlage für die Durchsetzung spezifischer Verpflichtungen im Rahmen der Abkommen oder für die Streitbeilegung dar. Es besteht auch ausdrücklich keine Verbindung zwischen dem TPRM und dem Streitschlichtungsverfahren (Abs. A (i)). Es hat aber als gleichsam informelles „Druckinstrument" Bedeutung für die Durchsetzung von WTO-Entscheidungen (vgl. auch Abs. C (vi) zur Veröffentlichung von Berichten und Protokollen nach Abschluss des Überprüfungsverfahrens). Im Falle einer Streitigkeit im Zusammenhang mit einem WTO-Abkommen findet das Streitbeilegungsverfahren nach der Vereinbarung über Regeln und Verfahren zur Beilegung von Streitigkeiten vom 15. April 1994[1072] Anwendung. Die Aufgaben des dort vorgesehen „Dispute Settlement Body", der insbesondere für die Annahme der Panel-Entscheidungen zuständig ist, nimmt ebenfalls der Allgemeine Rat der WTO wahr (Art. IV Abs. 3 des WTO-Übereinkommens).

[1069] Die Räte können gem. Art. IV Abs. 6 des WTO-Übereinkommens nachgeordnete Gremien einsetzen. Die Zuständigkeiten der Räte ergeben sich aus Art. IV Abs. 5 des WTO-Übereinkommens.

[1070] Abl. EG 1994 Nr. L 336/251.

[1071] Hauser/Schanz, S. 235; Oppermann, RIW 1995, 919, 929; s. auch Mavroidis, MichJIL 13(1992), S. 374 ff. Diese Berichte werden allen Mitgliedern zugeleitet.

[1072] BGBl. 1994 II S. 1749.

Das WTO-Übereinkommen zeichnet sich zum einen dadurch aus, dass es durch die Einbeziehung der einzelnen Abkommen eine „Handelsordnung" schafft, die eine einheitliche Mitgliedschaft hat, einheitliche Verfahren zur Umsetzung der Abkommen sowie zur Überprüfung der Handelspolitiken und -praktiken vorsieht und deren Aufsicht durch den Allgemeinen Rat der WTO ausgeübt wird. Die Ministerkonferenz der WTO, in der alle Mitglieder vertreten sind und die mindestens alle zwei Jahre tagt, kann gem. Art. IV Abs. 1 des WTO-Übereinkommens auf Antrag eines Mitglieds auch Beschlüsse in Angelegenheiten der multilateralen Übereinkommen fassen, die unter das WTO-Übereinkommen fallen. Die Regelungen des WTO-Übereinkommens gehen gem. Art. XVI Abs. 3 des WTO-Übereinkommens im Fall einer Normenkollision den Bestimmungen der anderen Abkommen vor, so dass es eine „übergeordnete Funktion" hat.

Fraglich ist, ob die internationalen Umweltabkommen in vergleichbarer Weise in ein Übereinkommen über die Gründung einer Umweltorganisation einbezogen werden können. Von der organisatorischen Seite her ist es grundsätzlich denkbar, dass wie im Falle der WTO für die internationalen Abkommen Räte eingesetzt werden, die dem Verwaltungsrat der Sonderorganisation untergeordnet sind. Alternativ könnten die Vertragsstaatenkonferenzen der multilateralen Umweltabkommen ähnlich den Ausschüssen der WTO-Ministerkonferenz gem. Art. IV Abs. 7 des WTO-Übereinkommens zwar in eine neue Umweltorganisation eingebunden werden, aber mit weitgehender Selbständigkeit fungieren[1073]. Voraussetzung hierfür ist aber, dass die Staaten, die Mitglieder der Sonderorganisation sind, und die Vertragsstaaten der Umweltabkommen identisch sind. Andernfalls könnten die Organe der Sonderorganisation keine die Abkommen betreffenden Entscheidungen vornehmen und könnten auch nicht eine – über die Wahrnehmung von Hilfstätigkeiten hinausgehende – Funktion als Berichts- und Streitschlichtungsorgan ausüben, sofern nicht die Vertragsstaaten einem Organ der Sonderorganisation – gleichsam als unparteiischem Gremium - solche Befugnisse übertragen. Bisher ist der Kreis der Vertragsstaaten der einzelnen internationalen Umweltabkommen unterschiedlich. Eine Vereinheitlichung ließe sich nur dadurch erreichen, dass die Mitgliedschaft in der Umweltorganisation – entsprechend der Regelung im WTO-Übereinkommen - mit der Bindungswirkung der in den Gründungsvertrag einbezogenen Umweltabkommen einhergeht. Dies würde voraussetzen, dass einerseits alle Vertragsstaaten zugleich Gründungsmitglieder der internationalen Organisation sind und eine Erweiterung der Vertragsstaaten der Umweltabkommen auf der anderen Seite stattfinden würde. Bisher sind die Umweltabkommen rechtlich völlig unabhängig von UNEP; dies zeigt sich daran, dass die von UNEP unterstützten Konventionssekretariate den Vertragsorganen unterstehen, und dementsprechend UNEP keine rechtlichen Einflussmöglichkeiten auf die Arbeit der Konventionen hat. Im Unterschied hierzu waren viele der Handelsabkommen schon unter dem Dach des GATT – dem Vorgänger der WTO - zusammengefasst; mit der WTO

[1073] Als zweite Stufe schlägt das WBGU dies vor (WBGU Jahresgutachten 2000, Kap. E 2.3.2).

kamen lediglich einige neue Abkommen dazu[1074]. Des Weiteren wurden diese Abkommen auf einer gemeinsamen Staatenkonferenz, nämlich im Rahmen der Uruguay-Runde[1075], verhandelt, bei der auch die Bestimmungen des WTO-Übereinkommens beraten wurden. Im internationalen Umweltrecht sind die Organe der einzelnen Abkommen – wie oben dargestellt – selbständig. Die Vertragssekretariate und die Vertragsstaatenkonferenzen haben bisher die Weiterentwicklung der Abkommen, z.B. durch den Erlass von ergänzenden Protokollen, entscheidend vorangetrieben. Vergleichbare Erfolge haben die Ausschüsse, Räte und Organe der WTO nicht vorzuweisen[1076]. Abgesehen davon, dass eine Einigung der Staaten auf eine „Eingliederung" der Umweltabkommen nicht zu erwarten ist, besteht die Sorge, dass die Bedeutung der Vertragsorgane für das internationale Umweltrecht „untergeht", ohne dass deren Funktion in gleicher Weise durch die neue Umweltorganisation wahrgenommen werden kann.
Eine hierarchisch strukturierte Umweltorganisation könnte ein Gegengewicht zur WTO darstellen. Die Staaten müssten der Gründung einer solchen Organisation zustimmen. Insbesondere eine Abkehr vom Konsensprinzip (vgl. hierzu Art. IX des WTO-Übereinkommens) und die Möglichkeit der Verhängung von Sanktionen, vor allem in einem Streitbeilegungsverfahren, bedeuten eine Beschränkung der Souveränität der Staaten. Da dies nur schwer zu verwirklichen ist, dürfte der Schritt von einem Umweltprogramm zu einer eigenständigen Organisation in naher Zukunft kaum umsetzbar sein.

b. Zusammenfassung der Abkommen nach dem Vorbild der WIPO

Als eine weitere Möglichkeit für die Zusammenlegung verschiedener Abkommen ist auf die „World Intellectual Property Organization" (WIPO) zu verweisen[1077]. WIPO wurde im Jahre 1967 als internationale Organisation gegründet und ist seit 1974 eine Sonderorganisation der Vereinten Nationen[1078]. Das Ziel der WIPO ist der weltweite Schutz des geistigen Eigentums und zwar auch auf gewerblichem Gebiet. Durch die Gründung der WIPO wurden die Pariser Konvention (Paris Convention for the Protection of Industrial Property aus dem Jahre 1833) und die Berner Konvention (Berne Convention for the Protection of Library and Artistic Works aus dem Jahre 1886) in der Weise unter dem Dach der WIPO vereinigt, dass zwar die auf der Grundlage der beiden Konventionen errichteten Verbände[1079]

[1074] Charnovitz, A World Environment Organization, S. 13.

[1075] Die Uruguay-Verhandlungsrunde begann im Jahre 1986 und endete im Jahre 1993. Ein Jahr später wurde die dort ausgearbeiteten Abkommen unterzeichnet.

[1076] Charnovitz, WTO Dispute Settlement as a Model for International Governance, S. 4.

[1077] Szasz, in: Brown Weiss (Hrsg.), Environmental Change and International Law, S. 340, 373; Hierlmeier, Georgetown International Environmental Law Review 14 (2002), S. 767, 790.

[1078] vgl. Ballreich, in: Bernhardt (Hrsg.), EPIL Bd. IV, S. 1499 ff.

[1079] Gem. Art. 2 (vii) iVm Art. 2 (v) u. (vi), Art. 4 (iii) des Übereinkommens zur Errichtung der Weltorganisation für geistiges Eigentum vom 14. Juli 1967 (BGBl. 1970 II S. 295) – hier abgekürzt: WIPO-Übereinkommen - sind unter Verbänden („unions") insbesondere die durch die Pariser und die Berner Konvention errichteten internationalen Verbände, die in deren Rahmen bestehenden besonderen Verbände und andere internationale Vereinbarungen zur

fortbestehen, die Generalversammlung der WIPO aber die Arbeit beider Verbände koordiniert und die verwaltungsmäßige Zusammenarbeit der Verbände gewährleistet. Hierfür wurde ein Koordinationsausschuss („Coordination Committee) eingerichtet, der gem. Art. 8 Abs. 3 (i) des WIPO-Übereinkommens Empfehlungen gegenüber den Organen der Verbände und der WIPO aussprechen kann. Daneben soll WIPO nach Art. 4 (iii) die Verwaltung anderer internationaler Vereinbarungen übernehmen oder sich an der Verwaltung beteiligen, die dem Schutz des geistigen Eigentums dienen. WIPO ist für die Verwaltung von 23 Abkommen zuständig[1080]. Das „International Büro" der WIPO (Art. 9) übernimmt deren Sekretariatsaufgaben und gleichzeitig Dienste für die verschiedenen Verbände. Der Vorläufer der WIPO war das „United International Bureaux for the Protection of Intellectual Property", das für die Verwaltung der beiden Konventionen zuständig war und Züge einer internationalen Organisation aufwies.
Anders als im Falle der WTO ist die Mitgliedschaft in der WIPO nicht zwingend mit einer Mitgliedschaft der unter dem Dach der WIPO verwalteten Abkommen verbunden. Gem. Art. 5 Abs. 2 des WIPO-Übereinkommens können Mitglieder der Vereinten Nationen, der Sonderorganisationen, der IAEA , des Statuts des Internationalen Gerichtshofs oder Staaten, die von der Generalversammlung eingeladen werden, Vertragspartei zu werden, auch ohne entsprechende Mitgliedschaft bei den Abkommen der WIPO beitreten[1081]. Darin kommt zum Ausdruck, dass WIPO neben der Gewährleistung der verwaltungsmäßigen Zusammenarbeit zwischen den Verbänden auch den Schutz des geistigen Eigentums durch Zusammenarbeit der Staaten, auch mit den Entwicklungsländern, fördern soll (Art. 3 des WIPO-Übereinkommens).

Eine Umstrukturierung von UNEP nach dem Vorbild der WIPO würde bedeuten, dass die bisher von UNEP auf Bitte der Vertragsstaatenkonferenzen zur Verfügung gestellten Verwaltungsdienste für die einzelnen Abkommen auf eine vertragliche Grundlage gestellt und die Sekretariatsdienste von UNEP direkt wahrgenommen würden. Der Einflussbereich von UNEP würde sich dadurch zwar vergrößern. Die bestehenden Abkommen müssten hierfür aber unter einem neu zu verhandelnden Abkommen in verwaltungsmäßiger Hinsicht vereint werden. Ein einheitliches Vorgehen wäre aber nur dann gewährleistet, wenn der Großteil der Abkommen unter dem Dach von UNEP vereinigt werden könnte. Anders als bei WIPO besteht aber eine große Zahl von Umweltabkommen mit unterschiedlichen Vertragsstaaten. Zum Zeitpunkt der Gründung der WIPO wurden dagegen nur zwei Konventionen unter das Dach der neuen Organisation gestellt, die zudem schon durch ein gemeinsames Verwaltungsorgan miteinander verbunden waren. Im Unterschied zur WIPO ist der Aufgabenbereich von UNEP wesentlich umfassender. Aufgrund der

---

Förderung des Schutzes des gesitigen Eigentums zu verstehen, deren Verwaltung WIPO übernommen hat.

[1080] Zu den einzelnen Abkommen vgl. unter: www.wipo.int/treaties/en/index.jsp.

[1081] In der Generalversammlung („General Assembly") sind diese im Unterschied zur Konferenz („Conference") allerdings nicht vertreten (Art. 6, 7 des WIPO-Übereinkommens).

fehlenden Regelungen für Überwachungsverfahren im WIPO-Übereinkommen wären die positiven Auswirkungen für UNEP nur gering.

c. Einheitliche Verfahren nach dem Vorbild der ILO

Ein weiteres Modell stellt das einheitliche Verfahren der Normsetzung, insbesondere der vertraglichen Normsetzung, nach dem Vorbild der International Labour Organization (ILO) dar, einer Sonderorganisation der Vereinten Nationen[1082]. Es unterscheidet sich von dem Modell der WTO dadurch, dass die von der Allgemeinen Konferenz beschlossenen Abkommen nicht Bestandteil des ILO-Übereinkommens[1083] werden, sondern jeweils gesondert der Ratifizierung durch die Mitgliedsstaaten bedürfen, für die das ILO-Übereinkommen bestimmte Pflichten enthält. So sind die Staaten gem. Art. 19 Abs. 5 Buchst. b und Abs. 6 Buchst. b des ILO-Übereinkommens verpflichtet, die von der Allgemeinen Konferenz verabschiedeten Abkommen und auch andere Rechtsvorschriften („recommendations") den für die Ratifizierung und Umsetzung in nationales Recht zuständigen Stellen spätestens 18 Monate nach Beschlussfassung[1084] vorzulegen (ähnlich Art. 19, 20 des WHO-Übereinkommens[1085]). Hierüber sowie über die zur Umsetzung in nationales Recht getroffenen Maßnahmen ist der Generaldirektor als Vorsitzender des „International Labour Office" zu unterrichten (Art. 19 Abs. 5 Buchst. c des ILO-Übereinkommens) [1086] Das „International Labour Office" ist das Sekretariat der ILO (Art. 2 Buchst. c, Art. 8 bis 10 des ILO-Übereinkommens). Falls die Staaten eine Konvention nicht ratifizieren, sind sie gem. Art. 19 Abs. 5 Buchst. e des ILO-Übereinkommens (nur) dazu verpflichtet, dem Generaldirektor regelmäßig oder auf Aufforderung durch den Verwaltungsrat als Organ der ILO (Art. 2 Buchst. b, Art. 7) über die die Themen der Konvention betreffenden Rechtsetzungsbemühungen zu unterrichten. Dabei ist näher darzulegen, in welchem Umfang den Bestimmungen des Übereinkommens durch Gesetzgebung, Verwaltungsmaßnahmen oder auf andere Weise entsprochen wurde oder entsprochen werden soll. Wenn die Staaten eine Konvention ratifiziert haben, müssen sie gemäß Art. 22 des ILO-Übereinkommens jährlich einen Bericht an das „International Labour Office" über die weiteren Maßnahmen zur Implementierung der Bestimmungen des Abkom-

---

[1082] Palmer, AJIL 86 (1992), S, 259, 280 ff. favorisiert eine Organisation nach dem Vorbild der ILO, die aber unabhängig von bestehenden Organisationen – auch von UNEP – gegründet werden soll.

[1083] Verfassung der Internationalen Arbeitsorganisation i.d.F. der Bekanntmachung vom 22. März 1957 (BGBl. II S. 318).

[1084] Für den Beschluss ist nach Art. 19 Abs. 2 des ILO-Übereinkommens eine 2/3-Mehrheit erforderlich.

[1085] Satzung der Weltgesundheitsorganisation i.d.F. der Bekanntmachung vom 22. Januar 1974 (BGBl. II S. 45). Die Versammlung der WHO kann gem. Art. 21 des WHO-Übereinkommens ebenfalls Regelungen erlassen, die allerdings nach Art. 22 des WHO-Übereinkommens nur dann für die Staaten bindend werden, sofern sie innerhalb einer bestimmten Frist nicht zum Ausdruck gebracht haben, dass sie nicht gebunden werden wollen, sog. "opting-out"-Möglichkeit (vgl. hierzu Sommer, ZaöRV 56 (1996), S. 628, 645).

[1086] vgl. Seidl-Hohenveldern/Loibl, Das Recht der internationalen Organisationen, Rn. 1552.

mens erstatten[1087]. Im Vergleich zu den meisten multilateralen Umweltabkommen liegt die Erfüllungsquote der Berichtspflichten wesentlich höher. Über die Berichtspflichten als Mittel der Erfüllungskontrolle hinaus können mit Zustimmung des betroffenen Staates Vertreter des Generaldirektors in dem Staat selbst, also vor Ort, die Erfüllungsprobleme untersuchen und besprechen[1088].
Daneben kann ein Kontrollverfahren durch die Beschwerde einer Arbeiternehmer- oder Arbeitgebervereinigung gem. Art. 24 des ILO-Übereinkommens oder durch eine Klage eines Mitgliedsstaates gegen einen anderen Mitgliedsstaat bei dem „International Labour Office" gem. Art. 26 des ILO-Übereinkommens eingeleitet werden[1089]. Der Verwaltungsrat leitet die Beschwerde in der Regel der betroffenen Regierung zur Stellungnahme zu. Hält der Verwaltungsrat die Erklärung der Regierung nicht für ausreichend, hat er das Recht, die Beschwerde und die Erklärung der Regierung zu veröffentlichen, wodurch ein gewisser Druck auf die Regierung ausgeht, sich mit der Beschwerde eingehend zu befassen (Art. 25 des ILO-Übereinkommens). Für die Untersuchung einer Klage ist eine speziell von dem Verwaltungsrat (Art. 26 Abs. 2 und 3 des ILO-Übereinkommens) eingesetzte „Commission on Inquiry" zuständig, die nach Einholung einer Stellungnahme der betroffenen Regierung mit der Prüfung der Klage betraut wird. Das Verfahren endet mit einem Bericht der „Commission on Inquiry". Falls der betroffene Staat den Bericht nicht akzeptiert, steht ihm die Möglichkeit offen, den Internationalen Gerichtshof anzurufen, dessen Entscheidung abschließend ist (Art. 29 Abs. 2 und Art. 31 des ILO-Übereinkommens).

Die Ausgangslage im Umweltrecht für die bestehenden Umweltabkommen ist nicht mit derjenigen der ILO zu vergleichen. Die ILO nimmt nicht nur bei der Beschlussfassung der Allgemeinen Konferenz über die Abkommen die Funktion einer Staatenkonferenz wahr, sondern ist auch für die Verwaltung der Abkommen und damit für die Überwachung sowie Kontrolle der Umsetzung der verabschiedeten Abkommen - ebenso der von der Allgemeinen Konferenz beschlossenen Empfehlungen – zuständig (vgl. insbesondere Art. 10 Abs. 2 Buchst. c, Art. 22 bis 26, 29). Eine Übertragung der im Umweltrecht bisher den Vertragsorganen obliegenden Überwachungsaufgaben auf die neue Umweltorganisation würde eine Änderung der Konventionstexte voraussetzen und die bestehenden Umweltregime als selbständige Einheiten schwächen. Zu berücksichtigen ist auch, dass ein Teil der Konventionssekretariate von anderen Organisationen, z.B. der FAO, unterstützt wird. Daher erscheint eine nachträgliche Übertragung von Kompetenzen aufgrund des zu erwartenden Widerstandes auch anderer Organisation eher unwahrscheinlich. In einer vergleichbaren Konkurrenzsituation steht die ILO nicht.

[1087] Samson, in: Bernhardt (Hrsg.), EPIL Bd. II, S.1150, 1152 weist darauf hin, dass nach einem Beschluss des Verwaltungsrates aus dem Jahre 1976 die Staaten zusätzlich alle zwei bis vier Jahre detaillierte Berichte über die ratifizierten Konventionen abgeben müssen und zwar bezogen auf bestimmte Konventionen.
[1088] Samson, in: Bernhardt (Hrsg.), EPIL Bd. II, S. 1150, 1153.
[1089] Vgl. zu den Verfahren im Einzelnen: Ehrmann, Erfüllungskontrolle, S. 65 ff; Raustiala, Reporting and Review Institutions, S. 53 f.

Für neu abzuschließende Abkommen könnte demgegenüber eine Umweltsonderorganisation die Funktion einer Staatenkonferenz nach dem Vorbild der ILO übernehmen. Der Beschluss würde allerdings nur Wirkung für die Mitglieder der Organisation entfalten. Parallel zu einer Erweiterung des Aufgabenbereichs für die Rechtsetzung nach dem Vorbild der ILO ist die Einführung entsprechender Überwachungsverfahren anzustreben. Zumindest eine Berichtspflicht über die Ratifikation der Abkommen und deren Transformation in nationales Recht entsprechend Art. 19 Abs. 5 Buchst. b ist anzustreben. Falls es sich um ein Abkommen handelt, das in den Themenbereich eines bereits bestehenden Vertragsregimes fällt, ist zu erwägen, ob das Berichtsverfahren im Rahmen dieses Regimes stattfinden soll. Insoweit könnte weitergehend eine Zusammenfassung der Berichtspflichten aus Abkommen mit ähnlichem Themengebiet angestrebt werden, was jeweils in den Konventionen geregelt werden müsste. Im Übrigen könnten zumindest Bestandteile des Kontrollverfahrens von der Sonderorganisation wahrgenommen werden. Hierbei sind sowohl routinemäßig durchgeführten Verfahren oder ein Klage- oder Beschwerdeverfahren nach dem Vorbild der ILO denkbar.

6. Stellungnahme

Ob UNEP als Programm mit den oben angesprochenen Umstrukturierungen fortbestehen oder in eine internationale Organisation und Sonderorganisation der UN umgewandelt werden soll, bestimmt sich im Wesentlichen danach, ob die Aufgaben, die UNEP zukünftig wahrnehmen soll, eine bestimmte Organisationsform voraussetzen. Eine weitere zentrale Frage, deren Beantwortung allerdings nicht von einer bestimmten Organisationsform der Umweltorganisation abhängt, ist die zukünftige Gestaltung des Verhältnisses zu den Vertragsorganen der Umweltabkommen.

a. Bedeutung einer Umstrukturierung in eine internationale Organisation

Für die Gründung einer rechtlich selbständigen Umweltorganisation spricht die damit verbundene „Aufwertung“ von UNEP. Die Wahrnehmung der Umweltaufgaben nicht mehr (nur) durch ein Nebenorgan der Generalversammlung der UN, sondern durch eine internationale Organisation mit – im Gründungsvertrag – verliehener Rechtsfähigkeit würde UNEP eine andere Stellung und Autorität verschaffen. Hinzu kommt, dass ein wesentlicher Teil der Aufgaben, die eine Umweltorganisation zukünftig wahrnehmen sollte, eine Organisation mit (völkerrechtlicher) Rechtsfähigkeit zur Voraussetzung hat.

Die Rechtsfähigkeit ist Voraussetzung dafür, dass der internationalen Organisation im Gründungsvertrag die Fähigkeit eingeräumt werden kann, selbst völkerrechtliche Verträge nach dem Vorbild der ILO auch mit Wirkung für die Mitgliedsstaaten abzuschließen[1090]. Die Alternative, dass dem Vorbild der WTO entsprechend die Umweltabkommen zum Gegenstand des Gründungsvertrages gemacht werden, so dass Mitgliedsstaat der Umweltorganisation nur sein kann, wer bei der Gründung oder einem späteren Beitritt Vertragspartei der Abkommen wird, ist im internatio-

[1090] Klein, in: Vitzthum (Hrsg.), Völkerrecht, 4. Abschn. Rn. 97.

nalen Umweltrecht nicht umsetzbar. Hiergegen sprechen die große Zahl der Umweltabkommen, die unterschiedlichen Vertragsparteien der Übereinkommen, die nicht notwendige mit der Mitgliedschaft in der Weltumweltorganisation identisch wären, und letztlich auch der weite Aufgabenbereich und die regionale Vielfalt des Umweltschutzes. Wie schwierig es ist, die Staaten zur Ratifikation eines internationalen umweltrechtlichen Abkommens zu bewegen, zeigt sich an dem Kyoto-Protokoll, das im Jahre 1997 verabschiedet wurde; die Zahl der für das Inkrafttreten notwendigen Staaten wurde aber erst im Jahre 2004 erreicht, als Russland das Protokoll ratifiziert hat. Andere wichtige Länder wie die USA sind aber noch nicht beigetreten.

Auch sollte der Umweltorganisation zum Zwecke einer Angleichung des Umweltrechts im Gründungsvertrag die Befugnis eingeräumt werden, Resolutionen mit Empfehlungen für die Mitgliedsstaaten zu beschließen, die der Umsetzung in das nationale Recht bedürfen. Solche Resolutionen könnte UNEP als Nebenorgan der Generalversammlung nicht erlassen; innerhalb der UN hat nur der Sicherheitsrat die Möglichkeit, die Mitgliedsstaaten bindende Beschlüsse zu erlassen (vgl. Art. 25, 39 der Charta der Vereinten Nationen). Jedenfalls dann, wenn die Empfehlungen („recommendations"), wie bei der ILO (vgl. Art. 19 Abs. 1 und 6 des ILO-Übereinkommens), durch die Pflicht der Mitgliedsstaaten zur Vorlage an die für die Umsetzung im innerstaatlichen Recht zuständigen Körperschaften sowie die Pflicht zur Mitteilung der Gründe für eine etwa unterbliebene Umsetzung einer verbindlichen Regelung zumindestens nahekommen, spricht viel dafür, dass Resolutionen mit einem derartigen Emfehlungscharakter einer internationalen Organisation vorbehalten sind. Dies gilt auch für die der WHO eingeräumten Möglichkeit, Rechtsvorschriften zu erlassen, die ohne eine Ratifikation für die Mitgliedsstaaten völkerrechtlich verbindlich sind. Die Mitgliedsstaaten können allerdings innerhalb einer bestimmten Frist erklären, dass die betreffende Vorschrift für sie keine Geltung haben soll (Art. 21, 22 des WHO-Übereinkommens). Diese „opting-out"-Möglichkeit gilt allerdings nur für die betreffende Norm und betrifft nicht die Mitgliedschaft in der internationalen Organisation[1091].

Auch steht die Befugnis, zum Zweck der Streitbeilegung verbindliche Entscheidungen für die betroffenen Mitgliedsstaaten zu treffen, nur einer internationalen Organisation mit Rechtsfähigkeit zu. Zwar könnten sich die betroffenen Staaten im Einzelfall auch der Entscheidung einer rechtlich unselbständigen Schiedsstelle unterwerfen und diese vorab als verbindlich anerkennen. Hiervon unterscheidet sich aber grundsätzlich eine Regelung, die das Streitbeilegungsverfahren – wie im WTO-Vertrag – generell als verpflichtend vorsieht und die Verbindlichkeit der getroffenen Entscheidung bestimmt. Zuordnungssubjekt des – nicht auf den Einzelfall beschränkten – Rechts, für Mitgliedsstaaten verbindlich zu entscheiden, kann nur eine Organisation mit rechtlicher Selbständigkeit sein.

[1091] Seidl-Hohenveldern/Loibl, Das Recht der Internationalen Organisationen, Rn. 1554. Es besteht auch keine Möglichkeit den Inhalt der Regelungen auf diesem Wege zu modifizieren, vgl hierzu auch Sommer, ZaöRV 56 (1996), S. 628, 645.

Dem Vorschlag, die Umweltorganisation als rechtlich selbständige internationale Organisation zu errichten, könnte entgegengehalten werden, dass damit die Verbindung und Koordinierung mit anderen auch im Umweltbereich tätigen UN-Organisationen abgeschnitten werde. Ein solcher Einwand würde unberücksichtigt lassen, dass die Umweltorganisation durch einen anzustrebenden Vertrag gem. Art. 57, 63 der Charta der Vereinten Nationen in die Kooperation mit UN-Organisationen einbezogen werden soll. Ziel der Verträge ist es gerade, dass die Organisation „mit den Vereinten Nationen in Beziehung gebracht" wird. Die internationale Umweltorganisation könnte daher weiterhin an den Koordinationsgremien wie CEB und EMG teilnehmen.

b. Verhältnis zu den internationalen Umweltabkommen

Für das Verhältnis der Umweltorganisation zu den Vertragsorganen der Umweltabkommen stellt sich die Frage, wie dieses zukünftig gestaltet und inwieweit die Umweltorganisation die Aufgaben der Vertragsorgane übernehmen soll. Dies betrifft das Vertragssekretariat und auch die Vertragsstaatenkonferenz, deren Funktion der Verwaltungsrat der internationalen Organisation wahrnehmen könnte. Zur Beantwortung der aufgeworfenen Frage ist zwischen den bestehenden Umweltabkommen mit eigenen Vertragsorganen und den erst nach der Gründung der Umweltorganisation neu zustandekommenden Abkommen zu unterscheiden.
Bei einer von UNEP durchgeführten Untersuchung haben zwar einige Konventionssekretariate, insbesondere die Sekretariate des Multilateralen Fonds des Montrealer Protokolls, von CITES und CMS, des Basler Abkommens und des GPA, zum Ausdruck gebracht, dass UNEP ein Mandat für die Überwachung der Implementierung der multilateralen Umweltabkommen erhalten sollte[1092]. Allerdings ist nicht davon auszugehen, dass die Bereitschaft besteht, weitgehende Befugnisse auf UNEP zu übertragen. Denkbar wäre dies bisher allein für die Regionalmeerabkommen, deren Sekretariate von UNEP unterstützt werden.
Für die Aufrechterhaltung der bisherigen vertragsspezifischen Erfüllungskontrollverfahren spricht, dass eine Kontrolle der Umsetzung auf die besonderen Gegebenheiten jedes Vertrages eingehen muss. Zum Abschluss der Erfüllungskontrolle werden oftmals Entscheidungen über Abhilfemaßnahmen getroffen, die die Souveränitätssphäre der Staaten berühren können. Daher erscheinen aus der Sicht der betroffenen Staaten die Vertragsstaatenkonferenzen hierfür geeigneter[1093]. Soweit es die bestehenden Abkommen betrifft, ist zudem zu berücksichtigen, dass es sich um eine große Zahl von Umweltabkommen mit häufig unterschiedlichen Vertragsstaaten handelt. Die Übertragung von Aufgaben der Vertragsstaatenkonferenz auf den Verwaltungsrat der Umweltorganisation scheidet aus, wenn die Mitglieder des

---

[1092] Andere Vertragssekretariate favorisieren vergleichende Untersuchungen der Umsetzung der multilateralen Umweltabkommen und eine Konzentration auf themenübergreifende Aspekte durch UNEP, um auf dieser Grundlage die Verfahren weiterzuentwickeln. Demgegenüber hat das Vertragssekretariat eines multilateralen Umweltabkommens die Ansicht vertreten, dass UNEP derartige Aufgaben nur wahrnehmen soll, wenn es von den Vertragsstaaten hierzu aufgefordert wird, UN Doc. UNEP/IGM/1/INF/3 vom 6.04.2001, Par. 119 ff.
[1093] Zu der Rolle der Vertragsorgane vgl. Ehrmann, Erfüllungskontrolle, S. 435 ff., 452 f.

Verwaltungsrates nicht zugleich auch die Vertragsstaaten sind. Andernfalls würden Mitglieder des Verwaltungsrates über Vertragsangelegenheiten mitentscheiden, obwohl sie nicht Vertragsstaaten sind. In Betracht kommt deshalb bei bestehenden Abkommen nur die Übernahme der Aufgaben der Vertragssekretariate oder bestimmter Aufgaben z.B. im Bereich der Berichtspflichten[1094].

Für die neu zustandekommenden Verträge ist demgegenüber eine weitergehende Überwachung der Umsetzung der Abkommen durch eine zentrale Stelle vorzuziehen. Sie hat den Vorteil, dass die Verfahren vereinheitlicht und der Verwaltungsaufwand, der durch die verschiedenen Konventionsorgane entsteht, verringert werden könnten. UNEP als zentrale Stelle für die Entgegennahme und Auswertung von Staatenberichten kann auf die Erfahrungen und die Ergebnisse aus den „monitoring"-Verfahren zurückgreifen. Von der von UNEP zum Thema „International Environmental Governance" eingesetzten Ministergruppe wurde vorgeschlagen, dass eine Stelle mit klaren gefassten Befugnissen, die von den Regierungen übermittelten Informationen verifizieren soll[1095]. Bei einer solchen zentralen Stelle wäre der für den Umweltbereich notwendige wissenschaftliche und ggf. auch technische Sachverstand vorhanden, um den Staaten Hilfestellung bei der Umsetzung der Abkommen zu bieten und die Berichte sachverständig auszuwerten. Auch hätte eine zentrale Stelle die Autorität, auf die Erfüllung der Berichtspflichten hinzuwirken sowie – je nach den im Gründungsvertrag eingeräumten Befugnissen – durch Nachfragen und ggf. Nachermittlungen vor Ort etwaige Hinderungsgründe festzustellen und für Abhilfe zu sorgen. Eine Berichtspflicht über die Ratifikation kann für alle Abkommen, die durch den Beschluss eines Organs der internationalen Umweltorganisation verabschiedet werden, eingeführt werden. Dadurch werden die Staaten nicht zur Ratifikation verpflichtet, es wird aber ein gewisser „Ratifikationsdruck" auf die Staaten ausgeübt. Durch diese Berichtspflicht entsteht keine Konkurrenz zu anderen Berichtspflichten und es wird nicht in die Kompetenz anderer Vertragsorgane eingegriffen.

Für die regelmäßige Berichtspflicht ist jedoch danach zu unterscheiden, ob es sich um Verträge handelt, die aufgrund ihres Sachzusammenhangs einem bestehenden Vertragsregime zuordnet werden können oder ob es sich um Abkommen handelt, die ein neues Gebiet des internationalen Umweltschutz betreffen. In dem letzteren Fall sollten Berichtspflichten gegenüber der neuen internationalen Umweltorganisation erfüllt werden. Sofern die (neuen) Verträge sich allerdings in ein bestehendes Vertragsregime einfügen, sollte die Berichtspflicht gegenüber den Organen des Vertragsregimes bestehen und das besondere Sachwissen der Vertragsorgane für die Unterstützung der Staaten und die Auswertung der Berichte genutzt werden. Um eine Konkurrenzsituation zu vermeiden, ist eine enge Abstimmung zwischen den Organen der bestehenden Vertragsregime und der internationalen Umweltorganisation anzustreben.

1094 Allerdings darf es insoweit nicht zu parallelen Berichtspflichten kommen, die nur zusätzlichen Verwaltungsaufwand bedeuten würden (vgl. Sachariew, YIEL 2 (1991), S. 31, 51). Ayling, JIEL 9 (1997), S. 243, 265 schlägt ein "monitoring" der Einhaltung der Verpflichtungen der Staaten durch eine neu zu gründende Umweltorganisation vor.

1095 UN Doc. UNEP/IGM/1/2 vom 4. 4. 2001, Par. 150.

III. Weitere Reformvorschläge

In den letzten Jahren hat sich die Diskussion auf die oben dargestellten Alternativen für eine Reform konzentriert. Daneben werden aber noch andere Vorschläge erörtert, die zum Vergleich im Folgenden kurz dargestellt werden sollen.

1. *Andere Formen einer Umweltorganisation*

Als andere rechtliche Ausgestaltungen werden eine von den UN unabhängige Organisation, die stufenweise Umgestaltung von UNEP und ein Globaler Umweltmechanismus vorgeschlagen[1096]. Weitere Vorschläge, die einzelne Aufgaben der neu zu gründenden Umweltorganisation und die Einführung innovativer Mittel zum Umweltschutz, nicht aber die rechtliche Organisationsform betreffen, sollen hier unberücksichtigt bleiben[1097].

a. Globale Umweltorganisation außerhalb bestehender Strukturen

Runge schlägt vor, dass eine „Global Environment Organization" (GEO) neben den bestehenden Organisationen gegründet werden soll[1098]. Sie soll aus einem Sekretariat und einer „Multilateral Commission on Environment" (MACE) bestehen. Das Sekretariat soll sich aus Ministern der Mitgliedsstaaten zusammensetzen. In der Kommission sollen Umweltexperten aus allen Mitgliedsstaaten vertreten sein und zwar sowohl aus Regierungskreisen, aus Nichtregierungsorganisationen sowie aus den Bereichen Wissenschaft und Wirtschaft. Die Aufgabe der Kommission und damit der Organisation soll im Wesentlichen in der Beratung bestehen, z.B. in der Form regelmäßiger Berichte über eine Verbesserung der Umweltpolitiken und von Empfehlungen für bestimmte Projekte. Zielrichtung ist dabei in erster Linie das Verhältnis von Umwelt und Handel. Die WTO soll dadurch entlastet werden, dass Umweltfragen von einer speziellen Organisation behandelt werden. In Streitschlichtungsfällen mit umweltrechtlichem Bezug soll die Globale Umweltorganisation z.B. den Panels der WTO beratend zur Seite stehen[1099].

Sie soll völlig separat von den bisher existierenden Organisationen bestehen. *Runge* schließt allerdings nicht aus, dass die Organisation Aufgaben von UNEP über-

[1096] Ein anderer Vorschlag geht z.B. von einer Organisation aufbauend auf der NAFTA bzw. CEC und NAAEC aus (vgl. Kirton, in: Biermann/Bauer (Hrsg.), A World Environment Organization, S. 145, 160 ff.; Kelly, The Georgetown International Environmental Law Review 9 (1997), S. 447, 473 ff.; vgl. zu dem Verhältnis zu Umweltabkommen Knox, Ecology Law Quarterly 28 (2001), S. 1 ff.).

[1097] Whalley und Zissimos, in: Esty/Ivanova (Hrsg), Global Environmental Governance, S. 163ff., 170 schlagen z.B. vor, dass die Hauptaufgabe einer „World Environment Organization" die Überwachung und Leitung des Handels mit Umweltgütern zwischen den Staaten darstellen soll. Es stellt sich jedoch die grundsätzliche Frage, inwieweit globale Umweltgüter im Eigentum einzelner Staaten stehen und inwieweit diese Güter handelbar sind (vgl. Newell, The World Economy, S. 659, 662). Vgl. zu weiteren Vorschlägen Böhm/Trabold, ZfU 2004, S.201ff, 213 ff, 223 f.

[1098] Runge, A Global Environmental Organization, S. 1ff.

[1099] Runge, A Global Environmental Organization, S. 13.

nimmt[1100]. Jedenfalls soll eine enge Zusammenarbeit u.a. mit UNEP, UNDP und GEF stattfinden[1101]. Daneben soll eine Verbindung zur WTO bestehen und es sollen gemeinsame Vorhaben mit der Weltbank und regionalen Banken durchgeführt werden.

Von dem Ausgangspunkt her, dass eine wesentliche Aufgabe der neu zu gründenden Umweltorganisation die Klärung der im Bereich von Handel und Umwelt entstehenden Konflikte sein soll, ist die Einrichtung einer von UNEP und anderen Umweltorganisationen getrennten Organisation konsequent. Dieser Bereich gehört nicht zu den bisherigen Aufgaben von UNEP. Wie sich an der Untersuchung der bisherigen Situtuation von „International Environmental Governance" gezeigt hat, stellt das Verhältnis von Umwelt und Handel aber nicht die wichtigste Herausforderung für eine internationale Umweltorganisation dar. Ziel der neu zu gründenden Umweltorganisation soll der Umweltschutz auf internationaler Ebene sein. Hierbei muss das Prinzip der „nachhaltigen Entwicklung" berücksichtigt werden, das sich nicht in wirtschaftlichen und umweltrechtlichen Aspekten erschöpft, sondern auch soziale Gesichtspunkte umfasst. Eine Konzentration auf das Verhältnis zum internationalen Handel würde dazu führen, dass die eigentlichen Probleme des internationalen Umweltschutzes vernachlässigt werden würden. Eine Aufteilung der Aufgaben auf die neu zu gründende Globale Umweltorganisation einerseits und das fortbestehende UNEP andererseits würde zu einer weiteren Zersplitterung im Rahmen von „International Environmental Governance" führen.

b. Drei-Stufen-Modell des WBGU

Der Wissenschaftliche Beirat der Bundesregierung Globale Umweltveränderungen (WBGU) hat in seinem Gutachten über „Neue Strukturen globaler Umweltpolitik" drei Stufen einer organisatorischen Reform des UN-Systems im Umweltbereich vorgeschlagen[1102]. Ziel der ersten Stufe soll eine verbesserte Kooperation der weiterhin gleichberechtigten Partner einschließlich der Vertragsorgane sein. Zu diesem Zweck soll eine hochrangige Umwelt-Management-Gruppe aus dem Leitungspersonal der umweltpolitisch orientierten UN-Sonderorganisationen und UN-Programme eingerichtet werden. Innerhalb der Management-Gruppe soll eine Aufwertung von UNEP entweder durch eine finanziell und administrativ bessere Ausstattung oder durch eine Umstrukturierung als UN-Sonderorganisation oder als UN-interne „halbautonome Sonderkörperschaft" nach dem Vorbild der UNCTAD erfolgen. Wenn sich eine verbesserte Kooperation im Sinne der ersten Stufe als nicht ausreichend erweist, wird von dem WBGU als zweite Stufe eine koordinierende Dachorganisation mit eigenständigen Ausschüssen nach dem Vorbild der WTO vorgeschlagen. Dabei wird als erwägenswert angesehen, die verschiedenen Vertragsstaatenkonferenzen im Umweltschutz in ein Rahmenübereinkommen zur Gründung einer internationalen Umweltorganisation einzubeziehen und sie dann

[1100] Runge, A Global Environmental Organization, S. 31.
[1101] Runge, A Global Environmental Organization, S.11, S. 43 Schaubild 1.
[1102] WBGU, Jahresgutachten 2000, Kap. E 2.3.3.

wie bei der WTO als gesonderte und in hohem Maße selbständige Ausschüsse der Ministerkonferenz fortbestehen zu lassen. Bei einem Scheitern der Stufen 1 und 2 schlägt der WBGU als dritte Stufe vor, das institutionelle Gefüge der globalen Umweltpolitik grundsätzlich umzustrukturieren, insbesondere durch die Errichtung einer neuen übergeordneten Organisation wie einen Umweltsicherheitsrat. Ziel dieser Stufe ist es, die internationale Umweltpolitik stärker zu zentralisieren und zu hierarchisieren sowie die Entscheidungsprozesse durch Aufgabe des Konsensprinzips zu beschleunigen. Die Einhaltung internationaler Umweltstandards soll durch Zwangsmaßnahmen, aber auch durch verbesserte finanzielle und technische Hilfestellungen gewährleistet werden.
Der Vorschlag weist in der ersten Stufe insoweit die Besonderheit auf, dass UNEP nicht die Leitungsorganisation, sondern – wenn auch aufgewertet – Teil der Management-Gruppe ist. Da die Management-Gruppe nicht nur eine (verbesserte) Form der Kooperation, sondern auch handelnde Stelle sein soll, besteht die Gefahr, dass Zuständigkeiten eher verwischt werden. Eine Verbesserung der „International Environmental Governance" setzt aber gerade eine Leitungsfunktion mit klaren Zuständigkeiten voraus. Reduziert sich der Vorschlag dagegen auf eine Aufwertung von UNEP und eine Verbesserung der Kooperation der Umweltorganisationen, unterscheidet er sich nicht von anderen Vorschlägen. Auch sprechen die Erfahrungen mit der EMG eher gegen die vorgeschlagene Management-Gruppe.
Die vorgeschlagene zweite Stufe knüpft an das Modell der WTO an. In der Integration der Vertragskonferenzen als besondere Räte oder Ausschüsse des Hauptorgans mit einer hohen Selbständigkeit ist sicherlich ein Weg zur Einbeziehung der Umweltverträge zu sehen. Dies ist bereits oben erörtert worden[1103]. Das von der WBGU als dritte Stufe erwogene hierarchische Modell ist von der derzeitigen internationalen Umweltpolitik weit entfernt; der Verzicht der Mitgliedsstaaten auf Souveränitätsrechte erscheint zumindestens aus heutiger Sicht nicht erfolgsversprechend.

c. Globaler Umweltmechanismus

Esty und Ivanova[1104] schlagen anstelle einer neuen internationalen Organisation die Einrichtung eines „Global Environmental Mechanism" vor, der als Ergänzung zu

---

[1103] Vgl. 4. Kapitel B II 5 a.

[1104] Esty/Ivanova, in: Brack/Hyvarinen (Hrsg.), Global Environmental Instititions, S. 5, 10 ff. Als Kern dieses Mechanismus sollen zum einen ein „Global Environmental Information Clearinghouse", ein „Global Bargaining Forum" und ein „Global Environmental Technology Clearinghouse" eingerichtet werden. Innerhalb des „Global Bargaining Forum" sollen insbesondere Verhandlungen über einen Ressourcentransfer geführt werden. Es soll auch ein Streitschlichtungsmechanismus eingerichtet werden. Dem Globalen Umweltmechanismus soll ein Sekretariat übergeordnet sein, dass zum einen die Zusammenarbeit unterstützen soll, zum anderen aber auch als Vermittler und „Puffer" zwischen den Umweltorganisationen und den Bretton Woods Organisationen dienen soll. Die Vertreter eines Globalen Umweltmechanismus wollen ebenfalls keine neue Organisation schaffen sondern es sollen Mechanismen für eine verbesserte Zusammenarbeit instutionalisiert werden. Welche Rolle UNEP insoweit übernehmen soll, wird jedoch offengelassen.

den bestehenden Organisationen dienen soll[1105]. Dieser Umweltmechanismus soll die Lücken ausfüllen, die in dem bisherigen System bestehen. Zu diesem Zweck soll zunächst ein „Global Environmental Information Clearinghouse", als nächster Schritt ein „Global Technology Clearinghouse" und ein „Global Bargaining Forum" eingerichtet werden, die zusammen den Globalen Umweltmechanismus bilden; das Sekretariat soll in Genf eingerichtet werden[1106]. Er soll keinen festen Strukturen unterworfen sein und es soll keine neue Bürokratie entstehen; vielmehr sollen Netzwerke die Schwächen im jetzigen System beseitigen.
Zu diesem Vorschlag ist kritisch anzumerken, dass in den letzten Jahren verschiedene Gremien eingerichtet wurden, die eine Zusammenarbeit der Organisationen fördern sollten, wie z.B. EMG. Die Koordinationsforen konnten aber bisher keine entscheidenden Fortschritte erzielen. UNEP hat ebenfalls ein Mandat zur Koordination der Arbeit der mit Umweltfragen befassten Organisationen. Außerdem nimmt UNEP in vielen Bereichen schon eine „clearing-house"-Funktion wahr. Ebenso bietet GMEF ein Verhandlungsforum, an dem alle Staaten teilnehmen können. Es ist nicht davon auszugehen, dass ein Mechanismus mit nur ungenau umschriebenen Kompetenzen sich gegenüber den anderen Organisationen durchsetzen kann und entscheidende Vorteile gegenüber UNEP in seiner bisherigen Form hat. Vielmehr ist zu befürchten, dass durch die Einrichtung eines „Global Environmental Mechanism" eine zusätzliche Ebene entsteht, die aber keine Führungsrolle übernimmt, sondern Funktionen hat, die auf der bereits bestehenden Ebene ebenfalls wahrgenommen werden können. Wie sich an der Untersuchung der bisherigen Situation von „International Environmental Governance" gezeigt hat, bedarf es einer Organisation, die eine Führungsrolle im Rahmen von „International Environmental Governance" übernehmen kann. Netzwerke und „clearing-house"-Stellen können daneben zusätzlich bestehen und die Arbeit der Organisation unterstützen.

2. *Einrichtung eines Umwelttreuhandrates*

Die ursprünglich unter der Verwaltung des Treuhandrates der Vereinten Nationen stehenden Treuhandgebiete sind seit dem Jahre 1994 selbständig[1107]. Das Treuhandsystem bestand darin, dass Hoheitsgebiete auf der Grundlage eines Treuhandabkommens durch bestimmte Staaten verwaltet wurden, wobei die Verwaltung durch den Treuhandrat als Hauptorgan der Vereinten Nationen und die Generalversammlung überwacht wurde (Kapitel XII und XIII der Charta der Vereinten Nationen). Als neuer Aufgabenbereich des Treuhandrates ist vorgeschlagen worden, dass die globale Umwelt und die globalen Gemeinschaftsgüter, d.h. die Hohe See, die Atmosphäre und der Weltraum, treuhänderisch von dem Treuhandrat verwaltet werden[1108]. Der Gedanke des Treuhandfonds für internationale Umweltgüter

---

[1105] Esty/Ivanova, in: Esty/Ivanova (Hrsg.), Global Environmental Governance, S. 181ff.
[1106] Esty/Ivanova, in: Esty/Ivanova (Hrsg.), Global Environmental Governance, S. 192 ff., 199.
[1107] Desai, Indian Journal of International Law 2000, S.455, 485 f.
[1108] UN Doc. A/51/950 vom 14.7.1997: „Renewing the United Nations: A Programme for Reform", Par. 84, 85. Die „United Nations Task Force on Environment and Human Settlements" hat vorgeschlagen, zu dieser Frage im Vorfeld der 20. Sitzung des Verwaltungsrates von UNEP

geht von einer Dreiecksbeziehung aus, in der der Treuhandrat die Verwaltung der Umwelt und insbesondere der staatsfreien Gebiete übernehmen soll. Die Gemeinschaft würde als Treugeber, die Staaten als Treuhänder und die Zivilgesellschaft als Begünstigte fungieren[1109].
Über die Ausgestaltung einer derartigen Treuhandschaft bestehen im Einzelnen unterschiedliche Auffassungen und zwar vor allem hinsichtlich der Begründung[1110], der Aufgaben eines Umwelttreuhandrates und der Frage, welche Umweltgüter treuhänderisch verwaltet werden sollen[1111]. Der Treuhandrat hatte für die Überwachung der Verwaltung der Treuhandgebiete die Befugnis zur Prüfung von Rechenschaftsberichten, zur Entgegennahme und Prüfung von Petitionen sowie zur Durchführung von Inspektionen (Art. 87 der Charta der Vereinten Nationen).

Die Einrichtung eines Umwelttreuhandrates würde eine Änderung der Charta der Vereinten Nationen voraussetzen. So müsste die Zusammensetzung des bestehenden Treuhandrates geändert werden. Bisher ist für den Treuhandrat eine paritätische Besetzung zwischen den Treuhänderstaaten und den anderen Staaten vorgesehen (Art. 86 Abs. 1 der Charta der Vereinten Nationen). Diese Zusammensetzung ist für die Verwaltung von Umweltgütern nicht geeignet und kann auch nicht entsprechend angepasst werden[1112]. Des Weiteren müssten das Mandat des Treuhandrates neu bestimmt werden und, sofern UNEP oder eine neue Organisation daneben besteht, das Verhältnis zu dieser festgelegt werden[1113]. Für eine derartige Änderung der Charta ist die Ratifizierung durch zwei Drittel der Mitgliedsstaaten der Vereinten Nationen einschließlich aller ständigen Mitglieder des Sicherheitsra-

---

im Jahre 1999 ein Forum zu veranstalten; UN Doc. A/53/463 vom 6.10.1998: „Environment and Human Settlements, Report of the Secretary-General", Annex Par.61 f, Rec. 24. Vgl. auch UN Doc. A/52/849 vom 31.3.1998: "United Nations reform: measures and proposals, A new concept for trusteship".

[1109] Sand, in: v. Schorlemer (Hrsg.), Praxishandbuch UNO, S. 201, 218, 216: Hierbei ist jedoch zu beachten, dass eine solche Treuhänderschaft nicht mit der deutschen privatrechtlichen Treuhand zu verwechseln ist. Diese ist ein zweiseitiges Verhältnis zwischen dem Treuhänder und dem Treugeber.

[1110] Sand, in: von Schorlemer (Hrsg.), Praxishandbuch UNO, S. 201, 218: Widmung bestimmer Umweltgüter für international gemeinnützige Zwecke; Abschluss eines multilateralen Abkommens über die Unterstellung einer ganzen Kategorie von Umweltgütern zu gemeinnützigen Zwecken oder durch Völkergewohnheitsrecht.

[1111] Sand, in: von Schorlemer (Hrsg.), Praxishandbuch UNO, S. 201, 218ff.: Grundsätzlich steht einer Treuhandschaft nicht entgegen, dass die Umweltgüter zu einem staatlichen Hoheitsgebiet gehören. Desai, Indian Journal of International Law 2000, S.455,500 geht von einer Treuhandschaft nur für die Gemeinschaftsgüter, d.h. die Meere, die Atmosphäre und den Weltraum aus.

[1112] Szasz, in: Brown Weiss (Hrsg.), Environmental change and international law, S.340, 362.

[1113] Zu einem Entwurf für eine Neufassung der Art. 87 und 88 der Charta der Vereinten Nationen vgl. Desai, Indian Journal of International Law 2000, S. 455, 501 f. Danach sollten die Sitze im Treuhandrat auf 15 bis max. 54 beschränkt sein. Kein Staat sollte besondere Rechte haben; jeder Staat sollte in Abstimmungen eine Stimme haben. *Desai* schlägt die Umwandlung von UNEP in eine Sonderorganisation vor, die direkt gegenüber dem Treuhandrat berichtspflichtig ist und durch diesen auch an die Generalversammlung Bericht erstattet.

tes erforderlich (Art. 108 der Charta der Vereinten Nationen)[1114]. Insofern ist die Schaffung eines Umwelttreuhandrates wesentlich schwieriger zu verwirklichen als z.B. die Gründung einer Sonderorganisation der Vereinten Nationen.
Wenn dem Treuhandrat eine Verantwortlichkeit für die Umwelt eingeräumt werden soll, muss das bisherige System der multilateralen Umweltabkommen mit der treuhänderischen Verwaltung in Einklang gebracht werden. Schwierigkeiten bereitet auch die Aufgabenzuweisung für einen Umwelttreuhandrat. In seiner bisherigen Tätigkeit hatte der Treuhandrat die Aufsicht über die Verwaltung der Treuhandgebiete in der Form von Berichten gegenüber der UN-Generalversammlung auszuüben, die er wiederum auf Grund von Berichten der Verwaltungsmacht, eingereichten Petitionen und Besuchsmissionen erstellte (vgl. Art. 87 der Charta der Vereinten Nationen). Bei Übernahme der entsprechenden Befugnisse im Umweltbereich wäre der Umwelttreuhandrat auf die Rolle eines „Umweltbeobachters" oder „Umweltwächters" beschränkt. Aber auch in dieser Funktion wäre der Umwelttreuhandrat auf die Zusammenarbeit mit den Vertragsorganen der entsprechenden Abkommen (z.B. Seerechtsübereinkommen, Weltraumvertrag) und der durch diese Abkommen eingerichteten Institutionen (z.B. Internationale Meeresbehörde gem. Art. 156 ff. Seerechtsübereinkommen, UN Committee of the Peaceful Uses of Outer Space) angewiesen. Ob die Vertragsstaaten einer solchen Berichtspflicht zustimmen, bleibt abzuwarten. Jedenfalls erscheint es wenig realistisch, dass die Vertragsstaatenkonferenzen, die sich als „internationale Organisationen im kleinen" etabliert haben, Teile ihrer Kompetenzen wieder abgeben. Des Weiteren kann ein solcher Treuhandrat oder ein Umwelt-Hochkommissar[1115] nicht eine Umweltorganisation ersetzen, die noch weitergehende Befugnisse und Aufgaben hat. Für solche weitergehenden Befugnisse empfiehlt sich der Treuhandrat nach seiner bisherigen Zusammensetzung und Aufgabenstellung nicht. Es besteht ein grundlegender Unterschied zu der bisherigen Treuhandverwaltung der Vereinten Nationen. Eine Notwendigkeit, den Treuhandrat trotz Erledigung seiner Aufgaben bestehen zu lassen, besteht nicht, zumal der Treuhandrat anders als der Sicherheitsrat über keine Durchsetzungskompetenzen oder andere Kompetenzen verfügt, die bisher keinem anderen Organ zustehen[1116]. Die Rolle eines „Umweltwächters" ist zudem besser bei der internationalen Umweltorganisation aufgehoben, die auch die weiteren Aufgaben im Umweltbereich wahrnimmt.

3. Gründung eines Umweltsicherheitsrates

Ein Umweltsicherheitsrat mit der Möglichkeit, Entscheidungen mit Zwangsmitteln durchzusetzen, würde ebenfalls eine Änderung der UN-Charta voraussetzen[1117].

[1114] Die ständige Mitglieder des Sicherheitsrates sind: China, Frankreich, Rußland, Großbrittanien und USA.

[1115] Zu diesem Vorschlag vgl. Sand, in: von Schorlemer (Hrsg.), Praxishandbuch UNO, S.201, 223 m.w.N.

[1116] Szasz, in: Brown Weiss (Hrsg.), Environmental change and international law, S. 340, 362.

[1117] Szasz, in: Brown Weiss (Hrsg.), Environmental change and international law, S. 340, 359 f.: Grundsätzlich können Umweltgefahren auch eine Gefahr für die menschliche Sicherheit darstellen. Daraus läßt sich jedoch nicht schließen, dass der Sicherheitsrat auch für Umweltfragen

Die Einräumung von Durchsetzungsbefugnissen bedeutet einen Eingriff in die Souveränitätssphäre der Staaten. Der Sicherheitsrat ist das einzige UN-Gremium, das bisher in eng begrenzten Ausnahmefällen die Möglichkeit der zwangsweisen Durchsetzung seiner Beschlüsse gegenüber den Staaten hat. Eine Ausweitung derartiger Befugnisse auf andere Bereiche als die Sicherheitspolitik wird zumindest in den nächsten Jahren an dem Widerstand der Staaten gegen einen weiteren Souveränitätsverlust scheitern. Gegen eine Übertragung von Umweltkompetenzen auf den Sicherheitsrat spricht auch das Vetorecht der fünf ständigen Mitglieder des Sicherheitsrates[1118]. Dieses Abstimmungsverfahren ist für die Entscheidung über Maßnahmen zum Umweltschutz, die häufig in besonderem Maße die Entwicklungsländer betreffen, nicht angemessen.

IV. UNEP als Streitbeilegungsinstanz

Zu der zentralen Funktion, die UNEP im internationalen Umweltrecht übernehmen könnte, gehört auch die Streitbeilegung[1119].

1. Einführung eines einheitlichen Streitschlichtungs- und Durchsetzungsverfahrens

Ein „Mechanismus" zur Streitbeilegung ist neben den Mitteln der Erfüllungskontrolle eine wesentliche Voraussetzung für die Durchsetzung der völkerrechtlichen Abkommen, wenn ein Vertragsstaat zur Erfüllung der übernommenen Verpflichtungen nicht willens ist oder Streit über den Umfang der Verpflichtungen besteht. Eine Möglichkeit zur Streitbeilegung könnte darin bestehen, dass sich die Mitgliedsstaaten in dem Gründungsvertrag der internationalen Organisation der Gerichtsbarkeit des Internationalen Gerichtshof als UN-Organ unterwerfen, der im Jahre 1993 eine Umweltkammer eingerichtet hat[1120]. Diese ist aber von den Staaten offensichtlich nicht angenommen worden; bisher ist der Internationale Gerichtshof speziell in Umweltsachen noch nicht angerufen worden. Es ist deshalb vorgeschlagen worden, ein konventionsübergreifendes Streitschlichtungsverfahren einzufüh-

---

zuständig ist und ihm in diesem Bereich auch die gleichen Kompetenzen zustehen wie in militärischen Konfliktfällen. Es ist eine enge Auslegung zugrundezulegen.

[1118] Szasz, in: Brown Weiss (Hrsg.), Environmental change and international law, S. 340, 361, 366. *Szasz* entwirft alternativ ein mögliches neues UN-Hauptorgan, das insbesondere auch Möglichkeiten für die Durchsetzung umweltrechtlicher Regelungen hat, u.U. auch gegenüber Nichtmitgliedern der Vereinten Nationen analog Art. 2 Abs. 6 der Charta der Vereinten Nationen. Analog Art. 39 ff. der Charta der Vereinten Nationen soll dieses Organ Zwangsmaßnahmen erlassen können. Bei den Abstimmungen soll eine hohe qualifizierte Mehrheit vorausgesetzt werden anstelle eines Vetorechtes oder eines Konsensverfahren, das ebenfalls ein Vetorecht mit sich bringt.

[1119] so Runge, A Global Environmental Organisation, S.13, 41, 42: Schaubild 1; vgl. auch Ayling, JIEL 9 (1997), S. 243, 265, 269, die aber daraufhin weist, dass die "soft nature" des internationalen Umweltrechts zu berücksichtigen ist.

[1120] Zur Bildung von Kammern vgl. Art. 26 des Statuts des Internationalen Gerichtshofs i.d.F. vom 26. Juni 1945, BGBl. 1973 II S. 505 – hier abgekürzt: IGH-Statut.

ren[1121]. Die Staaten könnten sich in dem Gründungsvertrag oder einem ergänzenden Vertrag einem unter der Leitung von UNEP stehenden Streitschlichtungsverfahren mit der Möglichkeit von bindenden Entscheidungen unterwerfen. Dies würde über die bisher UNEP zur Verfügung stehenden Streitschlichtungsmittel wie „Gute Dienste" und Vermittlung hinausgehen. Als Vorbild für die Ausgestaltung eines solchen Streitschlichtungsverfahrens könnte das Streitschlichtungsverfahren für das Seerechtsübereinkommen[1122] oder das WTO-Streitschlichtungsverfahren dienen. Die beiden Verfahren stehen für zwei Arten der Streitbeilegung, nämlich das Panelverfahren der WTO für das Modell eines Untersuchungsverfahrens mit der Möglichkeit der bindenden Wirkung der Entscheidung und der Internationale Seegerichtshof für das Modell der gerichtlichen Streitbeilegung. Der Seegerichtshof kann sich als Vorbild anbieten zum einen von der Materie des Seerechtsübereinkommen her, das ebenfalls Umweltfragen (Art und Umfang der Meeresnutzung, Meeresverschmutzung) zum Gegenstand hat, und zum anderen mit Blick darauf, dass er das bisher einzige internationale Gericht ist, das durch ein „Fachabkommen" eingesetzt worden ist.

a. WTO-Streitschlichtungsverfahren als Modell für „International Environmental Governance"

Im Unterschied zum internationalen Umweltrecht besteht für die WTO-Abkommen neben dem Streitschlichtungsverfahren kein gesondertes Erfüllungskontrollverfahren. Gem. Art. XVI Abs. 4 des WTO-Übereinkommens sind die Mitglieder verpflichtet, die nationalen Rechtsordnungen mit dem WTO-Übereinkommen und den davon umfassten Abkommen in Einklang zu bringen. Um dies zu überwachen, besteht eine Pflicht der Vertragsparteien zur Transparenz, d.h. gem. Art. X GATT[1123] zur Veröffentlichung der Handelsvorschriften sowie der Gerichts- und Verwaltungsentscheidungen von allgemeiner Bedeutung, und sind Notifizierungspflichten im Falle der Änderung von bestehenden Gesetzen oder Verfahrensrichtlinien vorgesehen, z.B. Art. III Abs. 3 GATS, Art. 5 TRIMS.

Das Streitbeilegungsverfahren der WTO findet gem. Art. 1 DSU[1124] auf alle Streitigkeiten im Zusammenhang mit den in Anhang 1 aufgeführten Abkommen und auf Streitigkeiten über Rechte und Pflichten aus dem WTO-Abkommen Anwendung. Zunächst sollen gem. Art. 4 DSU Konsultationen zwischen den betroffenen Mitgliedsstaaten durchgeführt werden[1125], für die ein enger zeitlicher Rahmen besteht

---

[1121] Böhm/Trabold, ZfU 2004, S. 201, 221: Neben der Lösung der Konflikte zwischen den Mitgliedsstaaten über die Auslegung von Konventionen und Umsetzungsmaßnahmen könnte es auch Grundlage für ein internationales Umwelthaftungsrecht sein.

[1122] Seerechtsübereinkommen der Vereinten Nationen vom 10. Dezember 1982, BGBl. 1994 II S. 1799 – hier abgekürzt: SRÜ.

[1123] Allgemeines Zoll- und Handelsabkommen (GATT) vom 30. Oktober 1947 (Abl. EG 1994 L 336/11)

[1124] Vereinbarung über Regeln und Verfahren zur Beilegung von Streitigkeiten vom 15. April 1994, BGBl. II S. 1749 – hier abgekürzt: DSU.

[1125] Als freiwillige Verfahren sieht Art. 5 DSU außerdem "Gute Dienste", Vergleich und Vermittlung vor. Gem. Art. 3 Abs. 5 DSU müssen die Lösungen mit den WTO-Verträgen vereinbar sein.

(Aufnahme der Konsultationen spätestens 30 Tage nach Zugang des Schreibens des Mitgliedsstaates mit der Bitte um Konsultationen). Wenn es innerhalb von 60 Tagen nach Zugang des Schreibens mit der Bitte um Konsultationen zu keiner einvernehmlichen Lösung kommt, kann die beschwerdeführende Partei gem. Art. 4 Abs. 7 DSU die Einsetzung eines Panels beantragen[1126]. Das Panel hat innerhalb von sechs Monaten – in Ausnahmefällen: neun Monate – dem „Dispute Settlement Body" (DSB) einen Bericht mit Vorschlägen zur Beilegung des Streits vorzulegen, der durch das DSB als angenommen gilt, es sei denn, dass eine Streitpartei dem DSB förmlich anzeigt, Rechtsmittel einzulegen, oder das DSB den Bericht einstimmig ablehnt (Art. 16 Abs. 4 DSU). Es besteht für den betroffenen Mitgliedsstaat die Möglichkeit, gegen den Bericht des Panels das Rechtsmittel der Berufung zum „Standing Appellate Body" einzulegen (Art. 17 DSU). Falls die Untersuchungen des Panels oder des Appellate Body zu dem Ergebnis gekommen sind, dass die strittige Maßnahme nicht mit dem WTO-Übereinkommen vereinbar ist, und das DSB den Appellate Report nicht einstimmig abgelehnt hat, ist dieser bindend. Das Mitglied, gegen das sich die Entscheidung richtet, ist dann gem. Art. 21 Abs. 3 DSU verpflichtet, in der Sitzung des DSB, die 30 Tage nach der Annahme des Berichts stattfindet, seine Pläne zur Umsetzung des Berichts darzulegen (Art. 21 Abs. 3 DSU)[1127]. Das DSB überwacht die Umsetzung der Empfehlungen zur Streitbeilegung (Art. 21 Abs. 6 Satz 1 DSU). Soweit eine Umsetzung nicht erfolgt, kann es zu Verhandlungen zwischen den betroffenen Mitgliedsstaaten über Kompensationszahlungen kommen (Art. 22 Abs. 2 DSU). Wird innerhalb einer festgesetzten Zeit keine Einigung über Kompensationszahlungen erzielt, kann das DSB die Aussetzung von Zugeständnissen oder sonstigen Pflichten aus den Übereinkommen gegenüber dem betreffenden Mitgliedsstaat gem. Art. 22 Abs. 2 und 6 DSU genehmigen[1128]. Das von der Aussetzung betroffene Mitglied kann gegen die Aussetzung der Zugeständnisse Einspruch einlegen und dadurch ein Schiedsverfahren gem. Art. 22 Abs. 6 DSU einleiten. Dieses Verfahren kann angestrengt werden, falls das Mitglied der Ansicht ist, dass der Umfang der Aussetzung unangemessen oder die Grundsätze des Art. 22 Abs. 3 DSU verletzt seien.

[1126] Gem. Art. 6 Abs. 1 DSU wird das Panel durch das DSB (zum DSB vgl. Art. 1 Abs. 2, Art. 2 Abs. 1 DSU) eingesetzt, sofern das DSB nicht einstimmig beschließt, kein Panel einzusetzen. Dies bedeutet, dass der Beschwerdegegner keine Möglichkeit hat, die Einsetzung eines Panels einseitig zu verhindern. Die Panels bestehen gem. Art. 8 Abs. 5 DSU aus 3 bzw. 5 Mitgliedern, die aus einer vom Sekretariat geführten Liste nominiert werden. Die Streitparteien dürfen die nominierten Personen nach Art. 8 Abs. 6 nur aus zwingenden Gründen ablehnen. Siehe zu den Fällen des WTO-Streitbeilegungsverfahren in den Jahren 2000-2002: Hohmann, RIW 2001, S.649 ff.; ders., RIW 2003, S. 352 ff.; ders., in: RIW 2002, S. 328 ff.; zur Frage der Bindungswirkung der Panel-Entscheidungen vgl. Schroeder/Schonard, RIW 2001, S.658, 659 ff.

[1127] Falls die Partei, die die Entscheidung des Panels oder des Appellate Body umzusetzen hat, nicht in der Lage ist, dies sofort auszuführen, sieht Art. 21 Abs. 3 DSU Regeln und Verfahren zur Bestimmung eines Zeitrahmens vor, in dem die unterlegene Partei die Entscheidungen und Empfehlungen umzusetzen hat.

[1128] Gem. Art. 22 Abs. 3 (c) DSU besteht auch die Möglichkeit der „cross-retaliation", d.h. es können auch Zugeständnisse aus einem anderen unter die Vereinbarung fallenden Übereinkommen ausgesetzt werden.

Durch die zeitlichen Vorgaben ist ein zügiges Verfahren sichergestellt. Für die klagende Partei hat dies zur Folge, dass sie mit einer raschen Entscheidung rechnen kann und daher auf unilaterale Gegenmaßnahmen verzichten wird. Nach Art. 23 DSU kann ein Mitgliedsstaat nicht von sich aus Zugeständnisse aussetzen, sondern ist auf das Streitschlichtungsverfahren und die Genehmigung durch das DSB verwiesen. Dem beklagten Mitgliedsstaat kommen durch die Möglichkeit der Berufung und der Einleitung eines Schiedsverfahrens im Falle der Aussetzung von Zugeständnissen (Art. 22 Abs. 6 DSU) ebenfalls rechtsstaatliche Verfahrensgarantien zugute. Das Streitschlichtungsverfahren hat daher unter den Staaten große Akzeptanz gefunden und stellt einen entscheidenden Aspekt für die Anerkennung der Regeln des WTO-Übereinkommens und der WTO als internationaler Wirtschaftsorganisation dar.
Als Argument gegen eine Übernahme des WTO-Streitschlichtungsverfahren wird angeführt, dass als Ergebnis nicht notwendig die Einhaltung der WTO-Pflichten stehen muss, sondern dass ein solches Ergebnis nach Art. 3 Abs. 7 DSU nur vorzuziehen sei[1129]. Art. 3 Abs. 7 DSU besagt aber ausdrücklich, dass, sofern eine einvernehmliche Lösung zwischen den Parteien nicht gefunden werden kann, das erste Ziel des Streitbeilegungsmechanismus in der Rücknahme der betreffenden Maßnahme besteht, wenn diese für unvereinbar mit den Bestimmungen eines Übereinkommens befunden wurde. Art. 22 Abs. 1 und 8 DSU stellt ebenfalls klar, dass die Zahlung von Kompensationen und die Aussetzung von Zugeständnissen nur vorübergehende Maßnahmen bis zur Rücknahme der im Widerspruch zu den Regeln der WTO stehenden Maßnahme sein sollen.

b. Internationaler Seegerichtshof

Der Internationale Seegerichtshof ist ein auf der Grundlage des Seerechtsübereinkommens der Vereinten Nationen vom 10. Dezember 1982[1130] (United Nations Convention on the Law of the Sea, UNCLOS) errichtetes Gericht[1131]. Die Besonderheit gegenüber dem WTO-Streitbeilegungsverfahren besteht darin, dass das Streitbeilegungsverfahren nach dem Seerechtsübereinkommen zwar für die Vertragsstaaten verpflichtend ist, die Staaten aber die Wahl haben, ob sie das Streitbeilegungsverfahren vor dem Seegerichtshof, dem IGH oder vor einem Schiedsgericht und damit nach den jeweils geltenden Verfahrensregeln durchführen[1132]. Die Wahl erfolgt in der Regel schon im Vorfeld bei der Unterzeichnung oder Ratifizierung des Seerechtsübereinkommens, kann aber auch erst in einem späteren Zeitpunkt getroffen werden (Art. 287 Abs. 1 SRÜ). Falls eine Streitpartei kein Verfahren be-

[1129] Charnovitz, WTO Dispute Settlement as a Model for International Governance, S. 1f.
[1130] BGBl. 1994 II S. 1799.
[1131] Doehring, Völkerrecht, Rn. 541. Die Organisationsweise, die Zuständigkeit und das Verfahren richten sich nach dem in Anl. VI enthaltenen Statut des Internationalen Seegerichtshofs. Der Seegerichtshof hat eine besondere Kammer für Meeresbodenstreitigkeiten gem. Art.186 ff. SRÜ, die für diese Streitigkeiten ausschließlich zuständig ist.
[1132] Das Schiedsverfahren richtet sich nach Anh. VI und VII zum SRÜ. Zur Gleichstellung von IGH und Seegerichtshof kritisch Proelß, Meeresschutz im Völker- und Europarecht, S. 176 mit FN 500.

stimmt hat oder die Parteien unterschiedlichen Verfahren zugestimmt haben, dann wird gem. Art. 287 III und V SRÜ ein Schiedsverfahren durchgeführt. Das Verfahren findet somit nur dann vor dem Seegerichtshof statt, wenn sich die beiden betroffenen Vertragsstaaten einer Streitbeilegung durch den Seegerichtshof unterworfen haben.

Der internationale Seegerichtshof ist gem. Art. 21 seines Statuts[1133] für Streitigkeiten im Zusammenhang mit dem Seerechtsübereinkommen zuständig. Daneben können dem Seegerichtshof auch Streitigkeiten hinsichtlich anderer Übereinkommen gem. Art. 21, 22 des Statuts übertragen werden, wenn die Staaten zustimmen und ein Zusammenhang mit der Materie des Seerechtsübereinkommen besteht. Der Seegerichtshof hat die Möglichkeit, vorläufige Maßnahmen nach Art. 290 des Übereinkommens zu erlassen (Art. 25 des Statuts). Die Entscheidung des Seegerichtshofes ist gem. Art. 33 Abs. 1 seines Statuts nur für die Parteien bindend und entfaltet daher keine Wirkung erga omnes.

Mit dem Internationalen Seegerichtshof sieht das Seerechtsübereinkommen damit je nach der Wahl der betroffenen Vertragsstaaten ein gerichtliches Streitschlichtungsverfahren vor, das im Unterschied zum Streitschlichtungsverfahren der WTO vor einem ständigen Organ stattfindet. Seine Entscheidungen bedürfen keiner Bestätigung durch ein anderes UN-Organ und sind abschließend.

2. Notwendigkeit eines Streitbeilegungsverfahrens

Die Übernahme der Funktion der Streitbeilegung durch UNEP als internationale Organisation hat zur Voraussetzung, dass es neben dem Verfahren der Erfüllungskontrolle im internationalen Umweltrecht überhaupt einer solchen Streitbeilegung nach dem Vorbild der WTO oder des Seerechtsübereinkommens bedarf. Das WTO-Abkommen und das Seerechtsübereinkommen sehen ein vergleichbares Verfahren der Erfüllungskontrolle nicht vor, so dass das Streitbeilegungsverfahren auch Fälle erfasst, die bei einer entsprechenden Sachlage im Umweltrecht über die Erfüllungskontrolle befriedigend gelöst worden wären. Insoweit ist zu erwarten, dass im Umweltrecht die Streitbeilegung nur eine untergeordnete Rolle gegenüber der Erfüllungskontrolle einnehmen wird. Diese ist – wie das internationale Umweltrecht überhaupt – eher auf Kooperation und die Unterstützung der Staaten angelegt. Auch wenn eine Umweltorganisation nicht so vielen Streitfällen gegenüber steht, kann damit aber ein Bedürfnis für ein neues Verfahren zur Lösung der Konflikte nicht verneint werden, die in der Vergangenheit auch im Umweltrecht aufgetreten sind[1134]. Soweit sie nicht in den Zuständigkeitsbereich des Internationalen Seegerichtshofs oder eines Schiedsverfahrens nach dem Seerechtsübereinkommen fielen oder das Streitbeilegungsverfahren der WTO keine Anwendung fand[1135], bestand für die Staaten keine Möglichkeit, ein speziell für Umweltfragen zuständiges Streitschlichtungsorgan anzurufen. Zwar könnte die Umweltkammer

[1133] BGBl. 1994 II S. 1996.

[1134] Die Notwendigkeit eines Streitbeilegungsverfahren verneinen Birnie/Boyle, International Law and the Environment, S.55; von Moltke, Whither MEAs?, S. 21.

[1135] Vgl. hierzu oben 4. Kapitel B II 6 a.

des IGH von den betroffenen Vertragsstaaten mit dem Streitfall befasst werden, die durch die Möglichkeit der Benennung von ad-hoc-Richtern (vgl. Art. 31 Abs. 2, 3 und 4 IGH-Statut) zumindestens partiell auch Einfluss auf die Richterbesetzung nehmen könnten. Die Umweltkammer des IGH ist aber, wie dargelegt, von den Staaten offensichtlich nicht angenommen worden. Hinzu kommt, dass bisher erst etwa ein Drittel der Mitglieder der Vereinten Nationen sich der Gerichtsbarkeit des IGH unterworfen haben, wobei diese Zahl durch einschränkende Vorbehalte der Staaten weiter relativiert wird[1136]. Die zurückhaltende Einstellung der Staaten gegenüber einer Befassung des IGH kann darauf hinweisen, dass sie für die Streitbeilegung im Umweltrecht ein Schiedsverfahren vorziehen, das eher Möglichkeiten für die Herbeiführung einer einvernehmlichen Lösung bietet.

3. Ausgestaltung des Verfahrens

Wenn ein umweltrechtliches Streitschlichtungsverfahren unter dem Dach einer internationalen Umweltorganisation eingeführt wird, wäre der Rechtsweg zum IGH nicht notwendig ausgeschlossen. So sieht z.B. Art. 287 Abs. 1 des Seerechtsübereinkommens als alternative Möglichkeit der Streitbeilegung außer der Anrufung des Internationalen Seegerichtshofs oder eines Schiedsgerichts (Buchst. a, c und d) auch ein Verfahren vor dem Internationalen Gerichtshof (Buchst. b) vor. Gegenüber einer gerichtlichen Streitbeilegung ist aber im Umweltrecht ein Verfahren vorzuziehen, das mehr auf Verhandlungen ausgerichtet ist und auf deren Ablauf die Streitparteien größeren Einfluss nehmen können. Ein nichtgerichtliches Streitbeilegungsverfahren entspricht eher dem Prinzip der Kooperation im Umweltrecht und lässt in den Fällen, in denen der Streit letztlich auf Erfüllungsschwierigkeiten eines Staates zurückgeht, Raum auch für pragmatische Lösungen. Diese Vorteile bietet ein dem WTO-Abkommen vergleichbares Panel-Verfahren, das zwar gerichtsförmig ausgestaltet ist, bei dem die Staaten aber auf die Zusammensetzung des Panels gem. Art. 8 Abs. 3, 5, 6, 7 und 10 DSU Einfluss nehmen können. Im Rahmen dieses Verfahrens bleibt Raum für Verhandlungen; durch genaue zeitliche Vorgaben ist dennoch ein zügiges Verfahren gewährleistet. Der Verwaltungsrat von UNEP könnte dem „Dispute Settlement Body“ (DSB) der WTO vergleichbare Aufgaben wahrnehmen. Ob das Verfahren der WTO im Einzelnen übernommen werden soll, bedarf hier keiner näheren Klärung. In Betracht könnten z.B. eine Erweiterung der Zusammensetzung des Panels (bisher 3 bis 5 Personen), um auch die in Umweltfragen auftretenden wissenschaftlichen und technischen Aspekte abzudecken, und eine Änderung des Einstimmigkeitserfordernis für eine Ablehnung der Panel-Entscheidung (Alternative 2/3-Mehrheit) kommen.

4. Durchsetzungsmöglichkeiten

Ein sich an die Panelentscheidung anschließendes Durchsetzungsverfahren lässt sich allerdings in vergleichbarer Form im Umweltrecht aufgrund der fehlenden Möglichkeit entsprechender Sanktionen nicht einführen. Das WTO- Streitschlichtungsverfahren sieht zur Durchsetzung die Verhängung von Handelsmaßnahmen

[1136] vgl. näher Schröder, in: Vitzthum (Hrsg.), Völkerrecht, 7. Abschn. Rn. 89.

vor (Art. 22 DSU). Im Bereich des internationalen Handels als Gegenstand der WTO-Abkommen besteht eine wechselseitige Verknüpfung („Reziprozität") von Zugeständnissen des einen und (Handels-)Vorteilen des anderen Staates; im Fall einer Vertragsverletzung kann deshalb vorgesehen werden, dass der von einer Vertragsverletzung betroffene Staat vertragliche Zugeständnisse im Verhältnis zu dem Verletzerstaat aussetzen darf, wenn dieser die Empfehlung des Panels bzw. des DSB nicht befolgt. Ein vergleichbares Druckmittel besteht im Umweltvölkerrecht nicht. Die Verhängung von Handelsmaßnahmen zur Durchsetzung des Umweltrechts erscheint nicht geeignet, zumal im Umweltrecht regelmäßig ein Zusammenhang zwischen Vertragsverletzung und den Handelssanktionen fehlen wird; auch im Wirtschaftsrecht wird die Verhängung von Handelssanktionen kritisiert[1137]. Als Mittel zur Durchsetzung einer Entscheidung aus einem Streitbeilegungsverfahren im Umweltrecht könnte die Versagung finanzieller und technischer Unterstützung in Betracht kommen. Als Sanktionsmittel könnten auch Strafzahlungen oder die zeitweise Versagung von Stimmrechten in den Gremien der internationalen Organisation erwogen werden. An Handelssanktionen wäre nur als ultima ratio zu denken[1138], wobei die Vereinbarkeit solcher Sanktionen mit den WTO-Regeln zu beachten wäre (vgl. insoweit Art. XX GATT).

5. *Verhältnis zu anderen Streitbeilegungsverfahren*

Im Falle der Einrichtung eines Streitbeilegungsverfahrens unter dem Dach einer internationalen Umweltorganisation würde sich die Frage nach dem Verhältnis zu den Streitbeilegungsverfahren der WTO und des Seerechtsübereinkommen stellen. Eine Zuständigkeitskonkurrenz könnte sich ergeben, wenn die Umsetzung der Verpflichtungen aus Umweltabkommen in den tatsächlichen Auswirkungen oder auch in Form einer ausdrücklichen Regelung mit der Einführung von Handelsbeschränkungen (z.B. Importbeschränkungen) verbunden wäre[1139]. Bereits wiederholt sind im WTO-Streitbeilegungsverfahren Fälle entschieden worden, die die Vereinbarkeit von Maßnahmen zum Schutz der Umwelt mit Bestimmungen des GATT zum Gegenstand hatten. Die Frage der Zuständigkeit hatte sich in besonderer Schärfe in dem sog. „Schwertfisch-Fall" gestellt, in dem der Internationale Seegerichtshof mit der Frage der Freiheit der Fischerei auf der Hohen See nach Art. 87 und 116 des Seerechtsübereinkommen befasst war und in dem WTO-Streitschlichtungsverfahren die Verletzung der Transitfreiheit und nichttarifäre Handelsbeschränkungen gem. Art. V und XI Abs. 1 GATT geprüft werden sollten.

[1137] Vgl. Charnovitz, AJIL 95 (2001), S. 792 ff.; zu der Verhängung von Handelssanktionen zur Durchsetzung von Umwelrecht vgl. Kirchgässner/Mohr, in: Wolfrum (Hrsg.), Enforcing Environmental Standards, S. 199 ff.

[1138] Charnovitz, WTO Dispute Settlement as a Model for International Governance, S. 6 weist darauf hin, dass die Handelsmaßnahmen, die in einigen Umweltabkommen vorgesehen sind, eine andere Funktion als Handelssanktionen im Rahmen der WTO haben. So stellen Handelsbeschränkungen im Rahmen von CITES das entscheidende Instrument des Abkommens dar.

[1139] Vgl. z.B. Steinmann/Strack, NuR 2000, S. 367, 372 f.; Buck, ZUR 2000, S. 319 ff.; Qureshi, ICLQ 49 (2000), S. 835 ff.

Chile hatte den Seegerichtshof u.a. zur Klärung der Frage angerufen, ob die EG mit der Einleitung des WTO-Streitbeilegungsverfahrens gegen das Seerechtsübereinkommen verstossen habe[1140]. Da Chile und die Europäische Union den Streit durch eine Vereinbarung beigelegt haben, ist eine Klärung, welches Streitschlichtungsorgan zuständig ist oder wie sich ggf. die Zuständigkeiten koordinieren lassen, nicht erfolgt[1141]. Insoweit wären in dem Gründungsvertrag einer neuen internationalen Umweltorganisation oder in einer Vereinbarung über das Streitbeilegungsverfahren Vorkehrungen zu treffen, die widersprechende Entscheidungen der befassten Streitbeilegungsorgane möglichst vermeiden. Hierzu könnte die Verpflichtung aufgenommen werden, bei Anwendung fremden Vertragsrechts (z.B. des GATT) eine Stellungnahme des für dieses Vertragsrecht zuständigen Streitbeilegungsorgans (z.B. des DSB) einzuholen[1142] (vgl. auch Art. 13 DSU: „Recht" des Panels, von jedem geeigneten Gremium fachlichen Rat einzuholen). Denkbar wäre auch eine Regelung in dem Gründungsvertrag, die die Verweisung an das Streitbeilegungsorgan eines anderen Übereinkommens, z.B. der WTO, ermöglicht. Abgesehen davon, dass eine Verweisung nur möglich wäre, wenn die betroffenen Vertragsstaaten zugleich Mitglieder der anderen Organisation sind (z.B. der WTO) oder sich in sonstiger Form dessen Streitschlichtungsverfahren unterworfen haben, steht einer Verweisung aber entgegen, dass die Einrichtung eines Streitbeilegungsorgans der Umweltorganisation das Ziel verfolgt, eine Entscheidung über die Vereinbarkeit einer Maßnahme mit internationalen Umweltabkommen vor einem spezialisierten Gremium herbeizuführen, auch wenn dabei fremdes Vertragsrecht zu berücksichtigen ist. Auch das DSU und das Seerechtsübereinkommen sowie das Statut des Internationalen Seegerichtshofs enthalten keine Bestimmungen über eine Verweisung an andere Streitbeilegungsorgane.

Mit der Einrichtung einer Streitschlichtungsinstanz für Umweltfragen wäre sichergestellt, dass die Umweltinteressen in einem hierfür spezialisierten Streitschlichtungsverfahren geklärt werden und ein Gegengewicht zur WTO besteht. Bisher besteht in Streitfällen, die sowohl Umweltfragen als auch Fragen des WTO-Rechts zum Gegenstand haben, zur Streitschlichtung allein die Möglichkeit, den DSB nach dem WTO-Verfahren anzurufen.

V. Abschließende Bewertung

1. Die bisherige Organisation von UNEP als Ausgangspunkt für die Umstrukturierung

Die Hauptaufgabenbereiche von UNEP stellen die Koordination, die Entwicklung von neuem Umweltrecht und die Implementierung von bestehenden umweltrecht-

---

[1140] Neumann, ZaöRV 61 (2001), S. 529, 535.

[1141] Weitergehend zu dem Fall und der Frage der Zuständigkeit: Rau, ZaöRV 62 (2002), S. 37 ff.; Neumann, ZaöRV 61 (2001), S. 529 ff.; Orellana, Nordic Journal of international law 71 (2002), S. 55 ff. Vgl. hierzu auch Böckenförde, ZaöRV 63 (2003), S. 971, 974 ff.

[1142] Hierzu und zu weiteren Koordinationspflichten vgl. Neumann, ZaöRV 61 (2001), S. 529, 566 ff. m.w.N.

lichen Regelungen dar. Die Durchführung eigener Projekte wurde auch in den Jahren nach der Gründung nicht weiter in den Aufgabenkatalog aufgenommen. UNEP spielt für das internationale Umweltrecht insbesondere aufgrund seines wissenschaftlichen Sachverstandes eine bedeutende Rolle. Es ist ein wichtiger „Katalysator" und Verhandlungsführer für die Umweltrechtsetzung und gleichzeitig eine zentrale Stelle für die Sammlung und Vermittlung von Informationen. Da die Gründung einer zusätzlichen Umweltorganisation neben UNEP zu weiteren Kompetenzstreitigkeiten und zu einem Konkurrenzverhältnis führen würde, ist eine Stärkung bzw. Umstrukturierung von UNEP anzustreben. Damit würde auch der fachlichen Autorität von UNEP Rechnung getragen, die es auf Grund seiner bisherigen Tätigkeit erworben hat. Eine neue Organisationsform sollte daher auf den vorhandenen Strukturen von UNEP aufbauen. Aus diesem Grunde sind die Reformvorschläge, die die Einrichtung eines Umweltsicherheitsrates oder eines Umwelttreuhandrates vorsehen, ebenso abzulehnen wie die Einrichtung einer neuen Organisation neben UNEP. Wie sich im Rahmen der Untersuchung gezeigt hat, besteht eine Vielzahl von Organisationen, die mit Fragen des Umweltschutzes befasst sind. UNEP nimmt Koordinierungsaufgaben wahr, um einer Zersplitterung der Aufgaben entgegenzuwirken. Eine neue Organisation würde nur zu einer weiteren Zersplitterung der Zuständigkeitsbereiche führen. Der internationale Umweltschutz wurde seit der Stockholmer Umweltkonferenz vor allem durch die Vereinten Nationen weiterentwickelt, obwohl der Umweltschutz in der Charta der Vereinten Nationen nicht ausdrücklich als primäres Ziel verankert ist. Daher ist eine völlige Ausgliederung der Umweltaspekte aus dem Bereich der Vereinten Nationen nicht vorstellbar. Vielmehr ist zu erwarten, dass die Vereinten Nationen bei Gründung einer selbständigen internationalen Organisation nach dem Vorbild der WTO ein eigenes Umweltprogramm oder eine eigene Umweltorganisation beibehalten werden. Der internationale Handel wurde im Unterschied zum Umweltschutz traditionell außerhalb der Vereinten Nationen geregelt, obwohl schon zwischen GATT und den Vereinten Nationen eine enge Verbindung bestanden hatte. Um eine Konkurrenz mit den Vereinten Nationen im Umweltschutz zu vermeiden, sollte daher der Bezug zu den Vereinten Nationen und den dort bestehenden Gremien aufrechterhalten werden, was im Falle der Errichtung einer Sonderorganisation gewährleistet wäre. Dadurch kann auch eine vereinfachte Zusammenarbeit insbesondere mit UNDP stattfinden. Als Reformmöglichkeiten kommen deshalb zum einen die Beibehaltung von UNEP als Nebenorgan der Generalversammlung mit einer verbesserten finanziellen und adminstrativen Ausstattung oder die Umstrukturierung zu einer Sonderorganisation der Vereinten Nationen in Betracht.

Aufgrund der Schwierigkeiten bei der Abgrenzung der globalen, regionalen und lokalen Probleme und unter Berücksichtigung des bisherigen Aufgabenbereiches von UNEP, zu dem auch erfolgreiche Projekte auf der regionalen Ebene gehören (Regionalmeerprogramme und „Small-Island Developing States"), sollte auch die Zuständigkeit für Umweltprobleme aller Art und auf allen Ebenen bestehen bleiben.

2. *Organisationsform*

Die Untersuchung der einzelnen Reformvorschläge hat deutlich gemacht, dass allein durch die Veränderung der rechtlichen Stellung die Defizite von „International Environmental Governance“ nicht behoben werden können. Auch wenn UNEP zu einer internationalen Organisation mit Rechtspersönlichkeit aufgewertet wird, bleiben die multilateralen Umweltabkommen selbständig. Bei einer Umstrukturierung in eine internationale Organisation ist daher Voraussetzung, dass weitergehende Kompetenzen insbesondere im Bereich der Rechtsetzung und – jedenfalls für neu abzuschließende Abkommen – bei der Überwachung der Umsetzung der Abkommen in dem Gründungsvertrag festgelegt werden.

Eine Beibehaltung von UNEP als Nebenorgan erscheint nur unter der Voraussetzung möglich, dass der Verwaltungsrat für alle Mitglieder der Vereinten Nationen geöffnet wird. Die universelle Mitgliedschaft in dem Entscheidungsgremium ist mit Blick auf die gewachsene Bedeutung des Umweltschutzes für alle Staaten, insbesondere unter Berücksichtigung von „sustainable development“, und die mit einer Aufhebung der begrenzten Mitgliedsschaft verbundene Steigerung der Akzeptanz der Entscheidungen von UNEP im Falle der Beibehaltung als Nebenorgan unverzichtbar.

Für die Erhaltung von UNEP in seiner bisherigen Stellung spricht zunächst, dass bei einer Umwandlung in eine internationale Organisation der zu erwartende Widerstand von Staaten größer sein wird. Für die Einführung der universellen Mitgliedschaft ist eine Resolution der Generalversammlung ausreichend. Demgegenüber ist bei einer Sonderorganisation neben einer Entscheidung der Generalversammlung über die Beendigung von UNEP als UN-Programm ein Gründungsvertrag notwendig, den die Staaten ratifizieren müssen. Dies wird einen wesentlich längeren Verhandlungsprozess in Anspruch nehmen, was schon daran deutlich wird, dass die Staaten sich bisher noch nicht über die Frage der universellen Mitgliedschaft im Verwaltungsrat von UNEP einigen konnten, sondern diese Frage auch in der letzten Sitzung des Verwaltungsrates vertagt haben. Um der Sorge der Entwicklungsländer entgegenzutreten, dass es sich um eine von den Industrieländern dominierte Organisation handelt, muss ein Abstimmungsverfahren eingeführt werden, das die Interessen sowohl der Entwicklungsländer als auch der Industrieländer ausreichend berücksichtigt. Hierfür bietet sich das Erfordernis einer doppelten Mehrheit an.

Zum Zeitpunkt der Gründung von UNEP sprach insbesondere für die Ausgestaltung als UN-Programm, dass keine neue schwerfällige Bürokratie geschaffen werden sollte. Angesichts der gewachsenen Bedeutung des Umweltschutzes und der daraus resultierenden Zunahme an Aufgaben bedarf es einer erheblichen Verstärkung der bisherigen administrativen und finanziellen Ausstattung, sei es von UNEP als UN-Programm oder einer Sonderorganisation. Auch im Falle einer Umwandlung in eine Sonderorganisation könnte auf die bestehenden Strukturen von UNEP zurückgegriffen werden. Das Sekretariat müsste zwar von den Vereinten Nationen getrennt werden; im Übrigen kann die Organisation aber auf der vorhandenen Infrastruktur, insbesondere den Hauptsitz in Nairobi, aufbauen. Der Standort Nairobi wird zwar vielfach als zu abgelegen vom eigentlichen Geschehen in New York oder Genf angesehen. Eine Verlagerung ist aufgrund der Tatsache, dass es sich um die einzige UN-Organisation handelt, die ihren Sitz in einem Entwicklungsland hat, nicht zu verwirklichen. Bisher unterhält UNEP in New York und Genf sog. Verbindungsbüros („liason offices"), die in jedem Fall aufrechterhalten werden können. Aufgrund der neuen technischen Möglichkeiten ist auch ein schneller Informationsaustausch zwischen den einzelnen Büros sichergestellt.

Abgesehen von den erweiterten Handlungsmöglichkeiten im Einzelnen würde eine Umwandlung in eine Sonderorganisation dazu führen, dass die Autorität von UNEP sowohl gegenüber den Staaten als auch gegenüber anderen internationalen Umweltorganisationen gestärkt wird. Eine Sonderorganisation hat zudem zwingend ein Gremium, in dem alle Mitglieder ein Stimmrecht haben. Als internationale Organisation hätte UNEP die Möglichkeit, internationale Verträge mit Staaten, aber auch mit anderen internationalen Organisation abzuschließen. Die Zusammenarbeit mit anderen Organisationen würde somit auf eine rechtlich verbindliche Grundlage gestellt. Dies gilt insbesondere für das Verhältnis zur WTO. Ein entscheidendes Argument der Befürworter einer Weltumweltorganisation ist die Schaffung eines Gegengewichtes zur WTO[1143] bzw. einer Organisation, die im Fall eines – in der Vergangenheit wiederholt aufgetretenen - Konflikts zwischen Handels- und Umweltinteressen bewirkt, dass nicht die WTO allein über Umweltfragen im Gewand handelsrechtlicher Regelungen entscheidet, sondern sich mit der Umweltorganisation abstimmt[1144].

Für eine internationale Organisation wird auch die Verbesserung der finanziellen Situation durch verbindliche Vereinbarungen über die Beitragszahlungen mit den Staaten angeführt. Es ist zwar richtig, dass durch eine rechtlich bindende Vereinbarung der Druck zur Erfüllung der übernommenen Zahlungsverpflichtungen erhöht wird; aber auch dadurch ist nicht gewährleistet, dass die Staaten ihren Verpflichtungen tatsächlich nachkommen. Dieses Argument hat daher nur bedingt eine Berechtigung. Insbesondere sind die Erfahrungen mit der „indicative scale of assessments" auch bei UNEP als Nebenorgan gut. Diese sollte jedenfalls auch bei einer Sonderorganisation als Berechnungsmaßstab zugrundegelegt werden.
Für die Beibehaltung von UNEP in seiner jetzigen Form könnte sprechen, dass UNEP bei der Erfüllung seiner Aufgaben trotz beschränkter Kapazitäten sehr erfolgreich war. Hierbei bliebe aber unberücksichtigt, dass die Umweltorganisation, wenn sie die ihr zugedachte lenkende Funktion im Prozess der „International Environmental Governance" erfüllen soll, weitergehender Handlungsbefugnisse bedarf, die UNEP als Nebenorgan der UN-Generalversammlung nicht zustehen. Bei einer

---

[1143] Esty, in: Kenen (Hrsg.), Managing the World Economy, S. 287, 294. Der ehemalige Direktor der WTO, Renato Ruggiero, hatte deshalb eine "World Environment Organization" nach dem Vorbild der WTO vorgeschlagen (vgl. Pressemitteilung vom 25.03.1999: "WTO proposes a world environment organization", erhältlich unter: www.grida.no).
[1144] Runge, A Global Environment Organization, S. 15 ff.

internationalen Organisation haben die Staaten die Möglichkeit, der neuen Organisation erweiterte Handlungsbefugnisse im Gründungsvertrag zu übertragen.

3. Aufgabenbereiche

Im Bereich der Rechtsetzung kann die bisher nur unterstützende Tätigkeit von UNEP eine andere Qualität dadurch erhalten, dass der Umweltorganisation zum einen die Befugnis eingeräumt wird, die Mitglieder bindende Empfehlungen zu beschließen[1145]. Auf diese Weise kann die Implementierung internationalen Umweltrechts intensiviert werden. Zum anderen kann die Verabschiedung von internationalen Verträgen gefördert werden, indem der Gründungsvertrag vorsieht, dass die Umweltorganisation und zwar die Mitgliedervollversammlung, die Funktion einer Staatenkonferenz wahrnimmt und mit der im Gründungsvertrag bestimmten Mehrheit völkerrechtliche Abkommen auch mit Wirkung für die Mitgliedsstaaten beschließen kann. Eine nachfolgende Berichtspflicht der Mitgliedsstaaten über die Umsetzung der Abkommen in nationales Recht kann dazu führen, dass der bisher oft sehr lang dauernde Ratifikationsprozess beschleunigt wird. Da hierdurch zwar ein gewisser Druck auf die Staaten ausgeübt wird, aber keine Verpflichtung zur Ratifikation besteht, ist davon auszugehen, dass die Staaten einer solchen Verfahrensweise eher zustimmen. Zwar wird UNEP dadurch noch keine ausschließliche Zuständigkeit für die Leitung des Verhandlungsprozesses aller Umweltabkommen haben. Es bleiben die Abkommen, die außerhalb der Sonderorganisation abgeschlossen werden, insbesondere die Abkommen nur zwischen einzelnen Mitgliedsstaaten und mit Staaten, die nicht Mitglieder der Sonderorganisation sind. Aber auch insoweit kann UNEP auf Bitte der Vertragspartner als Verhandlungsführer tätig sein. Schon bisher wirkt UNEP an den Verhandlungen über einen Großteil der internationalen Umweltabkommen mit.
Bei der Einführung weitergehender Berichtsverfahren sind die Auswirkungen auf die bisher vorhandenen Strukturen des internationalen Umweltrechts und die bestehenden internationalen Regime zu berücksichtigen. Die Vertragsregime und Vertragsorgane haben im internationalen Umweltrecht eine große Bedeutung; eine Auflösung dieser Strukturen ist – jedenfalls vorerst – nicht anzustreben. Aus diesem Grunde sollte UNEP auch als Sonderorganisation keine Konkurrenz sein, sondern ergänzend und unterstützend gegenüber den Vertragsorganen tätig werden. Zwar ist bei neu zustande kommenden Abkommen eine stärkere Einbeziehung von UNEP in die Überwachung der Umsetzung der Abkommen erforderlich. Allerdings sollte - auch bei neuen Abkommen - die Möglichkeit bestehen, dass insbesondere die Berichtsverfahren im Rahmen von bereits bestehenden Vertragsregimen stattfinden. Weitergehend als das „clustering“ können bestimmte Kompetenzen für UNEP schon im Gründungsvertrag festgelegt werden, sofern die Vertragsstaaten zugleich Mitglieder von UNEP als Sonderorganisation sind. Ebenso besteht die Möglichkeit eines bindenden Streitschlichtungsverfahrens unter dem

---

[1145] Anderson, Hastings International and Comparative Law Review 18 (1994), S. 771, 818 f. schlägt die Einrichtung eines "modified legislative body" mit ähnlichen Kompetenzen wie ILO vor, läßt aber offen, welche Form der Umweltorganisation anzustreben ist.

Dach von UNEP. Im Falle der Beibehaltung als Nebenorgan müsste ein solches Verfahren in den einzelnen Abkommen vorgesehen werden.
Die Arbeit im Bereich des „capacity-building" könnte dadurch erleichtert werden, dass UNEP als internationale Organisation ohne eine besondere Ermächtigung Verträge über die Durchführung abschließen könnte. Bisher stand dieser Aufgabenbereich nicht im Mittelpunkt von UNEP und es ist daher fraglich, ob dieser Bereich tatsächlich weiter aufgewertet werden soll. Dies wäre nur bei einer wesentlichen Vergrößerung von UNEP und einem Ausbau der regionalen Präsenz möglich. Vorzuziehen ist insoweit eine engere Zusammenarbeit mit UNDP, die Doppelzuständigkeiten vermeidet.
Die Stellung als Nebenorgan der Generalversammlung ist UNEP bei der Koordination der Arbeit der verschiedenen Organe und Organisationen, die sich mit Fragen des Umweltschutzes beschäftigen, zugute gekommen, indem es eine Mittlerrolle einnehmen konnte und die Organisationen aufgrund der begrenzten Handlungsmöglichkeiten von UNEP keine zu starke Konkurrenz fürchten mussten. Auf der anderen Seite ist CSD trotz der Überschneidungen in den Aufgabenbereichen von CSD und UNEP nicht zu einer wirklichen Konkurrenz von UNEP geworden. CSD hat sich zu einem Forum für „nachhaltige Entwicklung" entwickelt. Im Zuge von Reformen sollte das Verhältnis zwischen den beiden Institutionen genau abgegrenzt werden. Einschnitte in die Arbeit von UNEP sind hierbei aber nicht zu erwarten. Es ist vielmehr davon auszugehen, dass CSD ihre Funktion schwerpunktmäßig als Diskussions- und Informationsforum haben wird. Als Sonderorganisation hätte UNEP weiterhin die Möglichkeit, an den Koordinationsgremien der Vereinten Nationen teilzunehmen. Es ist schon fraglich, ob die Konkurrenz von UNEP zu den anderen Organisationen tatsächlich so viel größer wird; denn hierzu müßte auch die finanzielle Grundlage gestärkt werden. Jedenfalls hat sich aber bei der Untersuchung der bisherigen Situation von „International Environmental Governance" gezeigt, dass die Gefahr einer weiteren Zersplitterung besteht und daher eine gestärkte Umweltorganisation notwendig ist.

4. *Vorschlag*

Trotz der Tatsache, dass UNEP in seiner bisherigen Funktion große Erfolge zu verzeichnen hat, ist eine Umwandlung in eine Sonderorganisation der Vereinten Nationen anzustreben. Eine Übergangsphase in der Form, dass zunächst die universelle Mitgliedschaft für UNEP als Nebenorgan eingeführt werden soll, ist abzulehnen. Der Prozess ist auf der Sitzung des Verwaltungsrates/GMEF ins Stocken geraten. Dies spricht dafür, die von Frankreich gestartete Initiative zur Einrichtung einer Sonderorganisation weiterzuverfolgen und entsprechende Vorarbeiten auf der Ebene der Generalversammlung und im Verwaltungsrat/GMEF von UNEP in die Wege zu leiten.
Die Umsetzung dieses Vorschlags erfordert große Zugeständnisse der Staaten. Er ist ausgerichtet an den praktischen Notwendigkeiten und baut auf den Erfahrungen anderer Organisationen (z.B. ILO, WTO) auf. Eine Stärkung von UNEP ist notwendig, da es mit seiner – zwar erfolgreichen – Arbeit als Nebenorgan der Vereinten Nationen an seine Grenzen gestoßen ist. Die für „International Environmental

Governance“ erforderliche Leitungsfunktion setzt erweiterte Handlungsbefugnisse und damit eine neue Organisationsform voraus. Die neue Organisation soll keine Konkurrenz zu den bestehenden Vertragsorganen darstellen. Vielmehr muss die Weiterentwicklung des Umweltrechts die gewachsenen Strukturen in der Form der Vertragsorgane nutzen, die sich in ihrem Bereich zum Teil als Motoren der Fortentwicklung erwiesen haben. UNEP soll diese weiterhin unterstützen; sofern allerdings bei neu zu verabschiedeten Abkommen ein Bedarf besteht, soll die Organisation auch in der Lage sein, weitere Funktionen zu übernehmen, um so einer weiteren Zersplitterung vorzubeugen. Dies kann als Schritt hin zu einer Bündelung der Aufgaben bei der neuen Organisation und auch als Vorbild für bestehende Abkommen dienen, weitere Funktionen auf diese Organisation zu übertragen.

C. Ausblick

Die Unterzeichnung des Kyoto-Protokolls durch Russland im Jahre 2004, also lange nach der Einigung der Staaten auf den Text des Abkommens, zeigt zwar, wie schwer einige Staaten sich mit Zugeständnissen für den Umweltschutz tun, stellt aber auch gleichzeitig ein positives Zeichen für den Umweltschutz dar, weil die erforderliche Zahl an Staaten für das Inkrafttreten erreicht worden ist. Es sollte daher auch ein Anreiz sein, die Entwicklung des internationalen Umweltschutzes weiter voranzutreiben.
Durch die Umwandlung von UNEP in eine Sonderorganisation würde die Stellung von UNEP gestärkt werden, der Prozess der „International Environmental Governance“ würde aber weiter grundsätzlich fragmentiert bleiben, was schon durch die Einbeziehung anderer internationaler Organisationen bedingt ist. Ein einheitliches Umweltschutzsystem vergleichbar dem Handelssystem unter dem Dach der WTO ist nicht zu verwirklichen. Es wird sich daher zeigen müssen, ob ein umstrukturiertes UNEP eine Lenkungsfunktion für „International Environmental Governance“ übernehmen kann.
Aufgrund der Schwierigkeiten bei der Umsetzung umweltvölkerrechtlicher Verträge stellt sich die Frage, ob Partnerschaften („partnerships“) oder „Koalitionen der Umsetzungsbereiten“ eine Alternative zu der Verabschiedung von Umweltabkommen und den bisher existierenden Implementierungsmechanismen darstellen können. Für die Umsetzung der Ergebnisse, die auf dem Gipfel in Johannesburg 2002 beschlossen wurden, wurden die Partnerschaften als wichtiges Mittel angesehen. Partnerschaften und „Koalitionen der Willigen“ können als zusätzliche Maßnahmen dienen, die Verabschiedung von Umweltabkommen und die klassischen Implementierungsmaßnahmen aber nicht ersetzen[1146]. Im Mittelpunkt von „Interna-

---

[1146] So auch Klaus Töpfer (Exekutivdirektor von UNEP seit 1998) in einem Interview des Tagesspiegels vom 1. 12. 2003, S. 5. *Töpfer* sieht die Partnerschaften als ein wichtiges und erfolgreiches Regelungsinstrument; ein Ersatz für internationale Umweltschutzverträge könnten sie jedoch nicht darstellen, da in diesem Falle die Verantwortung für globale Umweltprobleme nicht mehr gewährleistet wäre. Er weist auch darauf hin, dass insbesondere eine Reihe von erfolgreichen regionalen Abkommen bestehen. Das wesentliche Problem sei zwar die fehlende “Sanktionsbewehrtheit” der Abkommen, dennoch führten sie zu oftmals bedeutenden

tional Environmental Governance“ müssen weiterhin die Verträge stehen und die eigentlichen Regularien bestehen bleiben, damit eine ausreichende rechtliche Grundlage besteht. Gerade für die Entwicklungsländer stellt die Umsetzung internationaler Verträge eine große Belastung dar. Daher besteht die Gefahr, dass sich den „Koalitionen von Willigen“ hauptsächlich die Industrieländer anschließen. Denkbar wären diese aber für einzelne Bereiche des internationalen Umweltschutzes. Es muss aber primär weiterhin angestrebt werden, die Entwicklungsländer - auch durch finanzielle Zugeständnisse - in die rechtlichen Regelungsinstrumente und damit auch in rechtliche Verpflichtungen einzubinden. Da eine mangelnde Bereitschaft der Staaten in den meisten Fällen nicht der ausschlaggebende Faktor für die Nichterfüllung der Verträge ist, sondern vielmehr oftmals das Unvermögen eines Staates der Hinderungsgrund ist, erscheint es fraglich, ob solche Koalitionen oder Partnerschaften eine bessere Implementierung herbeiführen. Bei der Untersuchung der Implementierungsmechanismen ist deutlich geworden, dass die außerrechtlichen und informellen Umsetzungsmaßnahmen eine wichtige Rolle spielen. Es hat sich aber auch gezeigt, dass die Effektivität der bisher bestehenden Kontrollmechanismen durch klarer strukturierte Verfahren gesteigert werden könnte.

Maßnahmen in den Ländern, z.B. in Delhi, wo das oberste Gericht aufgrund internationaler Umweltverträge entschieden hat, dass die Dreiradfahrzeuge mit Naturgas betrieben werden müssten.

Peter Lang · Europäischer Verlag der Wissenschaften

Gerald G. Sander / Andreas Sasdi

Freihandel und Umweltschutz

Legitimation und Grenzen grüner Handelsbeschränkungen in EU und WTO

Frankfurt am Main, Berlin, Bern, Bruxelles, New York, Oxford, Wien, 2005. 227 S.
ISBN 3-631-54271-2 · br. € 39.–*

Das Spannungsverhältnis zwischen Freihandel und Umweltschutz ist so aktuell geblieben wie vor einem Jahrzehnt. Die EU sucht die widerstreitenden Belange der Ökonomie und Ökologie über den Erlass immer neuen Sekundärrechts voranzutreiben. Die Osterweiterung 2004 stellt eine zusätzliche Herausforderung für die Umsetzung der europäischen Umweltstandards in den mittelosteuropäischen Mitgliedstaaten dar. In der WTO bleibt abzuwarten, ob die Doha-Runde den seit langem international gesuchten *goldenen Schnitt* zwischen den Handels- und Umweltinteressen von bald 150 Staaten findet. Diese Studie macht die erheblichen europarechtlichen Anforderungen und weltwirtschaftsrechtlichen Schwierigkeiten auf diesem Wege deutlich und legt Vorschläge zu ihrer Überwindung vor.

Aus dem Inhalt: Das Umweltargument im Gemeinschaftsrecht: Einschlägige Rechtsprechung des EuGH · Das Umweltargument im Lichte der EG-Warenverkehrsfreiheit · Umweltschutz im EG-Sekundärrecht · EG-Außenkompetenzen im Umweltbereich · Der Umweltschutz im Rahmen der Welthandelsorganisation · Umweltschutz und Freihandel aus Sicht der WTO · Handelsbeschränkungen zur Verbesserung des Umweltschutzes · Das Öko-Labelling · Multilaterale Lösung zur Beseitigung globaler Umweltbeeinträchtigungen

Frankfurt am Main · Berlin · Bern · Bruxelles · New York · Oxford · Wien
Auslieferung: Verlag Peter Lang AG
Moosstr. 1, CH-2542 Pieterlen
Telefax 00 41 (0) 32 / 376 17 27

*inklusive der in Deutschland gültigen Mehrwertsteuer
Preisänderungen vorbehalten

Homepage http://www.peterlang.de